石油教材出版基金资助项目

石油高等院校特色教材

石油仪器概论

赵仕俊　编著

石油工业出版社

内 容 提 要

本书介绍了石油仪器仪表及实验设备的工作原理、测试方法、技术性能等方面的知识，包括油层物理实验仪器、石油工程仪器、勘探仪器和测井仪器；还介绍了误差分析及实验数据处理等方面的知识；讨论了仪器系统设计的方法、流程和主要技术设计内容。

本书可作为石油高等院校检测技术与自动化专业石油仪器课程的教材，也可作为石油工程、资源勘探、测井类高级技术工人和从事仪器设计的工程师的参考书。

图书在版编目（CIP）数据

石油仪器概论/赵仕俊编著.
北京：石油工业出版社，2011.3
石油高等院校特色教材
ISBN 978-7-5021-8243-4

Ⅰ.石…
Ⅱ.赵…
Ⅲ.石油化工-化工仪表-高等学校-教材
Ⅳ.TE967

中国版本图书馆 CIP 数据核字（2011）第 001470 号

出版发行：石油工业出版社
（北京安定门外安华里 2 区 1 号　100011）
网　址：www.petropub.com.cn
编辑部：（010）64523612　发行部：（010）64523620
经　　销：全国新华书店
印　　刷：中国石油报社印刷厂

2011 年 3 月第 1 版　2011 年 3 月第 1 次印刷
787×1092 毫米　开本：1/16　印张：18.75
字数：477 千字

定价：28.00 元
（如出现印装质量问题，我社发行部负责调换）

前　言

本书是针对检测技术与自动化装置本科专业课程“石油仪器技术”而编写的配套教材。作者在参考资源勘探、测井、石油工程、计量与测试技术等学科相关资料的基础上，综合自己从事石油仪器技术的研究及其产品开发20多年的成果，为满足“石油仪器技术”课程教学的需要编撰而成。

本书在内容安排上，力争通过有限的篇幅，把涉及油层物理实验仪器、石油工程仪器、勘探仪器和测井仪器等石油仪器的工作原理、测试方法、技术性能及其实现的有关知识介绍给读者。在突出石油仪器技术基础知识的学习和基本技能培养的同时，还介绍了计量与测试技术方面的基础知识，这是学好、用好、做好石油仪器的必备知识。为了培养学生的创新设计能力，为将来从事仪器产品设计工作奠定良好的基础，书中还介绍了一般仪器系统设计的设计思想、工作流程、技术要点等内容。因此，学生如果学好了计量与检测技术知识，掌握了石油仪器的工作原理、测量方法和典型技术，学会了从事仪器系统设计的一般方法，也就领略了石油仪器技术这一领域的系统知识。事实上，这是一个石油仪器设计工程师应有的工程技术素质。

本书在体系结构上，首先给出了石油仪器的定义及其分类、讨论了石油仪器的研究内容、对石油仪器的发展历史做了简要回顾，展望了石油仪器技术的发展趋势，说明了本课程的性质、任务和重要性；然后分门别类地对石油仪器技术知识进行了阐述，内容包括学习提要、仪器实验测试原理和方法、典型仪器结构和技术参数、石油仪器新技术等；进而介绍了计量与检测技术方面的知识，讨论了量与量纲、国际单位制、量纲分析方法、实验数据处理等问题；最后分析讨论了仪器系统设计的系统化方法、标准化方法和模块化方法，仪器系统设计的工作流程以及仪器设计的详细设计内容等，并列举了两个石油仪器设计的实例。本书在每一章的后面都给出了复习思考题。

本书第1章介绍了石油仪器的分类、发展历程和未来发展趋势，第2、3、4、5章分别就各类石油仪器的测试原理、系统结构、关键技术、性能参数等进行了详细讨论，第6章讨论了量的单位制、误差理论和数据处理以及测试理论方面的知识，第7章阐述了仪器设计的需求分析、方案设计、设计流程、技术设计等知识。

中国石油大学（华东）石油工业训练国家示范教学中心李晓东主任、中国石油大学信息与控制工程学院耿艳峰教授、于佐军教授、廖明燕教授为本教材的编写给予了大力支持；中国石油大学国家大学科技园迟善武研究员、中国石油大学石油仪器研究所邵东亮所长提供了部分资料，校阅了相关文稿；研究生白云凤、孙美龄等校对了部分初稿；史永和做了大量的文字录入工作。在此，谨向为本书编著工作提供支持和帮助的所有同仁表示感谢。

“思如静水，想若流云”是作者的座右铭，足见作者在编著这本教材时的认真态度和满腔热情。然而由于作者水平有限，致使本书一定有它的不足之处，拜望同仁和读者不吝赐教，批评指正。

赵仕俊

2010 年 10 月

目　录

第1章 绪 论

提要：石油仪器是指在石油天然气勘探、开发、储运和加工的各个生产环节及科学研究活动中使用的具有石油专门化特征的实验、监测与检验的仪器及装备。石油仪器可分为油层物理实验仪器、石油工程仪器、地质勘探仪器和测井仪器等。各类石油仪器的发展历程不尽相同。石油仪器技术是仪器设计工程师需要关注的重要领域。

1.1 石油仪器定义

在现代化的国民经济活动中，仪器仪表涉及人类活动的各个方面，如科学研究用的实验仪器装备、教学仪器设备、医疗诊治仪器、环境监测仪器、工业过程检测仪器、电子测量仪器等。事实上，在现代化工业生产中，如果没有各种测量与控制仪器仪表的正常运行，发电厂、炼油厂、化工厂、钢铁厂、飞机和汽车制造厂等都不能维持稳定的生产，更不会创造出巨额的产值和效益。仪器仪表的整体发展水平是国家综合国力的重要标志之一。

仪器仪表（Instrumentation）指用以检出、测量、观察、计算各种物理量、物质成分、物性参数等的器具和设备。广义来说，仪器仪表也可具有自动控制、报警、信号传递和数据处理等功能。

石油仪器（Petroleum Instruments）是指在石油天然气勘探、开发、储运和加工的各个生产环节及科学研究活动中使用的具有石油专门化特征的检验、实验与测试装备。石油仪器虽然因为它的特定应用领域和专门化特征具有特殊性，但电子技术、传感器技术、计算机技术、信息技术和自动化技术等通用技术仍然是它的主要支撑技术。

1.2 石油仪器分类

按照仪器的用途可把石油仪器分为基础与应用研究仪器和生产现场测量与检测仪器两大类。

基础与应用研究仪器主要指油层物理实验仪器，特别指岩心分析仪器。岩心分析仪器及设备可分为岩心筛选与制备设备、岩心常规分析仪器、专项岩心分析仪器、综合联测仪器等四大类。此外还有地层流体的 PTV 分析仪器。

岩心筛选与制备设备包括岩心 γ 测量仪、岩心成像设备、岩心除油清洗设备、岩心制备设备和岩心油水饱和实验装置等。

岩心常规分析主要研究测试岩石的基本物理性质、流体含量等。岩心常规分析指在常规条件下对全直径岩心、柱塞岩心、井壁岩心进行分析，获取包括孔隙度、渗透率、饱和度、碳酸盐含量、潜在产能描述、岩样质量指数、岩性描述、白光源和紫外光源数字照相、粒度分析等基本物性参数。

专项岩心分析主要研究测试岩石的微观特性，岩石与流体的相互关系及流体在岩石中流动规律和保护油层的敏感性评价，如在油藏压力和温度条件下测试毛管压力、岩电特性、孔隙体积压缩系数、润湿性、稳态和非稳态相对渗透率等岩石特性，岩石力学特性的静态测量，地层伤害、产层伤害和敏感性评价等。

综合联测是指通过改变测量流程、测量参数或测量方法，获取多种相关参数的实验测试。

地层流体的 PTV 分析主要研究测试地层流体在高温高压下的物理性质及组分组成。

根据仪器在石油天然气生产环节的使用，可把生产现场测量与检测仪器进一步划分为石油工程仪器、勘探仪器和测井仪器等。

勘探仪器是指为了研究各种矿物的密度、磁性、电性、弹性、放射性等物理性质的差异，基于各种物理方法设计的仪器，用来探测天然的或人工的地球物理场的变化，通过分析、研究所获得的物探资料，推断、解释地质构造和矿产分布情况。石油天然气勘探仪器主要指基于地震勘探方法的这类仪器。地震勘探仪器包括震源、检波器、记录仪、数据处理设备。

测井仪器是指用于定量测定井下钻穿地层的电、声、光、核、热、力等物理信息，用以判断地层的岩性及流体的性质，确定油、气、水层的位置，定量解释油气层的厚度，含水饱和度和储层的物性等参数，了解井下状况的成套设备。测井仪器包括下井仪器、测井电缆和地面仪器。

钻采仪器是指用于在石油天然气钻井和油气生产中使用的仪器。钻井仪器包括钻井参数测量仪器和随钻测量系统。钻井仪器主要用来监测地面钻井设备工作参数和地下钻具工作参数。采油仪器仪表是认识油气藏，进行油气藏评价、生产井动态监测及评价完井效率的重要设备。采油仪器仪表主要是指试井仪器仪表、抽油机示功仪、液面检测仪、原油含水分析仪等。试井仪器仪表又分为高压试井仪器仪表和低压试井仪器仪表。

1.3 石油仪器技术特征

1.3.1 超宽测量范围

超宽测量范围是指仪器的测试范围非常宽，一般测试仪器很难满足这一要求。如岩心流动性实验中的流量测量，要求测量范围为 0.01 ~ 100mL/min，精度达到 0.1%；调剖堵水实验中，压力测量范围为 10Pa ~ 60MPa。

1.3.2 极端测试条件

极端测试条件是指非常苛刻的测试条件。如油气成因模拟实验要求的模拟实验温度达到 1000℃，模拟工作压力达到 100MPa。

1.3.3 工作环境恶劣

石油工业生产上使用的仪器，通常在露天、地下或水下工作，工作空间受到限制，工作环境很差。如下井仪器，要求在高温（≥175℃）、高压（≥40MPa）、高湿（≥95%）、耐腐蚀环境下工作。

1.3.4 工作周期长

很多石油仪器都要求能长期连续工作。如支撑剂导流能力实验，其实验测试周期长达4周以上，其间仪器若发生故障，将导致实验失败。

1.3.5 信息容量大

信息量大，信息频带宽，动态范围大是石油仪器的又一特征。如地震勘探仪器，信息带宽0～500Hz，动态范围大于120dB，通道数超过10000道，在几秒的时间内要获得若干个TB（$1TB = 10^{12}Bit$）的数据。

1.4 石油仪器技术发展历程

1.4.1 地震勘探仪器

从20世纪30年代第一代地震勘探仪器诞生开始，地震勘探仪器已经历了几十年的发展，表1－1可以说明地震勘探仪器的发展历程。

表1－1 地震勘探仪器的发展历程

名 称	代表仪器	主要技术	动态范围	频带宽度	记录道数
光点记录地震仪	51型仪器	光点感光照相纸记录	20dB左右	20Hz左右	24道以下
模拟磁带地震仪	DZ663型仪器	永久性记录到磁带的模拟信号	40dB左右	100Hz以下	48道以下
数字地震仪	DFS－V、SN338、SK83等	采用了前置放大、瞬时浮点放大和模/数转换技术，将采集的地震信号进行数字化后再记录到磁带	70dB以上	250Hz左右	240道以内
第一代遥测数字地震仪	SN348、SN368、OPSEIS5586、SYSTEM ONE、OPSEIS EAGLE、TEL SEIS TRT、YKZ480、SK1004	主机通过控制“分布”在排列上的采集站来采集地震数据，实现了以数字信号形式在电缆上串行传输地震道信息	70dB以上	50Hz左右	1000道左右
第二代遥测数字地震仪	SN388、AR IES、BOX、SYSTEM TWO、GDAPS4、MAGE、SYSTEM FOUR、AC、408UL等	采用Δ∑技术的24位A/D型遥测数字地震仪器	70dB左右	300Hz以下	5000道左右
数字地震仪	I/O产的系统－IV（VC或VR）和塞舍尔产的408UL、DSU	系统中包含了以MEMS技术为核心的加速度数字传感器	90dB以上	0～500Hz	10000道以上实时采集

1.4.2 测井仪器

石油测井技术是随着钻井、采油的发展而发展的。石油测井技术起源于1921年，巴黎矿业学院第一次进行了人工电场测量。测井仪器技术的发展，经历了四个阶段，第一阶段为半自动测井，应用多线简单地测量地层的电阻和自然电位。1927年法国斯伦贝谢公司（Schlumberger）成功测出了第一条电阻率曲线，真正诞生了在井眼内进行地球物理测井。第二阶段为数字测井，在此阶段广泛应用了电子技术和计算机技术。第三阶段是以计算机为核心的数控测井设备，是国外20世纪70年代开发的新一代测井设备，其显著特点是高精度的质量监控、大容量的数据传输及计算机处理技术的应用。进入21世纪以后，国际测井技术向集成化、快速化方向发展迅速，由此带来测井技术第四阶段的发展，进入高可靠、高集成和高精度测井时代。

我国的测井工作始于1939年。当年12月，著名地球物理学家翁文波先生在四川巴县石油沟1号井用1m电位电极系成功测得第一条电阻率曲线，继而发展了手摇绞车点测仪。我国测井设备的重大发展出现在20世纪50年代。ID581型多线式自动井下电测仪的研制成功，提高了测井时效，为我国的测井史揭开了新的一页。70年代末，我国从西方引进了一批测井装备，最早进入我国市场的是1978年石油工业部组织引进的3600系列测井仪器，装备有记录数据用的磁带机，数据解释用的计算机；1984年引进的3700系列测井仪器，配备了车载计算机，基本实现了方法系列化、记录数字化、操作程序化和解释自动化。为了发展我国的测井技术，使测井设备跨上一个新台阶，提高测井时效，缩短与世界先进水平的差距，自1986年始至1996年，历经十年，开发研制出适合我国国情的新一代电缆传输数控测井系统。这一数控测井系统以计算机为核心，利用遥信、遥测、遥调、遥控技术，探测、采集和处理井下175℃、40MPa环境中的地球物理参数。自2000年开始又以520系列测井仪器为基础，成功地组织开发出530高可靠常规测井系列，极大地提高了常规测井系列的测量性能和现场作业的可靠性，缩短了中国常规测井技术与国际水平的差距。

1.4.3 油层物理实验仪器

油层物理实验是利用各种实验手段对储层岩石进行渗流物理化学的研究与测试，提供储层岩石和地层流体的静态与动态参数，指导油气田的合理开发。

早期发展的油层物理实验技术仪器都是手工操作，人工计量，表盘指针读数，只能进行单项测定。自20世纪六七十年代以来，随着电子工业的迅猛发展，各种电子器件、传感器相继问世，促进了测试仪器的自动化、计算机化，测量精度不断提高，模拟条件不断深化，仪器向高温、高压、模块化、多功能的方向发展。我国油层物理实验技术经历了20世纪80年代前的技术培育、80年代的技术消化与吸收、90年代以来的自我发展与创新三个阶段。

1. 技术培育阶段

从新中国诞生到20世纪70年代末，由于历史和社会的种种原因以及技术发展的局限性，我们还没有完全掌握油层物理实验技术，以及油藏开发技术和方法。就油层物理实验的岩心分析仪器，特别是常规岩心分析仪器而言，这类仪器仅仅是有关研究院有少量进口。随着我国油气田勘探开发规模的加大，从事油层物理实验技术的研究工作者对油层物理实验理论的研究深入化，逐步掌握了油层物理实验技术。他们开始自己搭建油层物理实验方面的实验流程，以满足油藏开发实验的需要。在这期间虽然没有形成我国自己的岩心分析仪器生产技术，但是通过对油层物理实验理论的研究和油层物理实验技术的积累，我国自己的岩心分析仪器独立研制与生产已初见端倪。

2. 技术消化与吸收阶段

20 世纪 70 年代末到 80 年代中期，我国先后派出了许多研究人员出国学习考察，大量的进口仪器设备，使得我国油层物理实验技术得到了快速发展。常规岩心分析仪器包括岩心自然伽马仪、孔隙度仪、气体渗透率仪及油水饱和度仪，专项岩心分析方面的流动实验仪、相对渗透率仪等。

通过虚心学习别国的先进技术，逐步消化吸收，到了 80 年代后期，我国油层物理实验技术水平与国外的差距缩小。国内的一些研究单位有计划地投入人力和资金，开始研制岩心分析仪器，取得了大量的研究成果。自主开发的常规岩心分析仪器系列曾获国家科技成果进步奖。国内的几个生产厂家开始独立成套生产常规岩心分析仪器，满足油田开发研究的需要。专项岩心分析仪器的研制也在积极地进行。

3. 自我发展与创新阶段

20 世纪 90 年代，我国油层物理实验技术基本成熟。从实验仪器方面，通过对进口仪器的熟练掌握，也认识到进口仪器存在的一些问题。如仪器进口花费的外汇太多，易损件的更换困难；因为是非标产品，在操作方法和技术路线上有不适于我国的具体情况之处。广大的油田开发研究人员和油层物理实验技术人员转向积极使用国产岩心分析仪器，这为国产岩心仪器的发展和升级换代提供了一次难得的机会。也就是在这一时期，涉及岩心分析仪器的传感器技术、数据采集技术和计算机技术的进步，为国产岩心仪器的发展和升级换代提供了可靠的技术支撑。

1990—1993 年，一批采用了传感器技术、数据采集技术和计算机技术，能够自动完成实验数据的采集、存储、处理与输出的国产智能化岩心分析仪器研制成功并通过鉴定。其中，岩心自然伽马仪、智能化岩心流动实验仪、碳酸盐含量分析仪等曾获部级科技成果奖。在专项岩心分析方面，已发展到由油田开发研究人员提出实验流程和技术要求，仪器研制人员按实验流程和技术要求设计生产相应的仪器设备的这样一种研制开发模式，先后开发出采油化学剂评价装置、岩心梯度流动实验仪、相对渗透率测量仪等，从而满足了一些专门化的油层物理实验需要。在地层流体高压物性分析仪器方面，已研制生产出 PVT 特性测量仪。我国自行设计、研制、生产的岩心分析仪器，为油层物理实验提供了技术手段，从而满足了油气资源开发的需要。

1.4.4 石油天然气工程仪器

钻井仪表的发展一直比较缓慢，目前，大多数的钻井队仍然靠三表（指重表、转速表和压力表）监测钻机工作状态。20 世纪 70 年代就有钻井多参数测量仪问世，目前这类仪器已经能够实现钻井参数的自动实时显示和记录，但并没有普遍推广使用。

采油生产仪器应包括采油设备参数测量与诊断仪器、生产井测井仪器和原油含水分析仪器。如果把生产井测井仪器归类到测井仪器大类，那么，采油生产仪器的品种和类型其实并不多，技术上与通用仪器同步。

1.5 石油仪器技术发展趋势

仪器仪表技术的发展经历了机械（电磁）指针式、模拟式、数字式、PC 仪器这样几个发展阶段。目前的仪器仪表仍以 PC 仪器为主流，虚拟仪器是目前的研究热点，预计网络仪器将成为未来仪器仪表的发展方向。

1.5.1 油层物理实验仪器

油层物理实验仪器的发展应能满足油层物理实验对高温、高压、低渗、全直径、多相介质等实验参数的要求；把计算机与通信技术、智能传感器技术、网络仪器技术等高新技术融合到岩心分析仪器中；建立国际先进的大岩心实验方法和测量系统，形成大岩心实验方法、测量工艺及质量控制标准；建立岩石物理数值模拟软件平台和适合中国储层地质特点的（电、声、核、核磁）的岩石物理实验数据处理及分析方法；建立岩石物理数值模拟平台，可以进行复杂孔隙结构的岩石物理模拟；建立岩石物理实验数据处理、分析技术及质量控制标准，可以分析不同类型储层的岩石物理数据。

1.5.2 地震勘探仪器

未来地震数据采集系统发展的决定因素与其发展内容的关系应该是：以先进的计算机技术、网络通信技术、信号传感技术、电子工程技术、工艺材料技术为基础，以完备的个性化软件技术为核心，以创造性地引用或集成有关新技术为补充，以满足物探技术和现场使用需求为目标，以完善和扩展当前系统的综合性能为内容。未来的地震勘探仪器应有下述特征。

1. 大道数

将来勘探行业要求的高覆盖、高密度、大偏移、宽方位和小道距施工，要求记录道数增加到十万道以上。

2. MEMS 数字检波器

MEMS（Micro-Electro-Mechanical Systems）检波器除了具备众所周知的大动态范围（90dB）的特点外，它在振幅校准、温度变化、装备重量、可靠性及时效的稳定性等方面更远远优于常规动圈式检波器，而且由于它为全数字输出，有较好的电磁兼容性能，对漏电不敏感，串音影响很小，所具有的优异的矢量保真度更是普通检波器不能与之相比的。

3. 有线无线混装系统

随着地震勘探道数的不断增加，不可避免地引发了勘探费用、排列布放效率、装备重量和数量、运输及 HSE（Health Safety and Environment Management System）等关联问题，而无线系统恰好能比较有效地解决这些问题，但无线系统对施工地表条件的要求比较高，适合于比较空旷的无遮挡地表，而在障碍物比较多的情况下，有线系统更能发挥它的优势。所以，将来的大规模作业施工很可能需要的是有线无线混装系统，以进一步提高野外作业的灵活性。

4. 远程技术支持

现在的地震勘探仪器实际上就是一个区域网络，因此，可利用卫星数据传输设备，将仪器车作为一个网络节点，扩展至远方的基地，以便专家对远在千里之外的施工作业现场进行分析和指导，甚至可将采集数据通过卫星实时传回基地进行处理。

1.5.3 测井仪器技术

1. 地面系统综合化、便携化和网络化

未来的地面系统要具有多种作业功能，不仅可以挂接成像测井仪器和常规测井仪器，进行裸眼井测井，还能挂接生产测井、测试、射孔、取心等工具，进行套管井测井，满足全系列测井服务的要求。

2. 井下仪器集成化、高分辨、深探测、高可靠、高时效和低成本

井下仪器测量探头阵列化，变单点测量为阵列测量，以适应地层非均质的需要，为储层评价的深入提供丰富信息，奠定提高储层饱和度精度的基础。各种测井仪器的集成化测量不但提高了测井时效，而且改善了测井综合评价所需信息的一致性，提高了测井资料的整体评价水平，同时仪器长度的缩短不但降低了钻井成本也降低了测井施工的风险。阵列感应测井、阵列侧向测井和阵列声波测井是测井技术发展主流的具体体现。以方位侧向、多分量感应和交叉偶极子声波测井为代表的储层各向异性测井不但实现了三维测井，也为突破薄储集层测井评价的瓶颈技术指明了方向。因此，井下仪器阵列化和集成化已经成为测井技术发展的主流，储层物性各向异性测井技术研究是单项测井技术发展的方向。

3. 随钻测井小型化和集成化，应用范围和测量项目日益完善

目前，随钻测井已能进行几乎所有的电缆测井项目，其应用范围在不断扩大。在国外，海上几乎所有的裸眼测井作业都采用随钻测井技术；在陆地上，特别是大斜度井和水平井，以采用随钻测井技术为主。所以说，随钻测井技术日益成熟，地质导向和地层评价作用越来越大。另外，随钻测井方法的多样化，如随钻声、电、核、核磁、地层测试等方法都已出现，随钻地层评价全面替代电缆测井是必然结果。

4. 生产工程测井逐渐向油藏动态监测方向发展和完善

过套管电阻率测井为油田三次开发提高采收率提供了新的监测方法，井下永久传感器使得油藏生产开发状态的监测工作由长周期定期测试向全面实时动态监测方向发展。

5. 测井解释软件综合化、网络化和可视化

当以各种地球物理方法为基础的阵列传感器又进入一个新的层次（全向探测、全向解析），通过电缆的数据传输经优化和压缩达到 10Mb/s 以上的速率（这是完全可能的）甚至利用光纤达到千兆波特（多通道实时“可视”），基于大规模集成的 SOC（System on Chip）技术、千亿次车载计算平台和 64 位操作系统的成熟应用，所有这些必将使测井装备在信息获取和处理方面进入一个崭新的层次。

1.6 课程组织与内容

本课程是“测控技术与仪器专业”学生的专业基础课，也可作为“自动化专业”、“油藏工程专业”等其他类专业本科生学习石油仪器技术的一门选修课。本课程讲授石油天然气工业生产及科学研究活动中使用的石油仪器的基本测试理论、测试方法和测试技术。学生

在学习本课程之后能达到以下目的：

（1）掌握石油天然气工业生产及科学研究活动中典型物理参数的测量方法，石油仪器的测量原理和仪器的系统构成；

（2）掌握测试与检测中有关的共同性理论问题，具备根据石油天然气工业生产及科学研究活动中具体测试对象、测试要求、测试环境合理选择测量原理和测量方法的能力；

（3）掌握石油天然气工业生产及科学研究活动中的实验测试技术，具备对测试与检测中所获数据、信号的分析与处理能力；

（4）具备根据石油天然气工业生产及科学研究活动中具体测试对象、测试要求、测试环境设计简单测试系统的能力；

（5）为后续课程的学习，从事工程技术工作与科学研究打下坚实的理论与技术基础。

复习思考题

1. 仪器仪表、石油仪器是如何定义的？
2. 石油仪器是如何分类的？
3. 简述石油仪器的发展过程。就你的了解，哪些新技术可能在石油仪器上得到应用？
4. 石油仪器有什么典型特征？
5. 学习本课程应达到的目的是什么？

第2章　油层物理实验仪器

提要：油层物理知识是学习石油仪器技术的理论基础，主要研究含油气层岩石的结构与物理性质，地下流体的物理性质。油层物理实验是以油层物理学理论为基础，对含油气层岩石的结构与物理性质，地下流体的物理性质等物理参数进行的测量。油层物理实验仪器与设备具有典型的石油特征。对常规岩心分析仪器，应掌握主要油层物理实验仪器的实验原理、实验流程、测试方法及主要技术参数等，应关注模拟油气藏等条件的岩心综合联测实验仪器技术。

2.1　油层物理知识

2.1.1　岩石及其结构

1. *岩石*（Rock）

岩石是天然产出的具有稳定外形的矿物或玻璃集合体按照一定的方式结合而成（如图2-1所示），是构成地壳和上地幔（Mantle）的物质基础。岩石按成因分为岩浆岩、沉积岩和变质岩。岩浆岩是由高温熔融的岩浆在地表或地下冷凝所形成的岩石，也称火成岩或喷出岩；沉积岩是在地表条件下由风化作用、生物作用和火山作用的产物经水、空气和冰川等外力的搬运、沉积和成岩固结而形成的岩石；变质岩是由先成的岩浆岩、沉积岩或变质岩，由于其所处地质环境的改变经变质作用而形成的岩石。

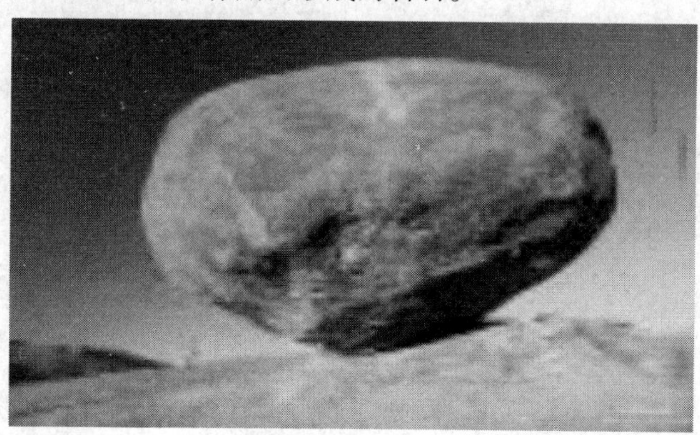

图2-1　岩石外形

地壳深处和上地幔的上部主要由火成岩和变质岩组成。从地表向下16km范围内火成岩和变质岩的体积占95%。地壳表面以沉积岩为主，它们约占大陆面积的75%，洋底几乎全部为沉积物所覆盖。

2. *沉积岩*（Sedimentary Rock）

沉积岩是在地表和地表下不太深的地方形成的地质体，它是在地表或接近地表常温常压条件下（-70~200℃，0.1~2MPa），由风化物质、火山碎屑、有机物及少量宇宙物质经流水、风、冰川及其他外力搬运，最后在海洋、低地或海陆之间的过渡地带沉积下来，在经受亿万年的压缩、变化之后，胶结在一起形成的坚硬的层状岩石，如图2-2所示。层积岩按成因可分为碎屑岩、粘土岩和化学岩（包括生物化学岩）。常见的沉积岩有砂岩、凝灰质砂岩、砾岩、粘土岩、页岩、石灰岩、白云岩、硅质岩、铁质岩、磷质岩等。沉积岩占地壳体积的7.9%，但在地壳表层分布甚广，约占陆地面积的75%，而海底几乎全部为沉积物所覆盖。沉积岩的主要特征是：

(1) 具有显著的层理构造，层与层之间有明显的界面（层面），通常下面的岩层比上面的岩层年龄古老；

(2) 沉积岩中常含古代生物遗迹，“石质化”的古代生物的遗体或生存、活动的痕迹——化石，它是判定地质年龄和研究古地理环境的珍贵资料；

(3) 有的具有干裂、孔隙、结核等，常见的沉积岩有：直径大于3mm的砾和磨圆的卵石及被其他物质胶结而形成的砾岩，由0.05~2mm直径的砂粒胶结而成的砂岩，由颗粒细小的粘土矿物组成的页岩，(方解石为其主要成分)，硬度不大的石灰岩等。

以物质来源为主要考虑的因素来分类，沉积岩被分成三类，即由母岩风化物质、火山碎屑物质和生物遗体形成的不同沉积岩。

母岩分化产物形成的沉积岩是最主要的沉积岩类型，包括碎屑岩和化学岩两类。碎屑岩根据粒度细分为砾岩、砂岩、粉砂岩和黏土岩；化学岩根据成分，主要分为碳酸盐岩、硫酸盐岩、卤化物岩、硅岩和其他一些化学岩。

碎屑岩主要由碎屑物质和胶结物质两部分组成，如图2-3所示。碎屑物质又可分为岩屑和矿物碎屑两类。岩屑成分复杂，各类岩石都有。矿物碎屑主要是石英、长石、云母和少量的重矿物。胶结物主要是化学沉积形成的矿物，它们充填在碎屑之间起胶结作用，主要有硅质矿物、硫酸盐矿物、碳酸盐矿物、磷酸盐矿物及硅酸盐矿物。碎屑岩的孔隙是储存地下水及油、气的对象，研究碎屑岩对寻找地下水及油气矿床有实际意义。

图2-2 沉积岩

图2-3 碎屑岩

生物沉积岩是由生物体的堆积造成的，如花粉、孢子、贝壳、珊瑚等大量堆积，经过成岩作用形成。

3. 储油层（Reservoirs）

地层是指在一段地质时期内在地壳中形成的一套沉积物的统称。在漫长的地质历史发展过程中，一方面，同一地区在不同地质时期所形成的地层是不同的，是有规律地变化的；另一方面，在同一时期的不同地区，由于所处的地理环境不同，形成的地层也是不同的，也是有规律地变化的。所以，地层研究的主要内容就是通过对各个不同地区地层的描述来对比和研究它们的相互关系，说明它们各自的特征，确定它们的形成规律。

油气藏是由油气储层、隔层、夹层和盖层等特定层序组成的地质构造。能够储存石油与天然气的地层称为储油层，也称为储层。除了具有孔隙的砂岩与砾岩等以外，含有孔洞的石灰岩和各种含有裂缝的岩石都可以形成储油层。沉积岩、岩浆岩、变质岩三大岩类都具有储油气性能。

沉积岩中蕴藏着大量的沉积矿产，如煤、石油、天然气、盐类等，油气资源储存于地下储油气层中，储存油气的岩石和其中的流体构成油气储层。储层岩石以沉积岩为主。储层岩石既能储存油、气、水等流体，又为油、气、水等流体提供流动通道。

2.1.2 油层物理性质

1. 岩石结构

岩石具有特定的密度、孔隙度、渗透性、抗压强度和抗拉强度等物理性质，是各种矿产资源赋存的载体。不同种类的岩石含有不同的矿产。图 2-4 所示是储油层岩石的微观结构。

1）岩石的骨架

岩石是由性质不同、形状各异、大小不等的砂粒经胶结物胶结而成的。由砂粒和胶结物构成的构架称为岩石的骨架。碎屑的大小、形状、排列方式以及胶结物的成分、数量、性质、胶结方式都会影响岩石的性质。

2）岩石的孔隙性

孔隙性是储层岩石最重要的物性参数之一，它决定一个油藏的储油特征和丰度。

（1）孔隙（Pore）。岩石的空隙是指岩石中未被碎屑颗粒、胶结物或其他固体物质充填的空间。碳酸盐岩中可溶成分受地下水溶蚀后会形成空隙；火成岩由于气体逸出而形成空隙；岩石受力后产生裂缝构成空隙。这些空隙按几何尺度可以分成孔隙、空洞和裂隙（缝）。砂岩中的空隙空间主要由孔隙构成。碳酸盐岩的空隙空间通常是由孔隙、裂缝或孔隙—空洞—裂隙构成。

一般将碎屑颗粒包围的较大的空间称为孔隙，在颗粒间连通的狭窄部分称为喉道。砂岩岩石的孔隙空间主要由喉道和孔隙组成。图 2-5 所示是孔隙与喉道分布示意图。

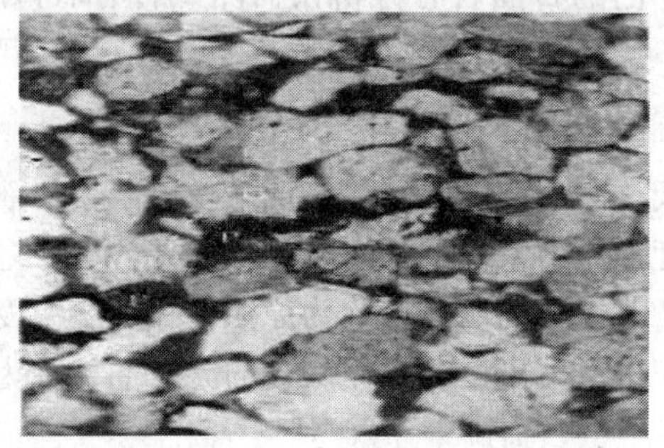

图 2-4　储油层岩石的微观结构

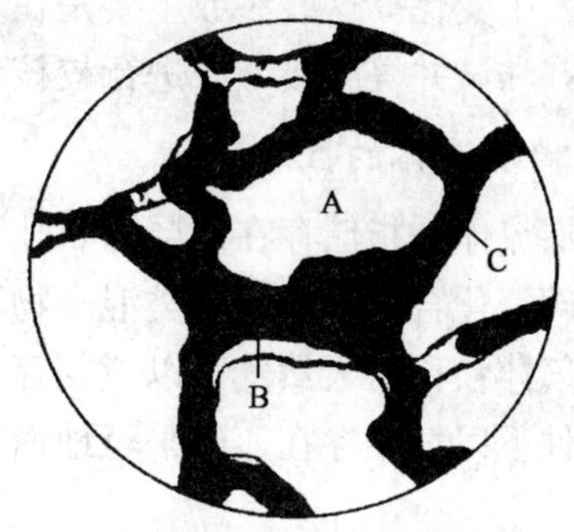

图 2-5　孔隙与喉道分布示意图

A—颗粒；B—孔隙；C—喉道

砂岩孔隙的大小和形态依赖于砂粒的相互接触关系以及成岩后作用的强弱。孔隙大小、形态决定岩石的储集能力；喉道大小、形态控制孔隙的储集和渗透能力。颗粒的形态、大小及分选性等也直接影响孔隙及喉道的性质。

(2)孔隙结构(Pore Structure)。岩石的孔隙结构是指岩石中孔隙和喉道的几何形状、大小、分布及其相互连通关系。研究表明，岩土的孔隙结构与颗粒的大小、分选性、颗粒接触方式等密切相关。

2. *储层岩石的性质*

岩石的物理性质包括物质成分(颗粒本身的性质)、结构(颗粒之间的联结)、构造(成生环境及改造、建造)、现今赋存环境(应力、温度、水)几个方面。

石油和天然气是一种液体矿藏，具有极强的流动性。要形成油气藏，油气就必须先从生油层运移到储油岩石的孔隙、孔洞和裂缝中。因为油气生成在很深的地下，为了确定海洋、沙漠、田野和城市地下是否有石油，只能是把地下的岩石“搬”上来让人们看看，就可知道地下有没有石油了。取岩心就是在钻探过程中用特殊的取心钻具从地下取出岩石样品。岩心就是按顺序“搬”到地面上的地层。

岩心是研究油砂体的真实形态、内部结构和构造的最重要的直接资料。人们可以通过粒度分析、岩心薄片的观察鉴定、电子显微镜观察等技术手段认清油砂体的特征。这对油气的勘探开发有着重要的指导作用。

岩心是实验室用于油层物理实验的岩石。储层岩石必须具有储油空间和使流体可以通过的能力，定量描述这种能力的物理参数就是岩石的物理性质。储层岩石的物理性质包括孔隙度、渗透率、饱和度、可压缩性等。

储层岩石中孔隙体积占总体积的百分比，称为油藏的孔隙度。

在孔隙体积中，油、气、水所占的体积百分比，称为饱和度(如含油饱和度、含水饱和度等)。

石油储层中总存在一部分原生的水，称为束缚水或共存水。它在开采过程中实际上并不流动。储层岩石允许流体通过能力的量度，称为渗透率。

岩石的孔隙度、渗透率、饱和度、可压缩性等，这些都是储层岩石最基本的物理参数，为开发油气田所必需。利用岩心研究油层的性质，用岩心孔隙度、渗透率、含油饱和度测定来划分油层有效厚度并推断油层中含有多少石油、油层的好坏等以获得勘探与开发的重要信息。受地质条件的影响，这些参数不仅随油层的部位而异(非均质性)，而且随油田开采的进展而发生变化。这些参数主要是在实验室内用专门的石油岩心分析仪器测试岩心取得的，并用测井和试井等间接方法进行校核。

3. *储层流体的性质*

储层流体是指储存在储层岩石孔隙中的天然气、石油和地层水。石油是指以气相、液相或固相碳氢化合物为主的烃类混合物。在地层温度和压力条件下，以气相存在并含有少量非烃类的气体，称为天然气；以液相存在并含有少量非烃类的液体，称为原油；在地层温度和压力条件下以气相存在，当采至地面，在常温常压条件下可以分离出较多的凝析油，称为凝析气。

储层流体物性参数是石油工程的基础数据。由于储层深埋于地下，储层流体处于高温、高压状态下，因此，地下流体的性质与其在地面相比较有较大的差异。所以，储层流体性质的研究是油层物理学研究的重要内容。

天然气的高压物性参数，包括组成、相对密度、压缩因子、粘度等。

原油的高压物性参数，包括溶解气油比、密度和相对密度、体积系数和收缩率、等温压缩系数、粘度等。

地层水是油层水（与油同层）和外部水（与油不同层）的总称。油层水包括底水、边水、层间水和束缚水等；外部水包括上层水、下层水以及夹层水等。在油藏中，油水按一定规律分布。边水和底水分别位于含油区的边部和底部。束缚水（不可动水）是指油藏形成时留下的不能被油驱走的水，它们分布在油层岩石的孔隙中。

研究地层水的性质，对油气田的勘探、开发、提高采收率和油气层保护等有重要的意义。通过分析地层水的类型，可以了解、认识地层成因和地下水动力场的活动特征，判断地层水（边水，底水）的流向及油层的连通情况；通过分析与地层水的配伍性，可以确定注入水水源以及入井流体中的添加剂等。

地层水的高压物性参数，包括地层水矿化度和硬度、天然气在地层水中的溶解度、地层水的体积系数、地层水的等温压缩系数、地层水的粘度等。

2.1.3 油层物理实验内容

在石油勘探阶段，岩心能够真实地反映地下地层的年代，有没有油层，油层的深度和厚度是多少，储油性能怎样，油、气、水层的相互关系怎样……通过多口钻井岩心的比较分析，还可以了解储油构造的形态，断层的性质和分布规律及其对油田的影响，油气层分布的规律和面积。在油田开发中，通过岩心可以了解油层的开采状况，可以在实践过程中不断修改和调整开发方案，把地下更多的石油开采出来。还可以用岩心来模拟地下的条件，进行各种开发实验，得出正确开发油田的依据。

油层物理实验是为油气田勘探开发提供各类油气藏岩石和流体物性参数，对不同开发方式的渗流机理及物理化学变化进行实验研究，为油气田开发及开发调整、提高采收率及增产增注提供科学依据。

油层物理实验研究涉及油田开发地质学、油气藏渗流力学、油气藏物理学、油层化学、储层地球物理学、岩石力学等学科。

油层物理实验技术包括岩石物性分析、流体性质分析、综合驱替实验。实验研究中，主要的油层物性参数是岩心的成分、结构、沉积结构、几何形态；油层物性参数还包括岩心孔隙度、渗透率、饱和度、体积密度；电阻率、自然电位、放射性、声波时间等，是属于具有潜在性作用的油层物性参数。

1. 储集层评价

综合应用薄片技术、自动图像分析技术以及压汞资料和润湿性等资料，对油田的一些比较特殊的储集层在孔隙结构特征、原始含油饱和度分布规律等方面进行系统的研究，可为储集层的分类和评价提供大量的基础资料。

2. 储层敏感性评价

储层敏感性实验研究可建立有效的评价储层伤害的方法，通过水敏、速敏、酸敏、盐敏、碱敏以及系列流体滤液的敏感性评价，提出油气层保护措施和建议。

3. 注水水质标准及其对储层影响研究

通过大量实验研究，提出适合于特殊油藏的一些水质标准，同时研究注入水悬浮颗粒与油层孔隙结构匹配关系及其地层水的配伍等。

4. 水驱油效率及其影响因素的研究

在探讨驱油效率影响因素的基础上，对提高油田水驱效率进行系统的研究，提出改善水驱油效率的措施和建议。

5. 地层原油物性及相态特性的研究

对地层原油物性及相态特性的研究，用以解决恢复原始气藏状态等问题。对稠油高压物性以及凝析气相态特性的研究，为稠油藏、凝析气藏开发方案编制提供了必要参数。

2.2 岩心前处理设备

在钻探过程中用特殊的取心钻具从地下取出的岩心，要先完成地质学、矿物学方面的分析测试后，才用于油层物理方面的实验，这是由于储层岩心非常珍贵，油层物理实验属于破坏性实验，所以，很少用整段岩心直接实验。在进行油层物理方面的实验前，要根据实验需要在原始岩心上按一定规格尺寸钻取岩心柱［其标准尺寸为：ϕ25mm×（25～80）mm；ϕ65mm×（65～100）mm；ϕ105mm×110mm］，然后按实验要求进行打磨、抛光、成像、洗油、饱和等预处理，最后进行有关油层物理方面的实验。有时为了节省储层岩心，还采用成分配比、人工制作的方法制造岩心用于实验。

岩心前处理设备包括岩心 γ 测量仪、岩心成像设备、岩心除油清洗设备、岩心制备设备、岩心油水饱和实验装置岩心预处理和人造岩心所用到的仪器设备。

2.2.1 岩心 γ 测量仪

岩心中含有铀、钍、钾等放射性元素，岩心 γ 测量就是测量这些放射性元素的总量和放射性强度。测量岩心中含有铀、钍、钾等放射性元素总量的仪器称为地面岩心 γ 测量仪，测量岩心中含有铀、钍、钾等放射性元素放射强度的仪器称为 γ 能谱测量仪。

岩心 γ 连续测量系统是一种用于对钻井取心进行连续 γ 射线总强度测量的专用测量系统。通过对放置在传送带上的岩心的连续测量，可以得到与测井曲线完全相同的测量曲线，对这些曲线数据进行对比，可以矫正岩心的相应深度，验证取心漏取段，并对岩心进行归位处理。主要技术参数：测量范围计数率 0～9999CPS；传动带速 150mm/min；岩心伽马强度 0～400API；测量误差 0.5m；岩心直径 50～120mm。

仪器主要由 NaI（Th）γ 探头、深度传感器、交流电动机、机械减速传动装置、岩心传送台、计算机、测量系统软件和绘图仪等主要部分组成。岩心 γ 测量原理将在测井仪器章节中介绍。

2.2.2 岩心成像设备

1. 岩心照相设备

通常在自然光和紫外线下，用一个标准光标尺给岩心照相。对岩心进行自然光照相，可以显示岩性、沉积结构及其他岩心描述特征。对含油岩心可在紫外光下照相，根据含油岩心中不同密度的原油在紫外光下所反映的荧光颜色的不同，重点显示含油区，以此来判断油质轻重，反映岩心含油情况。

2. X 射线成像设备

X 射线直接照射在岩心上，通过记录其衰减过程，得到可观察岩心内部结构的图像及常规岩心分析的基础数据，包括 X 射线照片、荧光检测图像、计算机层析 X 射线成像（CT）等。岩心 X 射线成像设备的原理与机构与医用的基本相同。

3. 核磁共振成像设备

核磁共振成像（Nuclear Magnetic Resonance Imaging，NMRI）是随着计算机技术、电子技术、超导体技术的发展而迅速发展起来的一种磁学核自旋成像技术。它是利用磁场与射频脉冲使岩心内部的氢（H^+）原子核在进动（一个自转的物体受外力作用导致其自转轴绕某一中心旋转，这种现象称为进动。）过程中，当外加交变磁场的频率等于拉莫频率（拉莫频率是指在磁共振现象中，特定自旋在一定主磁场强度 B_0 下会具有的共振频率。其数学关系可以简单写为：$f_0 = \lambda \times B_0/2\pi$，其中 f_0 为拉莫频率，以赫兹表示；B_0 为主磁场强度，以特斯拉表示；λ 为旋磁比）时原子核就发生共振吸收，吸收与原子核进动频率相同的射频脉冲，去掉射频脉冲之后，原子核磁矩又把所吸收的能量中的一部分以电磁波的形式发射出来（称为共振发射）。共振吸收和共振发射的过程称为“核磁共振”。当把岩心放置在磁场中，用适当的电磁波照射它，使之共振产生射频信号，经计算分析处理，就可以得知岩心内部的氢原子核的分布位置，据此可以绘制成岩心内部的精确立体图像。

核磁共振成像设备主要由磁铁系统、探头和谱仪三大部分组成。磁铁系统的功用是产生一个恒定的磁场和交变磁场；探头置于磁极之间，用于探测核磁共振信号；谱仪是将共振信号放大处理并显示和记录下来。

核磁共振测量与成像技术将在 2.5 节和第 5 章有更多介绍。

2.2.3 岩心除油清洗设备

1. 岩心热解除油仪

用热解方法，按需要的升温速度设定好加热程序，对置于热解炉内的含油岩样进行连续加热，岩样孔隙中的原油经过挥发、裂化分解、暗火燃烧等一系列反应，全部清除岩样中的原油。

2. 直接加压溶剂洗油设备

岩样装在承受上覆压力作用的钢筒内或装在可以使溶剂从岩样介质中流过的夹持器中，根据岩样渗透率大小选择施加的压力，根据岩样中烃类及溶剂类型选择所需的溶剂量，在室温（或加热）条件下加压，将一种或几种溶剂注入岩样，清洗岩样中的烃和盐。

3. 离心机岩心洗油装置

离心机装有特殊设计的转头，从蒸馏容器向装在离心机头部的岩样上喷射清洁的热溶剂。热溶剂在离心力的作用下流过岩样，驱替并洗去岩样中的油和水。

4. 气驱溶剂抽提洗油仪

利用溶解气驱的原理将溶有气体的溶剂在加压条件下注入岩心夹持器中，使溶剂与岩心中的原油混合。在降压过程中，气体由于降压作用将溶有原油的溶剂排除。对岩心内部进行重复溶解气驱，直到把原油全部驱替干净，然后用烘箱干燥或蒸馏法排除岩心中存留的溶剂和水。

5. 岩心蒸馏抽提仪

选配各种溶解原油能力较强的有机溶剂，通过索氏抽提器蒸馏抽提过程，对亲油岩心、亲水岩心和含沥青基的岩心进行循环清洗，从而洗净岩样中所含的原油。

2.2.4 岩心制备设备

1. 岩样取心器

具有冷却套和夹钳、可钻取具有代表性岩心柱塞岩样的一类岩心制备设备称为岩样取心器。

2. 岩心切磨机

用于岩心的切割、端面磨正、岩片抛光等一类的岩心预处理设备称为岩心切磨机。

3. 全岩心剖切机

全岩心剖切机是用于全岩心纵向剖切或横向剖切的一类专用设备，适用于为长期保存而制作岩心标本的切制工作。

4. 岩心油水饱和实验装置

岩心油水饱和实验装置是在抽空饱和液体的基础上，模拟地层压力，使岩心在油（或盐水）中达到充分的液相饱和，从而为测量岩心的其他参数指标做准备的一种装置。

1）工作原理

用真空泵先把储样容器腔体和储液罐中的饱和液及岩心毛细孔道中的空气抽净，然后注入饱和液真空饱和，再用加压泵给储样容器加压以模拟地层压力，利用液体介质（通常为油和水）的高压渗透原理，在规定的时间内保持压力使岩心达到完全饱和。

2）仪器组成

仪器由抽真空单元、岩心高压饱和容器及岩样盘、储液单元和加压单元组成。高压容器材料为优质不锈钢，耐腐蚀性强，耐压40MPa，容积800mL左右，一次可饱和多块岩心样品。储液单元主要由两个有机玻璃制成的储液罐组成，容积为2000mL左右，可以储存两种液体，每种液体可做两次实验。储液罐采用透明材料，便于看清剩余液体的多少。加压单元包括手摇加压泵、压力表、加液杯及连接流程的管线和阀门等。

3）主要技术指标

（1）储样容器工作压力40MPa；

（2）工作温度为常温；

（3）储样容器容积800mL；

（4）适用介质为中弱腐蚀性液体（油或盐水）；

（5）储液罐容积2000mL；

（6）加压泵工作压力50MPa；

（7）真空泵工作电压220V；

（8）真空泵排量2L/s；

（9）饱和度为95%～98%。

5. 人造岩心制备装置

1）仪器组成

人造岩心制备装置由模具主体、液压单元、机架和辅助工具组成。装置最长可以压制500mm长的岩心，既可作长岩心来满足长岩心实验的要求，又可以利用分隔垫块一次压制多个短岩心。

2）主要技术参数

（1）压力10MPa；

（2）压制岩心长度25～500mm，可以整块成型，也可分隔成型；

（3）压制岩心直径为ϕ25.4mm。

2.3 常规岩心分析仪器

常规岩心通常是指按一定要求在全直径岩心上钻取直径为25mm的标准岩心柱，它是测定岩石的孔隙度、渗透率等参数的标准样品。常规岩心分析内容包括岩心的流体饱和度、孔隙度、气体渗透率、碳酸盐含量、自然γ、粒度测定等。

2.3.1 岩心油水饱和度测定仪

1. 流体饱和度（Saturation）概念

流体饱和度定义为储层岩石孔隙中某一流体的体积与孔隙体积的比值，常用百分数或小数表示。用公式表示为

$$S_1 = \frac{V_1}{V_p} = \frac{V_1}{\Phi V_f} \tag{2-1}$$

式中 V_1——孔隙中流体的体积，cm^3；

V_p——孔隙体积，cm^3；

V_f——岩石外表体积，cm^3；

Φ——孔隙度，%；

S_1——流体饱和度，无量纲量。

从成藏角度分析，岩石孔隙中最初饱和的是水，石油和天然气是后期运移到这些孔隙中的，并将孔隙中大部分水驱替出来。由于岩石孔隙结构的复杂性、岩石—流体系统的物理化学关系和油、气、水运移的过程、次数等因素的影响，岩石孔隙中的水不可能被全部排驱干净。通常储层岩石孔隙中含有两种或两种以上流体，例如，油—水、水—气或油—水—气。

1）含油饱和度

储层岩石孔隙中油的体积与孔隙体积的比值称为含油饱和度，用公式表示为

$$S_o = \frac{V_o}{V_p} = \frac{V_o}{\Phi V_f} \tag{2-2}$$

式中 S_o——含油饱和度，无量纲量；

V_o——岩石含油体积，cm^3。

2）含水饱和度

储层岩石孔隙中水的体积与孔隙体积的比值称为含水饱和度，用公式表示为

$$S_w = \frac{V_w}{V_p} = \frac{V_w}{\Phi V_f} \tag{2-3}$$

式中　S_w——含水饱和度，无量纲量；

V_w——岩石含水体积，cm^3。

3）含气饱和度

储层岩石孔隙中气体的体积与孔隙体积的比值称为含气饱和度，用公式表示为

$$S_g = \frac{V_g}{V_p} = \frac{V_g}{\Phi V_f} \tag{2-4}$$

式中　S_g——含气饱和度，无量纲量；

V_g——岩石含气体积，cm^3。

很显然，储层流体饱和度间存在如下关系

$$S_o + S_w + S_g = 1 \tag{2-5}$$

2. *流体饱和度的测定方法*

目前，流体饱和度的测定方法分为实验室方法和矿场方法。实验室方法主要是常压干馏法和蒸馏抽提法等；矿场方法主要有以测井技术为基础的方法、井下示踪剂方法和以油藏工程方法为基础的方法。

3. *蒸馏抽提法油水饱和度测定仪*

图2-6所示为蒸馏抽提法油水饱和度测定仪。蒸馏抽提法的测定原理是利用密度小于水、沸点高于水且溶解洗油能力强的溶剂（如甲苯，相对密度0.897，沸点110℃）抽提和蒸馏出岩心样品中的油和水，然后将岩样烘干，称其质量，并比较该岩样抽提前后的质量差，获得岩心中油、水的质量 W_{o+w}。再根据水体积求出油的体积，即可以获得岩心的含油和含水饱和度。

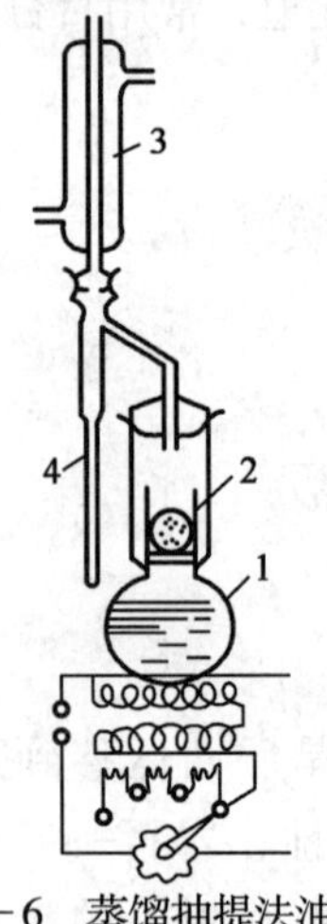

图2-6　蒸馏抽提法油水饱和度测定仪

1—长颈烧瓶；2—岩心杯；3—冷凝管；4—水刻度管

$$S_o = \frac{V_o}{\Phi V_f} = \frac{V_o \rho_a}{\Phi(m_2 - m_3)} \tag{2-6}$$

$$S_w = \frac{V_w}{\Phi V_f} = \frac{V_w \rho_a}{\Phi(m_2 - m_3)} \tag{2-7}$$

$$V_o = \frac{(m_1 - m_2) - V_w \rho_w}{\rho_o} \tag{2-8}$$

式中　m_1——岩心杯和抽提前岩样质量，g；

m_2——岩心杯和抽提后干岩样质量，g；

m_3——岩心杯质量，g；

ρ_o——油的密度，g/cm^3；

ρ_w——水的密度，g/cm^3；

ρ_a——岩样的视密度，g/cm^3；

Φ——岩样的有效孔隙度，无量纲量。

蒸馏抽提法用于柱塞岩心、旋转井壁取心和全直径岩心岩样的流体饱和度测定。优点是精度高，缺点是测试时间长。因此，这种方法常作为基准来对比和校正其他方法。

4. 常压干馏法油水饱和度测定仪

1）测定原理

常压干馏法油水饱和度测定仪如图2－7所示。它是将岩样放入钢制岩心筒内加热，通过干馏将岩样中的油、水蒸出，再经过冷凝收集于量筒中，读出油、水体积后计算饱和度。干馏法所用岩样的标准质量为100～125g。将岩样放入钢制岩心筒，通电加热（50～650℃），当温度高于水的沸点时，干馏出水和原油中的轻质馏分；继续加热，使温度升高，直到干馏出原油的重质馏分；经冷凝管冷凝为液体，流入收集量筒中。由此得到油、水体积，再由其他方法测出岩石孔隙体积，按式（2－9）、式（2－10）分别计算出岩心的油、水饱和度。

$$S_o = V_o/(\Phi V_f) \times 100\% \qquad (2-9)$$

$$S_w = V_w/(\Phi V_f) \times 100\% \qquad (2-10)$$

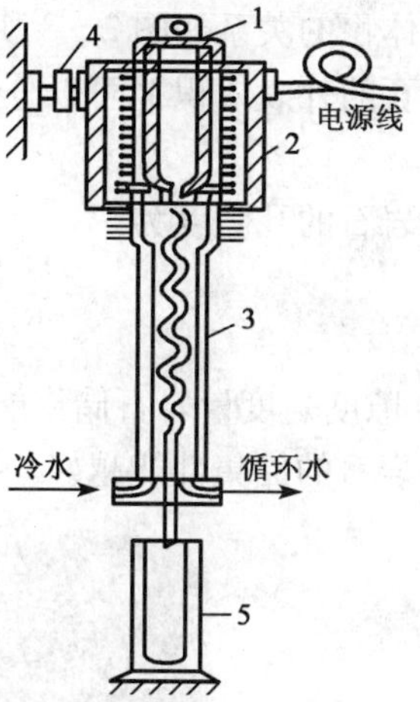

图2－7　常压干馏法油水饱和度测定仪

1—钢制岩心筒；2—筒式电炉；3—冷凝管；4—固定头；5—液体收集量筒

常压干馏法的优点是测量速度快。缺点是干馏过程中由于蒸发、结焦或裂解等原因，会导致原油体积减少；高温将引起岩石矿物中结晶水的析出，造成水饱和度的升高。

2）仪器组成

实验室使用的干馏法岩心油水饱和度测定仪，分为单组和多组两种类型。单组类型有一个岩心筒，多组类型一般有五个岩心筒。仪器由岩心筒、加热和控温单元、冷凝单元、计量单元组成。岩心筒由不锈钢制成，耐高温，上盖带有螺纹，与密封垫一起形成对岩心筒的密封。加热和控温单元是一个筒式电炉罩，加热温度由温度传感器和温控仪来测量和控制。冷凝单元由冷凝座、冷凝管、散热片组成，冷凝管内有循环水流动。装有岩样的岩心筒冷却后，流出的油、水由量筒来计量。

5. 其他测量方法

1）溶剂冲洗法

将岩样称量后装入岩心夹持器，用不同溶剂按一定顺序通过动态混相驱替方法清洗岩样，并用Karl Fischer滴定法（用来测定样品中水分含量的测定方法）分析流出物中水的含量，岩样清洗、烘干后称量，得到油的质量。

2）扫描法

利用线性X射线吸收、微波吸收、计算机辅助层析成像（轴向CT）、线性γ射线吸收、核磁共振（NMR）、无线电波共振、中子衰减成像等方法和技术测定岩样的含油、含气、含水饱和度。X射线、CT和γ射线技术是测定流体（含有高吸收性能的试剂）对高能电磁放射物的吸收量；微波吸收方法是基于水分子吸收的微波能量；NMR是探测包含在液体中一组特定元素的含量；中子衰减成像技术是基于流体（质子）对中子射线的衰减量要远远大于岩石的原理。

2.3.2 岩心孔隙度测量仪

1. 孔隙度的概念

储层岩石的孔隙度是指岩石孔隙体积与其外表体积的比值。岩石的外表体积、骨架体积与孔隙体积的关系如图 2－8 所示。

岩石的外表体积 V_f可以分解成骨架体积 V_s和孔隙体积 V_p，即

$$V_f = V_s + V_p$$

则储层岩石的孔隙度为

$$\Phi = \frac{V_p}{V_f} = \frac{V_p}{V_s + V_p} = \frac{V_f - V_s}{V_f} \tag{2-11}$$

孔隙度是度量岩石储集能力大小的参数。孔隙度越大，单位体积岩石所能容纳的流体越多，岩石的储集性能越好。孔隙度可用百分数或小数表示。

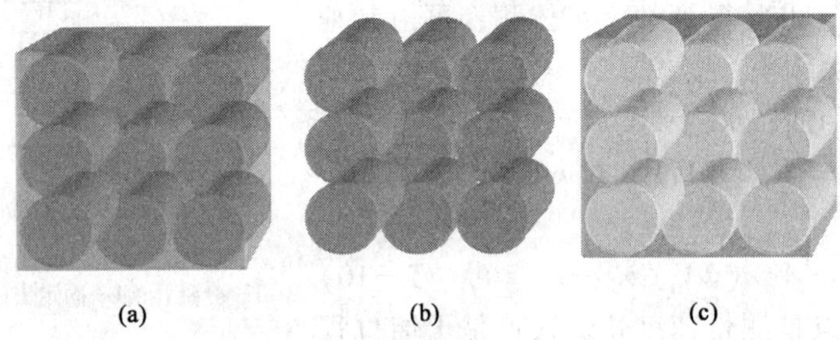

图 2－8　岩石外表体积与孔隙体积的关系

(a) 外表体积；(b) 骨架体积；(c) 孔隙体积

2. 储层岩石的孔隙度

储层岩石的孔隙多数是连通的，也有不连通的。根据岩石的孔隙是否连通和在一定压差下流体能否在其中流动，岩石的孔隙度分为绝对孔隙度、有效孔隙度和流动孔隙度。

1）绝对孔隙度（Absolute Porosity）

绝对孔隙度是指岩石的总孔隙体积（包括连通和不连通的）或绝对孔隙体积 V_{aP}与岩石外表体积 V_f的比值，可表示为

$$\Phi_a = \frac{V_{ap}}{V_f} \tag{2-12}$$

2）有效孔隙度（Efective Porosity）

有效孔隙度是指岩石在一定压差作用下，被油、气、水饱和且连通的孔隙体积 V_{eP}与岩石外表体积 V_f的比值，可表示为

$$\Phi_e = \frac{V_{ep}}{V_f} \tag{2-13}$$

3）流动孔隙度（Fluid Porosity）

流动孔隙度是指在一定的压差作用下，饱和于岩石孔隙中的流体流动时，与可动流体体积相当的那部分孔隙体积 V_{lp}与岩石外表体积 V_f的比值，可表示为

$$\Phi_l = \frac{V_{lp}}{V_f} \tag{2-14}$$

岩石流动孔隙度的大小与作用压差的大小有关，压差越大，岩石孔隙中参与流动的流体

体积越大，流动孔隙度越大。

上述三种孔隙度的关系是：$\Phi_a > \Phi_e > \Phi_l$。

在油田生产中，只有相互连通的孔隙和毛细管孔隙才有实际意义。因为它们不仅能储集油气，而且油气可以在其中渗流。那些不连通的孔隙和微毛细管孔隙，即使能储集油气，但在目前的开采条件下却无法将其采出，实际上是没有意义的。

石油企业广泛采用的测定孔隙度的方法，如饱和流体法和气体膨胀法，均是测定岩石的有效孔隙度。矿场资料和文献上不特别标明的孔隙度均指有效孔隙度。

3. 孔隙度测量方法

实验室可以通过各种仪器测定岩石的外表体积、骨架体积和孔隙体积，从而获得岩石的孔隙度。

测定岩石外表体积的方法有尺量法、排开体积法和浮力测定法。

测定岩石骨架体积的方法有比重瓶法、沉没浮力法。

岩石孔隙体积可以用气体膨胀法、饱和称重法、压汞法等直接测量。这三种方法测得的是岩石的有效孔隙体积。

4. 气体法岩心孔隙度测量仪器

1）测量原理

岩心孔隙度通常指有效孔隙度。根据气体波义耳定律的等温膨胀原理，仪器分别利用岩心室测量岩心的颗粒体积（又称岩样固体体积），利用夹持器测量岩心的孔隙体积，按式（2－15）、式（2－16）或式（2－17）计算岩心的孔隙度。

$$\Phi = PV/BV \times 100\% \tag{2-15}$$

$$\Phi = PV/(PV + GV) \times 100\% \tag{2-16}$$

$$\Phi = (BV - GV)/BV \times 100\% \tag{2-17}$$

式中 Φ——岩心孔隙度，无量纲量；

PV——岩心孔隙体积，cm^3；

BV——岩心总体积，cm^3；

GV——岩心颗粒体积，cm^3。

以气体为测试介质，对样品没有污染，测试精度较高。

岩心的颗粒体积测定原理如图2－9所示。

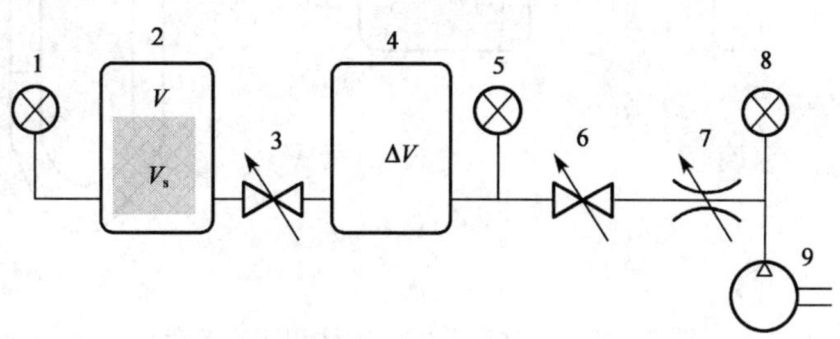

图2－9　气体膨胀式颗粒体积测定示意图

1，5，8—压力表；2—样品室；3，6—阀门；4—标准室；7—压力调节器；9—气源

已知样品室容积为 V，放入岩心后剩余容积为 $V - V_s$，样品室压力为大气压 p_a，关闭阀门3；标准室容积为 ΔV，打开阀门6，调节压力调节器7，通过气源向标准室充压至压力 p_2

（相对），然后关闭阀门6；打开两室之间的阀门3，使标准室压力向岩心室膨胀，最终压力平衡于 p_1（相对），若该过程为等温过程，由波义耳定律可得

$$\Delta V p_2 = (V - V_s + \Delta V) p_1$$

$$V_s = V - \frac{\Delta V(p_2 - p_1)}{p_1} \tag{2-18}$$

岩心的孔隙体积测定原理如图2－10所示。标准室A的容积为 V_2，岩心室B的容积为 V_1；C、D为阀门，其中C与标准室和容积室相连，D与真空泵、岩心室和水银压力计相连。实验前仪器系统压力为大气压力 p_a，将已知外表体积为 V_f 的岩样置于B室内，关闭阀门C；打开阀门D，并抽真空，通过水银压力计读数，直到B室内压力降至约20mmHg（绝对压力）时关闭阀门D；精确测出B室的压力 p_b；然后打开阀门C，使A、B两室连通，系统压力降至 p_0。设岩样的连通孔隙体积为 V_p，则

$$p_a V_2 + p_b (V_1 - V_f + V_p) = p_0 (V_2 + V_1 - V_f + V_p)$$

$$V_p = V_f - V_1 + V_2 \frac{p_a - p_0}{p_0 - p_b} \tag{2-19}$$

式中 V_2——标准室A的容积，cm^3；

V_1——岩心室B的容积，cm^3；

V_f——岩样的外表体积，cm^3；

V_p——岩样的孔隙体积，cm^3；

p_a——大气压力（绝对），MPa；

p_b——B室真空压力（绝对），MPa；

p_0——A、B室平衡压力（绝对），MPa。

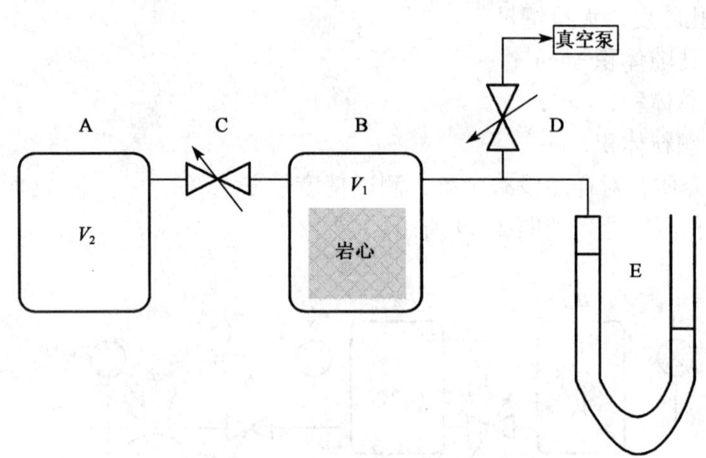

图2－10 气体膨胀式孔隙体积测定示意图

A—标准室；B—岩心室；C，D—阀门；E—水银压力计

2）仪器组成

用气体测岩心孔隙度的仪器有全自动正压孔隙度仪、全自动负压孔隙度仪和正压手动孔隙度仪。孔隙度测定仪主要由气源、压力调节器、基准室（又称标准室、参比室）、岩心

室、夹持器、压力传感器、真空泵、计算机测控单元组成。

3）技术参数

（1）压力范围：负压孔隙度仪，0～0.1MPa（绝对压力），正压孔隙度仪，0～1MPa；

（2）压力计量精度0.1%；

（3）岩样尺寸为ϕ25mm×25mm及不规则小岩样（要求有一平面）；

（4）孔隙度范围大于2%；

（5）孔隙度测量精度不大于1%。

5. 压汞法岩心孔隙度测量

1）测量原理

压汞法又称汞孔隙率法，是测定部分中孔和大孔孔径分布的方法。基本原理是，汞对一般固体不润湿，欲使汞进入孔需施加外压力，压力越大，汞能进入的孔半径越小。测量不同外压力下进入孔中汞的量即可知相应孔的大小和孔体积。

实验中，将经过抽提、洗油、烘干的岩样放入岩样室中，在高压下压入汞，测定在不同压力下压入岩心中汞的体积，经过系数校正后，即可求出不同压力下岩心有效孔隙体积。图2-11所示为某岩样孔隙体积与压力的关系曲线。

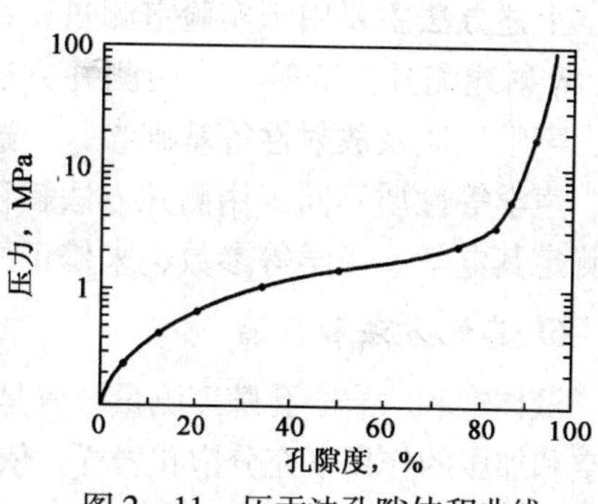

图2-11 压汞法孔隙体积曲线

2）仪器结构和性能

美国Micromeritics公司生产的AutoPore Ⅳ 9520型全自动压汞仪，是全自动运行、计算机控制汞压入、挤出过程的孔隙率仪，最大压力为414MPa，孔径测量范围30nm～1000μm，包括四个低压站，两个高压站。

AutoPore Ⅳ 9520全自动压汞仪主要性能及特点：

（1）具有进汞、退汞硬件和计量配置。

（2）测试校正包含空白膨胀计校正、膨胀计计算校正等。

（3）膨胀计进汞与退汞体积精度小于0.1μL（注意：不是指膨胀计的体积精度及加工精度）。

（4）低压站使用一个压力传感器和一个真空传感器；高压站使用两个压力传感器，量程为0～35 MPa和35～230（420）MPa。

（5）多至2500个压力点的测量，压力传感器配备高灵密度A/D数字模拟转换器（16Bit），系统软件在线校正内部压力传感器，不需要内部或者外部专门的仪器校正。

（6）采用不挥发性的油密封，保证汞的安全性。汞进入膨胀计前经过sprayer喷雾器抽真空，脱气后保证汞的纯净，配有排汞、高液面、过流三个传感器，过高仪器切断电源，所有阀门关闭。过流阱和汞储舱均接到排汞池，末端接封闭的放汞管，一旦汞过量，仪器封闭，可以通过此管放掉多余的汞。

（7）分析操作模式为快速扫描和平衡加压模式。快速扫描（持续升压或降压）即未知样品的快速测试连续加压模式，设置时间平衡（逐步设定时间升压平衡，平衡时间0～1000s）。平衡加压模式设置速度平衡（压力不变），入汞量增加到停止变化或降到定值。方便无孔压力区或初始填充压力区的快速充汞（最大100.000μL/s）。

(8) 软件具有进汞采集点、退汞采集点在线操作控制、数据采集、数据处理功能。压力和注入体积的数据点数目可自由确定。用户可根据自己的工作需要设立多种压力表，可测定注入和退出曲线及计算相关参数以实时的图形直观显示实验状态和控制过程，实时监测平衡点和进汞、退汞速率。

(9) 软件分析管理全部测量过程。输出内容包含数据表格、曲线、孔隙体积、面积、尺寸分布、真密度（多孔固体颗粒扣除了内部孔隙后的密度）、堆积密度（堆积密度是把颗粒物自由填充于某一容器中，在刚填充完成后所测得的单位体积质量）、孔隙体积、颗粒尺寸分布、孔形状、孔弯曲度和弯曲因子、孔喉比等参数。可输出多种分析报告，可以将8种分析结果叠打在一张报告上，或8个样品的分析结果叠打在一张报告上。

上述方法主要用于实验室测量，在现场测井中，测定岩石孔隙度的方法使用中子测井方法、γ射线测井方法等。采用测井方法间接测定地层岩石孔隙度的精度取决于岩石电学性质、声学性质及放射性等基础参数。这些参数必须在实验室中测出。由于不同地层岩石的电学、声学等性质不同，用测井方法解释地层的孔隙度参数时就必须根据不同的地层岩石的特点测定其电学、声学等参数，来修正经验公式。

6. 其他方法和仪器

液体饱和法岩心孔隙度测量装置是将干的柱塞岩样在空气中称重，用已知密度的液体在抽真空和加压的作用下充分饱和岩样。依据阿基米德原理，将饱和岩样分别在空气中和饱和液体中称重。根据干岩样质量、饱和岩样质量、浸没质量和液体密度计算出柱塞岩心孔隙度。

CT法岩心孔隙度测量仪是利用单能量X射线的衰减和光电吸收特性，对岩心某一横向断面做相对旋转扫描，每个位置可采集到一组一维的投影数据，再结合旋转运动，就可得到许多方向上的投影数据。衰减系数构成一个多元一次方程组，经过迭代运算，得到衰减系数的断面分布图，经过经验数据处理，即可得到岩心的孔隙度（也可处理得到密度和饱和度等参数）。

全直径岩心孔隙度测量仪是采用各种有效的技术和方法，分别测量全直径岩心的总体积、颗粒体积、孔隙体积中的任意两项，计算得到全直径岩心的有效孔隙度。

2.3.3 岩石孔隙体积压缩系数测量仪

1. 储层岩石的压缩系数

岩石存在弹性或压缩性。岩石所承受的压力来自两个方面：一是岩石孔隙内液体传递的地下流体系统压力，称之为孔隙压力或内压力，该压力作用于岩石孔隙内壁或内表面；二是储层上覆岩层的压力，称之为上覆压力。

储层岩石和储层流体的弹性或压缩性虽然很小，但当地层水动力系统范围较大，而储层压力很高时，由于孔隙压力下降后引起孔隙内流体的膨胀及孔隙体积的缩小，就可以从油层中把相当数量的液体排驱到油井中去。

1) 岩石压缩系数 C_f

储层岩石的压缩系数是指在等温条件下，单位表面体积的岩石孔隙体积随有效压力的变化率，用公式表示为

$$C_f = -\frac{1}{V_f}\left(\frac{\partial V_p}{p}\right)_T \tag{2-20}$$

式中 C_f——岩石的压缩系数，MPa^{-1}；

p——有效压力，指上覆压力与孔隙压力的差值，MPa；

$\left(\frac{\partial V_p}{p}\right)_T$——等温条件下岩石孔隙体积随有效压力的变化值，$cm^3/MPa$。

式（2-20）中的负号表示岩石孔隙体积随有效压力的增加而减小。

2）孔隙压缩系数 C_p

孔隙压缩系数是指在等温条件下，单位孔隙体积的岩石孔隙体积随有效压力的变化率，用公式表示为

$$C_p = -\frac{1}{V_p}\left(\frac{\partial V_p}{p}\right)_T \tag{2-21}$$

由式（2-20）和式（2-21）可得，岩石压缩系数与孔隙压缩系数的关系为

$$C_f = \Phi C_p \tag{2-22}$$

3）岩石的综合压缩系数 C

岩石的综合压缩系数指油藏有效压力每降低1MPa时，单位体积油藏岩石由于岩石孔隙体积缩小、储层流体膨胀而从岩石孔隙中排出油的总体积，用公式表示为

$$C = C_f + \Phi C_l$$

或

$$C = C_f + \Phi(S_o C_o + S_w C_w) \tag{2-23}$$

式中 C——岩石的综合压缩系数，MPa^{-1}；

C_f——岩石的压缩系数，MPa；

Φ——岩石的孔隙度，无量纲量；

C_l——流体的压缩系数，MPa^{-1}；

C_o——油的等温压缩系数，MPa^{-1}；

C_w——水的等温压缩系数，MPa^{-1}。

2. 岩石孔隙体积压缩系数测量仪简介

1）气态法岩石孔隙体积压缩系数测量仪

气态法岩石孔隙体积压缩系数测量仪的基本原理是建立模拟压力，保持孔隙压力不变，逐点增高覆盖压力，使净有效覆盖压力增加，孔隙体积减小。根据波义耳定律，用孔隙度测量仪测得不同净覆盖压力下岩样的孔隙体积，记录净有效覆盖压力及孔隙体积的变化，计算岩石孔隙体积压缩系数。

2）液态法岩石孔隙体积压缩系数测量仪

液态法岩石孔隙体积压缩系数测量仪的基本原理是建立模拟压力，保持孔隙压力不变，逐点增高覆盖压力，或者保持覆盖压力不变，逐点降低孔隙压力，使净有效覆盖压力增加，孔隙体积减小，记录净有效覆盖压力及孔隙体积的变化，计算岩石孔隙体积压缩系数。

2.3.4 岩心气体渗透率测定仪

1. 渗透性概念与达西定律

1）渗透性（Penetrability）与渗透率（Permeability）

储层岩石中多数孔隙是相互连通的，在一定的压差作用下，流体可以在孔隙中流动。岩石的这种性质称为渗透性。工程上用渗透率值来定量描述岩石的渗透性。渗透率大则渗透性

好，表征储层流体流通性好，便于油气开采。渗透率太低则属于低渗油气藏，开发低渗油气藏是油田开发中的一个难题。

2）达西定律（Darcy's Law）

1856年法国人亨利·达西用未胶结砂充填—直管模型做水流渗滤实验，如图2-12所示。

达西实验装置为一开口圆筒，两端装有水银压力计，筒内填充长度为L的一段砂样，水自筒的左端引入，通过溢流管保持一定高度的水位，以形成稳定压头，通过右端的出液管控制流过砂体的水的流量，在圆筒的两端保持一稳定的压差。通过实验，达西得到如下关系

$$Q \propto \frac{p_1 - p_2}{L} A \tag{2-24}$$

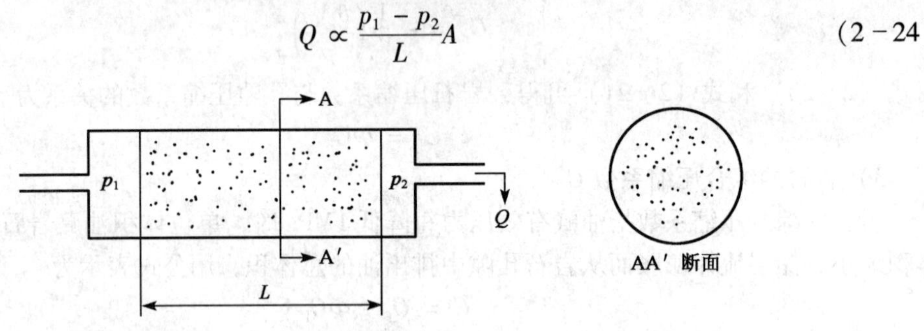

图2-12　达西实验原理

在式（2-24）中添加系数K_ϕ后，得到

$$Q = K_\phi \frac{\Delta p}{L} A \tag{2-25}$$

达西关系式又称为达西定律。实验研究表明，达西定律也适用于其他的流体，这时，系数K_ϕ应改写为K/μ，这里μ是流体的黏度，K则是表征岩石性质的系数，称为渗透率。

油层物理实验中，达西定律的通用形式为

$$Q = \frac{10KA(p_1 - p_2)}{\mu L}$$

或

$$K = \frac{Q\mu L}{10A(p_1 - p_2)} \tag{2-26}$$

式中　K——岩石的渗透率，μm^2；

μ——流体的粘度，mPa·s；

p_1——上游岩心端面处压力，MPa；

p_2——下游岩心端面处压力，MPa；

Q——通过岩心液体的流量，cm^3/s；

A——岩心的截面积，cm^2；

L——岩心的长度，cm。

式（2-26）表明：通过岩心的流量与岩心的渗透率、岩心的截面积、岩心两端面处的压力差成正比，与流体的粘度、岩心的长度成反比。

在利用式（2-26）测定岩石的渗透率时，需要满足以下条件：

（1）岩石在压力作用下的变形可忽略不计；

（2）岩石孔隙空间100%被某一种流体所饱和；

（3）流体不与岩石发生物理化学反应；

（4）流体在岩石孔隙中的渗流为层流。

式（2-26）又称为一维稳定渗流达西定律。在这样的条件下得到的渗透率仅与岩石自身的物理性质有关，而与所通过的流体性质无关，此时的渗透率称为岩石的绝对渗透率。

达西公式也可写成微分形式，即

$$Q = -\frac{KA}{\mu}\frac{\mathrm{d}p}{\mathrm{d}L} \tag{2-27}$$

因为沿流动方向压力降低，$\mathrm{d}p/\mathrm{d}L$ 为负值，式中为保证 Q 为正值而添加一个负号。

岩石渗透率的测量方法主要分为两类：一类是以达西定律为基础的实验测定方法（直接法）；另一类是测井方法或油藏工程方法（间接法）。

2. 气体渗透率测量仪器

1）测量原理

常规岩心渗透率主要采用气测法测定。测试仪器主要有：流量管气测渗透率仪、高低渗透率仪、全自动孔渗测定仪等。

根据气流进入岩心的方向又可分为水平方向岩石渗透率测定、垂直方向岩石渗透率测定和径向渗透率的测定，其测量原理相似。此外还有裂缝渗透率测量。

稳态法岩心气体（空气）渗透率测定仪又称为低压测试流程装置。在岩心柱塞两端建立合适的压差，流体在压力作用下从岩心的一端流向另一端，流动处于稳定状态，流体通过岩心的流量与岩心截面积、两端压差成正比，与流体的粘度、岩心长度成反比。测量岩心两端的压力以及通过岩心的流量，利用一维稳定渗流达西定律公式计算出柱塞岩心的气体渗透率。

在前面的讨论中，用液体测量岩石渗透率，由于施加在样品两端的压力差较小，液体的压缩性可以忽略，液体的体积流量在岩心两端及岩心中任意截面上是按常数处理的。气体却不同，气体的体积流量随压力和温度的变化而变化。由于气体在岩石中渗流时，在岩石长度的每一断面的压力不同，因而，流过岩石的气体体积流量在岩石内各点上是变化的，它沿着压力下降的方向不断膨胀、增大。因此，气体在岩石中任一点的流动状态必须用达西定律的微分形式表示，即

$$Q = -\frac{K_{\mathrm{g}}A}{\mu}\cdot\frac{\mathrm{d}p}{\mathrm{d}L} \tag{2-28}$$

如果气体流过各断面上的质量流量不变，那么根据波义耳—马略特定律，在等温条件下气体体积流量随压力的变化关系可表示为

$$Q = \frac{Q_0 p_0}{p}$$

式中，Q_0，Q 分别为 p_0 和 p 压力下的气体体积流量。因此

$$K_{\mathrm{g}} = -\frac{Q_0 p_0 \mu}{A}\frac{\mathrm{d}L}{p\mathrm{d}p}$$

分离变量后积分，并考虑到量纲关系可得

$$K_{\mathrm{g}} = \frac{Q_0 p_0 \mu L}{5A(p_1^2 - p_2^2)} \tag{2-29}$$

式中　K_{g}——气测渗透率，$\mu\mathrm{m}^2$；

p_1——进口压力，MPa；

p_2——出口压力，MPa；

p_0——大气压力，MPa；

μ——气体粘度，mPa · s；

Q_0——p_0压力下气体的体积流量，cm^3/s；

A——岩石样品的截面积，cm^2；

L——岩石样品的长度，cm。

2）测试流程

气测渗透率仪的流程如图2－13所示。该方法通过加压气体在被测岩石两端建立压差，测量出口的气体流量，并利用式（2－29）计算岩石的渗透率。

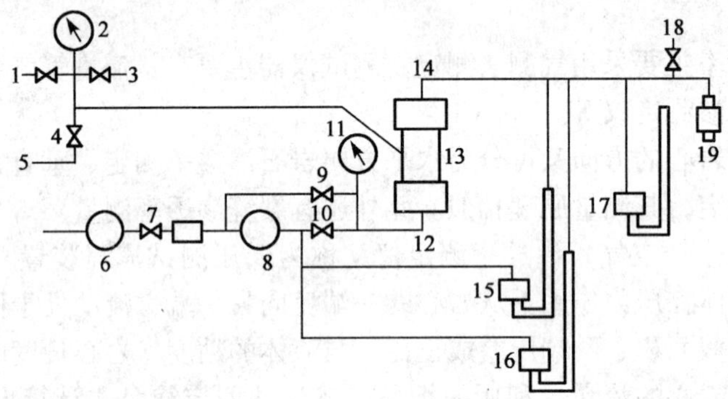

图2－13　气测渗透率仪流程图

1，3，4，7，9，10，18—阀门；2，11—压力表；5—气源；
6，8—压力调节阀；12—进口；13—岩心夹持器；14—出口；
15，16，17—压力计；19—孔板流量计

实验室覆压渗透率测量是以气体达西定律为理论基础，采用待测岩心与标准对比的方法测试岩心的渗透率。待测岩心的围压可达60MPa。在模拟地层压力条件下完成岩石的渗透率测量。

YSK－Ⅱ上覆压力孔渗联测装置由气源调节及输入单元、流程控制单元、岩心夹持器单元、数据采集处理单元和上覆压力控制单元组成。

气源调节及输入单元包括气瓶、减压器、干燥器和气体定值器；流程控制单元包括控制板、继电器、电磁阀，以及相关控制电路、控制软件和气体微流量测量模块；数据采集处理单元包括计算机、应用软件、数据采集卡和高精度压力传感器；上覆压力控制单元包括步进电动机、涡轮蜗杆升降机、高压柱塞泵、传动机构等。

3）主要技术参数

岩心规格：ϕ25.4mm ×（25 ~ 75）mm；工作压力：0.2 ~ 0.6MPa；上覆压力：2 ~ 60MPa；上覆压力控制精度：±0.1 MPa；压力测试精度：0.1%；渗透率测试范围：（0 ~ 10000）$\times 10^{-3}\mu m^2$，相对误差小于2%。

3. 其他气体渗透率测量方法与仪器

1）稳态点式岩心气体渗透率测定仪

稳态点式岩心气体渗透率测定仪的探头放置在设置好的岩样测试点上，气体由探头流向岩心切片表面（或非切片的整个岩样、可渗透的岩石露头等），然后气体由岩样流出，排向

大气。当压力和流速达到稳态时，根据压力、流量等参数计算柱塞岩心的气体渗透率。

2）脉冲衰减法岩心气体渗透率测定仪

脉冲衰减法岩心气体渗透率测定仪的夹持器两端装有定容容器，两个容器和岩心同时注入气体，并达到热力和压力平衡。增加前端容器压力，从而产生一压力脉冲通过岩心，开始测量瞬时压力，根据压力和时间等参数计算柱塞岩心的气体渗透率。

3）非稳态法岩心气体渗透率测定仪

非稳态法岩心气体渗透率测定仪的前端定容容器与夹持器相连，后端与空气相通。容器和岩心同时注入一定压力的气体，并达到平衡。打开出口阀产生压力瞬变，当上游压力衰减达到初始压力20%左右时，在整个岩心长度上建立了连续平滑的压力变化，记录选择的压力和对应的时间，可根据公式计算出柱塞岩心的气体渗透率。

2.3.5 岩心碳酸盐含量分析仪

1. 测量原理

根据盐酸与碳酸盐发生化学反应，释放出二氧化碳气体的原理，仪器在密闭的反应器中加入盐酸，投放岩样后发生化学反应，所释放二氧化碳气体的压力与岩样中碳酸盐的含量成正比。测量反应完成后二氧化碳气体的压力，按式（2-30）计算出岩样的碳酸盐含量。

$$X_c = m_s C_a p_c / (m_c p_s) \tag{2-30}$$

式中 X_c——岩样的碳酸盐含量（质量分数），%；

m_s——标准条件下碳酸钙的质量，g；

C_a——标准碳酸钙的含量（99%以上，质量分数），%；

p_c——岩样与盐酸反应释放的二氧化碳气体压力，Pa；

m_c——干岩样的质量，g；

p_s——标准碳酸钙与盐酸反应释放的二氧化碳气体压力，Pa。

2. 压力法岩心碳酸盐含量分析仪

1）工作原理

利用盐酸与岩心中碳酸盐产生的化学反应，即

$$CaCO_3 + 2HCl \longrightarrow H_2O + CaCl_2 + CO_2 \uparrow$$

$$MgCO_3 + 2HCl \longrightarrow H_2O + MgCl_2 + CO_2 \uparrow$$

在定体积容器中，当岩石样品与盐酸进行反应时，因岩石样品的碳酸岩含量不同，所产生的 CO_2 气体的压力也不同。在同温条件下，容积相同的容器内，用一定量的样品与盐酸反应，反应后产生的气体使容器内的压力增加，这个压力与标准样品和定量盐酸反应的压力进行对比，即可算出样品中碳酸盐的含量。设备采用高精度的压力传感器，采用计算机数据采集技术对实验压力进行实时采集，再通过自动分析处理软件进行处理，即可得到碳酸盐总含量，并根据碳酸钙、碳酸镁反应速率的不同，通过数学模型的运算，从而推算出岩样中钙镁的含量。

2）仪器结构

碳酸盐含量测定仪由面板、压力测量显示单元、振动单元、反应单元组成。控制面板上安装有开关和显示仪表，用于整个仪器的操作；测量显示单元由压力传感器和二次显示仪表组成，用于测量和显示反应杯内气体的压力；振动单元的作用是带动反应杯往复振动，使得

样品和盐酸充分接触，加快样品与盐酸的反应速度，缩短实验时间；反应单元包括样品投放机构、样品伞和反应杯。

3）技术参数

（1）电源：AC220V ±10% 50Hz，功率小于150W（不含计算机、打印机）；

（2）使用环境：温度0～40℃，湿度不大于85%，连续工作；样品反应器：2个，独立使用；

（3）样品质量：100～400mg；

（4）测量范围：总含量0～99%，钙含量0～99%；

（5）分辨率：0.1%；

（6）测量精度（称重，环境影响除外）：±2%。

此外，还有一种体积法岩心碳酸盐含量分析仪，它是利用盐酸与岩心中碳酸盐产生的化学反应，计量所释放出的CO_2气体体积含量，从而计算出岩心中碳酸盐含量。

2.3.6 岩心粒度分析仪

1. 粒度组成（Granulometric Composition）的概念及其测定方法

砂岩的粒度组成是指构成砂岩的各种大小不同的颗粒的相对含量，通常以质量分数表示。常用的粒度组成的测定方法有筛析法、沉降法和薄片法。筛析法主要用于分析中小直径的砂粒组成；沉降法主要用于分析粒径小于40μm的砂粒组成；薄片法主要用于分析测定较大直径的砂粒组成。

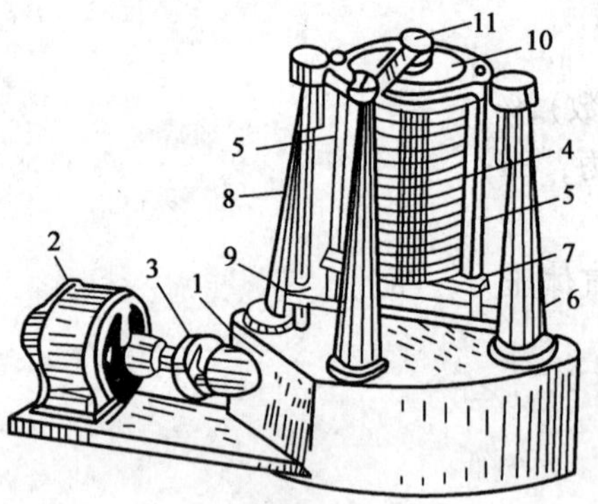

2. 筛析法岩心粒度分析仪

筛析法是粒度组成的常规分析方法，其基本做法是将岩石洗油、烘干、称取已知质量的分散岩样，振动岩样使其通过一系列孔眼逐渐变小的筛网。称出留在每个筛网上的岩样质量，以筛孔尺寸和剩余岩样的百分比来表示粒径的分布规律。根据振动方式可将筛析分为机械振动式和声波振动式两种。图2－14是筛析装置示意图。

图2－14　筛析装置示意图

1—机座；2—电动机；3—连接器；4—筛子；5—导柱；6—底盘；7—横梁；8—立轴；9—底梁；10—顶盖；11—振击器

筛析法所用套筛的筛孔有两种表示方法：一种是以筛孔孔眼大小表示；另一种是以单位长度上的孔数表示，称为目或号。套筛的孔眼大小有国家标准规定。

3. 沉降法岩心粒度分析仪

沉降法的原理是通过测定颗粒在介质中的沉降速度，间接获得颗粒的粒度组成。依据斯托克（C. J. Stokes）公式，颗粒的沉降速度为

$$v = \frac{gd^2}{18\mu}\left(\frac{\rho_s}{\rho_1} - 1\right) \tag{2-31}$$

式中　v——直径为d的颗粒在液体中的沉降速度，cm/s；

d——颗粒直径，cm；

ρ_s——颗粒密度，g/cm^3；

μ——液体的运动粘度，cm^2/s；

ρ_l——液体的密度，g/cm^3；

g——重力加速度，一般取980cm/s^2。

式（2-31）有一定的应用范围，当颗粒直径为10~50μm时，测定值有足够的精度。同时，用沉降法分析时，岩石颗粒的质量分数不应超过1%。

根据不同大小的岩样颗粒在水中沉降速度各不相同的原理，将先后下落的颗粒分别称重，记录沉降时间，由沉降经验公式对不同粒级的沉降时间进行采集处理，从而获得岩心粒度资料及各种相关参数和图样。

4. *激光法岩心粒度分析仪*

岩样颗粒在装有液体或气体的容器中分散成适当浓度，从激光器发出的激光束经显微物镜聚焦、针孔滤波和准直镜准直后，变成一定直径的平行光束。激光束照射到待测颗粒上，发生了散射现象。散射光经傅立叶透镜，照射到多元光电探测器阵列上。由于光电探测器处在傅立叶透镜的焦平面上，因此探测器上的任一点都对应于某一确定的散射角。光电探测器阵列由一系列同心环带组成，每个环带是一个独立的探测器，能将投射到上面的散射光线性地转换成电压，经信号放大、A/D转换，由计算机采集、处理。由于散射角与颗粒的直径成反比，散射光的能量分布与颗粒直径的分布相关，通过接收和测量散射光的能量分布可以得出颗粒的粒度分布特征。

激光粒度仪由He—Ne激光器、傅立叶（或反傅立叶）光路单元、光电探测器阵列、干法（或湿法）进样单元、样品池和数据采集处理单元等组成。

5. *薄片法岩心粒度分析仪*

制备岩心薄片，用偏光显微镜目测或用图像分析系统分析单个颗粒的大小，以体积频率为基础来计算粒度分布。

2.4 专项岩心分析仪器

2.4.1 岩心流动性实验仪

1. *液体渗透率测量原理*

根据达西定律，液流的全部流线都是互相平行的，在和流动方向垂直的每一个截面上所有各点的渗流速度平行且相等。

由式（2-27）微分形式的达西公式

$$Q = -K\frac{A}{\mu}\frac{\mathrm{d}p}{\mathrm{d}L}$$

分离变量并积分得

$$Q = \frac{10KA(p_1 - p_2)}{\mu L}$$

或

$$K = \frac{Q\mu L}{10A(p_1 - p_2)} \tag{2-32}$$

式中 K——液体渗透率，μm^2；

p_1——进口压力，MPa；

p_2——出口压力，MPa；

μ——液体粘度，mPa·s；

A——岩石样品的过流断面面积，cm^2；

L——岩石样品的长度，cm；

Q——液体的流量，cm^3/s。

由式（2-32）可知，在岩心的两端建立合适的压差，流体在压力作用下从岩心的一端流向另一端，流体通过岩心的流量与岩心的截面积及其两端的压差成正比，与流体的粘度和岩心的长度成反比。

式（2-32）是岩心的液体渗透率计算式。液体渗透率实验习惯上称为流动性实验，因此，式（2-32）也是设计岩心流动性实验仪的理论依据。岩心流动性实验流程如图2-15所示。

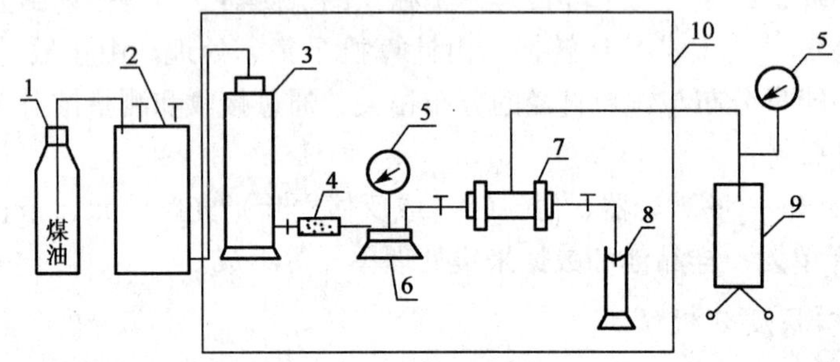

图2-15　流动性实验流程图

1—储油瓶；2—恒速泵；3—容器；4—过滤器；5—压力表；6—六通阀；7—岩心夹持器；8—量筒；9—环压泵；10—恒温箱

通过环压泵对岩心加围压模拟油藏覆压压力，用恒温箱模拟油藏温度，该方法近似地模拟了地层中油气的运移过程，且流动过程基本发生在连通孔隙。利用该方法可以完成一大类专项岩心实验，可以进行酸敏、碱敏、盐敏、水敏、速敏、正反向驱替、渗透率梯度和系列流体的连续接触实验，也可以用来评价泥浆、完井液对岩心的影响等。

通过岩心流动性实验（动态方法）也可以分析岩石的束缚水饱和度。其原理是在一定的压力、温度和流量条件下，用油或气体驱替100%饱和水的岩心，将从岩心中驱出的水收集起来，用以计算岩心中的束缚水饱和度。图2-16所示为由岩心流动性实验方法得到的岩心含水饱和度和注入孔隙体积倍数的关系曲线。

2. 仪器工作原理

岩心流动性实验装置是对岩心进行多种驱替实验的一种智能化的流动性实验仪器。该仪器利用电子天平称量渗出岩心的液体质量，用压力传感器测量渗透压力，通过微机系统定时采样，实时计算岩心的渗透率；还可通过模拟油气藏的温度、上覆压力、地层压力、流动状况等地层参数，并通过精密的测量手段对驱替所产生的变化进行记录和数据处理，进行多种驱替实验研究，为实际生产提供施工指导。主要能完成的实验包括：基础流动性实验（梯度实验）、油水相对渗透率实验、岩心敏感性评价实验和采油化学剂评价实验。

3. 仪器组成

1）动力源

该装置将提供两台平流泵和一台高粘度泵作为系统驱替实验的动力源，一台流量范围在0～20mL/min，压力范围0～20MPa，另一台流量范围在0～10mL/min，压力范围0～40MPa，这样总的压力范围将在0～40MPa，总的流量范围在0～20mL/min，能很好地满足实验的需要。

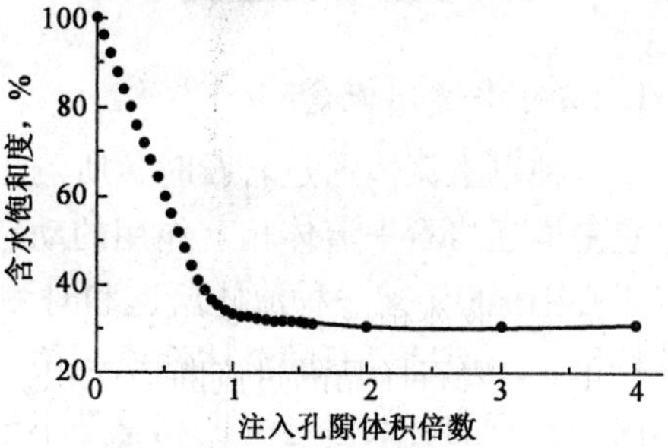

图2－16 含水饱和度与驱替液量关系曲线

2）储液单元

实验中可能用到某种实验溶液以及油和水，因此该装置配备三只1L容积的容器调换使用。考虑到实验中要用到腐蚀性流体，因此该装置另配两只容积200mL的小型活塞式中间容器，用于小剂量的腐蚀性流体段塞实验。

3）实验流程

该装置实验流程设计为双夹持器可并可串式流程，可以模拟非均质状况下的驱替情况及注入情况（双夹持器高渗、低渗并联），也可以双夹持器串联使用。

4）岩心夹持器及填砂模型

该装置配备有两只ϕ25mm×75mm岩心夹持器，用来做流动实验，两只ϕ25mm×500mm填砂管，用来做填砂实验。该仪器还配有一只ϕ25mm×500mm梯度夹持器，带三个测压孔，用来做梯度实验。

5）油藏环境模拟单元

恒温箱工作温度0～200℃，控温精度±1℃。围压泵最高压力50MPa，泵体容积200mL，分手动、电动和自动三种运行方式，可实现高、中、低三挡速度。

6）压力自动识别及计量单元

采用压力传感器组来计量工作压力，为保证每个测压点的压力都能测得准确，在每一测压点上配备两只传感器，组成一个传感器组。两只传感器采用串联连接，系统可自动选通满足量程的传感器进行计量。

7）油水出口计量单元

油水出口计量单元由两台天平来计量油水的流量，天平称量400g，感量1mg。

8）真空单元

真空单元整体安装在一个可以活动的小车上，主要由真空泵、缓冲容器、真空表、放空阀、放水阀组成。

9）数据采集处理控制模块

数据采集处理控制模块包括计算机、数据采集单元、打印机以及数据采集处理与控制软件。

3. 主要技术参数

系统工作压力：40MPa，精度0.25%；环压压力：60MPa；工作温度：室温～150℃；流量范围：0～20mL/min，精度1%；天平称量400g，感量1mg；岩心尺寸：ϕ25mm×（25～500）mm。

2.4.2 相对渗透率测量仪

1. 相对渗透率概念

用两种以上流体通过岩石时，所测出的某一相流体的渗透率称为有效渗透率或相对渗透率。它是描述岩石—流体相互作用的动态参数。

岩心中100%被一种流体所饱和时测定的渗透率称为绝对渗透率。绝对渗透率是岩石的物理特性，与通过岩石的流体性质无关。

同一岩石的有效渗透率之和总是小于该岩石的绝对渗透率。

某一相流体的相对渗透率是指该相流体的有效渗透率与绝对渗透率的比值。绝对渗透率可能是空气绝对渗透率 K_a、100%饱和地层水的水测渗透率 K 或束缚水饱和度下的油测渗透率 K_{swo}，因此相对渗透率有以下几种表达形式：

$$\left.\begin{aligned} K_{ro} &= K_o/K_a \\ K_{rw} &= K_w/K_a \\ K_{ro} &= K_o/K \\ K_{rw} &= K_w/K \\ K_{ro} &= K_o/K_{swo} \\ K_{ro} &= K_o/K_{swo} \end{aligned}\right\} \tag{2-33}$$

2. 相对渗透率测试原理

岩心相对渗透率实验分为稳态法和非稳态法两种。

稳态法是将油、水按一定流量比例，同时恒速注入岩样，测定岩样进口、出口压力及油、水流量，由达西定律计算岩样的油、水有效渗透率及相对渗透率值，并计算相应的平均饱和度值。根据不同含水饱和度时的油、水相对渗透率值，绘制出岩样的油、水相对渗透率曲线。

非稳态法是以一维水驱油理论，按照模拟条件的要求，在油藏岩样上进行恒压差或恒速度的水驱油实验，在岩样出口端记录每种流体的产量和岩样两端的压力差随时间的变化，经数据处理得到油、水相对渗透率，并绘制出油、水相对渗透率与含水饱和度的关系曲线。

岩心油气相对渗透率测定是以一维两相渗流理论和气体状态方程为依据，利用非稳态恒压法进行注气驱油实验，记录气驱油过程中岩样出口端各个时刻的产油量、产气量和两端压差，计算岩样的油、气相对渗透率和对应饱和度，并绘制出油、气相对渗透率曲线。

岩心气、水相对渗透率测定，其稳态法测量是将气、水按一定流量比例，同时恒速注入岩样，测定进口、出口压力及气、水流量，并测定岩样含水质量，计算气、水有效渗透率和相对渗透率以及岩样含水饱和度，绘制出气、水相对渗透率与岩样含水饱和度关系曲线。非稳态法是以一维两相渗流理论和气体状态方程为依据，利用非稳态恒压法进行岩样气驱水实验，记录气驱水过程中岩样出口端各个时刻的产气量、产水量和两端压差等数据，计算岩样的气、水相对渗透率和对应的含水饱和度，绘制出气、水相对渗透率曲线。

3. 实验流程

实验测试流程如图2-17所示。该实验流程设计中，稳态法是采用天平循环法流程，它是将两台泵的吸入管分别与天平上液罐里的油水体连通，形成两种流体介质的封闭循环，电子天平计量的增量就是驱出的饱和液量；非稳态法使用计量管差压法流程，它是在出口连接一个油水分离器，分离的水回注到岩心，驱出的饱和液会使分离器上的差压值发生变化，从而可以计算出驱出的饱和液量。在流程出口设有回压以及冷凝装置，以便在高温实验时避免汽化，低温实验时可绕开该部分。除去出口部分，实验流程均可耐压40MPa。回压器压力为20MPa（正反方向），膜片采用高分子聚酰亚胺材料。

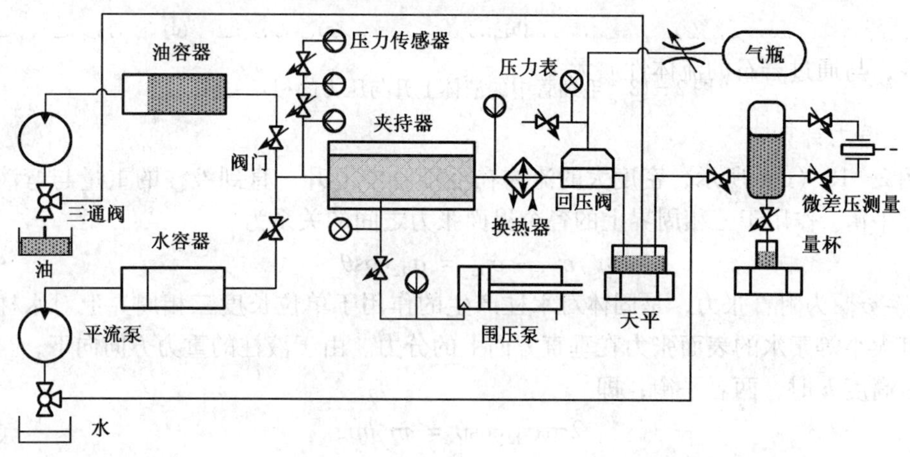

图2-17 相对渗透率测量实验流程

2.4.3 毛管压力测量仪

1. 油藏岩石的毛细管

油藏岩石的孔隙极小，流体在其中的流动空间是一些大小不等、彼此曲折相通的复杂小孔道，这些孔道可看成是变断面且表面粗糙的毛细管，因而可以将储层岩石看成是一个相互连通的毛细管网络，流体的基本流动空间是毛细管。

2. 毛管力概念

1）毛细管上升现象

如图2-18（a）所示，将两端开敞、洁净的玻璃毛细管插入盛有两相流体（油、气、水）的烧杯中，毛细管穿过两相流体界面，下端在密度大的流体中，上端浸没于密度小的流体中，在毛细管中两相流体的弯液面呈现以下三种形式：

（1）如图2-18（a）所示，相对于密度小的流体，毛细管中两相流体界面呈凹液面，且高于管外流体界面。毛细管越细，则液面上升高度越大。这是毛细管管壁对水的附着张力与毛细管管中液柱的重力平衡的结果。

（2）如图2-18（b）所示，毛细管中两相流体界面与管外流体界面平齐。

（3）如图2-18（c）所示，相对于密度大的流体，毛细管中两相流体界面呈凸液面，且低于管外流体界面。毛细管越细，则液面下降高度越大。

毛细管中弯液面的形状和位置依赖于毛细管壁之间分子内聚力和粘附力的相对大小。当接触角小于90°时，密度大的流体优先润湿毛细管壁，如图2-18（a）所示。当接触角为0°时，分子力平衡，两流体对毛细管壁的润湿程度相同，如图2-18（b）所示。当接触角大于90°时，密度小的流体优先润湿毛细管壁，如图2-18（c）所示。

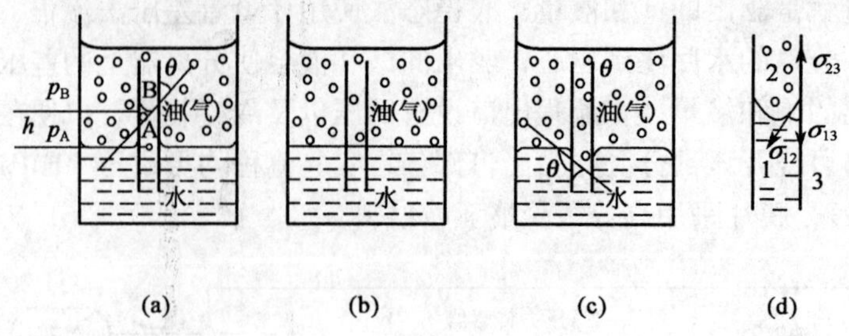

图 2-18　毛细管中的液体上升与压力的相互关系

2）毛管力计算

如图 2-18（d）所示，密度大的流体在毛细管中上升，直到液柱的重量与弯液面的附加压力差平衡。作用于三相周界上的各个界面张力之间的关系为

$$\sigma_{23} - \sigma_{13} = \sigma_{12}\cos\theta \tag{2-34}$$

$\sigma_{23} - \sigma_{13}$ 为附着张力，是固体对水柱产生的作用于单位长度三相周界上对水柱向上的拉力，其大小等于水的表面张力在垂直方向上的分力。由于液柱的重力方向向下，当液面上升至一定高度 h 时，两者平衡，即

$$2\pi r\sigma_{12}\cos\theta = \pi r^2 h\rho g \tag{2-35}$$

式中　σ_{12}——水的表面张力，N/cm；

θ——水对管壁的润湿角，（°）；

r——毛管半径，cm；

h——水柱上升高度，cm；

ρ——水的密度，g/cm³；

g——重力加速度，cm/s²。

由式（2-35）可得

$$h = \frac{2\sigma_{12}\cos\theta}{r\rho g} \tag{2-36}$$

在图 2-18（a）中，设 B 点压力为 p_B；A 点的压力为 p_A；A 点的压力又等于 p_B 加上 h 高的水柱产生的压力。

$$p_A = \rho g h + p_B \tag{2-37}$$

$$p_c = \rho g h \tag{2-38}$$

式中，p_c 为毛细管压力（简称毛管力，Capillary Pressure），单位为 MPa，它是指毛细管中弯液面两侧两种流体（非湿相流体与湿相流体）的压力差，是附着张力与界面张力的共同作用对弯液面内部产生的附加压力，因而其方向是朝向弯液面的凹向，大小等于管中液柱产生的压力，如图 2-19 所示。

将式（2-38）代入式（2-36）得

$$p_c = \rho g h = \frac{2\sigma_{12}\cos\theta}{r} \tag{2-39}$$

式（2-39）为玻璃毛管和水—气系统的毛管力公式。

同理可求得玻璃毛管和油—水系统的毛管力公式为

$$p_c = (p_w - \rho_o) g h = \frac{2\sigma_{1,2}\cos\theta}{r} \tag{2-40}$$

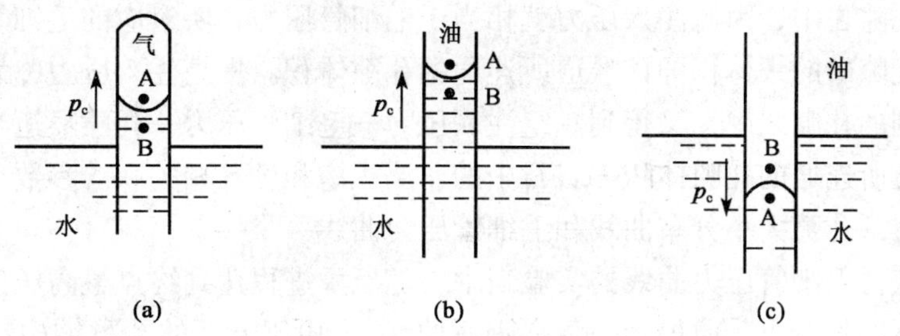

图 2－19　弯液面对其凹侧产生附加压力的示意图

（a）端部封闭毛管；（b）亲水毛管；（c）亲油毛管

式中　ρ_w——水的密度；

ρ_o——油的密度；

r——毛管半径；

$\sigma_{1,2}$——油水界面张力；

h——水柱上升高度；

p_c——毛管中弯液面两侧非湿相（油）与湿相（水）之间的压力差。

由式（2－40）可以看出，玻璃毛细管和油—水系统的毛管力等于 h 高的水柱在油中产生的压力。

对比式（2－39）及式（2－40），两者具有相同的形式，即

$$p_c = \frac{2\sigma\cos\theta}{r} \tag{2-41}$$

式中　σ——两互不相溶的流体间的界面张力，N/cm；

θ——湿相对固体表面的润湿角，(°)。

分析式（2－41）可归纳如下：

（1）毛管力 p_c 与 $\cos\theta$ 成正比。$\theta<90°$，p_c 为正值，弯液面上升，如图 2－19（b）所示；$\theta>90°$，p_c 为负值，弯液面下降，如图 2－19（c）所示。

（2）毛管力 p_c 和两相界面的界面张力 σ 成正比。

（3）毛管力 p_c 和毛管半径 r 成反比，毛管半径越小，则毛管力越大，毛细管中弯液面上升（或下降）高度越大。

3. 压汞法岩心毛管压力测量仪器

1）压汞法测量原理

实际岩石是由无数大小不等的孔隙组成，孔隙与孔隙之间有的是有一个或数个喉道所连接，而有的孔隙与其他孔隙之间根本不连通。对于一定的流体，一定半径的孔隙喉道具有一定的毛细管压力。在用非湿相驱替湿相的过程中，毛细管力是阻力，只有当外加压力等于或超过喉道的毛细管压力时，非湿相才能进入孔隙，把湿相从孔隙中赶出，使非湿相饱和度增加，湿相饱和度减小。此时的外加压力就相当于喉道的毛细管力。随外力的增大，非湿相就可以通过更小的喉道进入其所连通的孔隙，将湿相排出，使非湿相饱和度进一步增加，湿相饱和度进一步减小。这样，一定的非湿相饱和度就会对应一定的孔隙体积，但不是指和喉道半径一样大小的孔隙的体积，而是指等于或大于该半径喉道的所连通的所有孔隙体积。

汞不润湿岩石表面，是非湿相，相对来说，岩石孔隙中的空气或汞蒸气就是润湿相。往岩石孔隙中压注水银就是用非润湿相驱替润湿相。当注入压力高于孔隙之内的毛细管压力

时，汞即进入孔隙之中，因此注入压力就相当于毛细管压力，所对应的毛细管半径即孔隙喉道半径，进入孔隙中的汞体积即该喉道所连通的孔隙体积。提高注入压力，汞又可以进入更小的喉道所控制的孔隙之中，又得到一组注入压力—毛细管压力—孔隙喉道半径；注入水银体积—孔隙喉道所连通的孔隙体积—岩石中的非湿相饱和度等相关联的参数。不断改变注入压力，就可以得到孔隙大小分布曲线和毛细管压力曲线。

在压汞法获得毛细管压力曲线的实验当中，随压汞进程达到终点最高压力以后，再逐步降压使压入岩石的汞退出，便得到一条"退汞曲线"，由于岩石的孔隙结构特性，退汞曲线和压汞曲线不重合。

压汞—退汞的研究有助于进一步揭示储层岩石的孔隙结构，退汞效率的研究则有助于了解油藏的采收率。

压汞法岩心毛管压力测量仪器通常称为压汞仪。在实验室条件下，利用汞对岩心的非润湿性及表面张力和润湿接触角比较稳定等特性，用加压泵将汞注入到被抽真空的待测岩心内。根据岩心毛管压力与孔径间的关系式，可确定孔隙喉道半径、进入孔隙中的汞体积。在每个恒定的压力点记录注入压力与汞注入量，可得到毛管压力曲线，与其对应的汞饱和度及孔隙大小分布。

对于汞，界面张力 $\sigma = 4.8 \times 10^{-3}$N/cm，接触角 $\theta = 140°$，则毛细管压力为

$$p_c = \frac{2\sigma\cos\theta}{r} = \frac{2 \times 4.80 \times 10^{-3} \times \cos 140°}{r} = \frac{-0.07354}{r}(\text{MPa}) \qquad (2-42)$$

式中　r——毛细管半径，cm。

2）仪器组成

仪器主要包括压力计量模块，高压动力模块，高压岩心室，汞体积计量模块，补汞装置，真空模块，计算机实时数据采集处理与控制模块。

3）技术参数

可测孔隙直径范围：0.03～750μm；工作压力：0.002～50MPa；真空度：≤0.005mm汞柱；压力传感器精度：≤0.25%；汞体积分辨率：≤30μL；真空维持时间：≥5min；可测定压力点数目：≥100个；压力平衡时间：≥60s；最低退出压力：≤0.002MPa。

4. 离心机法毛管压力测量仪

依靠离心机高速旋转所产生的离心力，代替外加的排驱压力，实现饱和非润湿相（润湿相）驱替润湿相（非润湿相），不同转速下两相流体的离心压力差就等于毛管压力，记录不同压力下驱出的流体体积，便可绘制出毛管压力曲线。

5. 半渗隔板法毛管压力测量仪

采用抽真空或加压的方法，在岩样两端建立驱替压差，把润湿相液体从孔隙中驱替出来所需的压力等于对应孔隙的毛管压力，根据一系列毛管压力和润湿相饱和度的对应关系作图可得到毛管压力曲线。

2.4.4 岩石比面测量仪

1. 岩石的比面（Specific Area）概念

岩石的比面是指单位体积岩石的总表面积，单位为 mm^{-1}，用公式表示为

$$S = \frac{A}{V} \tag{2-43}$$

式中 S——岩石的比面，m^{-1}；

A——岩石颗粒的总表面积，m^2；

V——岩石骨架的体积，m^3。

理想岩石模型的比面主要受颗粒直径的影响，随颗粒直径变小，比面变大。砂岩骨架颗粒的粒级分布范围很广，因此，实际岩石的比面很大，主要粒级分布为0.10～0.01 mm的泥岩，比面大于$2300m^{-1}$。岩石的比面越大，说明其骨架的分散程度越大，构成骨架的颗粒越细。

岩石中泥质含量越多，岩石的比面越大，因为泥质颗粒非常细小，对比面的贡献非常大。

砂岩骨架颗粒是表面极不规则的多面体，岩石骨架颗粒的形状（或球度）对岩石比面的影响也很大。岩石骨架颗粒越不规则，岩石比面越大。

2. *岩石比面测定原理*

岩石比面的求取方法分为直接法和间接法。直接法是以Kozeny-Carman方程（1927）为基础建立的。图2-20为岩石比面测定仪示意图。对于圆柱形岩石，比面的计算公式为

$$S_b = 14\sqrt{\frac{\Phi^3}{(1-\Phi)^2}}\sqrt{\frac{A}{L}}\sqrt{\frac{H}{Q}}\sqrt{\frac{1}{\mu}} \tag{2-44}$$

式中 S_b——以岩石骨架体积为基数的比面，cm^{-1}；

Φ——岩心的孔隙度，无量纲量；

A——岩心的截面积，cm^2；

L——岩心的长度，cm；

Q——通过岩心的空气流量，cm^3/s；

μ——空气的粘度，20℃时为$1.79\times10^{-5}Pa\cdot s$；

H——空气通过岩心时的稳定水柱压头，cm。

3. *岩石比面测定仪器*

通常采用气体吸附法（如氮气法、水蒸气法）或液体吸附法（如甘油法、乙二醇法、乙二醇乙醚法）、压汞法等方法测量单位质量岩石的总孔隙内表面积。

岩石比面测定仪主要由岩心夹持器和空气唧筒组成。

测定时，打开排水开关，水从唧筒中流出，瓶内压力降低，空气从进气孔经岩样进入唧筒内。当压差计上的水柱高H一定时，进入的空气量等于排出的水量，用量筒量出相应压差下流出的水量，便可按式（2-44）计算岩样的比面。

主要技术参数：岩心尺寸：ϕ25mm×（25～70）mm；孔隙度：>15%；渗透率：$>15\times10^{-3}\mu m^2$；比面范围：$30\sim2250mm^{-1}$。

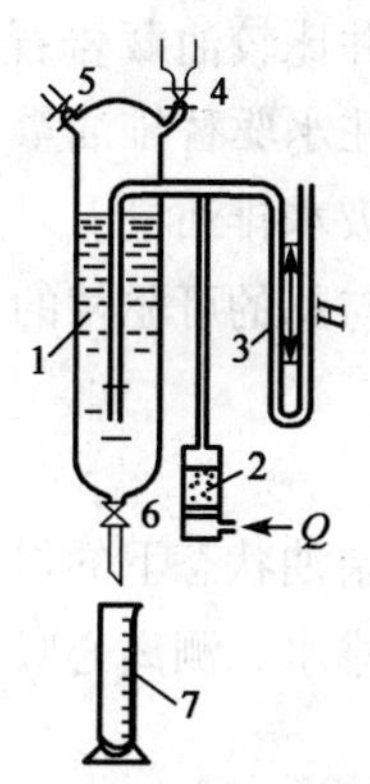

图2-20 岩石比面测定示意图

1—氮气；2—岩心；3—U形压力计；4、5、6—阀；7—量筒

2.4.5 岩石润湿性测量仪

1. *岩石润湿性（Wetability）概念*

在存在非混相流体的情况下，把某种液体延伸或

附着在固体表面的倾向性称为润湿性。润湿现象存在于三相体系中，一相为固体，另一相为液体，第三相为另一种液体或气体。一种液体对固体的润湿性是相对另一种液体或气体而言的。

在固体表面滴一滴液体，液滴可能沿固体表面散开，那么这种液体润湿固体表面，如图2－21（a)所示，水滴在玻璃板上是散开的，水对玻璃具有润湿性。

在固体表面滴一滴液体，液体可能以它的液滴状态存在于固体表面，那么这种液体不润湿固体表面，如图2－21（b）所示，水银滴在玻璃板上仍然呈液滴状，水银对玻璃不具有润湿性。

液体对固体的润湿程度通常用润湿角（接触角）θ表示，如图2－21所示。润湿角是在三相体系中，三相交界点处润湿相切面与固相切面之间的夹角。

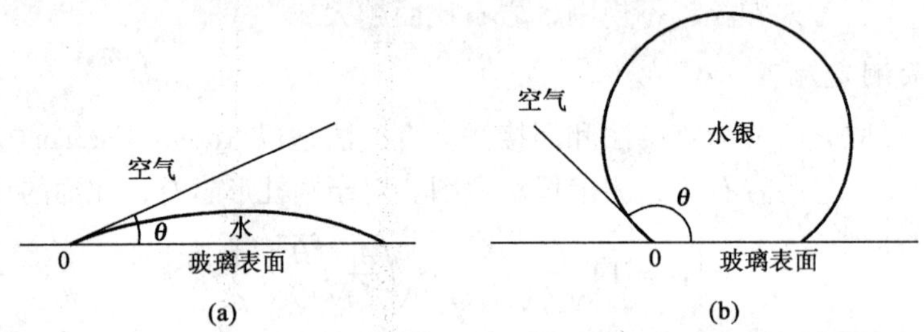

图2－21　液体对固体表面的润湿性

油—水—岩石系统的润湿性分以下几种：

（1）当$\theta<90°$时，岩石表面亲水，水是润湿相，油是非润湿相；

（2）当$\theta=90°$时，中性润湿；

（3）当$\theta>90°$时，岩石表面亲油，油是润湿相，水是非润湿相；

（4）当$\theta=180°$时，岩石表面亲水。

由于油藏岩石润湿的复杂性，准确测量岩石的润湿性比较困难，目前普遍使用的方法主要是间接测量方法。

2. 自吸法岩石润湿性测量仪

在毛管压力作用下，润湿流体具有自发吸入岩石孔隙中并排驱其中非润湿流体的特性。通过测量并比较油藏岩石的残余油状态（或束缚水状态）下，毛细管自吸油（或自吸水）的数量和注水驱替排油量（或注油驱替排水量），定性判别油藏岩石对油（水）的润湿性。

自动吸水排油量V_{o1}与离心吸水排油量V_{o2}代表了总的水驱毛管体积。润湿程度则采用自动吸水量与总的可驱替的毛管体积之比值（水湿指数W_w）来判断，即

$$W_w = \frac{V_{o1}}{V_{o1} + V_{o2}} \tag{2-45}$$

将残余油状态下的岩心放入油中20h，测自动吸油排水量V_{w1}，再放入油中，在离心条件下吸油排水，测离心吸油排水量V_{w2}，则油湿指数W_o为

$$W_o = \frac{V_{w1}}{V_{w1} + V_{w2}} \tag{2-46}$$

3. 接触角法岩石润湿性测量仪

水、油、固体系统中的三相交接处，其表面能的平衡关系符合杨—裘比公式，即

$$\cos\theta_c = \frac{\sigma_{os} - \sigma_{ws}}{\sigma_{ow}} \tag{2-47}$$

式中 σ_{os}——油和固体间的界面张力，mN/m；

σ_{ws}——水和固体间的界面张力，mN/m；

σ_{ow}——油和水之间的界面张力，mN/m；

θ_c——接触角，(°)。

通过测量油、水和岩石系统的接触角，可以确定油、水对岩石的润湿性。

4. 离心机法岩石润湿性测量仪

用离心机毛管压力测量数据在直角坐标上绘制水驱油和油驱水两个过程的毛管压力曲线，比较同一块岩石样品油驱水和水驱油毛管压力曲线同饱和度坐标轴所围面积的大小，计算润湿指数，并判别岩样对油（水）的润湿程度。

2.4.6 其他物性参数测量仪器

1. 岩心电阻率测量仪

在油层温度和上覆压力下，夹持器中的岩样夹在两个（或多对）电极之间，应用电极补偿测量电路，测量通过电极流经岩样的电流和电极之间的电压，从而实现岩石电阻率的直接测量。岩心的电阻率定义为

$$R = \frac{UA}{iL} \tag{2-48}$$

式中 R——岩心电阻率，Ω·m；

U——测量岩心两极间的电压降，V；

i——流过测量岩心的电流，A；

A——测量岩心截面积，m^2；

L——测量岩心两极间的长度，m。

2. 岩心声波测量仪

固定于夹持器中的岩样可绕轴心转动，岩样轴心平行于声波入射方向，对岩样进行加热升温。采用超声脉冲透射法，测量纵波或横波沿岩样长度方向的传播时间，计算岩样的纵波、横波速度；测量、比较声波幅度随岩样长短的变化，或根据岩样与参考样品中的声波幅度相对变化，计算纵、横波的衰减系数。

2.5 岩心综合联测仪器

2.5.1 岩心综合参数测试系统

岩心综合参数测试系统可在常规条件或模拟地层条件下，采用稳态或非稳态技术，同时进行测量两个以上岩心物理参数，包括测量孔隙度、绝对渗透率、饱和度、相对渗透率、岩电特性、压缩系数等参数。还可采用多种方法对岩心进行流体测定或评价实验，包括岩心储层敏感性评价、提高采收率及其动态物理模拟等。

1. WS－2000 地层条件岩心综合分析测试系统实验流程

WS－2000 地层条件岩心综合分析测试系统是典型的岩心综合联测仪器，可在全模拟

（水饱和度、上覆压力、地层压力和地层温度）条件对不同规格岩心作静态岩石物性参数及变化规律，动态条件下流体渗流规律模拟实验，为油气田勘探和开发提供各种参数。模拟油藏温度时可实现自动加热控温，模拟油藏压力时可实现电动加减压力。实验中的上游压力和下游压力可进行量程选择，下游加装冷凝器和回压调节装置。全部实验参数均通过传感器变换实现计算机采集与处理。实验测试数据采用数据库管理，实验报表即可按预先设定的格式打印输出，也可由研究人员用 Excel 自由处理。

图 2－22 是 WS－2000 地层条件岩心综合分析测试系统实验流程图。仪器由高温高压岩心室，进出口及压力显示控制回路，地层温度、上覆及地层压力显示、检测和伺服单元，气（液）孔隙体积变量测试模块，岩石电阻率测试模块，流体分离自动计量模块和计算机控制存储及打印模块组成。仪器配以温度、压力传感器和油气水分离自动记录测试装置，实现了计量的准确性和可靠性。

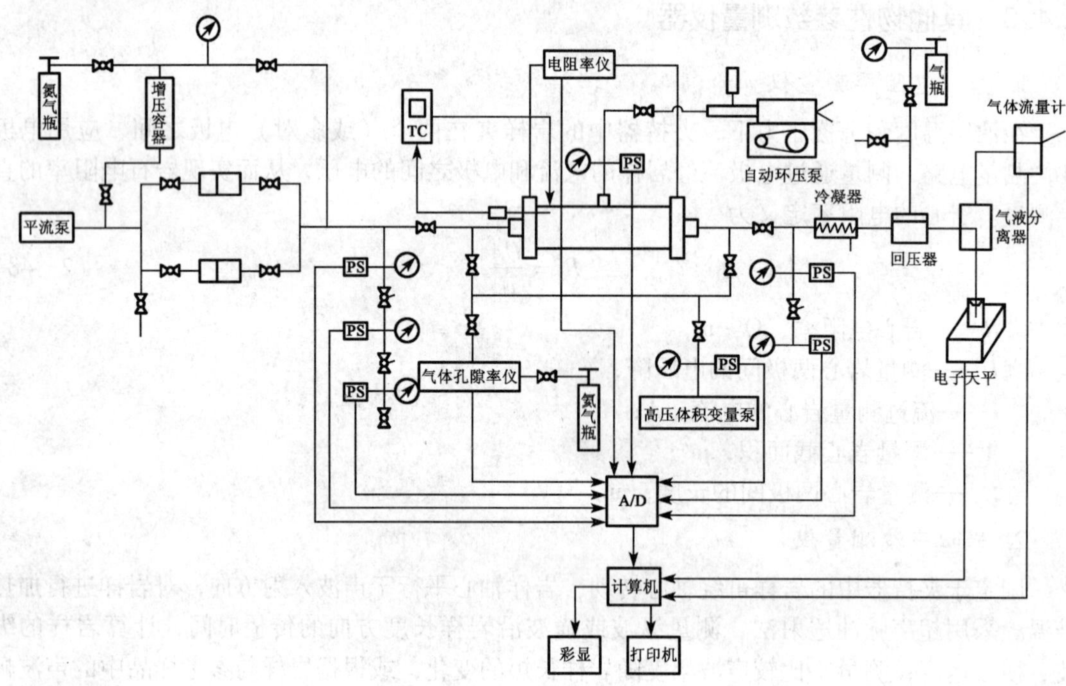

图 2－22　WS－2000 地层条件岩心综合分析测试系统实验流程图

2. 仪器测试功能

（1）气、液孔隙度和孔隙体积压缩系数测定；

（2）不同介质的渗透率和变应力条件下的渗透率测定；

（3）不同条件下的岩电参数测定；

（4）岩石应力敏感参数测定；

（5）有水、无边水、底水油气藏弹性驱和水驱开发实验；

（6）气—水、油—水相渗透率实验；

（7）同条件下流体启动压力梯度模拟实验；

（8）模拟产能实验；

（9）不同压力系统的合层开采实验。

3. 仪器技术先进性

（1）实验流程先进，仪器结构简洁，便于操作使用；

（2）采用三轴应力岩电夹持器设计，可在模拟油藏环境条件测量岩心的电阻率变化；

（3）在一个流程上完成岩心的孔隙度、渗透率、饱和度或电阻率测量；

（4）上下游压力量程可切换，扩展了仪器的测试范围；

（5）实验参数完全计算机采集、处理与控制，实验操作自动化和智能化；

（6）采用数据库管理方式管理测试数据，实验数据的处理、使用方便。

4. 技术参数

恒压恒速驱替流量：0～10mL/min；工作压力：40MPa；流量精度：0.01mL/min；模拟地层温度：室温～120℃，控制精度：±1℃；模拟地层压力（自动跟踪控制）：0～70MPa，控制精度：±1%F.S；系统工作压力：40MPa；流程管径：ϕ4mm 或 ϕ3mm；数据采集精度：12Bit/10kHz；电阻率仪测试精度；±0.5%；岩心夹持器规格：ϕ25mm×80mm。

2.5.2 核磁共振岩心分析系统

核磁共振岩石物性分析技术起源于美国，其基本原理是利用岩样孔隙流体中氢原子的核磁共振信号强度与其孔隙度成正比这一特性来实现孔隙度分析，并在此基础上完成渗透率、自由流体参数及束缚水饱和度等多项物性参数的计算与测量。核磁共振岩石物性分析可以完成以下实验测试内容。

1. 核磁孔隙度测量

基于核磁信号幅度与样品内所含的氢核数目即流体量成正比的原理，首先测量标准样的孔隙度，建立刻度关系式，然后测量岩样，将其信号幅度代入刻度关系式，即可计算得到核磁孔隙度。

2. T_2（横向磁化强度消失的时间，称为横向弛豫时间）截止值的测量

先对岩心进行100%饱和水，测量其 T_2 谱，然后在1.034MPa的离心力作用下离心，再测其 T_2 谱，可以看出可动水被离心掉，而束缚水仍然保留，两者之间的分界点即为 T_2 截止值。

3. 可动流体的测量

在 T_2 谱上给定可动流体 T_2 截止值，该值右边孔隙内的流体为可动流体。

4. 渗透率的测量

渗透率的测量是根据经验公式（2-49）进行计算。

$$K_{nmrl} = \left(\frac{\Phi_{nmr}}{C_1}\right)^4 \left(\frac{BVM}{BVI}\right)^2 \tag{2-49}$$

式中 BVM——可动流体百分数；

BVI——束缚流体百分数；

Φ_{nmr}——核磁孔隙度，%；

K_{nmrl}——核磁渗透率；

C_1——待定系数。

式（2-49）中 C_1 需要通过室内岩心分析确定，将 BVM，BVI，Φ_{nmr}及常规渗透率代入该式，即可求得所分析岩样的 C_1值，然后取其平均值作为该地区的 C_1值。

5. 含油饱和度的测量

含油饱和度的测量需要对样品进行一定的处理：一是用弛豫试剂（$MnCl_2$溶液）浸泡，缩短水的弛豫时间；二是水浴加温，降低原油粘度，延长油的弛豫时间，最终将油水从 T_2谱上完全分离开。

6. 孔径分布的测量

不同的孔喉半径其弛豫时间不一样，对不同孔喉半径信息的叠加，可以定性反应平均孔喉半径的分布情况。

7. 砂岩润湿性的测量

用核磁共振技术测量砂岩润湿性的一般方法是：首先对原始润湿性状态下的样品进行测量，然后将样品处理成强亲水（润湿指数 $S_w=1$）进行强亲水条件下的测量，再将样品处理成强亲油（润湿指数 $S_w=-1$）进行强亲油条件下的测量，最后将原始润湿性状态下的 T_1（纵向磁化强度恢复的时间，称为纵向弛豫时间）值与强亲水和强亲油条件下的 T_1值进行比较，可定量计算得到原始润湿性状态下样品的润湿指数。因此，对特定样品而言，只要 T_1与润湿指数之间具有很好的线性相关性以及在强亲油和强亲水两个极端情况下 T_1的差值足够大，就可以采用核磁共振技术来对润湿性进行精确定量测量。

8. 原油粘度测量

原油粘度不同，弛豫时间也不同，仪器被正确定标以后，即可测定原油的粘度。

2.6 地层流体分析仪器

地层流体是指存在于岩石孔隙中的液态物质，如地层原油、地层水、地层天然气、天然气水合物等。研究地层流体的物理性质是油田开发的基础研究工作。

2.6.1 地层原油物性

地层原油处于地层的高温、高压下，且溶解有大量的气体，因而与地面原油有较大的差异。从原因上分析，化学组成是烃类物质物性复杂多变的内因，高温、高压是烃类物质物性变化的外因。地层原油有下述物性参数。

1. 地层油的溶解气油比（Solution Gas - Oil Ratio）

地层原油中溶有天然气，不同类型油藏的地层原油溶解天然气的量差别很大。溶解气油比是衡量地层原油中溶解天然气的物理参数。通常把地层油在地面进行一次脱气，将分离出的气体标准（20℃，0.1MPa）体积与地面脱气油体积的比值称为溶解气油比。用公式表示为

$$R_s=\frac{V_g}{V_s} \tag{2-50}$$

式中 R_s——溶解气油比（20℃，0.1MPa）；

V_g——一次脱气分离出的天然气体积（20℃，0.1MPa），m^3；

V_s——地面脱气油体积，m^3。

2. 地层油的密度和相对密度

地层油的密度是指单位体积地层油的质量，其数学表达式为

$$\rho_o = \frac{m_o}{V_o} \tag{2-51}$$

式中 ρ_o——地层油密度，kg/m^3；

m_o——地层油质量，kg；

V_o——地层油体积，m^3。

地层油的密度是由其组成决定的。地层油组成中轻烃组分所占比例越大，则其密度越小，反之其密度越大。由于溶解气的关系，地层油密度比地面脱气油密度要低几个甚至十几个百分点。地层油的密度随温度的增加而降低。

3. 地层油的体积系数

地层油的体积系数 B_o 又称原油地下体积系数，定义为原油在地下的体积与其在地面脱气后的体积之比，用公式表示为

$$B_o = \frac{V_f}{V_s} \tag{2-52}$$

式中 V_f——地层油的体积，m^3；

V_s——V_f体积的地层油在地面脱气后的体积，m^3。

一般情况下，地下原油的体积受三个因素影响：溶解气、热膨胀性和压缩性。由于溶解气和热膨胀性对原油体积的影响（使之变大）大于弹性压缩对原油体积的影响（使之变小），因而，地层油的体积总是大于它在地面脱气后的体积，即地层油的体积系数大于1。

4. 地层油的等温压缩系数

地层油的弹性大小用等温压缩系数 C_o表示。地层油等温压缩系数定义为在等温条件下单位体积地层油体积随压力的变化率，用公式表示为

$$C_o = -\frac{1}{V_f}\left(\frac{\partial V_{of}}{\partial p}\right)_T \approx -\frac{1}{V_{of}}\frac{\Delta V_{of}}{\Delta p} \tag{2-53}$$

式中 V_f——地层油体积，m^3；

$\left(\frac{\partial V_{of}}{\partial p}\right)_T$——等温条件下，体积随压力的变化率，$m^3/MPa$。

由于 $\left(\frac{\partial V_{of}}{\partial p}\right)_T$ 项中 V_f与 p 的变化关系相反，为保证 C_o为正值，式（2-53）中加负号。

5. 地层油的粘度

原油的粘度反映在流动过程中原油内部的摩擦阻力，定义为单位面积上内摩擦力与速度梯度的比值。地层原油粘度影响其在地下的运移、流动及其在管道中的流动能力，当原油粘度过大时，将导致油井无法正常生产。原油粘度的变化范围很大，可以从零点几个毫帕秒到上万毫帕秒。

原油的粘度取决于它的化学组成、温度、溶解气油比和压力等条件。写成等式为

$$\tau = \frac{F}{A} = \mu\frac{dv}{dy}$$

或

$$\mu = \frac{\tau}{\mathrm{d}v/\mathrm{d}y} \tag{2-54}$$

式中 μ——动力粘度，mPa·s；

τ——剪切应力，N/m^2；

$\frac{\mathrm{d}v}{\mathrm{d}y}$——速度梯度，$s^{-1}$。

2.6.2 原油物性分析仪器

地层油粘度参数与其他参数一样，可以在实验室中由高压物性仪器直接测定。

高温高压地层原油物性分析仪，其反应筒内的活塞与传动机构钢性连接直接驱动，电脑通过伺服电动机直接测控反应筒内的体积变化量；可程序升温、多点加温、控温；永磁磁环强力搅拌；计算机对体积、压力、温度参数全过程检测控制。

2.6.3 地层天然气物性

天然气是从地下采出的可燃气体。天然气的高压物性参数，如组成、相对密度、压缩因子、粘度等，是石油工程的基础数据。

在天然气的组分中，甲烷（CH_4）占绝大部分，还有少量的乙烷（C_2H_6）、丙烷（C_3H_8）、丁烷（C_4H_{10}）和戊烷（C_5H_{12}）及少量非烃类气体，如硫化氢（H_2S）、二氧化碳（CO_2）、一氧化碳（CO）、氮气（N_2）、氧气（O_2）、氢气（H_2）和水蒸气（H_2O）等。

天然气中有时含有微量的稀有气体，如氦气（He）和氩气（Ar）等。

1. 天然气的组成

构成天然气的各组分及其在天然气中所占的数量比值（常用百分数表示），称为天然气的组成。天然气的组成有三种表示方法：质量组成、体积组成和摩尔组成。

天然气的质量组成为

$$w_i = \frac{m_i}{m} = \frac{m_i}{\sum_{i=1}^{k} m_i} \times 100\% \text{ 和 } \sum_{i=1}^{k} w_i = 1 \tag{2-55}$$

天然气的体积组成为

$$v_i = \frac{V_i}{V} = \frac{V_i}{\sum_{i=1}^{k} V_i} \times 100\% \text{ 和 } \sum_{i=1}^{k} V_i = 1 \tag{2-56}$$

天然气的摩尔组成为

$$y_i = \frac{n_i}{n} = \frac{n_i}{\sum_{i=1}^{k} n_i} \times 100\% \text{ 和 } \sum_{i=1}^{k} n_i = 1 \tag{2-57}$$

对于理想气体，体积组成等于摩尔组成。通常，质量组成与体积组成（或摩尔组成）之间可以互相换算，即

$$n_i = m_i/M_i$$

$$y_i = \frac{w_i/M_i}{\sum_{i=1}^{k}(w_i/M_i)} \tag{2-58}$$

上述各式中　w_i，v_i，y_i——天然气组分 i 的质量分数、体积分数、摩尔分数；

m，m_i——天然气及天然气组分 i 的质量，g；

V，V_i——天然气及天然气组分 i 的体积，mL；

n，n_i——天然气及天然气组分 i 的物质的量，mol；

M_i——天然气组分 i 的相对分子质量。

2. 天然气的视相对分子质量和相对密度

天然气是多组分混合物，不能像纯组分气体那样由分子式计算出相对分子质量。为了工程计算方便，参照物理学概念，将标准状况（20℃，0. 1MPa）下 1mol 天然气的质量定义为天然气的“视相对分子质量”（Apparent Molecular Weight）或“平均相对分子质量”（Average Molecular Weight）。根据 Kay 混合法则，有

$$M_g = \sum_{i=1}^{k} y_i M_i \tag{2-59}$$

式中　M_g——天然气的视相对分子质量，g/mol。

天然气的相对密度定义为：在标准状态（20℃，0.1MPa）下，天然气密度与干燥空气密度的比值，即

$$\gamma_g = \rho_g/\rho_0 \tag{2-60}$$

式中　γ_g——天然气的相对密度；

ρ_g——天然气的密度，kg/m^3；

ρ_0——干燥空气的密度，kg/m^3。

如果将天然气和干燥空气视为理想气体，则天然气的相对密度为

$$\gamma_g = \frac{M_g}{M_a} = \frac{M_g}{28.97} \approx \frac{M_g}{29} \tag{2-61}$$

式（2－61）表明，天然气的相对密度与其相对分子质量成正比。

3. 压缩因子状态方程

目前在石油工程中广泛应用的是压缩因子状态方程。压缩因子状态方程的实质是引入压缩因子用于修正理想气体状态方程，即

$$pV = nZRT \tag{2-62}$$

式中　T——气体的温度，K；

Z——压缩因子；

p——气体的压力（绝），MPa；

V——气体的体积，m^3；

R——通用气体常数，$MPa \cdot m^3/(kmol \cdot K)$。

压缩因子的物理意义为：在给定温度和压力条件下，实际气体所占有的体积与理想气体所占有的体积之比，即

$$Z = \frac{V_{实际}}{V_{理想}} \tag{2-63}$$

压缩因子反映了相对于理想气体，实际气体压缩的难易程度。当 $Z=1$ 时，实际气体相

当于理想气体；当 $Z<1$ 时，实际气体比理想气体易于压缩；当 $Z>1$ 时，实际气体比理想气体难于压缩。

4. 天然气的体积系数和膨胀系数

油气开采工艺和油气集输设计中常常遇到气体状态换算。例如，油气藏条件下和地面标准状态下气体体积的换算，地面标准状态下的气体流速换算成某一压力温度下输气管道内气体流速或某一压力、温度下油管内气体流速等。

1）体积系数 B_g（Volume Factor）

体积系数 B_g 定义为地面标准状态（20℃，0.1MPa）下单位体积天然气在地层条件下的体积，其数学表达式为

$$B_g = \frac{V_g}{V_{sc}} \tag{2-64}$$

式中 B_g——天然气的体积系数；

V_g——地层条件下摩尔气体的体积，m^3；

V_{sc}——地面标准状态下摩尔气体的体积，m^3。

地面标准状态下的天然气体积可用理想气体状态方程表示，即

$$V_{sc} = \frac{nRT_{sc}}{p_{sc}}$$

地层条件下的天然气体积可用压缩因子状态方程表示，即

$$V_g = \frac{Z_n RT}{p}$$

将上述两式代入式（2-64），并取标准状态 $p_{sc}=0.1\text{MPa}$，$T_{\infty}=(273+20)℃$，由于 $T=(273+t)℃$，则

$$B_g = \frac{p_{sc}TZ}{pT_{sc}} = Z\frac{p_{sc}(273+t)}{p(273+20)} = 3.413\times10^{-4}Z\frac{273+t}{p} \tag{2-65}$$

式中 t——地层温度，℃。

2）膨胀系数 E_g（Expansion Factor）

天然气的膨胀系数定义为体积系数的倒数，即气体的地面体积与地下体积的比值，其数学表达式为

$$E_g = \frac{1}{B_g} \tag{2-66}$$

由式（2-65）、式（2-66）可变换为

$$E_g = 2891.7\times\frac{p}{Z(273+t)} \tag{2-67}$$

式中 E_g——天然气膨胀系数，无量纲量。

2.6.4 天然气压缩因子测量

压缩因子不仅与温度、压力有关，而且与气体的性质有关。天然气是多组分混合物，其压缩因子的求取方法主要受其组成的影响。图2-23是压缩因子测量装置原理图。

实验求取天然气压缩因子的方法是将一定质量的天然气样品装入高压物性实验装置的PVT筒中，在恒温条件下测定天然气压力和体积的关系，然后利用式（2-63）计算不同压

力下的天然气的压缩因子。

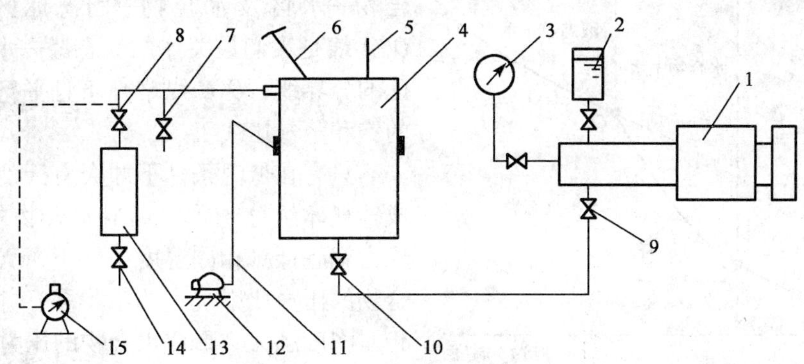

图 2-23　压缩因子测量装置原理图

1—计量泵；2—水银储存器；3—压力表；4—PVT 筒及加热套；5—温度计；6—PVT 筒顶部阀；7—放空阀；8—气样瓶上部阀；9—计量泵阀；10—PVT 筒下部阀；11—摇动连杆；12—电动机：13—气样瓶；14—气样瓶下部阀；15—气量计

2.6.5　天然气水合物实验仪器

1. 天然气水合物概念

天然气水合物（Natural Gas Hydrate，NGH）是一种由水和天然气（主要是甲烷）在高压和低温条件下形成的笼形类冰态固体物质，外貌极似冰雪，点火即可燃烧，故又称为“可燃冰”。它主要分布于海洋大陆架、陆坡沉积层和大陆高纬度地区永久冻土层中。迄今为止，在世界各地的海洋及大陆地层中，已探明的天然气水合物储量相当于全球传统能源储量的两倍以上。我国南海海底含有巨大的天然气水合物带，能源总量估计相当于中国石油总量的一半。天然气水合物是迄今为止所知的最具价值的海底矿产资源，其巨大的资源量和诱人的开发利用前景已经使之成为新世纪的战略储备能源。

天然气水合物密度为 $0.88 \sim 0.90 g/cm^3$，可视为被高度压缩的天然气资源，从能源的角度看，天然气水合物每立方米能分解释放出 160 ~ 180 标准立方米的天然气，含气量的多少取决于气体的组成。天然气水合物晶体的骨架由水分子靠氢键形成，而气体分子靠范德华力（存在于分子间的一种比化学键弱得多的吸引力）包围在晶格的空穴之中。

2. 天然气水合物的形成条件

水合物的形成除与温度、压力有关外，还与气体分子的大小、结构有关。分子直径小于 $6.7 \times 10^{-4} \mu m$ 的气体（如氮气、甲烷、乙烷、丙烷、异丁烷、二氧化碳、硫化氢等）均可形成水合物；对于分子直径大于 $6.7 \times 10^{-4} \mu m$ 的气体（如正丁烷），则不易形成水合物。分子直径太小的气体（如氢气），由于它同水分子的范德华力太小，不足以使水化物的晶格稳定，也不能形成水合物。带支链的丁烷易形成水合物，带直链的正丁烷只有在略高于水的凝固温度下才能形成水合物。但当存在大量轻烃气体时，氢气和正丁烷等气体也可形成气体水合物。

天然气中，除甲烷、氮气和惰性气体以外的其他所有气体，都有高于某一温度就不再形成水合物的临界温度。图 2-24 为水与轻烃形成水合物的相图。图中 Q_2 点对应的温度为水合物形成的最高温度，该点处液态水、液态烃、气态烃及固体水合物共存，过 Q_2 点的垂线为水合物—水区及液态烃—水区的分界线。Q_1 点一般为水的凝固点，在该点处，冰、水合

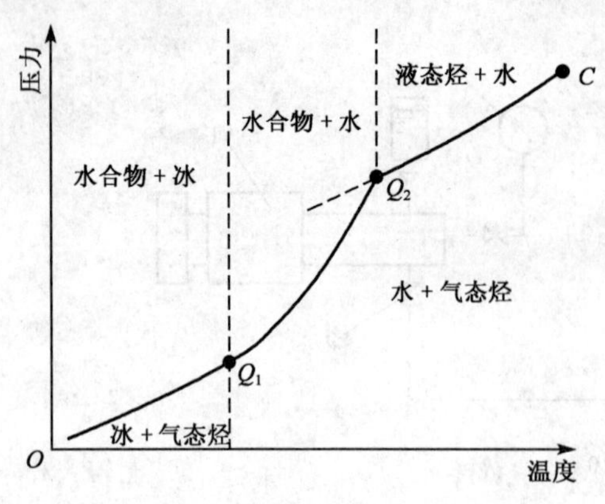

图 2-24 水、轻烃混合物相图

物、液态水和气态烃共存，过 Q_1 点的垂线为水合物—水区及水合物—固态冰区的分界线；Q_1Q_2 线是人们最关注的气态烃—水区与水合物区的分界线；Q_2C 线略高于且平行于纯烃组分的饱和蒸气压线。

只有在低温条件下才会有天然气水合物形成。气体组分越重，形成水合物的临界温度、压力就越低。相同温度条件下，天然气形成水合物的压力比甲烷气体小得多，并且天然气的相对密度越大，形成水合物的压力越低。

3. 天然气水合物实验仪器

天然气水合物模拟实验技术主要用于研究 NGH 的组成与结构、物理化学特性、形成、分解热力学和动力学、NGH 成藏机理与描述、勘探开发技术以及 NGH 工业应用等方面。天然气水合物模拟实验设备一般由高压系统、冷却系统和测试系统三部分组成，根据各自的研究需要加工组合。NGH 低温高压实验系统的总体特点是：

（1）可模拟天然气水合物的生成环境与条件，采用可视化技术直接观察、摄录实验模型中的水合物相变情况；

（2）采用高精度传感器技术，显示、记录各实验参数，能够清楚地辨认出天然气水合物形成和分解的压力和温度条件；

（3）能够通过计算机对实验条件进行自动监测与控制，自动采集与处理实验数据；

（4）可运用光、声、电多种检测方法探测 NGH 的物理特性及生成与分解过程。

天然气水合物模拟实验设备主要有：

（1）含海底沉积物的天然气水合物生成反应实验装置；

（2）多孔介质中 NGH 热学、动力学模拟实验装置；

（3）NGH 一维长管开采模拟实验系统；

（4）NGH 二维平板开采模拟实验系统；

（5）NGH 三维柱体开采模拟实验系统；

（6）天然气水合物低温储存和运输实验装置。

4. NGH 模拟实验系统

1）实验系统流程

如图 2-25 所示，该实验装置主要包括：平流泵、电子天平、中间容器、高压气瓶、气体流量计、水合物生成物理模型、回压阀、数据采集模块、电极系选通模块、恒温箱以及实验测试软件等。

其模拟实验原理是在水合物生成物理模型中填充多孔介质，用平流泵向该模型中注入 NaCl 溶液，高压气瓶向模型中注入天然气，恒温箱维持低温，使模型内升压和降温，在一定的时间内即可在模型内生成天然气水合物。物理模型上布置若干电极系、压力传感器和温度传感器，为了避免电场干扰，通过电极系选通模块可适时选定某一电极系进入测量状态，数据采集模块即可实时完成相关实验数据的采集，通过计算机计算出该测点的电参数。

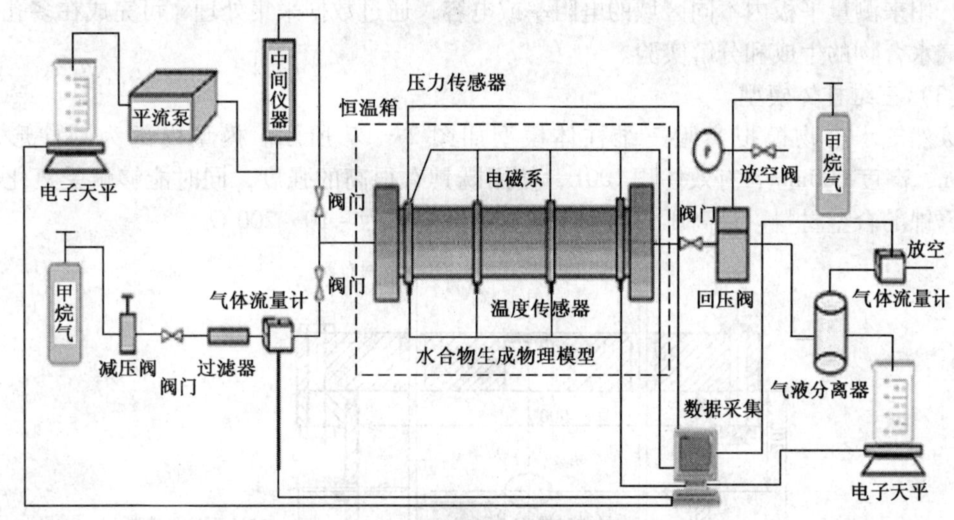

图 2-25 NGH 模拟实验系统流程图

做生成实验时，封堵出水、出气口，气瓶内的天然气经过减压、过滤、稳压、气体流量计后注入平板内；水通过电子天平称量，由平流泵经中间容器注入模型内，模型内的温度由恒温箱控制。

开采实验过程中，需要对产出的气、液进行分离。在整个实验过程中，要实时记录、保存实验数据（包括电容、电阻率、压力、温度、注入液、气的流量以及产出液、气的流量等）。做开采实验时，封堵注水、注气口，采用不同的开采方法对水合物进行开采，开采出来的天然气经过分离器分离后由气体流量计计量，水则由电子天平计量。可采用降压开采、升温开采、注化学试剂三种开采方法进行开发模拟实验。

2）模拟实验模型

（1）一维长管模型。

一维长管模型是高压透明梯度试验管，由高强度石英玻璃制成，尺寸 $\phi 38mm \times 500mm$，试验管可耐压 25MPa，工作压力为 20MPa。管子中间设计有两套梯度取压测温装置，用于准确测量压力和温度梯度。梯度取压测温装置将试验管分隔为三段。经过处理的水和甲烷气就是在这个高压透明梯度试验管里生成或分解天然气水合物的。

测量天然气水合物电阻率的一维物理模型的有效长度 800mm，内径 80mm。该模型内均匀布置了 11 支电阻率测量电极，用来测量生成的水合物的电阻率；与电极处在同一截平面，布置有温度传感器和压力传感器，分别监测实验过程中模型内的温度和压力变化。该物理模型工作压力为 20MPa，工作温度为 -50～150℃。

（2）二维平板模型。

多孔介质中天然气水合物模拟实验二维平板模型如图 2-26 所示，它由两块正方形平板构成，大小尺寸（实验要求的有效尺寸）相同，实验过程中要求平行放置，在两平板间填沙（介质），后注水和天然气。上盖板均匀放置 25 支温度传感器，用来测量平板内不同区域的温度，下盖板均匀布置 25 支电阻（或电容）电极

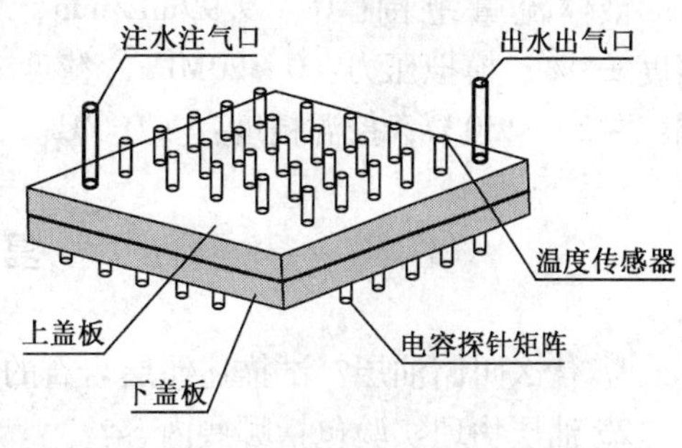

图 2-26 NGH 二维平板模型

探针，用来测量平板内不同区域的电阻率或电容，通过数据采集处理，可完成在多孔介质中天然气水合物的生成和分解实验。

(3) 三维柱体模型。

天然气水合物模拟实验三维柱体模型如图 2－27 所示。模型内部为圆柱形，直径 500mm，高度 600mm，有效体积 100L，使用既具有很高的强度，同时能够耐受氯化物、硫化物腐蚀的合金材料，最高压力为 25MPa，温度范围为 -10～200℃。

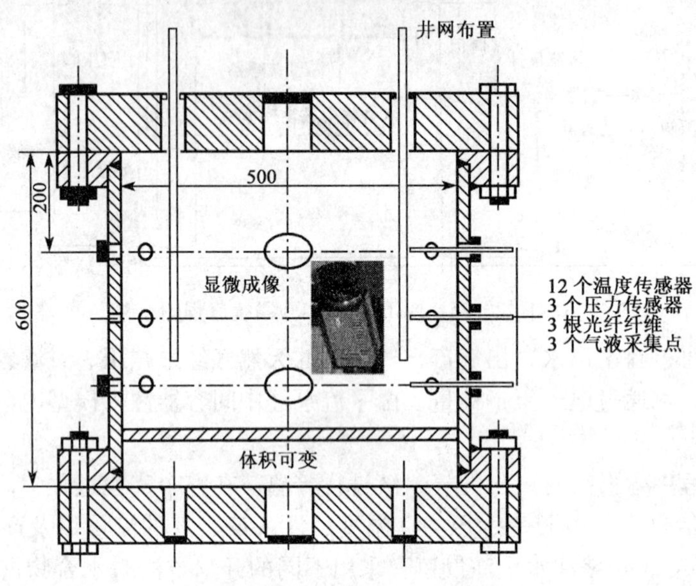

图 2－27 NGH 三维柱体模型

模型内部布置环压维持设备，以保证沉积物均匀压实；外层布置水套，水套中通入乙二醇溶液，以控制实验温度；模型主体上对称均匀布置两层，四个独立可视观察窗，直径 30mm。每一层都有位置前后对应的两个观察窗；布置三层数据采集点，可安装温度传感器、压力传感器等。在模型下部布置活塞，实现模型实验容积可变，可变量不超过底层采集孔或者底层可视窗口。

模型可布置垂直井网，模拟多点井网开采天然气水合物过程，同时可布置水平井网，以模拟水平井开采天然气水合物过程。另外，井下氧化燃烧加热—化学开采装置可置于模型内的沉积物中，通过新型高压低温燃烧器，在井底通过注入催化剂、氧化剂燃烧分解的气体，以加热水合物分解促进剂溶液。

3) 技术指标

液体流量范围：0～9.99mL/min，精度 ±1%；气体流量范围：0～1000mL/min，精度 ±1%；模拟压力：0～20MPa，精度 ±0.2%；系统耐压：25MPa；恒温实验箱温度范围：-20～150℃；控温精度：±1.0℃。

复习思考题

1. 什么叫储油层？试描述储层岩石的结构和性质。

2. 油层物理实验包括哪些内容？

3. 岩心孔隙度是如何定义的？气体膨胀法测量孔隙度的实验主要测量哪些参数？是如

何实现的?

4. 岩心流动性实验的原理什么？用岩心流动性实验可以做哪些方面的研究工作?
5. 采用量纲分析方法推导出岩心气体渗透率的量纲。
6. 相对渗透率测量有几种方法？说明它的测量原理。
7. 试述毛管力的性质，计算汞在岩石喉道的毛管力。
8. 核磁共振方法可以测量岩心的哪些参数?
9. 原油物理性质包括哪些内容?
10. 天然气水合物的形成条件是什么？目前研究天然气水合物用什么实验模型?

第3章 石油天然气工程仪器

提要：石油天然气工程仪器包括在钻井设备、油气田开发、油气井工程的科研和生产中使用的仪器。虽然这类仪器的测量原理并不复杂，但由于油气田生产环境的特殊性使得其测量方法的实现和仪器的工艺结构均能体现石油行业特点。钻井仪器既可以是独立参数的测量仪器，也可以是多参数综合测量系统，并且在向随钻测量系统方向发展。油气井工程方面的仪器有综合录井仪和导流能力测试仪，油气井参数测量仪器部分归类于测井仪器。开发仪器仪表主要是示功仪和油井液面仪，应重点完善油井综合诊断仪。

3.1 概述

在石油天然气工业生产过程中，为了增加石油天然气产量，降低开采成本，提高生产效率，确保安全生产，保证石油天然气的开发生产能够顺利进行，需要对反映生产与管理过程的各种参数进行实时监测，其监测仪器仪表在石油天然气工业的科研和生产方面起着重要的作用，石油天然气工程仪器的发展在某种意义上代表了石油天然气工程的科学技术水平。

石油天然气工程仪器大致可划分为钻井仪器、油气井工程仪器和油气田开发仪器，其中有些仪器与其他种类的石油仪器不能严格区分。

石油天然钻井工程上使用的仪器仪表通常称为钻井仪器，是钻井工程师的眼睛。使用钻井仪器仪表能及时测量并显示出井架或提升系统是否超载，随时指示在钻进过程中加于钻头上的压力大小，在喷射钻进中能及时指示泵压、钻井液排量、粘度、密度及上返速度。在正常钻进中还可以指示转盘扭矩及转速的变化，预防钻具设备和井下事故的发生。总之，钻井仪器仪表的正确使用，是保证安全、优质、快速、高效钻井的重要手段。

油气井是人类勘探与开发地下石油与天然气资源必不可少的信息和物质通道。油气井工程是围绕油气井的建设、测量与防护而实施的资金和技术密集型工程，主要包括油气勘探开发钻井与完井工程、油气井测量与测试工程，以及油气井防护与修复工程等，是油气勘探开发的基本环节。在油气井工程的科研和生产中，用于油气井流体力学及高压射流技术研究的仪器有超高压射流实验系统，PIV 高速射流实验测试及数据采集处理系统等；用于油气井工程岩石力学研究的仪器有高温高压三轴岩石力学测量系统，岩石声学测试装置；用于钻井过程控制和地层信息采集与利用的综合录井仪；用于钻井液、完井液化学与技术要研究的钻井液动态滤失仪；水力压裂设计与评价技术研究的导流能力测试仪。

油气田开发工程的研究内容是在油藏描述建立地质模型和油藏工程模型的基础上，研究有效的驱油机制及驱动方式，预测未来动态，提出改善开发效果的方法和技术，以达到提高采收率的目的。在油气田开发工程中，用于油气渗流和提高采收率研究的仪器主要是驱替类岩心综合测量仪器，已归于油层物理实验仪器类，生产井测井方面的部分仪器归于测井仪器。另外，原油含水分析仪、抽油井示功仪、油井液面测量仪属于油气田生产方面使用的仪器。

3.2 钻井机械与钻井仪器

3.2.1 钻机组成及工作原理

1. 钻机组成

钻井机械简称钻机，是石油钻井中带动钻具破碎岩石，向地下钻进，获得石油或天然气通道的大型综合机电设备。

如图 3-1 所示，一部常用石油钻机主要由动力设备、传动设备、工作设备及辅助设备组成，包括提升系统、旋转系统、钻井液循环系统、传动系统、控制系统、动力驱动系统、钻机底座、钻机辅助设备系统等八大系统，具有起下钻能力、旋转钻进能力和循环洗井能力。其主要设备有：井架、天车、绞车、游动滑车、大钩、转盘、水龙头（动力水龙头）及钻井泵（现场习惯上称钻机八大件）、动力机（柴油机、电动机、燃气轮机）、联动机、固相控制设备、井控设备等。

提升系统主要是由绞车、井架、天车、游动滑车、大钩及钢丝绳等组成。其中天车、游动滑车、钢丝绳组成的系统称为游动系统。提升系统的主要作用是起下钻具、控制钻压、下套管以及处理井下复杂情况和辅助起升重物。

图 3-1　石油钻井机械

旋转系统是由转盘、水龙头（动力水龙头）、井内钻具（井下动力钻具）等组成。其主要作用是带动井内钻具、钻头等旋转，连接起升系统和钻井液循环系统。

钻井液循环系统是由钻井泵、地面管汇、立管、水龙带、钻井液配制净化处理设备、井下钻具及钻头喷嘴等组成。其主要作用是冲洗净化井底、携带岩屑、传递动力。

传动系统是由动力机与工作机之间的各种传动设备（联动机组）和部件组成。其主要作用是将动力传递并合理分配给工作机组。

控制系统由各种控制设备组成，通常是机械、电、气、液联合控制。机械控制设备有手柄、踏板、操纵杆等；电动控制设备有基本元件、变阻器、继电器、微型控制器等；气动（液动）控制设备有气（液）元件、工作缸等。

2. 钻机工作原理

钻机的工作原理可通过旋转钻进、起下钻具、钻井液循环三种作业工况简要说明。旋转钻进时，大勾悬吊起钻具，动力通过传动系统传递给转盘，转盘带动钻具旋转，钻头在钻压力和钻盘扭矩作用下切削岩石。随着钻井进尺的增加，需要通过上提或下放钻柱进行换钻头、加接井下工具和钻杆，这种作业就是起下钻具。起钻时，动力通过传动系统传递给绞车，绞车带动大绳通过游动滑车提起悬吊在大钩上的钻柱。下钻时，使用绞车的制动刹车装置，通过大绳控制游动滑车下方悬吊在大钩上的钻柱的下放速度，防止因下放速度过快造成安全事故。钻削的岩屑需要送返到地面，它是通过钻井泵把大密度的高压钻井液从泵排出口通过立管进入水龙头到钻柱内，然后从钻头水眼喷出，钻井液冲洗井底后，带上岩屑，通过井壁与钻柱之间的环空，从井底返回到地面的泥浆（钻井液）池。

钻井过程中，通过若干传感器及钻井仪器监测相应的钻井工作参数，从而反映钻机的工况，这些参数是钻井工程师优化钻井的决策依据。

3.2.2 钻井参数与仪器分类

1. 钻井参数分类

钻井工程是一项复杂的系统工程。钻井参数数量之多，变化之大，涉及面之广，是钻井工程的独特之处。钻进时的工作面集中，潜在的危险性大，而又处在离地面数千米的地下，因而随钻测量的许多参数需经远距离、多介质的传递，并往往要滞后一定的时间才能达到地面。这就更增加了钻井参数测量和控制的复杂程度。

钻井过程参数是在钻井过程中分析油气井、油气储藏情况的最基础数据，以此为依据可进行分析决策，从而决定是否继续钻井或以何种方式钻井。钻井参数是钻井系统主要的信息资源，它是在钻井作业过程中产生的，一方面反映了钻井的目前工作状态，另一方面反映了钻进的过程状态。钻井参数可按图 3－2 所示进行分类。

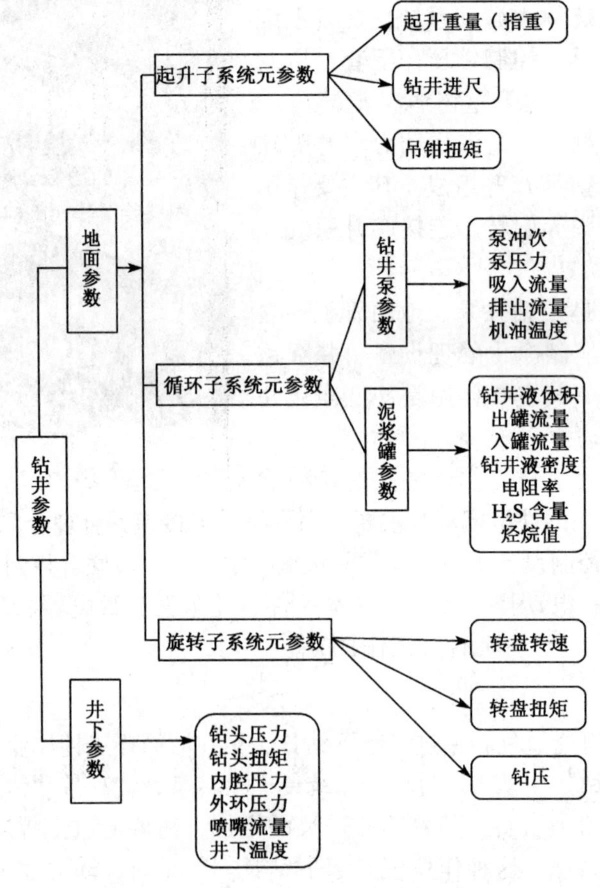

图 3－2 钻井参数分类

从图 3－2 中可以看出，这里所谓的钻井参数最终所指是圆角框内的各项参数，通过这种多层次的划分可以说明以下几点问题：

（1）现代钻机是模块的组合，数字化钻井系统的设备组件模块的属性是对应的钻井参数，如能够反映钻井泵属性的参数包括泵冲次、泵压力、吸入流量、排出流量、机油温度等。

（2）钻井信息资源与钻井设备是一个统一体，在以往的钻机设计和钻井工程作业中，更加注重于钻机的机械硬件和功用，不注重钻井参数测试，从而忽视了钻井信息资源的开发利用。

（3）自动化钻机设计之初就要考虑数字信息组件模块（钻井参数测试仪器）的设计问题，采用机械、电气、数字信息等技术进行综合协调设计，避免目前为了实现钻井工程的信息化，将钻机的数字信息方面的测试仪器作为一个附属物，在机械设备上出现安装位置、布线不规范等问题。

反映钻机工作性能和钻进工作状态的数据信息的一类基本参数称为钻井元参数。另外，还有一些数字信息是由元参数导出的数据，或是不直接关系钻井工况的数据，归类为生产运行和管理参数，图 3－3 所示为生产运行和管理参数分类。

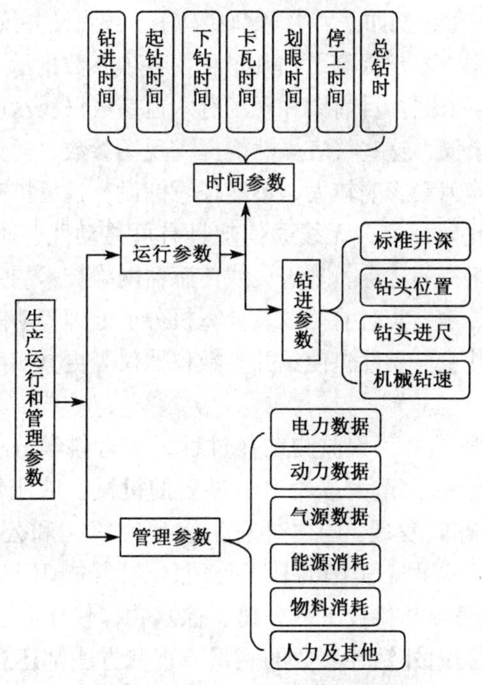

图 3－3　生产运行和管理参数分类

在生产运行和管理参数中，运行参数作为导出参数虽不完全直接反映钻井系统的工作状态，但它能间接反映出整个钻井工程的过程状态。那些提供给钻井工程管理与决策参考必不可少的数据，如动力、物耗、能耗、人力配置等，是最优化钻井的一个目标函数，这些管理参数是钻井工程管理者必须关心的数据。

2. 钻井仪器仪表分类

钻井仪器仪表就是在钻井工艺过程中能够进行感应、测量、传送或调节的设备和装置。在生产过程中，为了及时准确地了解生产过程运行情况，需要使用各种自动测量仪表，不断地对生产过程中的各个参数进行检测，并把测量结果及时指示或记录下来，这就是生产过程中的自动测量系统。钻井仪表实际上就是一种测量系统。它在钻井过程中可以连续地测量、显示和记录钻井工艺的各种有关参数。

钻井仪器仪表可按结构、用途和检测参数与钻机配套几种方法进行分类，通常是按用途分类，也有按检测参数与钻机配套分类。

1）按仪器用途分类

（1）用来检测和指导钻井技术措施的执行情况的仪表，例如，指重表、泵压表、泵冲次表、转盘转数表等；

（2）用来判断井下工况的仪表，例如，钻井液进出口流量计、钻井液总体体积和补偿体积检测仪、转盘扭矩仪、吊钳扭矩仪等；

（3）用来检测井深、钻井质量及预防处理事故的仪表，例如，单/多点测斜仪、随钻测井仪、水泥胶结仪、钻具探伤仪等。

2）按检测参数与钻机配套分类

（1）单参数指重表；

（2）多参数钻井仪，例如，ZJC 型六参数钻井仪、ZJC 型八参数钻井仪等；

（3）钻井工程监测系统等，例如，M/D－3200 马丁·德克钻井仪、TELEDRILL 钻井仪等。

钻井仪表的研究与使用，不仅提高了钻井过程中各项参数指示与记录的准确程度，而且为油田的安全生产提供了科学依据。目前钻井现场有六道参数仪、八道参数仪等钻井参数仪以及液面报警器等单项参数记录仪，这些仪表虽然能提供现场参数，但数据传输大多还是靠有线通信。而有线传输受地理环境因素影响较大，不能任意铺设，且可扩充性差，在钻井搬迁过程中拆卸和安装工作量大。相比较而言，无线通信却具有可移动性、通信范围受环境条件的限制小、传输范围能得到较大拓宽等优点。基于无线传感器网络技术的钻井参数测试系统在钻井过程中具有实时采集、无线传输、实时监控以及计算机分析处理等功能，从而提高了钻井现场参数采集与记录分析的准确性、可靠性，使钻井参数仪器仪表更具实用性，是钻井仪器仪表的发展方向。

钻井参数仪表是油气田钻井工程监测钻井过程，进行科学分析和科学决策的重要工具。目前钻井参数仪表正在经历一次重大革命，由过去的机械、液压仪表向数字化、计算机化、智能化、集成化和网络化方向发展。国内外有很多研究机构和公司在进行钻井参数仪的研究，如加拿大的 DATALOG 公司、美国的马丁公司、英国的 RIGSERVE 公司等，国内主要有中原油田钻井研究院、上海神开科技工程公司、徐水物探仪器厂、第三石油仪表厂和重庆石油仪器厂等。总体上看，国内外钻井参数的测量原理和方法都还有待改进和完善，国内钻井参数仪表在可靠性、精度和人机界面等方面与国外相比还有一定差距。

3.2.3 钻井参数测量方法

1. 压力测量

1）压力的基本概念

在石油生产中，所谓压力是指由气体或液体均匀垂直地作用于单位面积上的力。特别是在钻井、采油生产过程中，经常会遇到压力和真空度的测量，其中包括比大气压力高很多的高压、超高压和低于大气压力的真空。

在压力测量中，常有表压力（相对压力）、绝对压力、负压或真空度之分，其关系如图3-4所示。

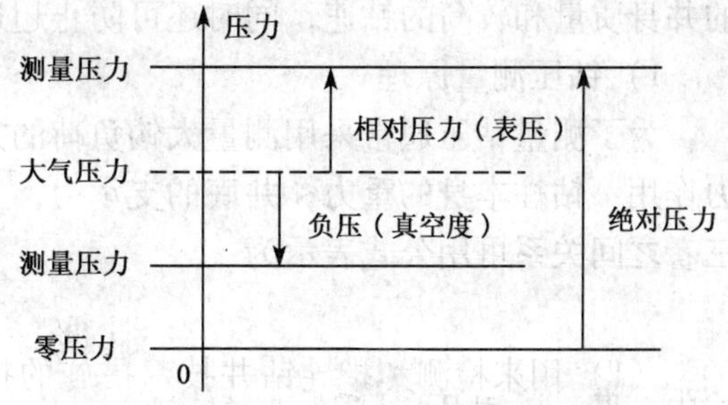

图3-4 表压、绝对压力和真空度的关系

压力的测量往往要涉及到标准大气压的概念。1954年第十届国际计量大会上，对大气压规定了标准：在纬度45°的海平面上，当温度为0℃时，760mm高水银柱产生的压强称为标准大气压。

$$1\text{标准大气压（atm）} = 1.01325 \times 10^5\text{Pa} \tag{3-1}$$

在最近的科学工作中，为方便起见，有另外将1标准大气压定义为100kPa的，记为1bar。故现在提到标准大气压，也可以指100kPa。

工程上所用的压力指示值，大多为表压（绝对压力计的指示值除外）。表压（又称为相对压力）是绝对压力和大气压力之差，即

$$p_{\text{表压}} = p_{\text{绝对压力}} - p_{\text{大气压力}} \tag{3-2}$$

当被测压力低于大气压力时，一般用负压或真空度来表示，它是大气压力与绝对压力之差，即

$$p_{\text{真空度}} = p_{\text{大气压力}} - p_{\text{绝对压力}} \tag{3-3}$$

因为各种工艺设备和测量仪表通常是处于大气之中，本身就承受着大气压力。所以，工程上经常用表压或真空度来表示压力的大小。以后所提到的压力，除特别说明外，均指表压或真空度。

2）测压仪表

测量压力或真空度的仪表很多，按照其转换原理的不同，大致可分为三类。

（1）液柱式压力计。

液柱式压力计是根据流体静力学原理，将被测压力转换成液柱高度进行测量的。按其结构形式的不同，有U形管压力计、单管压力计等。这类压力计结构简单、使用方便，但其精度受工作液的毛细管作用、密度及视差等因素的影响，测量范围较窄，一般用来测量较低压力、真空度或压力差。

（2）弹性式压力计。

弹性式压力计是将被测压力转换成弹性元件变形的位移进行测量的。例如，弹簧管式压力计、波纹管式压力计及薄膜式压力计等。

（3）电气式压力计。

电气式压力计是通过机械和电气元件将被测压力转换成电量（如电压、电流、频率等）来进行测量的仪表。例如，各种压力传感器和压力变送器。

2. 泵压表

泵压表主要用来检测和指示钻井泵的出口压力。由于钻井液出口压力高（一般在40MPa左右）波动大，因而对其测量的要求高，特别是表头要加减震装置。

3. 钻压测量

钻压是指钻头对井底的压力。它可帮助司钻保持合乎要求的均匀钻压，有利于获得较好

的井身质量和较高的钻速，同时还可防止超过井架或起升系统承载能力的操作。

1）钻压测量原理

为了测量钻压通常采用测量大钩负荷的方法进行间接测量。在钻柱的垂直方向上有三个力作用：钻柱本身的重力；井底的支承力，它的大小与钻压相同，方向相反；大钩的拉力。三者之间关系可用公式表示为

$$W_E = W_a - W \tag{3-4}$$

式中 W_E——钻压，kN；

W_a——钻杆柱净重力，kN；

W——钻进时的大钩负荷，kN。

因此，只要测量出大钩在离开井底和位于井底两个位置上的负荷，就可间接地求出钻压。

用于指示大钩负荷的表称为指重表。大钩负荷由游动滑车的钢丝绳分担。因此，只要测量出钢丝绳的张力，即可求出大钩负荷，从而得到钻压值。钢丝绳拉力与钻柱重力之间的关系如图 3-5 所示。

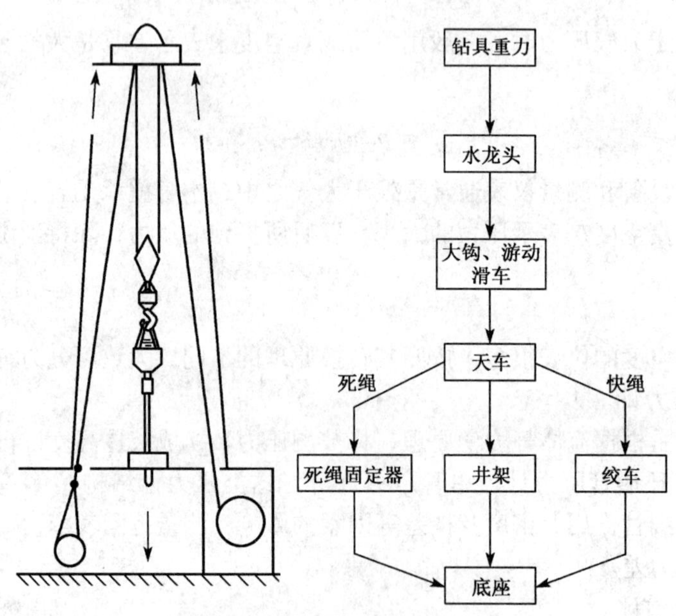

图 3-5　钢丝绳拉力与钻柱重力的关系

当钻速比较低，且钻机又存在振动的情况时，忽略滑轮组的摩擦力，则游动滑车钢丝绳的张力均相等，即

$$T = \frac{W}{n} \tag{3-5}$$

式中 W——大钩负荷，kN；

n——滑车的有效钢丝绳数；

T——钢丝绳的张力，kN。

由于钻井过程中，死绳既承受了与大钩负荷成正比的张力 T，又不发生运动，因而可以通过测量死绳的张力间接地测量大钩负荷。测量死绳张力通常采用膜片式力—液压传感器。

2）死绳固定器及荷载传感器

如图3-6所示，一个力—液压传感器安装在死绳固定器上，通过这个传感器把钢丝绳张力转变为液压信号。这一传感器也称为荷载传感器。图3-7所示为传感器的内部结构，它由承压室、压盘、滚动薄片等组成。

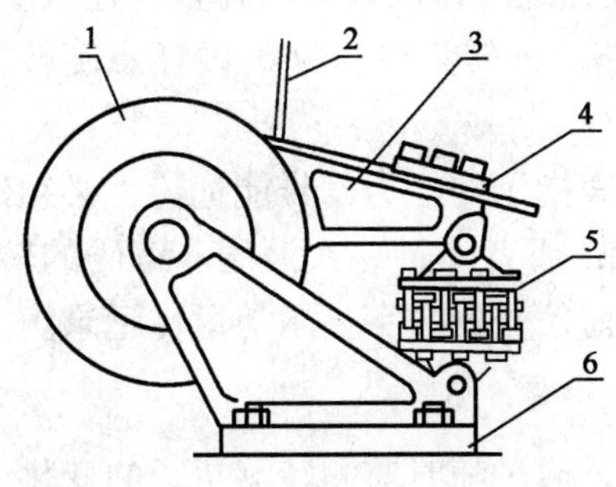

图3-6　传感器在死绳固定器上的安装

1—滚筒；2—死绳；3—臂梁；
4—夹紧装置；5—传感器；6—基座

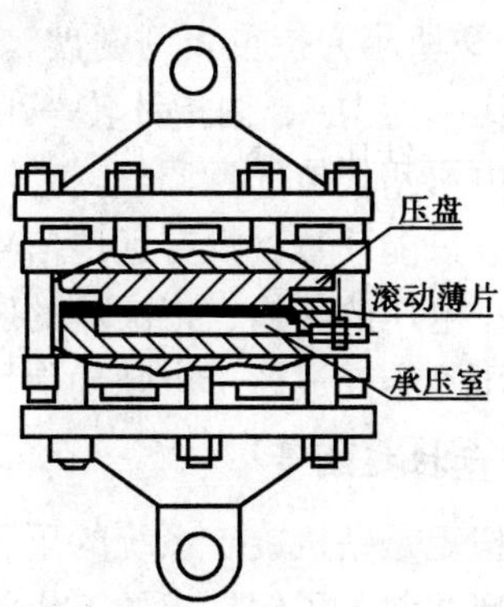

图3-7　传感器的内部结构

在死绳固定器上，有一通过轴承固定在基座上的带有臂梁的滚筒。当钢丝绳受到一个向上的张力时，通过滚筒将它变为一个作用在传感器上的拉力，使传感器中承压室压力增加，即把拉力变换成为液压信号。图3-8所示为大钩负荷与传感器承压液体压力关系的受力分析。在图中以滚筒中心为支点，由静力学原理可知：

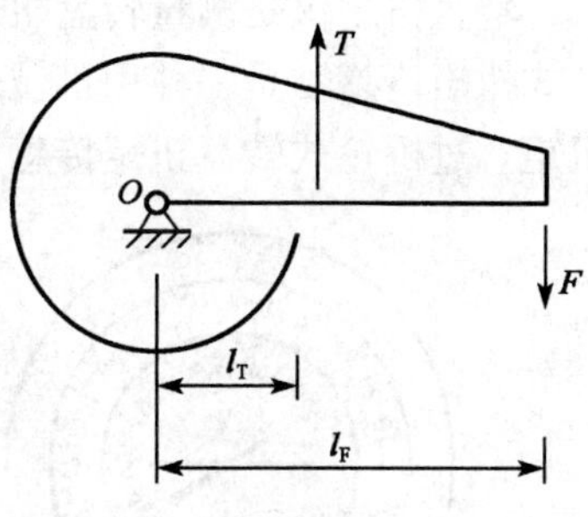

图3-8　传感器的受力分析

$$\sum M = 0$$

$$Tl_T - Fl_F = 0$$

$$F = \frac{l_T}{l_F} \cdot T \tag{3-6}$$

式中　F——传感器对臂梁的拉力，kN；

l_T——钢丝绳张力的力臂，m；

T——钢丝绳张力，kN；

l_F——滚筒臂梁的长度，m。

这时承压室的压力为

$$p = \frac{F \times 1000}{S} \tag{3-7}$$

式中　S——承压室截面积，m^2；

p——承压室的压力，kPa。

将式（3-5）和式（3-6）代入式（3-7）可得

$$W = \frac{nSl_F}{1000l_T} \cdot p \tag{3-8}$$

从式（3-8）中可知，大钩负荷与承压室压力成正比，因此可以用液压信号表示大钩负荷。

3）液压指重表

大钩负荷用指重表来观察。指重表是一只单圈弹簧管压力表，用液压管线把承压室与指重表和记录仪相连，就可把液压信号传送给记录仪，驱动记录仪笔动作。同时，液压信号也传至指重表。国产测量范围在400～4000kN的JZ全系列指重表，精度可达到1%。

图3－9所示为指重表刻度盘。指重表表面由两轴表盘通过盘内齿轮与弹簧管连接。内、外指针的比率为1∶4，内指针转一小格，外指针转四小格。外转盘可在360°内任意旋转，故其零位可由司钻人员任意调整。

指重表只能读数，没有远传信号的功能。要使指重表指示的压力信号能远传，必须经过一次液压—电压的转换，把液体的压力转变成电压信号，或者经过一次液压—编码的转换，把液体的压力转变成若干个脉冲信号，从而实现大钩负荷信号的数字显示与远传记录。

4. 转盘扭矩测量

转盘扭矩是钻机旋转系统的重要参数。钻进过程中，通过随时监测转盘扭矩的变化，可以早期发现井斜，了解钻头的工作状况，确保钻具的安全等。所以，转盘扭矩是反映钻井安全的重要参数，通过测量转盘扭矩检测判断钻具受力状况和钻具磨损情况。

1）过桥轮式转盘扭矩传感器

转盘扭矩仪是测量转盘扭矩的专门仪器。其关键部件是过桥轮式转盘扭矩传感器。过桥轮式扭矩传感器是一种用机械—液压方式测量扭矩的装置，它通过转盘链条拉力反映转盘的扭矩。过桥轮式转盘扭矩传感器的结构如图3－10所示。

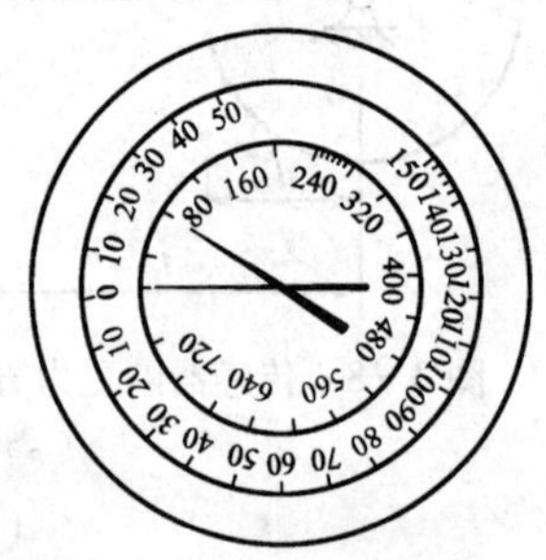

图3－9　指重表刻度盘

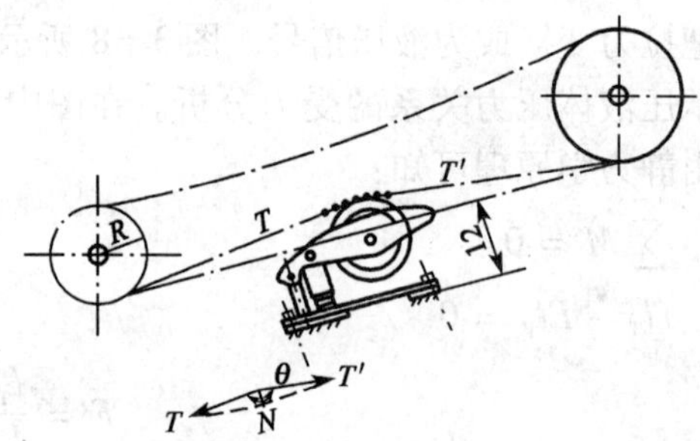

图3－10　过桥轮式转盘扭矩传感器的结构

过桥轮是个外敷橡胶的滚轮，它装在杠杆的一端。杠杆的另一端为支点，杠杆的中部与底板之间，安装着一个带活塞的液缸。液缸通过软管与压力表或电位器式压力传感器连接。过桥轮式转盘扭矩传感器安装在转盘至绞车链条的下面，使其底板距两链轮的外公切线约12cm左右，过桥轮的中心尽可能位于两链轮的中间。

当转盘上产生扭矩 M 时，转盘驱动链条紧边上即产生了与之相应的拉力 T。用传感器测量 T 的大小，并将其转化为液缸内的液体压力信号 p 输出。可通过对 p 的测量而间接测得 M。

将转盘扭矩传感器安装在驱动链条紧边下面。理想的位置是传感器底边与两链轮外公切线平行，将链条紧边托起，使其惰轮前后两端链条产生一个夹角 θ，当钻杆上产生扭矩时，链条产生拉力 T、T'（$T=T'$），其向下的合力 N 压向惰轮，经摇臂的杠杆作用，在液缸处产生与 N 成正比的压力，由于压力的作用，在液体内产生与 θ 之间成正比的液体压力 p，信号 p 通过液压管线输入显示表和记录仪中。

设钻杆上的扭矩为 M，链条紧边拉力为 T（$T=T'$），则有

$$M = \frac{\eta R}{i}T \tag{3-9}$$

式中 M——转盘扭矩，kN·m；

T——链条紧边拉力，kN；

η——转盘的机械效率，%；

R——转盘链条半径，m；

i——转盘齿轮减速比。

惰轮轴上所受合力为 N，通过受力分析可得

$$T = \frac{N}{2\cos\frac{\theta}{2}} \tag{3-10}$$

液缸内液体压力对杠杆的推力合力为 F，根据杠杆平衡原理有

$$N = \frac{L_F}{L_N}F \tag{3-11}$$

式中 N——惰轮轴上所受合力，kN；

L_N——合力 N 对摇臂轴的力臂，m；

L_F——液压合力 F 对摇臂轴的力臂，m；

F——液压合力，kN。

$$F = \frac{\pi D^2}{4}p \tag{3-12}$$

式中 D——活塞直径，m；

p——液体压力，MPa。

将式（3-12）代入式（3-11）得

$$N = \frac{\pi D^2 L_F}{4L_N}p \tag{3-13}$$

式（3-13）代入式（3-10），然后代入式（3-9）得

$$M = \frac{\eta R L_F \pi D^2}{8iL_N\cos\frac{\theta}{2}}p \tag{3-14}$$

由式（3-14）看出，当转盘型号确定后，R、i 为常量。待传感器选定后，D 即为常量。转盘扭矩系统油路为一封闭系统，由于液体的不可压缩性，活塞行程很小。因而，当传感器安装、调试完毕后，η、L_N、L_F、θ 均可视为常量，即（$\eta R L_F \pi D^2$）/（$8iL_N\cos\frac{\theta}{2}$）$=K$，$K$ 为常量，即 M 与 p 成正比例，因而可用 p 来测量转盘扭矩。但是，由于油路系统的变形和其他因素的影响，在钻井过程中，K 值会发生变化，故 p 与 M 并不完全成线性，实际钻井过程中，用这种方法来测量转盘扭矩带来的误差是可以接受的。

2）电枢电流扭矩传感器

电动钻机的转盘，往往采用独立直流电动机驱动。因此，用直流电动机的电枢电流作为扭矩信号，比较方便。

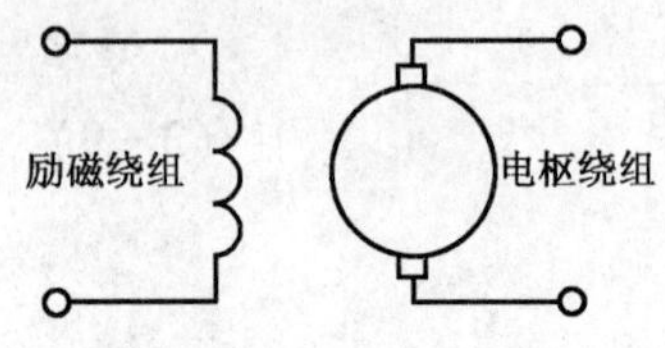

图 3-11　直流电动机电路

（1）电枢电流与转盘扭矩的关系。

用于钻井的大功率直流电动机，一般都采用他激励磁方式，即该电动机的励磁绕组，是由另一个独立的直流电源供电的，故励磁电流是恒定的。大功率电动机的电路如图 3-11 所示。

由于他激励磁绕组是由独立直流电源供电，因此，励磁绕组所形成的主磁场其磁感应强度为 B，磁通量为 Φ 均是恒定的。

电动机轴上输出的电磁力矩为

$$M_{机} = K_M \Phi I_{枢} \tag{3-15}$$

式中　$M_{机}$——电磁力矩，N · m；

Φ——磁通量，Wb；

$I_{枢}$——电枢电流，A；

K_M——电动机常数，无量纲量。

由电动机轴到转盘输出轴，要经过三次齿轮减速传动。故转盘的输出扭矩 M 应为

$$M = J\eta M_{机} \tag{3-16}$$

式中　J——由电动机到转盘输出轴的总传动比；

η——由电动机到转盘的总机械效率，%。

将式（3-15）代入式（3-16）得

$$M = K_M \Phi J \eta I_{枢} \tag{3-17}$$

$$I_{枢} = \frac{M}{K_M \Phi J \eta} \tag{3-18}$$

由式（3-18）知，直流电动机的电枢电流与转盘的扭矩成正比。

（2）电枢电流的测量。

通常，大功率直流电动机的电枢电压在 400V 以上，电枢电流在 200A 以上。为了安全可靠地由电枢电流中取得扭矩信号，一般采用非接触式的霍尔效应测量方法。

霍尔效应是磁电效应的一种，这一现象是美国物理学家霍尔（A. H. Hall，1855—1938）于 1879 年在研究金属的导电机理时发现的。当电流垂直于外磁场通过导体时，在导体的垂直于磁场和电流方向的两个端面之间会出现电势差，这一现象便是霍尔效应。这个电势差被称为霍尔电势差。产生霍尔效应的原因是作定向运动的带电粒子即载流子（N 型半导体中的载流子是带负电荷的电子，P 型半导体中的载流子是带正电荷的空穴）在磁场中所受到的洛仑兹力作用而产生的。

如图 3-12 所示，将一块半导体或导体材料，沿 Z 方向加以磁场 B，沿 X 方向通以工作电流 I_C，则在 Y 方向产生出电动势 E_H。

实验表明，在磁场不太强时，电位差 E_H 与电流强度 I_C 和磁感应强度 B 成正比，与板的厚度 d 成反比，即

$$E_H = R_H \frac{I_C B}{d} \tag{3-19}$$

或

$$E_H = K_H I_C B \tag{3-20}$$

式中　R_H——霍尔系数，m^3/（s · A）；

K_H——霍尔元件的灵敏度，V/（A · T）。

如图3－13所示，直流电动机的动力线流过电枢电流后，产生一个方向不变的磁场。该磁场的磁感应强度与电流有关。根据全电流定律，任意一个闭合回线上的总磁压等于被这个闭合回线所包围的面内穿过的全部电流的代数和。磁场强度 H 和磁感应强度 B 的关系可以写成

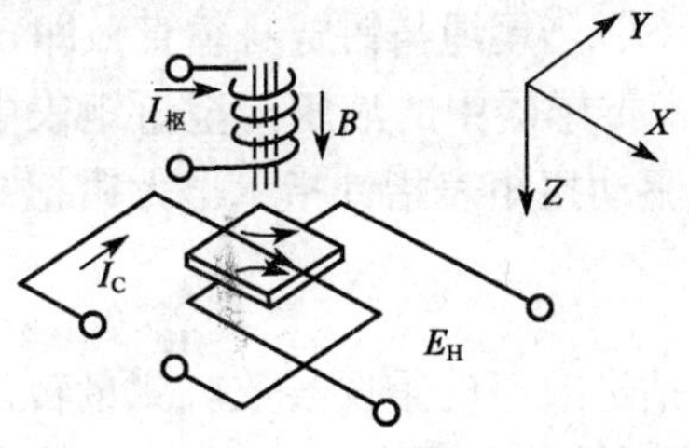

图3－12　霍尔效应原理

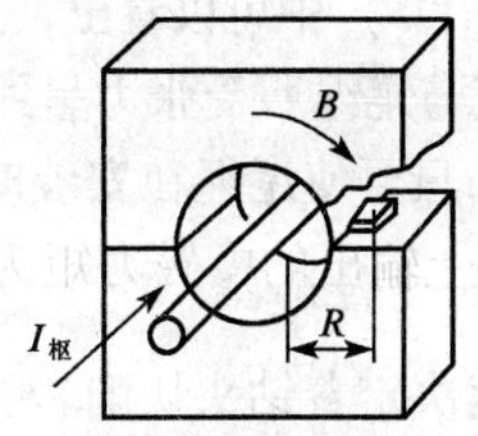

图3－13　电枢电流测量原理

$$I_{枢} = H2\pi R \tag{3-21}$$

$$B = \mu H$$

$$B = \frac{\mu}{2\pi R} I_{枢} \tag{3-22}$$

式中　μ——载流导线四周介质的磁导率，H/m；

R——安装霍尔感应片处的半径，m。

将式（3－22）代入式（3－20）得

$$E_{H} = \frac{KI_{C}\mu}{2\pi R} I_{枢} \tag{3-23}$$

由于霍尔电动势的产生是电枢电流感应的结果，而且又与电枢电路不直接接触，故这种测量方法既安全、又可靠。

将式（3－18）代入式（3－23）得

$$E_{H} = \frac{KI_{C}\mu}{2\pi RK_{M}\Phi J\eta} M \tag{3-24}$$

由式（3－24）可以看出非接触式电枢电流扭矩传感器所输出的电动势与转盘的扭矩成正比。

5. 大钳扭矩测量

在钻井起下钻作业中，连接或卸开钻具进行的旋扣操作，为了防止由于上扣过紧或过松所引起的事故，需要对大钳的扭矩进行测量，掌握大钳的扭矩值。

由液力驱动的液压大钳是钻井作业中上扣或卸扣的专门工具，在钻台上一般均配备液压大钳进行钻杆接头连接。如图3－14所示，在液压大钳上安装传感器和大钳扭矩表。

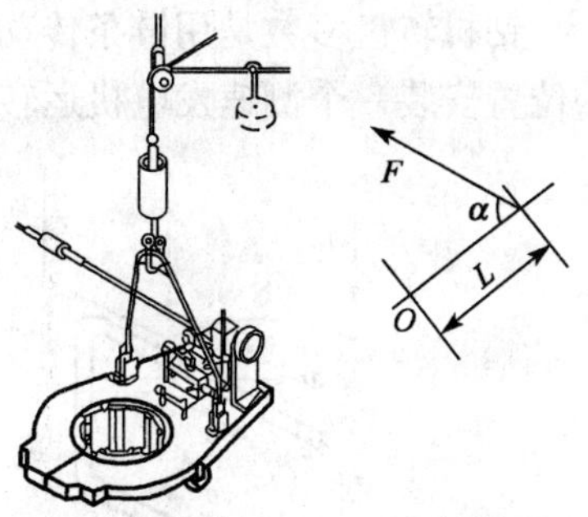

图3－14　大钳扭矩表与传感器

测量扭矩的传感器是液压缸式荷载传感器。传感器的一端与大钳尾绳相连，另一端固连在钻台的某一点，当它两端受到拉力时，活塞对液缸中的液压油产生压力，从而把大钳尾绳的拉力信号变换为液压信号，这时传感器所测到的是尾绳张力。大钳扭矩可表示为

$$M = FL\sin\alpha \tag{3-25}$$

式中　M——大钳扭矩，kN·m；

F——尾绳张力，kN；

L——钳臂长度，m；

α——绳尾与钳臂间的交角，(°)。

从式（3－25）中可以看出，在大钳臂长不变的情况下，当尾绳与钳臂身垂直，即 $\alpha=90°$ 时，大钳扭矩与尾绳所受张力呈线性关系。一高压软管把传感器中的液压传至扭矩表中的弹簧管，因此，只要使尾绳在安装时与钳身成直角，就可驱动扭矩表指针指示出大钳扭矩值。

6. 转盘转速传感器

转盘转速决定着钻头切削岩石的切削速度，是影响钻进效率的重要参数。测量转盘转速的方法主要有测速发电机和接近开关式转速传感器。前者输出的是与转速成正比的电压信号，后者输出的是与转速成正比的频率信号。

1）测速发电机

测速发电机测量转盘转速，它是基于电磁感应现象的发电机原理设计的转速测量装置。如图 3－15 所示，具有一定长度的导线，在磁感应强度为 B 的磁场中以线速度 v 切割磁力线，则在导线的两端感应出电动势 e 为

$$e = BLv \tag{3-26}$$

式中 e——感应电动势，V；

B——磁感应强度，T；

v——导线的运动速度，m/s；

L——导线在磁场中的有效长度，m。

整个发电机是由若干条导线串联而成的电路，发电机的输出电动势为

$$E = K_E \Phi n_D \tag{3-27}$$

式中 E——发电机的输出电动势，V；

Φ——磁通量，Wb；

n_D——发电机的转动速度，s^{-1}；

K_E——发电机常数，无量纲量。

钻机转盘多数是用链条传动的，少数是用万向轴传动的。因此，只需在与转盘转速关联的位置安装一个测速发电机运转即可实现转盘转速的测量，如图 3－16 所示。

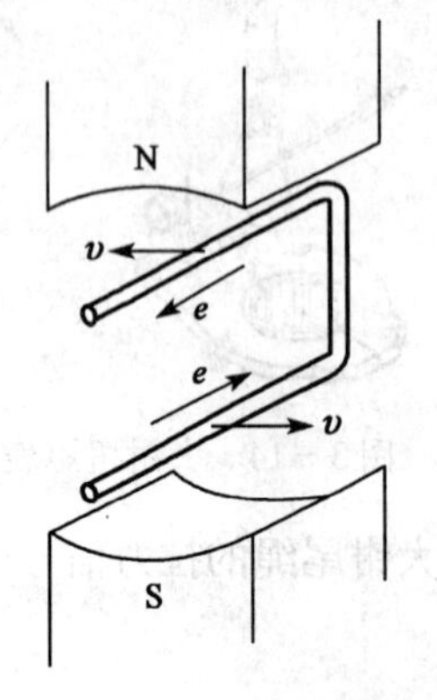

图 3－15 电磁感应现象图

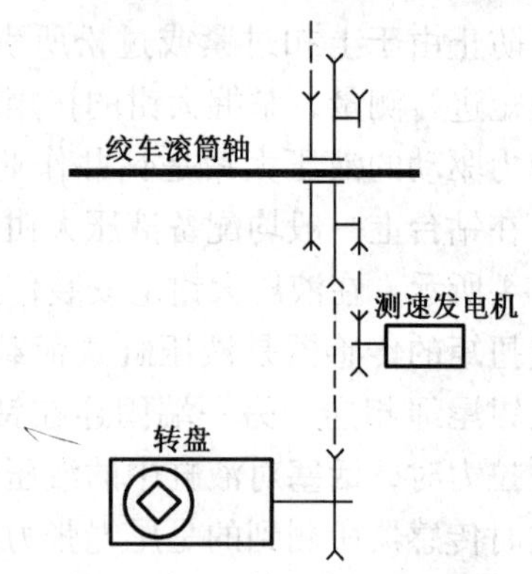

图 3－16 转盘转速的测量

由于转盘输出轴到测速发电机轴的总传动比是一个常数，即

$$i = n_D / n \tag{3-28}$$

式中 n——转盘输出轴的转速，s^{-1}；

i——转盘输出轴到测速发电机的增速比，无量纲量。

$$E = K_E \Phi n i \tag{3-29}$$

由式（3-29）可知测速发电机的输出电压与转盘转速成正比。

2）霍尔元件接近开关式转速传感器

所谓霍尔效应，是指磁场作用于载流金属导体、半导体中的载流子时，产生横向电位差的物理现象。利用霍尔效应可以设计制成多种传感器。霍尔电位差U_H的基本关系为

$$U_H = R_H IB/d \tag{3-30}$$

式中 R_H——霍尔系数；

I——通过的电流，A；

B——垂直于I的磁感应强度，T；

d——导体的厚度，m。

如果把霍尔元件集成的开关按预定位置有规律地布置在物体上，当装在运动物体上的永磁体经过它时，可以从测量电路上测得脉冲信号。根据脉冲信号传感出该运动物体的位移。若测出单位时间内发出的脉冲数，则可以确定其运动速度。根据这一原理，如果把永久磁体置于运动的转轴上，就会产生与转动相应的磁场运动，若测出单位时间内发出的脉冲数，就可以计算出其转速。

7. 钻井进尺测量

1）基本概念

机械进尺是由起升系统取得的一个重要的钻井参数。通过机械进尺可换算出井深、钻头位置、大钩位置、机械钻速、钻时等参数。因此，进尺是综合反映钻井效果的一个重要参数。

进尺是位移量，在数值上等于水龙头、游动滑车的位移或正比于钢丝绳的收放长度。计算进尺要考虑到钻柱在不同应力下的变形问题。只有当悬重恒定时，钻柱的行程才能代表机械进尺。目前，大多采用在水龙头上系一根钢丝绳而测量其位移的方式。

2）绳索式进尺传感器

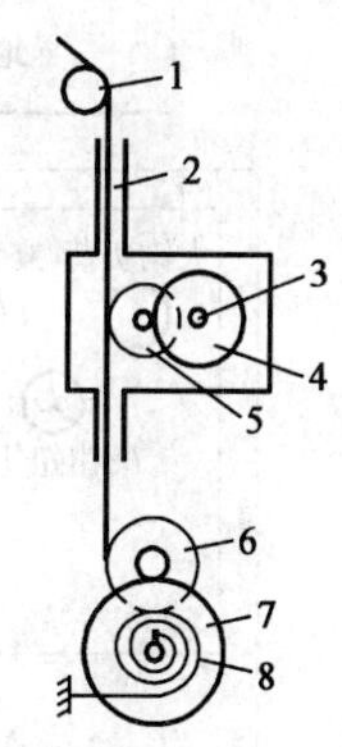

图3-17　进尺传感器原理

1—导论；2—钢丝绳；3—电位器；4—齿轮；5—计量轮；6—小滚筒；7—齿轮；8—涡卷弹簧

如图3-17所示，绳索式进尺传感器的工作原理是在水龙头上固定一根细钢丝绳，该钢丝绳穿过天车平台上的一个定滑轮，再引向值班房中的传感机构。传感机构包括导轮、传感器和钢丝绳收放机构。钢丝绳经过导轮后，在传感器的计量轮上缠绕一周，然后卷在收放机构的小滚筒上，收放机构的小滚筒通过齿轮传动，与一个强力的涡卷弹簧相连接。钻柱下行时，涡卷弹簧被卷紧，当钻柱上提时，涡卷弹簧利用其储存的弹性变形能，将钢丝绳拉紧，以保证钢丝绳在计量轮上不打滑，从而实现进尺信号的准确传递。传感器里的计量轮，通过齿轮传动，带动电位器轴，使其滑动端改变电位。

3.2.4 典型钻井仪器介绍

1. 钻井多参数测量系统

钻井多参数测量系统是为了监测油田钻井工程参数而设计的，该系统以微处理器为核心组成系统测量单元。它把采集到的各个传感器信号经过处理，分别送到司钻仪表显示台和队长办公室终端工作站，进行存储、显示、记录、绘图和查询。

钻井多参数系统能提供钻井泵冲次、钻井液出口相对流量、钻井液压力、钻压、转盘转速、转盘扭矩、大吊钳扭矩、悬重等信号，以虚拟仪器的形式在屏幕上实时显示测量结果，以时间历程检索历史记录，并形成报表；信息还可以通过电缆长距离传输，在工作站、司钻显示台、采集中心进行全双工通信。

2. 系统结构与特点

基于服务器模式的实时多参数钻井监测系统，其系统结构与原理如图 3-18 所示。井台上各传感器采集的现场钻井参数经信号处理电路处理后送入远程信号采集单元，变换成可以远程传输的信号，经现场总线送到控制室的服务器进行计算、处理，其他控制室或异地的计算机可作为客户机实时监视现场情况。

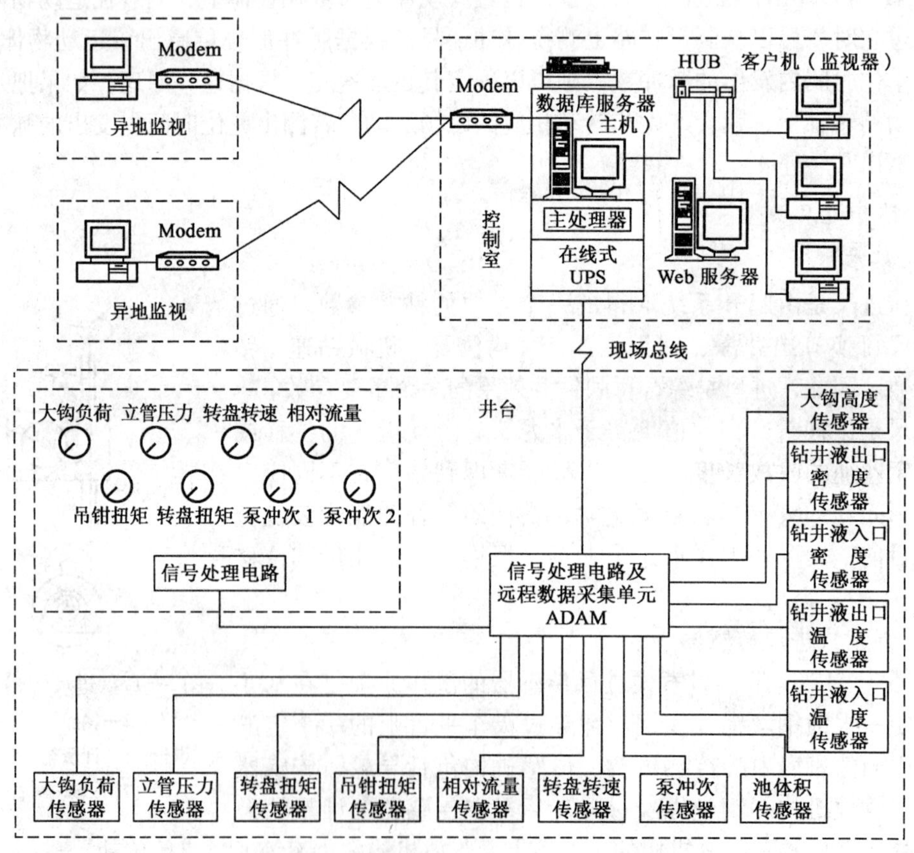

图 3-18 钻井多参数测量系统结构与原理

基于服务器模式的实时多参数钻井监测系统具有以下特点：

（1）多参数同时采集、多种方式显示参数（实时标签数字显示、实时动画显示和实时曲线显示)、测量参数齐全，直测参数20个，派生参数近40个；

（2）采用客户/服务器模式，通过局域网或Modem，在客户机上可实时显示、浏览、查询服务器现场采集的数据，并可实现异地实时工况参数监视；

（3）以Windows NT作开发平台，使系统具有很好的稳定性和安全性；

（4）采用SQL Server进行数据库管理，解决了数据安全性问题，并可方便地进行历史数据的查找、修改和打印；

（5）采用多线程编程技术，减少了数据的意外丢失；

（6）采用现场总线和新型ADAM模块等远程信号采集模块，提高了系统的可靠性；

（7）可实时进行全中英文显示界面切换；

（8）历史数据管理、历史数据报表、参数曲线打印、历史数据回放、实时曲线打印、多媒体报警、中英文切换等功能。

（9）精度高、可靠性好、操作方便、显示直观、功能齐全、可无人值守。

3. ZC-2型六参数钻井仪

ZC-2型六参数钻井仪是发展时间较早，用于石油、地质勘探钻井过程中瞬时测量并记录大钩负荷（悬重）、钻进速度（钻时）、转盘转速、转盘扭矩、钻井液压力（泵压）和钻井液流量的钻井参数测试仪器。

1）参数测量方法

ZC-2型六参数钻井仪由仪表箱、钻时装置、扭矩仪、转盘转速装置、泵压传感器、流量计、记录仪、台架和过滤器等部分组成。

（1）仪表箱。仪表箱由指重表、扭矩表、流量表、泵压表、转速表、记录及井深累积计数器等部分组成，用于显示测量数据，是该仪表的核心部分。

（2）指重。选用JZ-250型或JZ-400型指重表和指重传感器。

（3）泵压。泵压传感器是采用橡胶隔膜筒作为隔离元件，把钻井液压力转换成液压油压力。钻井液通过安装在钻井液管道上的高压截止阀进入传感器外壳内。隔膜筒内充满液压油，并与泵压表相通。当钻井液压力挤压隔膜筒外面时，隔膜筒产生变形，筒内液压油受挤所产生的压力与钻井液压力相平衡。

（4）转盘转速。采用转盘驱动防爆测速发电机，发电机输出与转速成正比的交流电信号，此交流电压经防爆整流调节器整流后，输出0~10mA的直流电信号。

（5）转盘扭矩。采用过桥轮式扭矩传感器。

（6）钻井液流量。流量计安装在钻井泵与立管间的水平管道上，由靶式流量变送器及连接法兰组成。

（7）钻进速度。采用绳索式进尺传感器。

2）主要技术参数

（1）大钩负荷：0~4000kN；

（2）钻进速度（钻时）：每钻进1m画一条长线，每钻进0.5m画一条短线；计数器可连续累计井深达9999.9m；

（3）转盘转速：0~250r/min；

（4）转盘扭矩：0~70kN·m；

（5）大钳扭矩：0~120kN·m；

（6）钻井泵压力：0~85MPa；

（7）钻井泵冲次：0～200 s^{-1}；

（8）钻井液流量：45L/s；

（9）显示与记录系统精度：显示系统误差小于2.5%；记录系统误差不大于4.0%。

3.2.5 Petron钻井仪表系统

1. Petron钻井仪表系统组成

钻井仪表系统的作用是测量可变钻井参数和反映钻井安全参数。发展钻井仪表系统在于通过对钻井工艺过程进行准确的测量和控制，获得最佳的经济效益。美国Petron Industries Inc钻井仪表系统是目前较为先进的钻井仪表系统。Petron钻井仪表系统组成如下：

（1）钻井仪表控制台；

（2）IDS2000显示器；

（3）气体正压保护装置；

（4）各种传感器（钩载压力传感器、进尺传感器、转盘或顶驱转速传感器、转盘或顶驱扭矩传感器、立管钻井液压力传感器、套管环压传感器、钻井液总体积传感器、起下钻钻井液补给罐体积传感器、钻井液返回流量传感器、泵冲传感器、大钳扭矩传感器及可燃气体探测器等）；

（5）外接式报警器；

（6）圆图（压力）记录仪；

（7）Petron DrilGraf显示器；

（8）远置计算机及打印机；

（9）UPS电源等。

其中有些内容，如套管环压传感器、可燃气体探测器为可选配置，可根据井场情况决定是否安装。另外，出于安全考虑，Petron钻井仪表系统还安装有一套相对独立的H_2S探测及报警装置。Petron钻井仪表系统布置示意图如图3－19所示。

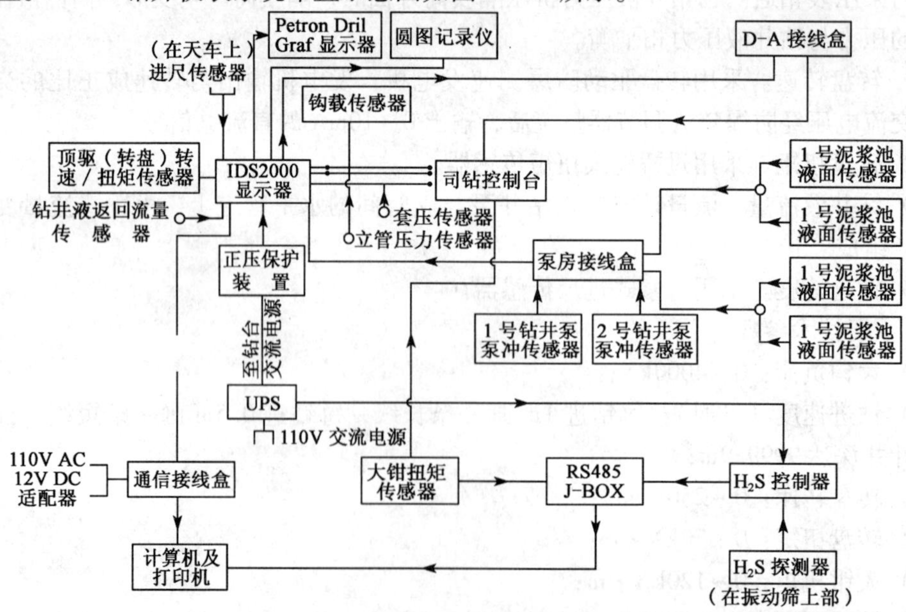

图3－19 Petron钻井仪表系统布置示意图

钻井仪表控制台面板上集中安装的仪表有：指重表1个，立管钻井液泵压力表1个，大钳扭矩表1个，套管环压力表1个，钻井泵冲次表2个，IDS2000显示器1个。传感器实时检测钻井、钻井液各种参数并将信号传送到仪表控制台，上述仪表将分别显示对应的参数。IDS2000显示的参数有：井深、钩载、进尺率、钻头位置、钻压、泵压、套压、每个泵的泵冲、泵的累积总冲数、转盘或顶驱转速、转盘或顶驱扭矩、起下钻速度、起下钻过程中峰值速度、钻井液返回流量百分比、每个钻井液池体积、总的钻井液池体积、总的钻井液池体积的变化量、钻井液补给罐总体积、时间与日期等。显示的报警有：总的钻井液池体积变化高低值报警、总的钻井液池体积高低值报警、钻井液返回流量百分比高低值报警、高可燃气体值报警、高大钳扭矩报警、最大起下钻速度报警、钻井液补给罐总体积高低值报警等。

2. Petron 钻井仪表系统主要特点

（1）由图3-19可知，IDS2000显示器在整个Petron钻井仪表系统中处于核心地位：UPS向它提供110VAC电源（或220VAC电源，根据用户选配），各种传感器采集数据传送到IDS2000中进行数据处理，处理过的数据既可以在IDS2000上显示，又可以输送到钻井队长或公司管理者的远程计算机上显示、保存及打印，也可以输送到安装在井场值班房内的Petron DrilGraf显示器上，以图表的方式显示各种参数。

（2）安全性设计。Petron钻井仪表系统的每部分都体现着安全性原则，如传感器、电缆接线盒、分线箱等都做了严格的防爆处理，危险区的任何显示器都配有正压防爆装置。钻井过程中可能遇到的各种危险情况，如井涌、井漏、可燃气体、H_2S等都有相应参数实时检测与报警。用于检测大绳使用情况的吨—公里数也可以实时计算并在远程计算机上显示，为经济、安全使用大绳提供可靠依据。

（3）功能集成化。Petron Industries Inc的IDS2000显示器代表了钻井仪表设计的一个巨大的发展方向，它将以前相互独立的钻井液参数显示器与钻井参数显示器合二为一，不但结构紧凑、安装方便，而且便于司钻获得综合信息。

（4）Petron钻井仪表系统综合应用了现代电子技术、微处理器技术与完善的工程软件，实现了数据的采集、处理、传送、显示、保存与打印，性能稳定，响应敏捷，维护方便。

3. Petron 钻井仪表系统使用与标定

Petron钻井仪表系统的使用与标定几乎都是在IDS2000显示器上完成，IDS2000的操作是通过其上的键盘按钮与菜单完成的。键盘按钮分为数字按钮与非数字按钮两种，数字按钮是用来输入数值，非数字按钮是用来控制一些具体功能。IDS2000显示器菜单分为标准菜单与安全菜单，标准菜单包含21个选项，主要用来设定各种参数，如：井深、钻头位置、泵冲、钻压、钻井液总体积报警值、钻井液池体积报警设定值等，这一部分设定可由司钻来操作。安全菜单包含11个选项，主要用做系统的标定，对整个系统至关重要，不正确的标定将严重影响数据采集的准确性，如：钩载标定、井深标定、泵压标定、套管环压标定、钻井液池标定等，一般应由专门技术人员操作。

4. 随钻测量系统

1）随钻测量系统工作原理

20世纪70年代后期迅速发展起来的随钻测量技术（MWD，Measure While Drilling）是指在钻头附近测得某些信息，不需中断正常钻进操作而将信息传送到地面上来这一过程。最初用来帮助定向钻井，现在也是一种有效的地层评价工具。用于定向钻井的称为MWD（随钻测量)，用于地层评价的称为 LWD（随钻录井）或 FEMWD（地层评价随钻测量系统）。

MWD 的最大优点是可实时地“看”到井下正在发生的情况，从井底测量参数到地面接收到数据只延误几分钟，所以可以改善钻井决策过程。

随钻测量系统是将传感器装在作为下部钻具组合整体的一部分的特殊井下仪器中。井下仪器中有一个发射器，通过某种遥测信道将信号发送到地面。目前使用的最普遍的遥测信道是钻柱内的钻井液柱。信号在地面上被检测到后，经译码和处理，可按方便可用的方式提供所需的信息。随钻测量系统可测量信息的种类有：

（1）定向数据（井斜角、方位角、工具面角）；

（2）地层特性（电阻率、自然 γ、岩性密度、中子孔隙度、声波等地层参数）；

（3）钻井参数（环空温度、压力及井下钻压、扭矩、每分钟转数）。

2）随钻测量系统主要构成

随钻测量系统由井下传感器组件，数据传输或井下记录装置与地面检测处理设备组成，所有随钻测量系统用紧靠钻头上部的井下传感器组件来测量钻井参数与地层参数。钻井期间测量的数据或存储于井下或实时传送到地面，综合了录井、测井的优点。

MWD 测试短接头如图 3－20 所示，内有一个三脚支撑的中央电子传感器包，钻头扭矩（TOB）、弯矩和钻压（WOB）的应力传感器与壳体相连且配有保护壳，其他传感器装在中央传感器包里。

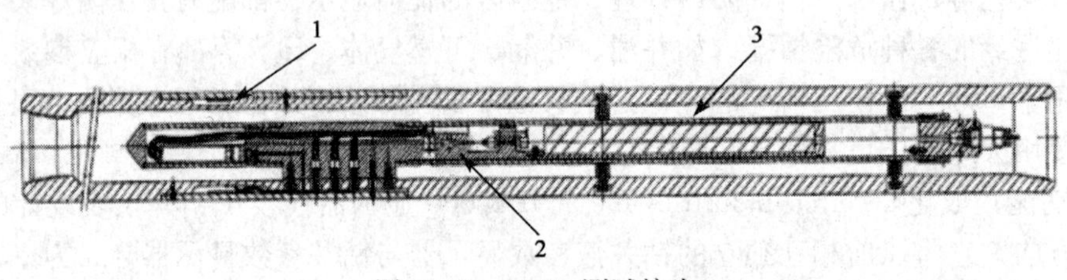

图 3－20　MWD 测试接头

1—应变片；2—加速度计；3—电子元件

（1）信号遥测通道。

实现 MWD 遥测的方法有硬导线法、电磁波法、声波法和钻井液脉冲法。目前普遍应用的是钻井液脉冲法，此方法简单，对正常钻井作业影响很小。压力脉冲以 1200～1500m/s 的速度通过钻杆内液柱向地面传输。井下各部件都装在无磁钻铤中。因为要容纳 MWD 工具的部件，所以其内径比普通钻铤要大。其主要部件有：操作系统的动力源；测量所需信息的传感器；以代码的形式将数据传输到地面的发送器；协调各种功能的井下微处理机或控制系统。

（2）脉冲发生器。

MWD 的井下仪器中有一个井下控制系统，是由单片机构成的井下 CPU，其作用是协调和控制 MWD 仪器的各种工作顺序。井下控制系统将井下各种传感器测到的参数转变为电信号，将测得的信息储存起来，然后指挥脉冲发生器将这些信号以特定的顺序和格式（编码）转变为钻井液脉冲信号，通过钻杆内的钻井液柱向上发送到地面传感器、信号译码和数据处理系统，进行信号的拾取、转换、译码、处理等，供操作人员进行分析决策。脉冲发生器是井下信号传输的“心脏”，共分为三类，即负脉冲发生器、正脉冲发生器和连续波脉冲发生器。目前在大位移井随钻测量中用的最多的是正脉冲发生器。连续波脉冲发生器不是靠阀口的瞬时开闭来形成压力脉冲，而是通过两个有槽圆盘的相对连续转动来形成一系列的连续脉冲。连续波脉冲发生器的最大特点是传输速率高，但因结构复杂，难度大，目前只有Shlumberger公司（Anadrill）拥有产品，并用于自己的工具系统中。连续波脉冲发生器由转子和定子组成。在转子转动过程中，转子与定子之间切割钻井液，产生不同的钻井液压力差，再由钻井液连续传递到地面，形成了连续的脉冲波。

（3）井下电源。

MWD的井下电源目前有两类，即电池组和涡轮式交流发电机。电池组的优点是结构紧凑、可靠；缺点是寿命有限，且受温度影响，同时更换电池费用也较高，在传输多参数时能力受限。涡轮式交流发电机的优点是可长时间为系统提供电力，工作寿命长，因而可传输更多参数，代表了测量技术的发展趋势；其缺点是产生的电流不稳，必须用稳压器控制，且一旦涡轮损坏就会导致断电故障，结构复杂，维护有一定难度。

（4）工程参数传感器。

普通的MWD主要是测量井眼轨道参数即井斜角和方位角以及用井下动力钻具滑动钻进时的工具面角。测量这些工程参数的传感器又称为定向传感器。除了定向传感器外，一些MWD还配备有γ传感器，用以检测岩性变化。

（5）MWD的地面系统。

地面系统的基本部件如图3－21所示。大多数MWD公司都用较为相似的地面设备来解释、记录和显示井下传感器测量的数据。地面设备的数量取决于各公司及所测量的参数的多少。如果只要求定向数据，MWD公司可只需要一个立管压力传感器和一套可安装在司钻值班房中的接收/处理系统。如果还要测量地层评价数据和钻井数据，那么将所有电子仪器和绘图设备装在钻井液录井室或钻台上特制的工作室内。

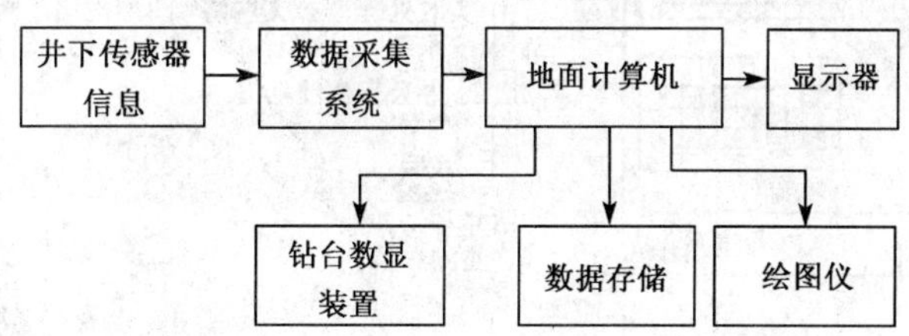

图3－21　地面系统的主要部件

3.3　油气井工程仪器

3.3.1　油气井工程概念

油气井工程是关于快速高效的破碎井底岩石，取出破碎的岩屑、保护井壁等一系列的工艺技术，建立开采油气永久性通道的综合性应用科学。油气井工程科学主要研究油气井流体力学及高压射流技术，油气井工程岩石力学，油气井信息与控制工程，钻井液、完井液化学与技术和固井、完井工程与技术。

3.3.2　综合录井仪

综合录井技术是在钻井过程中应用电子技术、计算机技术、传感器技术、气象色谱分析技术和地质与钻井工程系统评价技术进行各种石油地质、钻井工程及其他随钻信息的采集、分析处理，进而达到发现油气层、评价油气层和实时钻井监控目的的一项随钻石油勘探技术。

综合录井仪是在钻井过程中实时获取诸如钻时、钻压、悬重、立管压力、转盘扭矩、转速、钻井液性能等大量钻井参数，以及使用MWD、FEMWD获取的电阻率、自然γ、中子孔隙度、岩石密度等地质参数的成套技术装备。由于综合录井集成了多学科、多种类的高新技术，因此它在施工现场所获取的大量参数、工况信息既可以供钻井工程技术人员使用，也可以供地质技术人员使用。在油气勘探开发中可利用综合录井技术开展地层评价、进行油气资源评价以及监控钻井施工。

1. 综合录井仪系统结构

1）基本组成

综合录井仪主要由传感器、气体检测装置、传感器信号调理单元、数据采集单元及计算机网络系统组成，如图3-22所示。

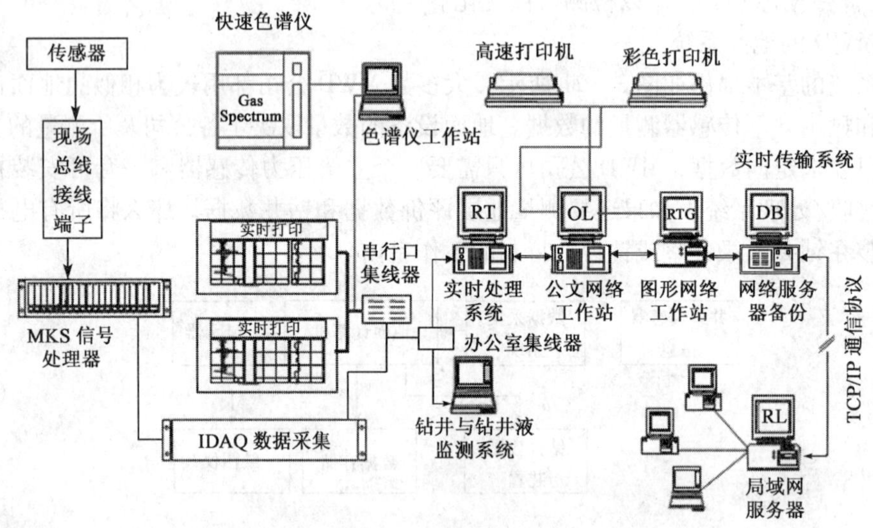

图3-22　地质录井系统结构

综合录井信号可以分为两部分：传感器信号和色谱信号。从外部传感器来的信号通过系统接线盒SCB送到电源与信号调理盒MKS，在MKS中进行信号电压供给和与传感器输出信号的调理。在此之后，信号进入数据采集计算机（IDAQ）进行数据的采集、处理及转换，然后通过网络与其他计算机共享这些数据。从色谱仪来的色谱信号则直接进入色谱计算机，然后通过网络与其他计算机共享色谱数据。

2）现场传感器

综合录井仪传感器在录井过程中安装于钻井现场的各个部位，用于采集钻井工程参数、钻井液性能等相关参数。传感器分布在钻机的钻台、高架槽、绞车、钻井液池及泵等有关部位，传感器种类有：

（1）压变式传感器：悬重、立管压力、扭矩、出入口钻井液密度等传感器；

（2）变阻器式钻井液池体积传感器；

（3）热敏式钻井液出口温度传感器；

（4）光电编码深度传感器；

（5）电磁脉冲传感器：转盘转速、泵冲数传感器等；

（6）金属应变钻井液出口流量传感器。

传感器测量精度为：体积传感器，±0.01m^3；泵冲传感器，±0.01s^{-1}pm；全烃检测器，±1ppm；组分检测器，±2ppm；二氧化碳传感器，±0.01%；硫化氢传感器，±1ppm；密度传感器，±0.01g/cm；转盘转速传感器，±0.01r/min；电导率传感器，±0.01Ω·m；温度传感器，±0.01°C；压力传感器，±0.01Pa；深度传感器，±0.01mm/m。

3）数据采集系统

数据采集系统硬件主要由工业计算机、信号调理模块，数据采集模块以及为传感器供电电源模块组成，结构简单，易于维护。

4）快速色谱分析系统

系统采用的快速色谱仪具有稳定性高、体积小、重复性好的特点，在30s时间内能够分析出从C_1到nC_5的所有烃值。快速色谱标定简单，采用单点标定，标定快捷方便，取值采用积分求面积法，测量更准确，测量结果线性好。

2. 录井软件系统

录井的核心工作就是在油气钻探时准确、及时地对地质和工程信息进行采集、处理，形成正确的分析和判断。基于此，录井仪器系统都配备了完善的传感器系统、精密可靠的模数转换和记录系统，以及功能强大的软件处理系统，其信息管理系统流程如图3-23所示。来自传感器的信息遵从井场信息传输规范（WITS）这种通信格式，在各种井场中使用，从一个计算机系统向另一系统传输数据。软件处理系统可根据资料处理结果做出实时地层及油气层评价，做出钻井成本分析，实时检测地层压力、压井、下套管、注水泥作业等各种报告和图件，及时预报钻井工程事故、优化钻井参数、实现平衡钻井、保护油气层、实时提供中途测试、定向井服务、协助现场决策，达到安全、优质、科学的钻井目的。

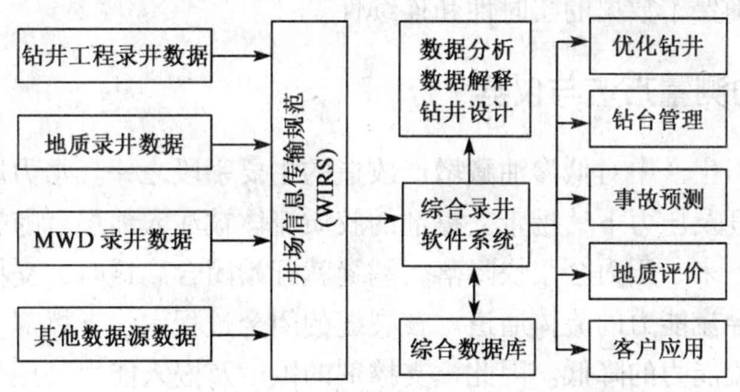

图3-23　实时录井集成信息管理系统

1）实时录井系统

实时录井系统由多台计算机组成，每台计算机分工明确，分别为实时服务器、Riglink服务器、数据库计算机、色谱计算机、地质师工作站及两台实时图形显示计算机。同时该实时录井系统可以根据用户需要设定不同的实时曲线及数据打印机台数，进行实时的曲线及数据打印。

2）数据库管理系统

综合录井系统为了避免数据的冗余问题，将数据分为公共数据区 CDA 和 SQL 数据库两大块。在公共数据区 CDA 中的数据包含了所有计算机能够采集和计算出的数据，CDA 和数据库之间设定了数据过滤程序 Data Logger，通过该数据过滤程序，将公共数据区 CDA 中的数据有选择地存储到数据库中去，避免了数据库冗余且过于庞大的问题。数据库采用 SQL 数据库系统，存储有 300 多项参数。由于 SQL 是基于关系型的数据库，故数据库分成不同的表（钻井表、迟到钻井液表、基于时间的数据表等），每个表由不同的列组成（如钻井表由深度、钻时、钻压、立压等不同的列组成）。对数据库数据的修改可以在专门的编辑软件 Database Editor 中进行，也可直接在 SQL 数据库中进行。如果用户对所提供的表列不满意，用户可自己创建新表。数据库可以设为自动备份，彻底改善了过去时间数据库容量受到限制，且数据库管理复杂的问题。同时，该数据库的数据可以以 Word、Excel、ASCII 等格式进行输出，满足不同用户的需要。

3）后台软件系统

该系统以钻井服务和勘探找油为宗旨，编写了包括工程类软件和地质类软件的齐全灵活的后台软件。

工程类软件在钻井服务方面提供了卡钻计算和分析、最大钻时计算、钻具设计、钻井参数优化、钻井套管设计、水力学优化，以及钻具振动分析等大量软件。这些软件可操作性强，非常适合现场的需要，是钻井安全、优质、高效钻井的有力保证。

地质类软件有气测解释、电测数据分析、煤层气分析、地层压力分析等，其中气测解释、煤层气分析软件在地质勘探方面具有良好的应用价值。

4）Riglink 远程传输系统

Riglink 是基于网络的远程传输系统，其主要功能是可以实现远程数据传输和图形显示，且具有不同用户的不同权限管理功能。Riglink 远程数据传输服务通过 INTERNET 用户能查询到安全的现场实时数据。客户端仅使用 IE 浏览器就能了解现场生产情况。用户可以根据自己的需要自定义数据显示方式，各用户间不受影响。Riglink 是一种高效的传输方法，这种特殊的传输过程确保了数据的实时性和连续性。

3.3.3 导流能力测量方法与仪器

压裂作业是油田生产中对低渗油藏增产改造的主要手段之一。水力压裂作业中，在足以产生裂缝的注入速度及压力下，携带支撑剂的胶质流体被注入地层。随着流体的注入，裂缝将加长。当泵一停下来，压力会很快降落，裂缝就开始闭合。这时，支撑剂便会阻止其闭合并由此产生一条高导流能力的流体通道。在裂缝的闭合过程中，支撑剂会被压碎或者嵌入地层中，从而导致导流能力的降低。因此，支撑剂的蚀度及嵌入能力是压裂作业设计时必须预先考虑的。

压裂作业的增产效果与支撑裂缝的导流能力密切相关。导流能力取决于裂缝的宽度和裂缝闭合后支撑剂的渗透率。因此，只有对不同来源的支撑剂在压裂作业前进行优选和质量控制，才能保证最佳的施工设计。智能化导流能力测量仪是完成这项工作必备的实验测试仪器。

1. 导流能力测试原理

智能化导流能力测量仪，是把支撑剂放在两块钢板（导流夹持器）之间进行测量的。

它是用一台液压机提供闭合压力，该压力作用于导流夹持器上，以足够的时间让支撑剂达到半稳定状态，然后让测试液体流过支撑剂层，测出不同压力条件下的裂缝宽度、压差及流速，用达西定律即可计算出支撑剂渗透率和裂缝导流能力。

实验可以在不同压力、不同流速条件下进行。导流夹持器可在加热模拟地层温度条件下进行测试，使用这种方法的测试结果来指出支撑剂的破碎所导致的渗透率的减小，对比不同支撑剂的相对强度。本仪器主要用来测量在 5 ~ 150MPa 的闭合压力下，不同支撑剂的导流能力。

2. 裂缝导流能力和渗透率计算

采用《压裂支撑剂充填层短期导流能力评价推荐方法》（标准号 SY/T 6302—2009），液体在层流条件下支撑剂充填层的渗透率为

$$K_l = \frac{\mu_l Q_l L}{10wW_f(\Delta p)} \tag{3-31}$$

$$K_g = \frac{\mu_g p_0 Q_g L}{5wW_f({p_1}^2 - {p_2}^2)} \tag{3-32}$$

式中 K_l，K_g——支撑剂充填层液体渗透率和气体渗透率，μm^2；

μ_l，μ_g——实验温度条件下实验液体粘度和气体粘度，mPa · s；

Q_l，Q_g——液体流量和气体流量，cm^3/s；

L——测压孔之间的长度，cm；

p_1，p_2——上游压力和下游压力，MPa；

w——导流室宽度，cm；

W_f——充填层高度，cm。

液体在层流条件下支撑剂充填层的导流能力为

$$K_l \cdot W_f = \frac{\mu_l Q_l L}{10w(p_1 - p_2)} \tag{3-33}$$

$$K_g \cdot W_f = \frac{\mu_g p_0 Q_g L}{5w({p_1}^2 - {p_2}^2)} \tag{3-34}$$

式中 $K_l \cdot W_f$，$K_g \cdot W_f$——分别为液体导流能力和气体导流能力，$\mu m^2 \cdot cm$。

3. 系统流程与主要功能

1）系统流程

智能化导流能力测量仪系统流程如图 3 - 24。仪器由导流夹持器、操作与控制单元、流体注入单元、传感器及其测量单元、出流与计量单元、压力机及载荷恒定系统和数据采集与处理系统组成，通过流程图不难理解仪器的结构和测试原理。

2）系统功能

（1）模拟酸在裂缝中酸化流动实验及返排实验；

（2）模拟压裂液、气液两相流等不同介质在裂缝中流动实验及返排实验；

（3）评价岩石酸液滤失和压裂液滤失实验；

（4）支撑剂的嵌入和返排实验；

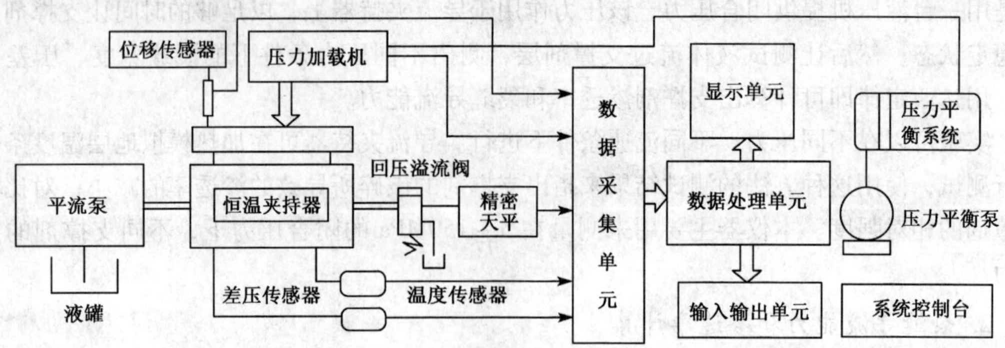

图 3－24　智能化导流能力测量仪系统流程图

（5）室温～180℃，流动压力 0～20MPa 和最高闭合压力 100MPa 下酸蚀导流能力测试，包括气测导流能力和液测导流能力；

（6）室温至 180℃，流动压力 0～20MPa 和最高闭合压力 100MPa 下支撑剂导流能力测试，包括气测导流能力和液测导流能力。

配备辅助设备后还具有以下功能：

（1）满足中、高强度支撑剂破碎率评价实验要求；

（2）酸蚀岩板蚀面的数字扫描和定量分析；

（3）酸蚀裂缝的可视化及裂缝变化规律分析。

4. 主要技术参数

（1）酸液和压裂液流量范围：10～1000mL/min，水测导流能力时的流量范围：0～20mL/min；气体流量范围：0～10L/min；

（2）酸液和压裂液流动实验压力：0～7MPa；

（3）导流能力测试压力：0～20MPa；

（4）工作温度：室温至 180℃，精度 ±1℃；

（5）闭合压力：0～100MPa；

（6）气体导流能力：0～2000$\mu m^2 \cdot cm$；

（7）液体导流能力：0～1000$\mu m^2 \cdot cm$；

（8）渗透率：0～50000μm^2；

（9）工作介质：水、气、酸液、压裂液。

5. 主要技术特征

（1）压力机及载荷恒定系统采用一台液压恒流泵进行快速加载，另一台微量泵实现压力自动恒定，两台泵用一台工控机进行独立控制。加载方式可恒定加载或程序加载，加载单元为整体独立单元，即可独立工作又可接受上位机的命令，实现远程控制，信号经 485 通信口传送。系统工作噪声低，节约能源。系统工作压力 25MPa，持久载荷可达 100MPa，连续工作 300h 以上。

（2）根据美国石油协会标准设计的标准导流夹持器，填砂质量浓度为 10kg/m^2 或 5kg/m^2。夹持器分为三部分：上端盖、主体和下端盖。上端盖和下端盖都加工有矩形圈槽用来密封；主体上加工有两个测压孔和流体进出口，配有过滤器及快速接口。顶部活塞附把手，腔体上有 8 个加热棒孔和一支温度传感器插孔。导流夹持器及其接头材料均采用耐腐蚀的不锈钢材料制成，有 64.516cm^2 的线性流测试面积，采用内加热方式，使得夹持器内加热均匀。图 3－25 所示为导流夹持器的装配结构简图。

（3）仪器可自动测量和显示加在导流夹持器上的载荷、通过导流夹持器的压降、渗流流量、入口压力、工作载荷、差压、导流夹持器加热温度、回压、位移等测量参数，自动计算导流能力，绘制测试曲线。

（4）数据采集与处理单元选用了回压传感器、载荷压力传感器、差压传感器、电子天平、过程控制通道接口板等先进的测控组件，采用了高精度数据采集与处理技术。其应用软件采用了图形化的软件设计，按钮式下拉菜单，弹出式对话窗口，实时数据显示，严重错误容错处理等技术。

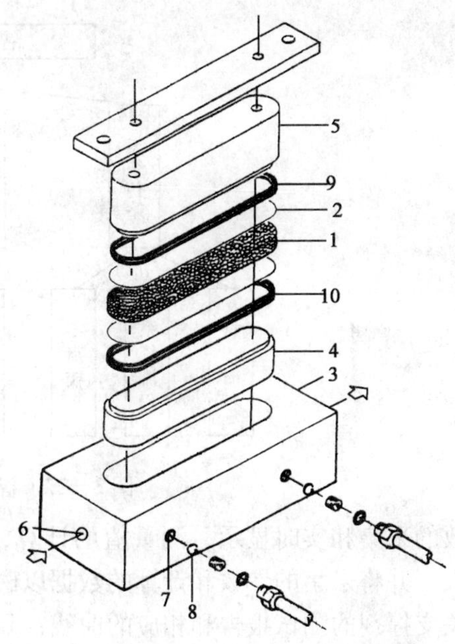

图 3－25　导流夹持器的装配结构图
1—支撑剂填充层 17.78cm×3.81cm×W_f（cm）；2—金属板；3—导流室主体；4—下活塞；5—上活塞；6—测试液进/出口；7—压差输出口；8—多孔金属滤网；9—调节螺钉；10—方形密封圈

6. 数据采集与处理系统

数据采集与处理系统框图如 3－26 所示。数据采集与处理系统包括 A/D 和 I/O 单元，继电器控制单元，中央处理器，显示器，键盘，打印绘图机和用 VB 语言编写成的面向对象的应用程序，其模数转换的分辨率为 12Bit，通过率为 30kHz，输入信号为 0～5 V，数字量输入/输出为 8Bit，TTL 兼容。

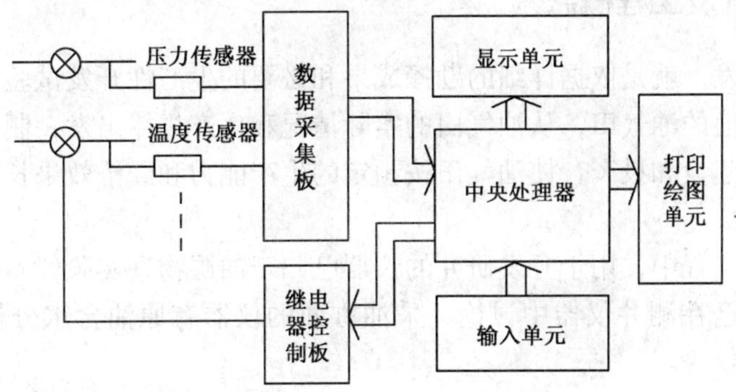

图 3－26　数据采集与处理系统框图

7. 导流能力测量仪应用软件

1）软件结构

智能化导流能力测量仪应用软件设计中采用了结构化、模块化的程序设计方法，程序结构清晰，模块功能明确。主要模块有系统初始、数据处理和报表输出等。结构框图如图 3－27所示。

2）软件的功能特点

智能化导流能力测量仪的应用软件能在 WINDOWS 操作系统支持下运行于至少配有 16MB 内存、LED 显示器的微机上，能完成支撑剂参数测量要求的传感器零点校正，测量参

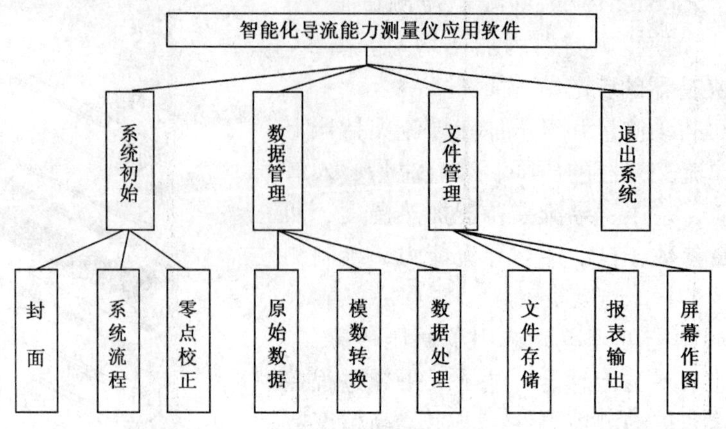

图 3－27　智能化导流能力测量仪软件结构

数的采集和实时显示，测量值的计算，曲线绘制；能完成支撑剂原始数据和环境参数的输入，并将采集的参数和计算的数据以磁盘文件形式长期保存；能按照用户的选择打印输出有关支撑剂的测试报告和相应的曲线；具有操作提示，系统自检，过压报警，错误操作处理功能；使用按钮式汉字下拉菜单，使操作富有真实感；所有输入和提示都使用窗口式的对话框；测量过程中参数和趋势实时显示，使用户随时掌握系统的工作情况。

3.4　油气田开发工程仪器

3.4.1　油气田开发工程概念

所谓油气田开发，就是依据详细的勘探成果和必要的生产性开发试验，在综合研究的基础上对具有工业价值的油气田，从油气田的实际情况和生产规律出发，制定出合理的开发方案并对油气田进行建设和投产，使油气田按预定的生产能力和经济效果长期生产，直至开发结束。

在油气田开发工程中，用于开发研究的仪器已归于油层物理实验仪器类，开发生产中测井方面的仪器部分已在测井仪器中讨论，采油方面的仪器有原油含水分析仪、抽油井示功仪、油井液面测量仪等。

3.4.2　开发生产仪器仪表分类

开发仪器仪表是认识油气藏，进行油气藏评价、生产井动态监测及评价完井效率的重要设备。开发仪器仪表所录取的资料是各种录取资料方法中，唯一在油气藏处于流动状态下所获得的信息，资料分析结果最能代表油气藏的动态特性。开发仪器仪表所测参数在勘探评价、油藏描述及编制油气田开发方案等工作中能起着举足轻重的作用。开发仪器仪表的水平也代表了采油试井、生产测井的水平。

开发仪器仪表主要是指试井仪器仪表。试井仪器仪表又分为高压试井仪器仪表和低压试井仪器仪表。但随着科学技术的不断发展，特别是试井技术和计算机技术的发展，现已把油水井生产过程的测试仪器，即生产测井仪器仪表也归为开发仪器仪表的范畴。

1. 高压试井仪器仪表

高压试井仪器仪表主要是用于测试生产井井下的压力、温度、流量、含水率、密度等参数，获取井下产液样品的仪器。

我国目前的高压试井仪器仪表已由使用原苏联20世纪30年代简单的机械式压力计、温度计，发展到现在能独立研制耐温、耐压、高精度的机械式压力计和温度计，制造工艺精细，并日臻完善。由感压元件、走时机构和记录机构组成的机械式高压试井仪器，已能录取井下压力、流量、温度等参数变化的动态特性，测量精度已达0.2%以上，井下连续工作时间可达3～360h，工作温度范围为0～175℃，种类已达几十种之多。近几年来，随着计算机技术的迅速发展，试井工艺的不断改进和完善，国内外开始研制电子式压力计和温度计。在高压试井仪器仪表的研究与制造技术上，我国的水平已接近或达到了国外的先进水平，开发新型的电子压力计、温度计、流量计等是高压试井仪器仪表今后的发展方向。

2. 低压试井仪器仪表

低压试井仪器仪表主要是指围绕各种抽油机井对其抽油机、抽油泵、抽油杆的工作状况和液面深度检测、诊断的地面测试仪器仪表，如示功仪、回声测深仪、计算机诊断仪等产品。

3. 生产测井仪器仪表

油水井生产过程中的测井统称为生产测井，生产测井主要包括以下内容：

（1）产出剖面测井，即油井生产过程中录取分层产量、含水率、密度、温度、压力等分层动态资料；

（2）注入剖面测井，也称为油水井的分层注入量和分层注入厚度测井；

（3）工程测井，也称为油水井井下技术状况测井，如检测套管损坏、腐蚀及变形等。

生产测井在我国还是一门较新的应用技术。生产测井仪器有用于测量产出剖面的找水仪、分层测试仪、过环空大排量找水仪、五参数过环空组合测井仪、过环空三相流测井仪、放射性密度计、压差式密度计、连续流量计等；用于测量注入剖面的小直径自然γ—磁定位组合测井仪、同位素井下释放器、水井连续流量计、水井电磁流量计等仪器；用于工程测井的仪器有微井径测井仪、过油管两臂、十臂最小井径仪、过油管X—Y井径仪、八臂最小井径仪、CZJ磁测井仪、井下超声电视测井仪等。

我国生产测井仪器正处于发展阶段，一些较先进的生产测井仪器正在推广使用，较高水平的生产测井装备正在研制中，特别是用于产出剖面测井的找水仪和流量计还没能很好地解决测试成功率低、分辨率差、启动排量大等技术难题。

3.4.3 原油含水分析仪

1. 关于石油含水分析方法

石油含水分析仪对于准确计量石油产量，了解油田储层动态，提高生产管理水平等方面都有重要意义，因此，寻求一种精确可靠的分析方法是十分必要的。目前石油含水分析方法基本上可以分为两大类，即直接法和间接法。直接法是利用某些物理方法使石油中的水分离出来，从而直接读取水量，如电脱水法和蒸馏法。直接法的优点是测量直接可靠，无需其他方法来校核，本身可以作为含水计量标准去校核其他方法；缺点是需进行油水分离，只适用于间断取样测量，不能连续在线测量。间接法是利用油和水的某些物理性质不同，相应的物理参数不同，通过测量含水石油的物理参数来间接确定其含水量，如电容法（介电常数）、微波反射法（波阻抗）等。间接法优点是无需进行油水分离，测量迅速及时，可以连续在线测量；缺点是需一系列中间环节，读取的是电量而不是含水量，而电量不仅与含水量有关，还与仪表的许多其他参数有关。间接法只能反映出含水量的相对值，只有借助直接法标定后，才能直读含水量，而且在长期运行中，也必须借助直接法定期校核，才能确保其测量精度，因此，间接法并不能取代直接法，而精确可靠的直接法才是含水分析的基础。

2. 原油含水电脱分析原理

含水原油一般呈乳化状态，即石油中的水分分散成微小水珠悬浮在石油中，由于石油中含沥青质、胶质、环烷酸等成分，并且很容易被吸附在水珠表面，形成一层坚韧的乳化膜，从而阻碍各水珠间的相互吸引及聚集。同时，由于水珠极小，所受重力也极小，难以克服石油对它的粘滞阻力，因而自然沉降极为缓慢，致使油水乳化液能长期保持稳定而不分离。电脱法的核心是通过电破乳技术来实现乳化状的油水分离。它是利用非均匀的高频脉冲强电场作用在含水石油中，悬浮在石油中的水珠在外电场的作用下将被极化，致使水珠转变成带有异号电荷的电偶极子（即水珠的一侧带正电，另一侧带负电），由于交变电场作用，各电偶极子的异号相互吸引，联结成链，致使许多小水珠合并成大水珠，在重力作用下加速沉降，使油水分离，达到油水分别计量的目的。

虽然在外电场作用下各水珠间以及水珠与电极之间相互吸引，但欲使其能合并成大水珠，还必须要有足够强的电场才能实现，因为各水珠之间的吸引力大到足以将乳化膜挤破才能合并成大水珠。原油含水电脱过程如图 3-28 所示。

为了降低包围在水珠表面上的乳化膜的强度，可以加入适量的破乳剂，从而增加各水珠间的聚集作用；为了降低石油的粘滞阻力，可以提高石油的温度或加入一定量的稀释剂，从而加快油水分离的速度。

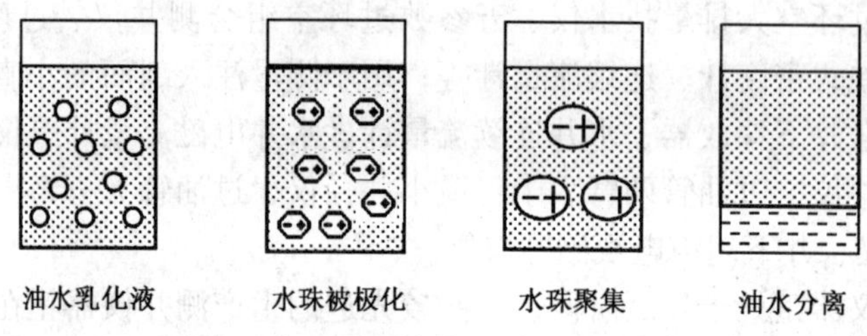

图 3-28　原油含水电脱过程示意图

3. 仪器构成

仪器主要由高压发生器、加热脱水内电极、计量筒、外电极、定时器、温度传感器等主要模块组成。

1）高压发生器

石油含水电脱分析仪可产生连续的高压脉冲电流，不仅能对水珠进行有效的极化，实现水珠聚集，而且还能加强水珠振荡及碰撞作用，提高破乳效果。外加交变电场的高压发生器先将 50Hz 交流电转换为稳定直流电，再由直流变换器转换为高频脉冲电压，最后经高压变压器升压，获得 1～20kV 的脉冲电压。

2）加热脱水内电极

加热脱水内电极是一根装有绝缘手柄的金属管，管内密封有150W的电热丝，并与金属管壁高度绝缘。其作用是传递高压电场进行脱水和对油品进行加热降低油品的粘度。

3）计量筒及外电极

计量筒及外电极由玻璃量筒、金属外电极套、绝缘塑料保护筒等组成。玻璃量筒用来装取被分析的油样及读取液量；紧贴绝缘塑料保护筒内壁上安装有金属外电极套，外电极和内电极一起提供一个辐射状的非均匀电场。

4）温度控制器

温度控制器的作用是显示并控制计量量筒内的原油温度。通过温控器面板上的按键来设定所需要的控制温度。

5）定时控制器

定时控制器的作用是显示并控制脱水时间，它是通过定时器面板上的数字拨盘来设定所需要的时间。

4. 原油含水量计算

石油的含水量一般用体积含水量 W_V 和质量含水量 W_m 来表示。

1）体积含水量 W_V

已知油样与水的体积时，可按式（3-35）计算体积含水量。

$$W_V = \frac{V_S}{V} \times 100\% \tag{3-35}$$

已知油样与水的质量（重量）时，可按式（3-36）来计算体积含水量。

$$W_V = \frac{m_s\rho_\gamma}{(m - m_s)\rho_s + m_s\rho_\gamma} \times 100\% \tag{3-36}$$

式中 V_s——油样中水的体积，mL；

V——油样中油和水的总体积，mL；

m_s——油样中水的质量，g；

m——油样中油和水的总质量，g；

ρ_s——水的密度，kg/m^3；

ρ_γ——油的密度，kg/m^3。

2）质量（重量）含水量 W_m

已知油样与水的质量时，可按式（3-37）来计算质量含水量，即

$$W_m = \frac{m_S}{m} \times 100\% \tag{3-37}$$

已知油样与水的体积时，可按式（3-38）计算质量含水量，即

$$W_m = \frac{V_s\rho_s}{(V - V_s)\rho_\gamma + V_s\rho_s} \times 100\% \tag{3-38}$$

式中的 ρ_s 和 ρ_γ，在本方法的精度范围内可取标准状态下的相应值进行计算。

5. 主要技术参数

分析范围：0～100%；分析误差：±1%；分析时间：3～10 min；分析样量：150～200 mL；脱水电源功耗：≤15W；加热电源功耗：≤150W；设定温度范围：室温～150℃；设定时间范围：1～99min；供电电源：AC 220V ±10%，50 Hz。

3.4.4 抽油井示功仪

深井泵示功图测试仪俗称示功仪，是测取抽油机光杆冲程与承受负荷关系曲线图的仪器，也称为动力仪。示功仪有水力机械式和电子式两类。20 世纪 80 年代前后生产的示功仪，都是纯机械的，精度不高，功能比较少。80 年代后期，国产电子示功仪从根本上改变了抽油机的动态测试水平，精度高、功能全。随后又推出抽油机车载计算机诊断系统、便携式计算机诊断仪等新产品。90 年代以后，示功仪开始向小型化、多功能方向发展，仪器体积小、重量轻、精度高、功能全，可一次存储 30 ~ 60 张卡片，液晶显示，有针或笔式两种微机打印输出数据，可与任何 PC 机通信，技术水平已达到了国外同类仪器的先进水平。

示功仪今后发展的方向，将是更加小型化、数字化。利用新原理，简化位移传感器的结构，使仪器结构更合理、更紧凑、操作更方便，并能解决不停抽装夹问题。

1. 电子示功仪功能与结构

电子示功仪，运用了先进的电子技术，功能齐全、操作简单、使用方便、测量精度高，并可以测量、综合分析所需要的几种参数。电子示功仪可用于测量有杆抽油机的光杆负荷、行程位移、电动机电流、冲程、冲次等参数，以及检查固定阀、游动阀的漏失和抽油机平衡状况。测量结果可以绘制成负荷—位移、电流—位移示功图；也可由仪器内的时间扫描电路驱动，绘制成负荷—时间、位移—时间、电流—时间展开图。被测参数的记录比例、记录曲线的位置可以在记录仪上设定或改变，以调整记录纸上图形、曲线的大小与位置。

示功仪由光杆负荷传感器、光杆位移传感器、电动机电流传感器（称为一次仪表）以及专用记录仪等组成，如图 3 - 29 所示。

2. 传感器结构与原理

1）负荷传感器

负荷传感器是基于电阻应变测量原理将抽油机光杆负荷转换为电信号的装置，其结构如图 3 - 30 所示。

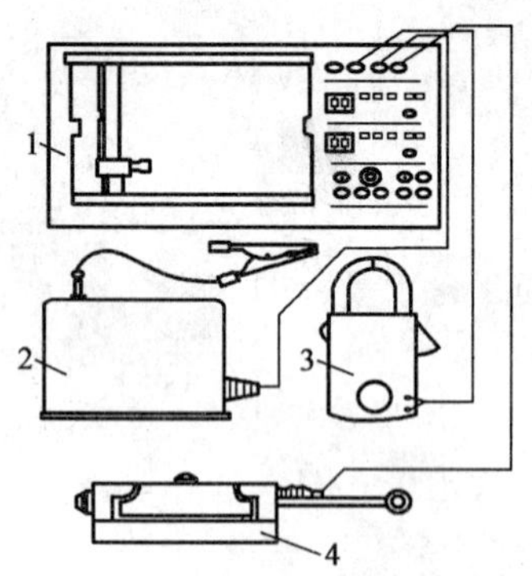

图 3 - 29　示功仪结构

1—X、Y 记录仪；2—位移传感器；3—电流传感器；4—负荷传感器

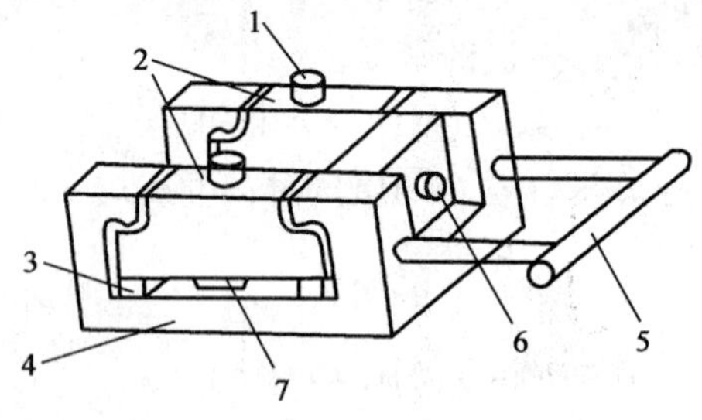

图 3 - 30　负荷传感器结构图

1—支承；2—承力梁；3—垫块；4—传感器座；5—提手；6—电缆接头；7—应变片

负荷传感器上有两个承力梁，其上贴有电阻应变片，与固定电阻组成一半桥式应变测力电桥。承力梁的两端固定在垫块上。使用时，将负荷传感器夹入悬绳器上下横梁之间，光杆负荷通过支承加载在承力梁上，使承力梁产生与负荷大小成正比的弹性弯曲变形，承力梁上

粘贴的应变片电阻值将发生相应的变化，电桥将失去平衡，输出端便有与负荷对应的不平衡电压输出。如图3－31所示，设电桥在初始是平衡的，且为等臂电桥，考虑到 $|R_1| = |-\Delta R_2| = \Delta R$，则得半桥差动电路的输出电压为

$$U_o = \frac{U}{2} \cdot \frac{\Delta R}{R} \tag{3-39}$$

式中 U——电桥输入电压，V；

U_o——电桥输出电压，V；

R——电桥桥臂电阻，Ω；

ΔR——电桥桥臂电阻增量，Ω。

2）位移传感器

位移传感器是将光杆位移量变换为电信号的装置。传感器上装有绕线轮、电位器，以及在光杆下行程时自动收线的发条弹簧轮。使用时，传感器安放在地上，拉线与负荷传感器的把手相连，光杆上、下运动时，带动绕线轮及电位器轴转动，与光杆位移成正比的电位器分压值作为位移转换信号输出。

3）电流传感器

电流传感器用来将抽油机的电动机负荷电流转换为电压信号。电流传感器是一个钳形电流表。测量时，将被测导线卡入钳口内，当导线中有交流电流通过时，导线周围产生交变磁场。磁力线通过绕在钳形铁芯上的次级线圈感应出交流信号，经整流后输出，如图3－32所示。

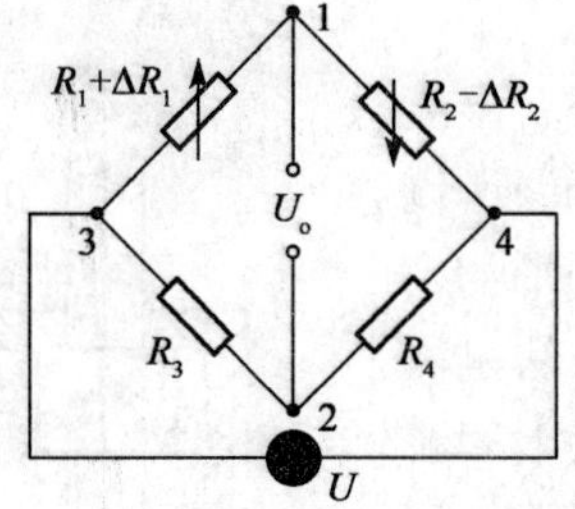

图3－31　半桥差动电路

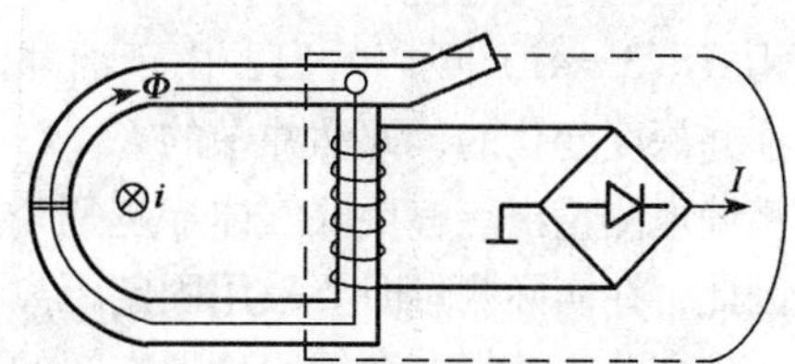

图3－32　电流传感器示意图

三种传感器将表示负荷、光杆位移、电动机电流的信号，通过电缆传输给记录仪进行记录、作图，也可经信号调理后用计算机进行采集处理。

3.4.5　油井液面测量仪

在油田开发过程中，需经常探测套管内的液面深度，从而了解油井的供液能力，确定抽油泵的下泵深度，并根据液面高低，结合示功图等资料，分析抽油设备的工作状况。同时，还可根据井内液柱的高度和密度来推算油层中的流体驱动压力。对于注水开发油田，探测抽油井液面的变化，是判断注水见效的重要方法。所以，井下液面探测是了解抽油井井下状况，分析和管好抽油井的一种重要手段。

在油田主要用于检测油井液面深度的仪器是回声测深仪。液面测量仪器的发展方向是小型化、数字化、自动化、性能稳定、工作可靠。研制小型的，高度可靠的，能在井下长期连续、自动工作的测深仪，可为油田生产自动化打下良好的基础。

1. 回声法测量原理

油井液面回声测深仪的原理是利用声速与声波反射时间的关系，计算液面的深度。当声

波从一种介质向另一种介质传播时，声波在两种密度不同、声速不同介质的分界面上便有一部分被反射，另一部分被折射。如果声波在密度相差较大的介质中传播，声波几乎会被全部反射。在油井中声波先在气体介质中传播，遇到液体介质后就几乎会被全部反射。如图3－33所示，当在井口向井下深处发射一短促的声波时，若测出回声反射回的时间 t 和声波传播的速度 v，就能确定井下液面与井口声源之间的距离。

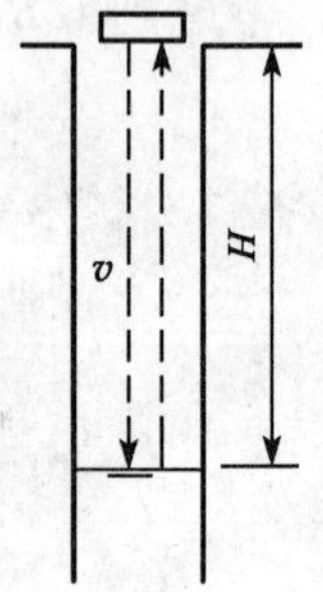

$$H=\frac{vt}{2} \tag{3-40}$$

式中 H——液面深度，m；

v——声速，m/s；

t——时间，s。

图 3－33　回声法测量液位示意图

但是，如果要准确地测量液面高度，则必须精确地确定声音在井内气相介质中的传播速度 v。实际上这是很难做到的，气体中声速表达式为

$$v=\frac{\sqrt{KRT}}{\sqrt{\mu}} \tag{3-41}$$

式中 K——气体绝热指数；

μ——气体相对分子质量；

R——普适气体常数；

T——绝对温度。

由式（3－41）可以看出：由于油井内气相介质的组成、温度是随油井深度变化的，即油井中的 K、μ、T 是各处不相同的，所以很难精确地测量出能够反映气体穿越整个井筒内气相介质的平均声速。因此，在实际测量时要采用固定距离标志法进行。其方法是测量前，先在井内油管、套管间环形空间的某一确定深度处装上回音标，用来确定声波在井筒中传播的平均速度。如图3－34所示，回音标是在下油管时固定在油管接箍台肩上的一个空心圆柱体。回音标的端面积一般以遮挡油管、套管环形截面的 50%～70 % 为宜，回音标的下入深度是在下油管时精确测量过的。

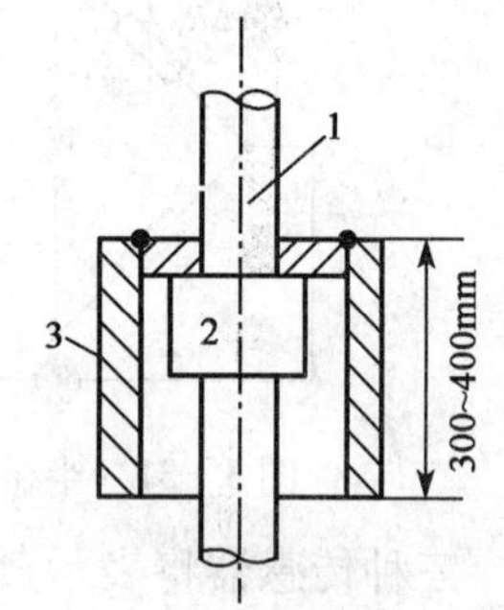

图 3－34　回音标结构示意图

1—油管；2—接箍；3—回音标

测量时，通过专门的声波发生装置（发声器）发出一个声脉冲，使它沿着油管、套管间的环形空间传向井底。声脉冲在传播过程中遇到回音标、液面时，随即有声波反射到井口被收声器接收，并转换成电信号经过放大器送到记录装置记录下来。回声法测距原理方框图如图 3－35 所示。

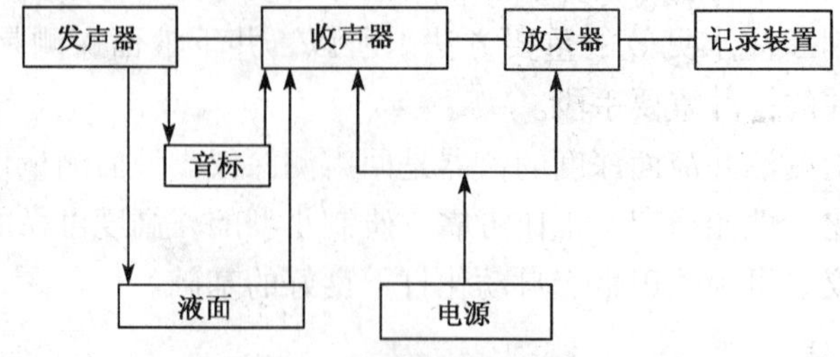

图 3－35　回声法测距原理框图

根据测到的如图3－36所示的回声记录曲线，就能计算出液面深度。如果，L_0是图中记录曲线上发射声脉冲波峰到回音标反射声脉冲波峰的距离，L是发射声波峰到液面反射声脉冲波峰的距离，已知记录纸走纸速度为v_0，可以得出井下液面深度计算式。

声波由井口传到回音标所需的时间为$t = \frac{L_0}{2v_0}$；声波由井口传到液面所需的时间为$t' = \frac{L}{2v_0}$；若回音标到井口的距离为h_0，则声波在井筒中的平均传播速度为$v = \frac{h_0}{t}$；井口到液面的深度为$H = v \cdot t'$，所以

$$H = \frac{h_0}{t} \cdot \frac{L}{2v_0} = \frac{h_0}{L_0/2v_0} \cdot \frac{L}{2v_0}$$

$$H = \frac{L \cdot h_0}{L_0} \tag{3-42}$$

由于回音标到井口的距离h_0是油井作业时预先精确测量过的，因而可以方便地由记录曲线计算出井下液面深度。

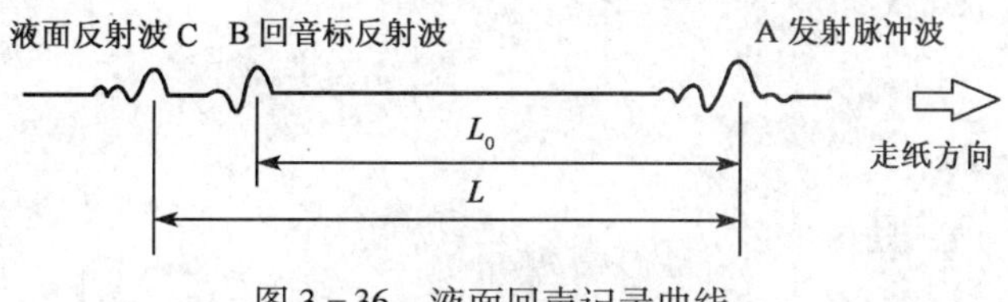

图3－36　液面回声记录曲线

这个测量过程实际上是用声波在井口到回音标之间的平均传播速度，作为井口到液面间的平均传播速度，回音标的位置在很大程度上影响测量精度。当然，回音标越接近液面，测量误差越小，测量精度越高。通常，回音标最好下在井口至预计动液面距离的90%的地方，这样测量误差可以保证在1%以下。

2. 回声测探仪

回声测探仪一般由井口连接器和记录仪组成。井口连接器用来向油管、套管间的环形空间发射一短促的声脉冲，并把此声脉冲与井中油管接箍、液面等障碍物的反射声脉冲转换为电脉冲信号。记录仪则将电脉冲信号进行放大、滤波，分别将接箍反射信号及液面、回音标反射信号记录下来。

井口连接器由发声器、发声电转换器（微音器）组成。常用的子弹枪式井口连接器主要由枪机、枪体、异径接头、微音器等组成。微音器室与枪体是通过螺钉连接的，此螺钉有一T形小孔，声波是从此小孔进入微音器室的，测量时这个T形小孔不可堵塞。微音器是声—电换能装置，其外部用高分子化合物封装，内部装有环状压电陶瓷。利用压电陶瓷的压电效应，当声压作用在压电陶瓷的作用面时，则在与此垂直的表面上就会有电荷及电势产生，即把声脉冲波（即压力波）变成相应的电信号。

复习思考题

1. 什么是压力？表压力、绝对压力、负压力之间的关系是什么？
2. 量程为0～10MPa，精度为1.0级的压力表，当分别测量1MPa和6MPa的压力时，实

际读数为0.98MPa和6.03MPa，其相对误差是多少？能说明什么问题？

3. 什么是钻压？已知的测量原理是什么？还有哪些方法能够实现钻压的测量？

4. 已知钻井泵的出口压力变化范围是5~40MPa，允许测量的最大绝对误差为0.25MPa，试选配一压力表。

5. 大钳扭矩是如何测量的？

6. 多参数测量系统要测哪些参数？拟定一钻井多参数测量系统的设计方案。

7. 随钻测量系统由哪几部分组成？有几种信号传送方式？详述其中的一种。

8. 抽油机示功仪要测哪些参数？如何实现的？

9. 油井液面回声测量的原理是什么？设计时还应考虑哪些问题？

10. 说明原油电场脱水的原理什么？查阅资料，归纳几种其他原油含水分析方法。

第 4 章　地震勘探仪器

提要：地震勘探是用人工方法激发地震波，研究地震波在地层中传播的规律，以查明地下的地质情况，为寻找油气田或其他勘探目的服务的一种物探方法。地震勘探仪器系统一般包括地震检波器、地震电缆、采集站和主控计算机。三分量检波器、$\Sigma-\Delta$ADC 技术、网络化的遥测遥控、实时数据分析处理代表地震勘探仪器的先进技术。

4.1　概述

4.1.1　地球物理勘探与地震勘探的概念

地球物理勘探简称“物探”，它是以各种岩石和矿石的密度、磁性、电性、弹性、放射性等物理性质的差异为研究基础，用不同的物理方法和物探仪器，探测天然的或人工的地球物理场的变化，通过分析、研究所获得的物探资料，推断、解释地质构造和矿产分布情况。目前主要的物探方法有：重力勘探、磁法勘探、电法勘探、地震勘探、放射性勘探等。依据工作空间的不同，又可分为地面物探、航空物探、海洋物探、井中物探等。

地震勘探是用人工方法激发地震波，研究地震波在地层中传播的规律，以查明地下的地质情况，为寻找油气田或其他勘探目的服务的一种物探方法。与其他物探方法相比，地震勘探具有精度高、分辨率高、勘探深度大等优点，因此，已成为石油勘探中一种最有效的勘探方法。在西方发达国家，石油勘探方面总投资的 90% 用于地震勘探。在我国，自大庆油田发现以来，新发现的油田有 90% 是用地震勘探方法找到的。目前在我国的石油物探队伍中，绝大部分是地震队。

地震勘探可分为野外数据采集、室内资料处理、地震资料解释三个阶段。每一个阶段都需要使用一定的设备，才能完成预期的任务。没有这些设备作为工具和手段，地震勘探理论再完善也不能付诸实施，当然也就达不到勘探的目的。地震勘探装备种类很多，涉及的范围很广。其中直接用于野外地震数据采集的专用设备，称为地震勘探仪器。地震勘探仪器的任务是在地表激发地震波并把返回地表的地震波接收和记录下来。地震勘探第一阶段即野外数据采集阶段的最终成果，就是地震勘探仪器产生的野外地震记录，这些野外地震记录是地震勘探的资料处理和资料解释的原始依据和工作基础。地震勘探仪器本身性能好坏和使用是否恰当，直接影响地震记录质量，也就必然影响到后期资料处理和资料解释工作，最终势必影响地震勘探效果。所以，地震勘探仪器是地震勘探装备中最基础的设备，也是最关键最重要的设备。

4.1.2　地震勘探对仪器的要求

地震勘探仪把返回地表的地震波记录下来，为勘探工作者提供推断地下地质情况的依据，为了保证勘探工作者能准确、细致地推断地下的地质情况，就要求地震仪尽可能真实地把地震波的各种特征如实地记录下来，既不丢失有用的信息也不增添任何不需要的成分，这是衡量一个地震勘探仪性能好坏的标准，也是设计和制造地震勘探仪的基本要求。综合起来，地震勘探对仪器的基本技术要求如下所述。

1. 放大作用

人工激发的地震有效波在地面引起的振动位移非常微小，只有微米量级，要求地震仪器必须具有足够的放大能力，将微弱地震信号放大。

2. 动态范围

地震仪允许输入的幅度范围，简称仪器的动态范围。动态范围必须大于需要记录的地震信号的幅度范围。需要记录的地震信号的最大幅度是从震源直接传到离震源最近的检波点的直达波幅度，它与偏移距的大小有关，需要记录的地震信号的最小幅度是最深目的层反射波传到地表时的幅度，由勘探深度要求决定。目的层越深，反射信号则越弱，当反射信号幅度比外界环境噪声的幅度还小时，就会被外界环境噪声淹没。因此，一般认为需要记录的地震信号最小有意义幅度是外界环境噪声的幅度。目前通过地震资料的数字处理，有可能从环境噪声背景中提取幅度仅有环境噪声幅度点的弱信号。因此，人们希望把需要记录的地震信号的最小幅度再降低 20dB，这就是说，需要记录的地震信号幅度范围要增加到 120dB 左右。

3. 自动增益控制

因来自浅层和深层的地震波能量相差十分悬殊，可达到 10 万倍（100dB），为了能在同一张记录纸上记录或者显示来自不同深度的地震波，要求地震仪器具有自动增益控制的功能，自动将大信号压缩，小信号放大。

4. 多道接收

为了提高生产效率，要求在施工测线上大量的物理点同时观测地震波。就是说，地震仪器应该具有多道接收能力。

最早的地震仪是单道的，为了便于进行波的对比和提高野外生产效率，后来发展成为多道地震信号同时记录。随着多次覆盖技术的推广和覆盖次数的提高，要求进一步增加道数。高分辨率的地震勘探要求缩短道距至 25m、10m 甚至 5m，而为了保持一定的排列长度，自然也要求道数多一些。特别是近年来，在三维地震勘探方法的应用日益增多的情况下，更要求地震仪的道数不断增加。因此增多道数是地震仪发展的一个总趋势。

5. 地震道一致性

在每个观测点上记录地震波，都必须经过检波器、放大系统和记录系统三个基本环节，它们连在一起总称为地震道。为了提高生产效率和便于识别地震波，每次人工激发地震波时都在许多观测点上同时接收，所以地震仪一般是多道的。为了便于解释记录，地震仪中还设有不包括检波器在内的专用辅助地震道。地震勘探是用各道地震波的到达时间和波形差异识别波的类型，进行资料和地质解释。因此，在多道记录的情况下，要求各地震道对同一地震波的响应应该是相同的。也就是说，要求仪器的所有地震道在信号接收时间、接收信号的幅度和相位方面具有高度的一致性。道与道之间的相互干扰（即道间串音）应很小（一般要求小于 -80dB）。

施工期间，要求每天对地震仪器做日检，如采集站和检波器的脉冲响应一致性测试，就是对同一炮内所有地震道的幅度特性和相位特性的一致性检查，而遥爆系统 TB 延迟时间的测试，本质上是一台仪器对所放炮时间的一致性检查。

6. *频率选择作用*

地震波包含有效波和各种干扰波，一般它们的频率特性是有差别的，比如在石油地震勘探中，需要记录的地震信号最低频率由勘探深度要求决定，可能需要延伸到 10Hz 或 10Hz 以下。需要记录的地震信号最高频率由勘探分辨率要求决定。通常，面波在 20Hz 以下的频率范围内，而反射波在 10～100Hz 范围内。因此，要求地震勘探仪器的记录系统和回放系统具有选频滤波作用。在有效波频率范围内没有畸变，而对干扰波频率应有最小的放大。这就涉及仪器的通频带、低通滤波器、高通滤波器、50Hz 工业交流电陷波滤波器等技术性能和指标要求。

一般来说，在进行地震普查时取 125Hz 就可以了，进行地震详查时应取 250Hz，高分辨率勘探可能需要取到 500Hz，甚至更高。

7. *分辨能力*

地下不同地层反射的地震波可能接连而来，但仪器系统（包括检波器）的固有特性决定它总是存在固有振动。当仪器的固有振动延续时间不大于相邻界面地震脉冲到达的时间差时，两个波形能够分开，否则就较难分开。因此，要求仪器具有良好的分辨能力，就是说仪器固有振动延续时间应尽可能小。这个要求除了地震仪器的主机系统外，另一个关键就是检波器的性能，特别是检波器的阻尼特性。

数字地震仪把地震信号从模拟量转换为数字量时，应该有足够高的转换精度（小于 0.05%），在把地震数据记录到磁带上时，丢错码的概率应该足够小，一般要求小于 10^{-10}。

8. *其他性能要求*

地震仪器是一种十分复杂的电子系统，除上述性能指标外，还有很多其他重要技术指标要求。例如，记录长度、时标精度、谐波畸变、系统噪声、增益精度、误码率（对数字仪器）等。这些技术要求有些存在内在关系，不是完全独立的，有时候是从不同角度提出的，有时候是为了强调某一方面提出的。

地震仪长年在野外工作，工作环境与室内仪器大不相同。由于野外环境条件差，造成仪器发生故障的外部原因很多。而地震仪一旦发生故障，轻者影响地震记录的质量，重者使整个地震勘探队的工作陷于停顿，所以特别要求地震仪有很高的稳定性和可靠性，并且具有一定的自检能力和野外监视功能。除此之外，体积小、质量轻、耗电省、操作简便、易于维修也是应尽可能满足的基本要求。

地震勘探对地震仪器的技术要求，是随着科学技术的发展而不断刷新和提高的，因此技术性能和技术指标的要求都是相对的。

4.1.3 地震勘探仪器研究内容

地震勘探仪器包括震源、检波器、地震仪三大部分。其中，震源激发地震波，检波器接收地震波并把它转换成电信号，地震仪对地震电信号进行放大滤波再把它记录下来成为野外地震记录。地震勘探仪器的三大部分是互相联系缺一不可的，但比较而言，地震仪的结构最复杂，对地震勘探效果的影响最大。现代的地震勘探仪器已不只是一种记录地震信号的电子仪器，如果把它解剖开来，从“微观”上看，它是电子技术、信息技术、控制技术、通信技术、传感器技术的融合共生，本质上是电子技术、信息技术、控制技术、通信技术、传感器技术与地震勘探技术的系统集成的产物。但是，当把这些基本技术组合起来，从“宏观”上看，它的系统构成和工作原理与其他仪器相比却大不相同。

研究地震勘探仪器不应该单纯从电子技术或其他角度去分析地震仪的局部问题，而应该把这些技术与地震勘探原理紧密结合起来，从系统工程的思想着重研究：为了保证地震勘探的要求，地震勘探仪器系统应由哪些模块组成？各个模块之间有什么联系和影响？整机系统对各个模块的外部功能和技术指标应分别提出什么要求？各模块的性能对整机的性能有什么影响？各模块之间应采取什么样的接口？仪器的工作参数应怎样选择才能发挥仪器的效率提高勘探效益？诸如此类的问题就是地震仪整机系统的基本理论问题。如果不了解这些问题，即使会分析和计算地震仪的几个具体电路和技术参数，那也只能是舍本求末，顾小失大。

地震仪的一个突出特点就是型号多、更新快，所采用的具体电路和使用的器件差别较大。尽管如此，地震勘探仪器整机系统的原理是基本相同而且没有太大的变化。如果掌握了整机系统的基本原理，利用所学的电子、信息、控制、通信、传感器等方面的技术和理论基础，对地震勘探仪器进行操作使用、技术维护以致研究革新是完全可能的。

就系统组成而言，现代地震勘探仪器的结构十分复杂，技术含量高，属于典型的高新技术产品。地震勘探仪器就内部信号而言，有地震信号和控制信号两个信息流。把地震信号所通过的各个模块连接起来就形成地震信号通道。把控制信号所通过的各个层次连接起来就构成了一个层次型的控制网络。地震勘探仪器系统实际上就是控制网络在控制信号作用下，地震信号在地震信号通道的有序流动。其中，地震信号通道是地震勘探仪器的核心，控制网络则是为地震信号通道服务的。

地震勘探仪器发展变迁遵循普遍的规律，真正决定地震勘探仪器具体发展内容的要素又因时代背景、技术条件和经济环境等因素的不同而不同。从宏观上看，影响未来地震数据采集系统发展的决定因素仍然有限。根据当前主流地震数据采集系统的特点可知，通过持续完善采集特性与使用特性来不断满足地震勘探技术发展的需求，并越来越多地通过应用最先进的计算机技术、传感器技术、网络通信技术、工艺材料技术、电子工程技术等来实现系统的创新，已成为地震勘探仪器系统发展的主流。所以，未来地震勘探仪器系统发展的决定因素与其发展内容的关系应该是：以先进的计算机技术、网络通信技术、传感器技术、电子工程技术、工艺材料技术为基础，以完备的个性化软件技术为核心，以创造性地引用或集成有关新技术为补充，以满足物探技术和现场使用需求为目标，以完善和扩展当前系统的综合性能为内容。

4.2 地震勘探仪器技术

4.2.1 地震波知识

1. 地震波的形成

地震波指由天然地震或通过人工激发的地震而产生的弹性振动波在地球中由介质的质点

依次向外围传播的形式。对同一地层来说，通过人工方法激发的地震波，如果震源和激发条件不同，它所产生的激发波波形也不同，那么到达地面的地震波波形也就会不同；另一方面，在两个工区即使震源和激发条件完全相同，但由于地下地质情况不同，到达地面的地震波波形也不会相同。震源及其激发条件对激发波波形的影响称为“震源效应”，地震波在地层中传播时受到的各种影响统称为“地层效应”，到达地面的地震波波形便可认为是“震源效应”和“地层效应”共同作用的结果。

2. 地震波的特征

1）有效波和干扰波

通常，检波器接收到的地震波有震源激发所产生的一次反射波、折射波、面波、声波、多次反射波等，也有自然界的微震和测线附近的振动干扰，如工业交通的振动干扰等。

一般说来，能够解决某一特定地质任务的一类波称为有效波，而一切妨碍分辨这些有效波的其他波统称为干扰波。有效波和干扰波是相对的。在进行折射波法地震勘探时，折射波是有效波，但在进行反射波法地震勘探时，折射波就是干扰波。

在地震勘探的实际工作中主要用的是反射波法。在进行反射波法地震勘探时，“一次反射”波（简称反射波）是有效波。

2）纵波（P 波）和横波（S 波）

波的传播是一种物理现象。物体受应力作用后的应变一般具有两种形式，即平动和转动。平动是指平移或体积形变，具有这种运动形式的波称为纵波。转动是指物体形状变化，又称剪切应变，具有这种运动形式的波称为横波。两种形变状态以其本身的速度从震源向外传播。这两种波都是体波，都在无限均匀介质中传播。

当介质是成层的或具有自由界面时，产生另外一种波——面波。常见的面波有瑞利面波（又称地滚波）以及拉夫波。

已知纵波传播的扰动是体积膨胀（或压缩）类型。当弹性体受胀缩力的作用时，弹性介质将发生伸缩形变。反映在介质内的质点层面之间，在纵波传播的路径上，形成一系列的膨胀带和压缩带，如图 4－1 所示。图中的 *AB* 区是压缩带，而 *BC* 区则是膨胀带。在另一时刻，原来的压缩带变成了膨胀带，而原来的膨胀带却变成了压缩带。这种由近而远、胀缩相间的交替过程向外传播，就形成了波，这种波称为纵波。质点的振动方向与波的传播方向一致。由于它的质点振动是胀缩型的，所以这种波又称为胀缩波。

当弹性体受剪切力作用时，弹性介质将产生切变。反映在介质的质点层面之间，将发生横向交错，从而引起介质中的质点产生横向振动。这种由近及远、质点交错横向振动向外传播，也形成一种波，这种波称为横波。在横波传播中，质点的振动方向与波的传播方向垂直，如图 4－2 所示。由于横波是由物体受到剪切力产生的，所以又称为剪切波。

3）地震波的运动学特征和动力学特征

运动学特征是与反射波到达时间有关的特征，如到达时间、速度等，称为运动学特征。理论上，如果通过观察获得了一个界面的反射波时距曲线，就有可能利用时距关系，求出界面深度和倾角，推测出界面的位置和形态。

地层的构造和岩性将决定着反射波的形状。地震波的波形特征，称为地震波的“动力学特征”。如果地震仪在记录地震信号时，能将其波形不失真地记录下来，即完好地保留地震波的动力学特征，那就有可能设法从仪器得到的地震记录上测定出各界面的反射系数、相邻反射之间的振幅衰减，从而推测出界面两侧的岩性，甚至可直接确定在该地层中是否有油气存在，这种勘探称为“岩性勘探”。

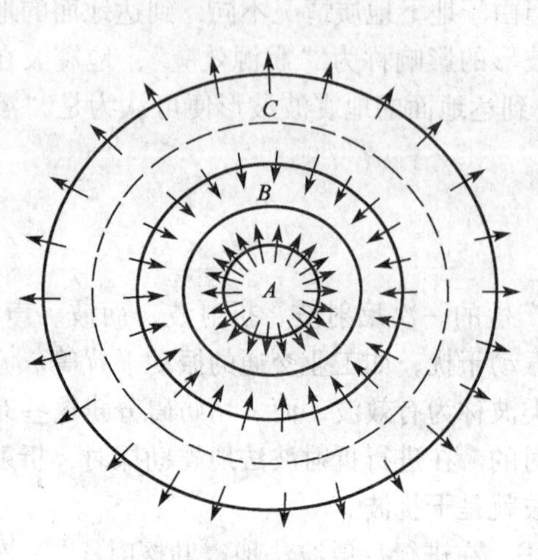

图4-1 球面纵波的质点位移

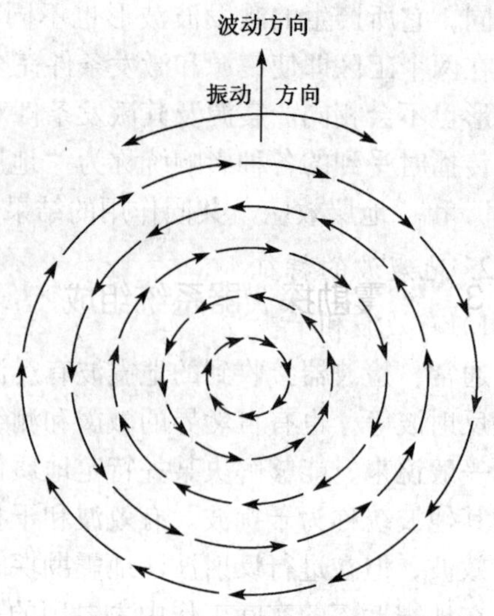

图4-2 球面横波的质点位移

4.2.2 地震勘探原理

地震勘探是近代发展变化最快的地球物理方法之一，它的基本原理是利用人工激发的地震波在弹性不同的地层内的传播规律来勘探地下的地质情况。在地面某处激发的地震波向地下传播时，遇到不同弹性的地层分界面就会产生反射波或折射波返回地面，这就是利用人工地震在地层中产生的振动信号，根据设计要求在距离激发点不同的地方布置传感器（即地震检波器）接收振动信号，然后对接收到的振动信号进行处理、解释，根据信号的频率、振幅、速度等信息分析不同深度地层的属性、构造的形态等，从而初步判断是否具备生油、储油条件，最后提供钻探的井位。地震勘探是勘探含油气构造甚至直接找油的主要物探方法，也可以用于勘探煤田、盐岩矿床、个别的层状金属矿床以及解决水文地质、工程地质等问题。

地震勘探基本上可分为野外数据采集、室内资料处理、地震资料解释三个阶段。图4-3是地震勘探原理图。

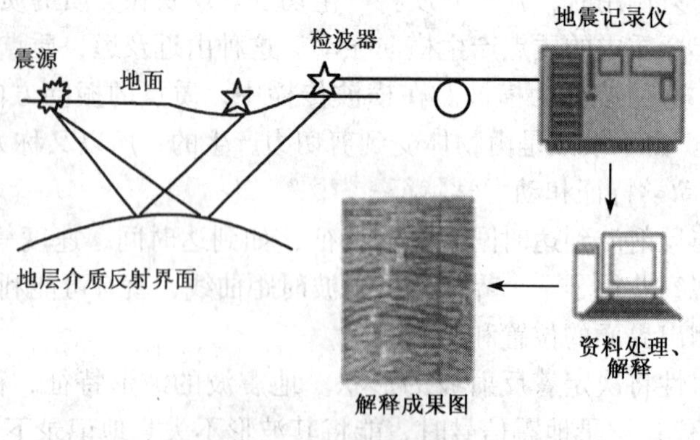

图4-3 地震勘探原理

地震数据的采集过程就是地震勘探仪器的工作流程。地震数据采集的基本流程是：当仪器发出点火命令时，激发源同步系统触发炮点，振动能量就开始传入地层，同时启动仪器系统从零时刻开始计数做数据采集。此时，检波器拾取地震波并将之转换为电信号（数字检波器直接输出数字信号）送到采集站，在采集站中地震信号要经过预放、滤波、模/数转换等处理，然后以特定的编码方式经电缆、中继器、交叉站等传输到主机。主机一方面要控制整个系统协调工作，另一方面还要接收和整编排列来的地震数据并生成特定的头段信息，最后把格式化后的地震数据流通过磁带机记录到磁带。

4.2.3 地震勘探仪器系统组成

地震勘探仪器系统一般包括地面振动传感器（地震检波器）、地震电缆、地震信号放大和数据采集箱（采集站）和中央控制箱（主机）等，它的根本任务就是最大限度地将地震波中的有效信号真实永久地记录到磁带（或其他介质）上。为配合整个仪器系统的工作，仪器还应该包括激发源同步系统、磁带机、绘图仪、打印机和电台等设备，在特定程序支持下，它们与主机一道共同实施野外地震数据采集全过程，如图4-4所示。

以有线遥测数字地震仪器为例，系统由硬件和软件两部分组成。其中软件主要包括采集、监控、诊断、现场处理等程序；硬件又可分为地面设备和主机两大部分，地面设备主要有电缆、采集站、电源站、中继站、交叉站等，主机一般包括中央控制箱、大线接口箱、磁带机、绘图仪和打印机等。

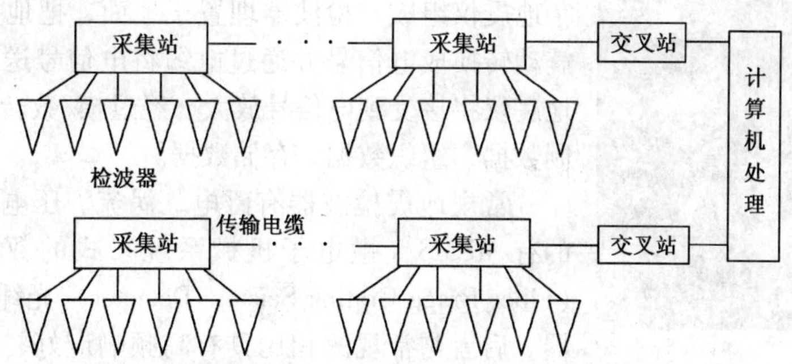

图4-4 地震勘探仪器的组成与原理

地震检波器是地震数据采集的第一个物理环节，对于动圈式检波器就是利用弹簧的惯性和磁场的作用将波动能转换成电能。现行的陆用检波器一般由磁缸、线圈、弹簧、电阻、外壳和尾锥等部件组成。描述检波器的特性参数主要有：自然频率、灵敏度、阻尼、线圈电阻、失真度和带宽等。从效果上看它是一个能量转换装置。地震勘探总是要求检波器有足够宽的接收频带和良好的保真性，而实际上受工艺和技术的制约，检波器的畸变和频率响应曲线带宽总是远不能满足地震勘探的需求。国外仪器公司近几年推出的采用MEMS技术的数字检波器给地震数据采集系统带来一次革命，无论是畸变还是频率响应特性都得到极大的改善。

激发源同步器是地震数据采集系统的零时刻定位装置，用它实现采集接收点与激发点的严格同步。根据激发能量源性质，又分为有井炮同步系统（编译码器）和震源同步系统（编码扫描发生器与电控箱体）等。激发源同步器的核心作用就是在控制命令作用下，同时启动仪器和激发能量源并返回同步验证信号。就井炮同步系统而言，主要工作信号有：点火命令（FIRE）——自主机且启动编码器的信号；时断钟（TB）——由编码器产生用来启动仪器；验证时断（CTB）——能量源起爆的标志，由译码器产生用来校验激发点与接收点之间的同步程度。TB 与 CTB 是同步系统中关键的两个信号，理想状态下 TB 与 CTB 应同时出现，但实际应用时因环境、设备、传输条件等差异两者总是存在误差。一般说来，TB 信号相对独立，它总是在零时刻出现；但 CTB 会因炮线、雷管、调制与解调电路、电台、传输媒介等的影响，总是有不确定量的误差，有时甚至达毫秒级的延迟。为了排除不确定因素对 CTB 的影响，测量 CTB 的最佳方法是直接从高压输出端提取信号作为能量源启爆时刻，用这种办法可以将误差控制在几十微秒之内。

此外，磁带机、绘图仪、相关叠加器、信息中继器等也是地震勘探仪器不可缺少的设备。其中磁带机还是主机系统的关键组成部件，它的功效是以特定的格式、密度、轨道数将地震数据流记录到磁带上。目前，广为流行的大多是 18 轨（如 IBM3480）或 36 轨（如 IBM3490E）或更高轨道数的盒式磁带机。绘图仪属主机的辅助设备，由它将数字化的地震数据流按一定精度转换成模拟波形描绘到记录纸上，以供现场监视采集资料质量。

4.2.4 检波器技术

地震检波器（Seismometer）本质上是一种用于地质勘探和工程测量，将地面振动转变为电信号的专用传感器，或者说是将机械能转化为电能的能量转换装置。

图 4-5　地震检波器外形

地震数据采集系统主要由传感器（又称检波器）和数字地震仪组成。检波器埋置于地面，把地震波引起的地面震动转换成电信号并通过电缆将电信号送入地震仪；数字地震仪将接受到电信号放大、经过模/数转换器转换成二进制数据、组织数据、存储数据。

常规地震检波器有磁电、涡流、压电、压阻式。新型的有 MEMS（微电子机械系统）式的数字检波器、FBG（Fiber Bragg Grating Seismic Detector）光纤光栅地震波检波器。后者与常规的相比具有高频响应好、动态范围宽、抗电磁干扰、灵敏度高的特点，因此，是未来检波器发展的主流。目前陆上地震勘探普遍使用电动式检波器，海上地震勘探普遍采用压电式检波器。常用的地震检波器外形如图 4-5 所示。

1. 检波器的发展

地震检波器的发展大致经历了三个阶段：

（1）1978 年以前，地震检波器以窄频带（14～60Hz）、低灵敏度（30dB）为主，型号也比较单一。

（2）20 世纪 80 年代中期，地震仪器实现数字化，计算机数据处理也相继发展，更重要的是三维地震、高分辨率地震、VSP（Vetical Seismic Profile）垂直地震剖面测井等技术的出现，扩大了地震勘探领域（山地、戈壁、沙漠、滩海及海上），地震检波器在性能及型号和品种上发生了根本性的变化，一大批不同技术指标的高通检波器相继出现，检波器的灵敏度、自然频率、失真系数、假频（alias：抽样数据产生的频率上的混淆）系数等技术指标都得到较大改进，其性能及使用范围也大大提高，井中检波器，海上压电检波器等相继研制成功。

（3）80 年代中末期至现在，三维地震、高分辨率地震日臻成熟，出现了四维地震、多波多分量勘探、井间地震等新技术和新方法，与之相适应，检波器的型号和品种也越来越丰富，如三分量检波器、四分量检波器、涡流检波器、高性能压电检波器等。据初步统计，目前共有 12 个系列 25 种型号的检波器应用于地震勘探之中。

2. 电动式检波器

电动式检波器（Moving Conductor Geophone）是陆上地震勘探常用的一种检波器。其结构由外壳、磁钢、弹簧片和线圈四部分组成。磁钢与外壳连在一起，线圈通过弹簧片固定到外壳上，工作时把检波器放在地面，当地面产生振动时，检波器外壳将随地面一起振动，线圈则由于惯性而相对外壳运动，切割磁力线，在线圈中产生感应电动势，把地面振动转化为电信号输出。

电动式检波器的示意图如图 4－6 所示。上、下两个线圈绕制在铝制线圈架上组成一个惯性体，由弹簧片悬挂在永久磁铁产生的磁场中，永久磁铁与检波器外壳固定在一起。两个线圈的接法应满足这样两个要求：当检波器外壳随地面振动引起线圈相对磁铁运动时，两线圈的感应电动势相加，在输出端产生地震波的电信号；当交流电和雷电等外磁场干扰时，两线圈中的感应电动势是抵消的，输出端不形成干扰电压。

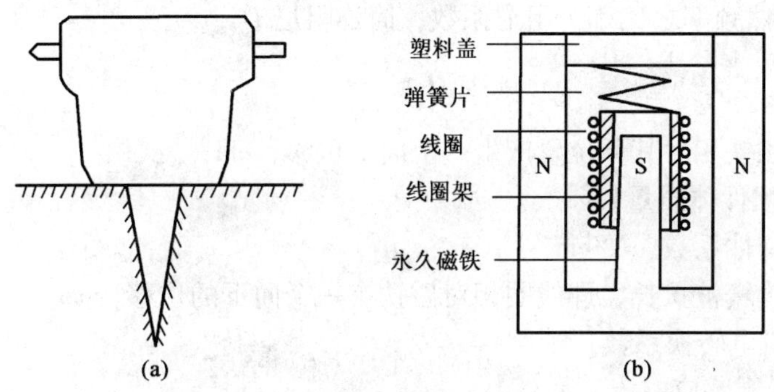

图 4－6　电动式检波器示意图

（a）外形；（b）内部结构

通过分析线圈受力情况和电动式检波器内各部分的运动关系，可以导出电动式检波器输出电压与检波点地面运动的关系。图 4－7 表示电动式检波器内各部分的运动关系。

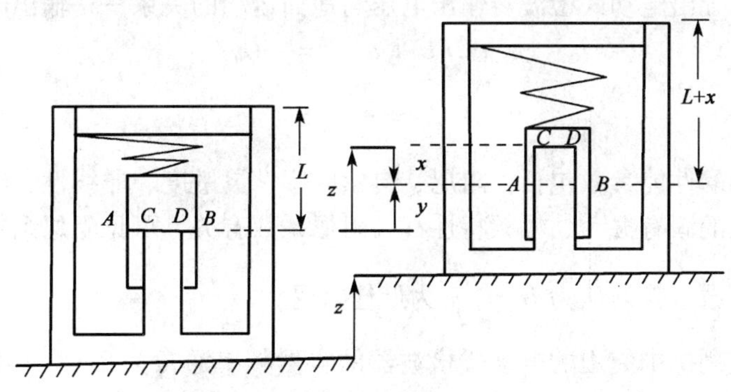

图 4－7　电动式检波器内各部分运动关系

用 AB 代表线圈的位置，CD 代表磁铁的位置，并认为电动式检波器静止时 AB 与 CD 重合。地震波传到地面后，假设地面相对其原来位置产生一个向上的位移 Z。如果不考虑检波器与地面的耦合问题，即认为检波器外壳与地面一起运动，那么地面的位移就是检波器外壳的位移，而磁铁又是同外壳固定在一起的，所以此时磁铁也相对其原位置产生一个向上位移 Z。根据力学和电磁学原理可以得出运动方程为

$$M\ddot{X} + \mu\dot{X} + \frac{S^2}{R}\dot{X} + KX = -M\ddot{Z} \tag{4-1}$$

化成一般形式为

$$\ddot{X} + 2h\dot{X} + \omega_0^2 X = -\ddot{Z} \tag{4-2}$$

$$h = \frac{\mu + \frac{S^2}{R}}{2M} \tag{4-3}$$

$$R = R_c + R_o$$

$$\omega_0 = \sqrt{\frac{K}{M}} \tag{4-4}$$

式中，h ——衰减系数，

ω_0 ——自然频率。

衰减系数与自然频率之比称为阻尼系数，简称阻尼 D。

$$D = \frac{h}{\omega_0} \tag{4-5}$$

上述式中　Z——磁铁相对其原位置产生一个向上位移，cm；

M——惯性体质量，g；

K——弹性系数，N/cm；

X——弹簧被拉长，即线圈相对磁铁有一个向下的位移，cm；

S——机电转换系数；

i——线圈感应电流，A；

R_c——线圈内阻，Ω；

R_o——线圈负载电阻，Ω；

μ——比例系数，N·s/cm。

式（4－1）反映了线圈运动与地面运动的关系，称为电动式检波器的运动方程。在它的基础上可进一步导出电动式检波器输出电压与地面运动的关系——输出电压方程，即

$$\ddot{U} + 2h\dot{U} + \omega_0^2 U = -G_0\ddot{Z} \tag{4-6}$$

$$G_0 = \frac{R_0}{R} \cdot S$$

电动势检波器的性能参数包括：阻尼、自然频率、灵敏度、非线性、绝缘电阻。

电动式检波器的固有振动、幅频特性都与阻尼系数有关，可见阻尼系数是电动式检波器的一个很重要的参数，普遍认为 $D = \frac{\sqrt{2}}{2}$ 为最佳阻尼。

在反射法地震勘探中使用的电动式检波器的自然频率通常为 8Hz、10Hz 或 14Hz。自然频率 4Hz 或更低的检波器只用于折射法地震勘探和其他特殊用途。

由于制造工艺上的种种原因，电动式检波器也多少存在一定的非线性，检波器的非线性与地震仪器的非线性一样会造成地震信号的畸变，因此希望它越小越好。国产电动式检波器的谐波失真小于0.2%。

电动式检波器线圈及其接线必须与外壳绝缘，如果绝缘不好，外界的工频电网和天电干扰形成的地电流就通过线圈与地面之间的漏电阻而进入仪器，从而对地震信号形成干扰。因此，电动式检波器的绝缘电阻应为数十兆欧数量级。

3. 压电式检波器

某些电介质，当沿着一定方向对其施力而使它变形时，内部就产生极化现象，同时在它的两个表面上便产生符号相反的电荷（作用力方向改变时，电荷的极性也随着改变）。当外力去掉后，又重新恢复不带电状态。这种现象称为压电效应。压电式检波器即是基于这种压电效应设计的传感器。海上检波器就是利用这种压电效应将地震波引起的水压变化转变为电信号的一种机电转换装置，其原理分析可参阅传感器原理方面的书籍。

4. 基于 MEMS 的三分量数字检波器

1）基本结构

三分量数字检波器由三部分构成：

(1) LP 板：负责电源支持和数据传输。

(2) V 板：接收垂直分量的地震信号（z 分量）。

(3) IC 板：接收水平分量的地震信号（x，y 分量）。

三分量数字检波器的 V 板和 IC 板都是由微机电系统（MEMS）和用于力反馈用途的集成电路（ASIC）构成的。三分量数字检波器实物与内部构造如图 4－8 所示。

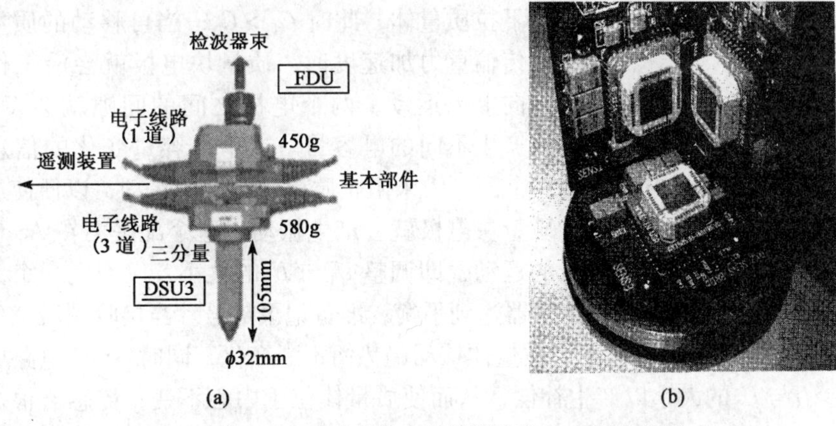

图 4－8　三分量数字检波器实物与内部构造图

（a）实物；（b）内部构造

三分量检波器，就是在一个检波器外壳内，按坐标方向装有三只互相垂直的机芯（一个垂直分量，两个水平分量）的检波器。采用三分量检波器可同时记录地面质点运动的三个分量，即垂直分量（z），径向分量（x）和切向分量（y）。通过计算机处理就可以恢复出不同时间各个波到达真正质点运动的方向，就有可能提取和压制来自各个不同方向的波。利用三分量数据采集资料，对各种复杂地质体的成像和解释特别有用。地面三分量检波器的出现及推广应用，将会对复杂构造、岩性研究、储层预测起推动作用。

加拿大 SITAC 公司推出的 Omniphone 三分量数字检波器，每个检波器都带有自己的微处理器和存储器。在实时传输垂直分量（z）时，其他两个水平分量（x、y）被存于存储器内，然后再依次传输。每个微处理器含有一个极化滤波器，体波可以顺利通过，而地滚波、声波、风微震等地表干扰都会被衰减。

这种检波器有很好的频率响应，对三分量模拟滤波器的响应是1～280Hz。系统总的响应频率是10～270Hz。每个检波器都有自己的放大器，以便与地震数据采集系统有较好的匹配。

由于这种检波器具有很宽的频带范围，因此提高了地震数据的分辨率，特别是横波的波速较低时，横波的高分辨率会大大提高，这对薄层的研究是很有意义的。

因为这种检波器采用三分量（z，x，y）顺序传输的方法，因此，野外施工的每一个地震道，只需一条电缆，一个引出头接一个检波器，这样就大大提高了野外生产效率。

2）工作原理

微机电系统（MEMS，MicroElectroMechanical Systems）是由单晶硅制成的惯性质量块电极系统。它采用生产大规模集成电路的加工技术，代替传统的机械和手工方法制作传感器，不但体积微型化，而且传感器的总体性能有了大幅度的提高。MEMS机械振动系统由质量体、弹簧、端盖、框架构成，质量体的二面镀有金属导电物，在端盖与质量体相对的面上，也就是顶盖和底盖上也镀有金属，这样就形成了一个差动电容器，加上相应的电路就可以成为电容式加速度传感器，即检波器。

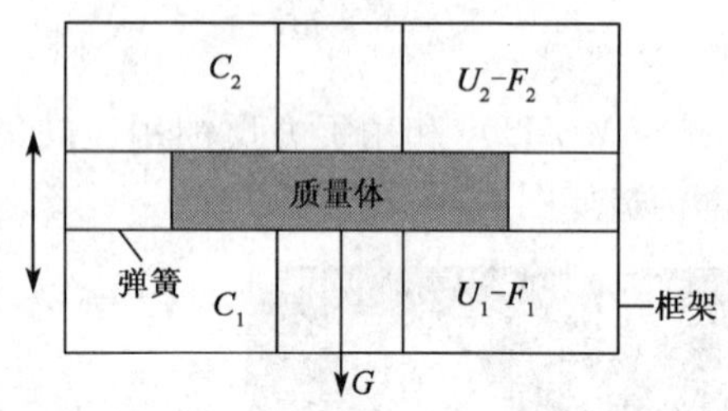

图4－9　三分量数字检波器工作原理

图4－9所示为MEMS传感器工作原理示意图，其下端盖与质量体之间的电容为C_1，施加的电压为U_1，其上端盖与质量体之间的电容为C_2，施加的电压为U_2。未加电压时传感器处于休眠状态，重力G下拉质量体，此时$C_1 > C_2$；当可移动的质量块电极传输重力加速度时，质量块电极就会沿工作轴的方向上下运动，两个电极之间的间隙就会发生变化，产生不同的电容量。这个电容量变化的信息反馈到ASIC电路中，从而使ASIC电路产生一个配平力来阻止质量块电极的运动，以便使质量块电极返回到零位置。因为惯性的作用，质量块电极就会产生振动。这个配平力在ASIC电路中被转换成一个电压来阻止质量块电极的运动，即调整U_1与U_2的大小，以产生一个力来克服重力，直到$C_1 = C_2$，$F_1 + F_2 = G$，传感器达到平衡，准备记录信号。当接收到沿工作轴向的地震信号时，C_1与C_2的值的比例随着质量体移动趋势而不断变化，同时ASIC电路中负反馈循环回路改变U_1与U_2的大小以产生补偿，从而使质量体位于中心不变；传感器根据为保持质量体位于中心不变所需的校正量U_1与U_2而得到输出，而垂直于传感器工作轴向的地震信号则被支承弹簧阻止，不产生信号输出。

力反馈用途的集成电路（ASIC）主要包括伺服控制回路和$\sum$—Δ的变换并输出24位数字信号。

使用MEMS技术的检波器所接收到的地震数据，可以在最终叠加数据上保留低至3Hz的地震信号，高频分量有明显的提升，其动态范围大于100dB，使地震仪器120dB的动态范围的指标能真正发挥作用。在三分量地震勘探中，这种检波器良好的矢量保真度（轴间串扰小于1%）能更好地分离P波和S波。由于新型数字地震检波器能获得高质量的全波数据，能对复杂的地下构造、地层岩性、流体类型，以及接触面有更清晰的描述，提高了成像质量，为地震数据的应用提供了可靠的保证。

3）三分量数字检波器的方向性

三分量数字检波器具有一定的方向性。它由两个水平分量（x，y）和一个垂直分量

（z）组成。在同一个工区施工中，每一个水平分量的方向必须保持一致。因为三个分量的方向两两垂直，所以只要有一个水平分量的方向一致，那么另外一个水平分量的方向也会相同。因此，在三分量数字检波器上只标出了 x 分量的方向。三个分量的示意如图4－10所示。

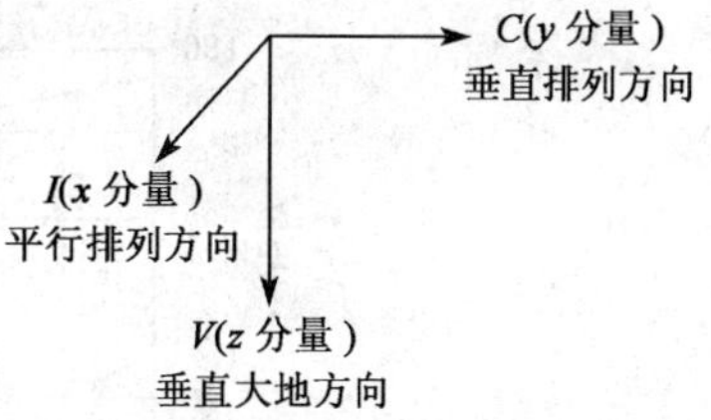

C(y 分量)
垂直排列方向
I(x 分量)
平行排列方向
V(z 分量)
垂直大地方向

图4－10　三个分量示意图

在三分量数字检波器内部，三个分量的道序分别是：V，I，C。道序分布如图 4－11 所示。在每一串 DSU3 采集链上都包含有 4 个三分量数字检波器。每个采集链的方向都是可逆的，也就是说链本身没有方向性，而仅仅是三分量数字检波器具有方向性。因此，在同一工区施工中，只要把 DSU3 按测线的同一方向摆正即可。

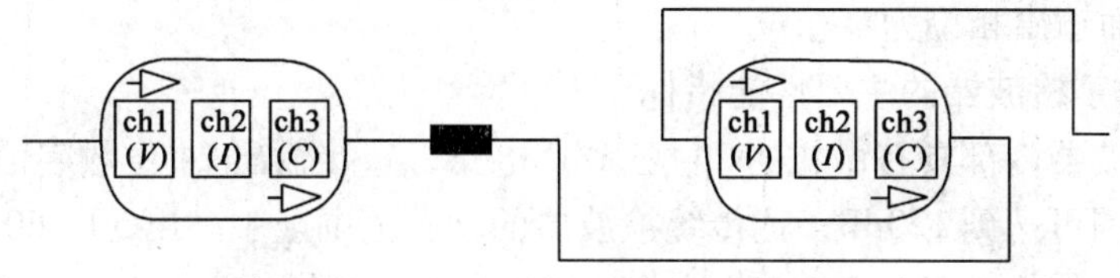

图 4－11　三分量道序分布图

4）抗电磁干扰分析

DSU3 是以 MEMS 技术为核心的数字检波器，这种检波器只响应重力的变化即势能到动能的转换。其简化的结构包括质量体、弹簧、控制电路等，而且质量体是整个装置的核心。基本工作原理是以质量体为传媒介质，以介质电容变化为反馈，再以控制介质恒定位置的电压变化为输出。当外部振动迫使质量体位移时，通过反馈电容变化而调整的控制电压就迫使质量体保持原位不动。由于电容变化量线性取决于外力变化量，而控制电压量线性取决于电容变化量，因此，控制电压的变化曲线就实时跟踪外力的变化曲线，这便是检测地震加速度信号的基本原理。由于控制电压变化直接来自 A/D 转换器输出，即检波器的响应输出直接就是数字信号，所以地震道电路一开始就是数字信号电路。外加应用 MEMS 技术的数字检波器不再有任何连接到地震道的电感线圈，所以也就不再受任何环境电磁干扰信号的影响。对全数字式仪器，外部的任何电磁干扰都不影响地震勘探资料的品质。因此，以 MEMS 技术为核心的数字检波器是高精度、高动态、宽响应，而且完全抗电磁干扰的数字检波器。

5）三分量数字检波器的特征曲线分析

三分量数字检波器幅度频率响应如图 4－12 所示。

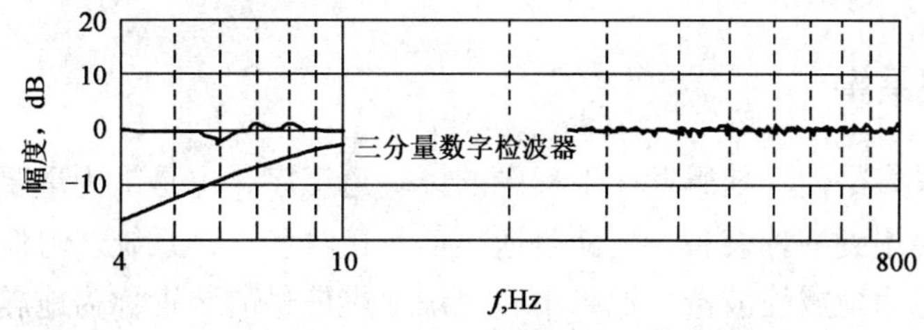

图 4－12　数字幅度频率响应

由图 4－12 中可以看出 DSU3 在 0～800Hz 幅频特性十分平坦。三分量数字检波器相位频率响应如图 4－13 所示。

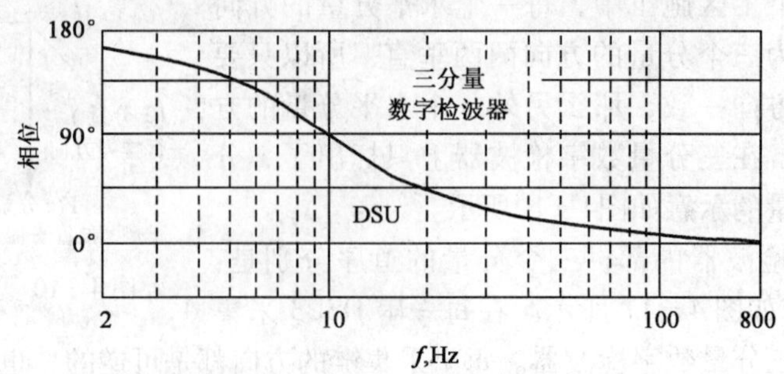

图 4-13　数字相位频率响应

由图 4-13 中可以看出 DSU3 在 0～800Hz 相位特性十分平坦，在 100～800Hz 范围内，始终保持平直，而输出相位为零相位。

6）三分量数字检波器的主要性能指标

（1）数字检波器内部具有微化的 24 位 A/D 电路，直接输出 24 位数字信号；

（2）动态范围可达到 120dB，比传统检波器的动态范围至少高出 50～60dB；

（3）谐波畸变指标小于 0.003%，比传统检波器的谐波畸变至少低一个数量级；

（4）数字检波器输出的幅频特性十分平坦，在 1～800Hz 范围内，始终保持平直，而输出相位为零相位；

（5）超低噪声特性；

（6）极高的矢量保真度；

（7）不受外界电磁信号干扰的影响，如天电、工业高压线或地下电缆等的干扰；

（8）系统加电后 DSU3 能自动进行倾斜度和重力测试。

7）数字检波器的发展趋势

（1）质量轻、容易使用，对大道数地震队有优势；

（2）作为点采集接收地震信号，无震源衰减、无环境噪声衰减、高频成分保持好、垂直分辨率高、各相同性记录好；

（3）频带宽度大，有改善垂直分辨率潜力；

（4）数字准确校准，适合定量地震；

（5）三分量数字检波器优点突出，适合做油藏描述。

但数字检波器在替代或继承模拟检波器方面有其局限性：无地滚波空间滤波，无环境噪声衰减，噪声大的环境下不适合；要求道距更短，需要道数多；替代大面积组合所有检波器价格仍然太高。

4.2.5　地震数据采集

野外地震数据采集是油气地震勘探工程中的第一道工序，也是最为重要的工序。在这道工序里必不可少地要用到一种装备，那就是地震信号接收和记录系统。习惯上，把传感地震信号的传感器装置称为地震检波器，把采集和记录地震信号的装置称为地震勘探仪器。地震检波器和地震勘探仪器总是要联合工作才能实现完整的地震数据采集功能，即在功能上，检波器和仪器是密不可分的整体，而实际上，当今的第六代全数字系统已经将检波器和勘探仪器融为一体。站在系统的角度，也为了满足发展的需要，把主要包括地震检波器和地震勘探仪器在内的地震信号传感和采集装置，统称为地震数据采集系统（简称采集系统）。

1. 地震数据采集流程

地震数据的采集过程从时序上看是一个开环链路数据接力传输流程，即从炮点能量激发开始仪器便进入采集状态，此时地震波经检波器输入到采集站，地震数据就经由每一个相关环节源源不断地传到主机并记录磁带直到完成整个记录长度，其基本流程关系如图4－14所示。

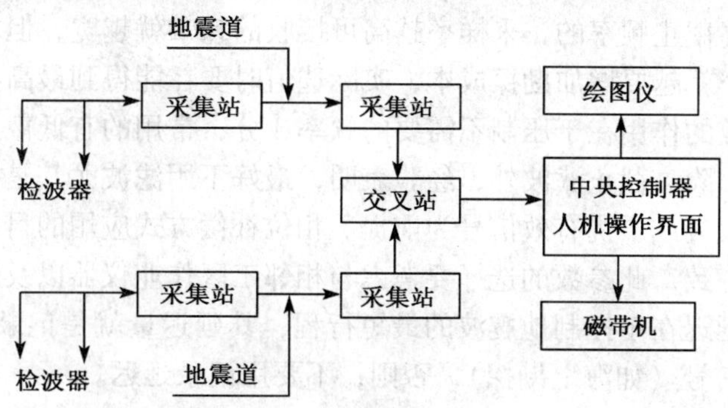

图4－14　地震数据采集流程图

当仪器发出点火命令并收到启动钟时系统就从零开始进行记时采集，来自地下的地震波便经由检波器转换为电信号输入到采集站；在采集站中地震数据得到前置放大、采样、模/数转换、滤波、相位补偿、编码和调制，然后以特定的调制方式和速率经由电缆发送到下一级，同时采集站也对上一级来的数据进行整形并转发到下一级；当数据进入交叉站时便根据预先设定的路径会同其他方向来的数据分多路送往主机；在主机中地震数据首先得到校验和整理，然后进行格式编排，再经磁带机记录到磁带，同时也按一定精度送往绘图仪作波形显示。这就是地震数据采集的基本流程。

2. 采集与记录参数

由于地震信号的复杂性、多样性以及地震勘探仪器响应的局限性，那么，没有选择地进行数据采集就很难获取满意的地质资料。仪器的采集与记录参数就是为突出不同的勘探目标与地震信号特点而设定的系列化参数，合理地选定这些参数不仅能有效地提高采集效果而且还能提高生产效率。因此，熟悉这些参数的物理含义，对信号的作用以及选择原则就显得十分重要。

一般常用的采集与记录参数有：

（1）前放增益：整体放大输入信号倍数的对数值。

（2）采样率：对模拟地震信号进行均匀抽值取样的时间间隔。

（3）记录长度：从激发到采集结束的时间宽度。

（4）记录延迟：从激发到有效采集的时间宽度。

（5）频谱整形方式：频率与增益间的关系曲线。

（6）相位补偿方式：频率与相位时移的关系曲线。

（7）记录格式：数据记录磁带时的约定编排关系。

（8）滤波参数：选择特定频率地震信号的控制位置。

（9）噪声编辑：剔除不希望成分的措施。

（10）排列定义参数：确定排列物理位置以及地震数据采集范围的一组物理量。

地震仪性能指标中的很大一部分是描述采集系统这一部分的。可以说，采集系统的技术性能基本上决定了现代地震仪的主要性能。

此外，用震源作业时还有振动次数、扫描长度、听时间、起始频率、终止频率、震源出力等参数，它们也属采集激发因素内容。地震勘探仪器的采集与记录参数众多，各自的作用与使用条件也不一样，如何搭配和选择它们应根据具体情况与要求因地制宜确定。前放增益的作用在于控制输入信号到希望的幅度范围内，选值时要以最大信号不超出 A/D 满标值为准。采样率是控制高截止频率的，采样率越高可接收的频带就越宽，但对特定量的硬件投入而言，其道能力越小就越要增加勘探成本，实际选值时要在能得到最高有效频率信号前提下以低为佳。滤波参数的作用在于压制不需要的频率成分，常用的有低截止滤波器、陷波滤波器和高截止滤波器，除高截止滤波外，经验表明，最好不用滤波尤其是模拟滤波为佳，如实在需要也必须以不损失或干扰有效信号为前提。相位补偿方式应用的目的是使不同频率信号的相位响应补偿到一致，此参数的选择要考虑与相邻工区作业仪器以及过去同区域作业仪器的方式一样。记录延迟在于控制地震波的最短行程，其延迟量就是记录开始的时间位移量，除非有意放弃浅层信号（如海上勘探），否则，不要用记录延迟。

3. 采集系统的基本组成

数字地震仪的采集系统指的是用于对检波器送来的地震模拟信号进行放大、滤波和数字转换的所有电路。各类数字地震仪采集系统的基本组成和工作原理大体相同。其基本组成如图 4－15 所示。

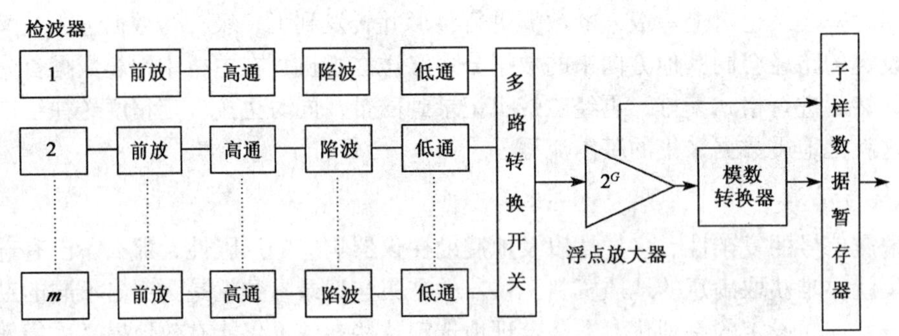

图 4－15　采集系统基本组成框图

采集系统与检波器相连的部分称为“前放”电路，它主要用于消除检波器连线上引入的共模干扰和对输入信号按固定增益放大。高通、陷波、低通三种滤波器分别用于消除地震信号中存在的低频干扰、交流电干扰和高频干扰。多路转换开关的功能好像一个旋转周期为 T_s 的单刀 m 掷开关，每个采样周期 T_s 都依次对 m 道经前放滤波电路的输出采样一遍，这样就将 m 路并行输入的连续信号变为一路串行输出的周期性按道序排列的离散子样脉冲。浮点放大器将每个子样幅值放大 2^G 倍，G 为按子样幅值选定的整数，通常称为阶码。模数转换器把经浮点放大后的子样幅值转换成二进制数码 D。D 称为尾数，阶码 G 和尾数 D 组成的浮点二进制数 $N = 2^{-G} \cdot D$ 代表子样脉冲的幅值，幅值的正负用符号位表示。每个子样的浮点二进制数码由子样数据暂存器暂时寄存一下后便送往记录系统记录到磁带上。

常规地震仪的采集系统位于仪器车上，通过模拟大线电缆与排列上的检波器相连，一道检波器经由大线电缆中的一对双绞线与采集系统中的一道前放滤波电路相连。仪器的记录道数也就是仪器车上的采集系统中前放滤波器的道数 m。图 4－15 中由多路转换开关、浮点放大器和模数转换器组成的电路称为模拟—浮点数转换电路，m 道经前放滤波后的地震模拟信号集中由一个公用的模拟—浮点数转换电路转换成一系列的浮点二进制数。这些数据由子样数据暂存器直接送往记录系统。

遥测地震仪的采集系统位于每个采集站内，通过“小线”与附近的检波器相连。每个采集站内都有一个模拟—浮点数转换电路，但只有一道或几道前放滤波电路，负责采集附近的一道或几道检波器送来的地震模拟信号。采集后的地震数据由子样数据暂存器通过数字传输系统送往仪器车上的记录系统记录下来。遥测地震仪的记录道数等于每个采集站的采集道数与用于数据采集的采集站个数的乘积。

4. 前放电路

1）对前放电路的要求

每道检波器都分别通过两根绝缘导线与对应的前放滤波电路相连，由这两根连线送至每道前放的两个输入端的电压包括两部分：一部分是检波器送来的地震信号电压，此信号电压经由两根连线加至前放的两个输入端之间，故称为差模信号电压。一般说来，地震信号电压比较微弱，大不过几毫伏，小不到1μV；另一部分是干扰电压。干扰电压的来源主要有三个方面：风砂或雪粒与连线碰撞摩擦产生的静电干扰；工频电网通过连线的天线效应以及连线对地的漏电电阻和分布电容等途径，进入连线形成的交流电干扰；雷电产生的强大的电磁波，即使在几百公里远处，也能在连线上感应出峰值达好几伏的脉冲电压。这些干扰电压以两种方式存在：一种方式是同时存在于两根连线之间，称为差模干扰；另一种方式是同时存在于两根连线与地之间，称为共模干扰。

同一道检波器的两根连线虽然基本上相同，但它们的电阻（R_1、R_2）和它们对地的漏电电阻（r_1、r_2）及分布电容（C_1、C_2）不可能完全相同，这些参数的不一致就会使一部分共模干扰电压 U_{NC}转换成差模干扰电压 U_{Nd}，如图 4 - 16 所示。

$$U_{Nd} = U_{NC}\left(\frac{Z_1}{R_1 + Z_1} - \frac{Z_2}{R_2 + Z_2}\right) \tag{4-7}$$

$$Z_1 = \frac{1}{j\omega C_1 + \frac{1}{r_1}}$$

$$Z_2 = \frac{1}{j\omega C_2 + \frac{1}{r_2}}$$

综上所述可知，加在前放两个输入端上的电压包括三部分：差模信号电压 U_{sd}，差模干扰电压 U_{Nd}，共模干扰电压 U_{NC}，如图 4 - 17 所示。

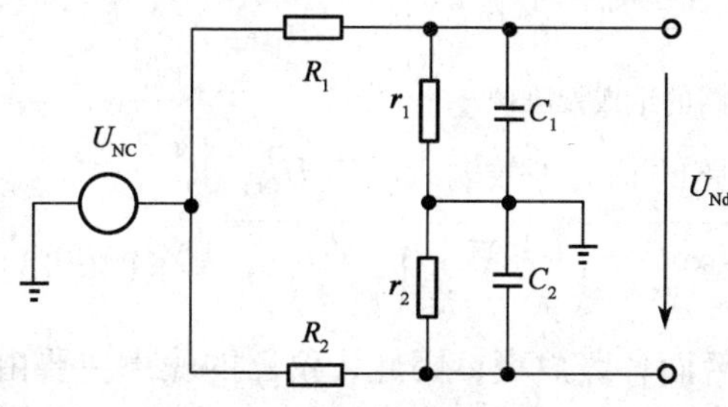

图 4 - 16　共模电压转换成差模电压

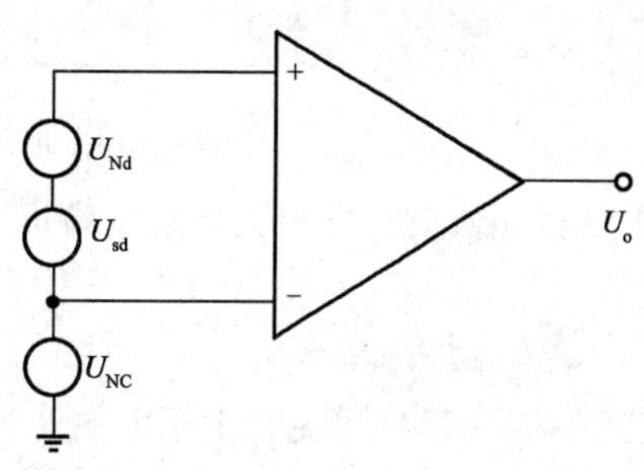

图 4 - 17　前放及其输入电压

若前放的差模增益为 K_d，共模增益为 K_c，则前放输出电压 U_o 为

$$U_o = U_{os} + U_{on} \tag{4-8}$$

其中，输出电压 U_{os} 为

$$U_{os} = U_{sd} \cdot K_d$$

干扰电压 U_{os} 为

$$U_{os} = \sqrt{(U_{NC} \cdot K_c)^2 + (U_{Nd} \cdot K_d)^2}$$

因此输出信号与噪声比 SNR（Singal to Noise Rate）为

$$SNR = \frac{(U_{sd}^2 \cdot K_d)}{(U_{NC} \cdot K_c)^2 + (U_{Nd} \cdot K_d)^2} = \frac{U_{sd}^2}{U_{Nd}^2 + \left(\frac{U_{NC}}{CMRR}\right)^2} \tag{4-9}$$

$$CMRR = \frac{K_d}{K_c} \tag{4-10}$$

式中　*CMRR*——共模抑制比（Common Model Rejection Rate）。

由于交流电特别是雷电产生的干扰电压主要是以共模形式出现在两根连线上，其峰值远大于地震信号电压的幅度，而且仅有小部分因连线不对称而转换成差模干扰电压，所以由式（4-9）可见，提高前放输出信噪比，关键在于增大前放的共模抑制比 *CMRR*。高共模抑制比是对前放的最基本要求，抑制共模干扰是前放的首要任务，一般要求其 *CMRR* 大于 10^5。

（2）低噪声放大。

由于电路内部有这样或那样的噪声源存在，使得电路在没有信号输入时，输出端仍输出一定幅度的波动电压，这就是电路的输出噪声。把电路输出端测得的噪声有效值 U_{ON} 除以该电路的增益 K，即得到该电路的等效输入噪声 U_{IN}，即

$$U_{IN} = U_{ON}/K \tag{4-11}$$

假设系统内部各个互不相关的噪声源产生的输出噪声有效值分别为 U_{ONi}，$i=1, 2, \cdots m$，那么这些不相关的噪声加在一起将使系统总的输出噪声为

$$U_{ON} = \sqrt{\sum_{i=1}^{m} U_{ONi}^2} \tag{4-12}$$

图 4-18 为地震数据采集电路的结构框图。前置放大器、滤波器、多路转换开关、浮点放大器和模数转换器这五个部件产生的噪声，可视为采集电路内部五个互不相关的噪声源。

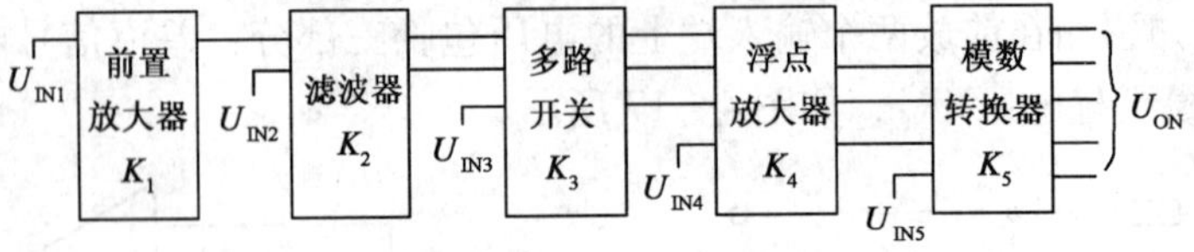

图 4-18　地震数据采集电路的组成及噪声

此噪声折算到前置放大器输入端即得到采集电路的总的等效输入噪声 U_{IN}，即

$$U_{IN} = \frac{U_{ON}}{K_1 \cdot K_4} = \sqrt{U_{IN1}^2 + \left(\frac{U_{IN2}}{K_1}\right)^2 + \left(\frac{U_{IN3}}{K_1}\right)^2 + \left(\frac{U_{IN4}}{K_1}\right)^2 + \left(\frac{U_{IN5}}{K_1 \cdot K_4}\right)^2} \tag{4-13}$$

由式（4-13）可见，由于前放产生的噪声被后面各级放大，因此，仪器的噪声主要由前置放大器的噪声决定。要降低仪器的噪声，关键在于减小前放部分的噪声。然而，如果不设置前置放大器的话，虽然可减小输出噪声，但等效输入噪声则变为

$$U'_{IN} = \left[U_{IN1} + U_{IN3}^2 + U_{IN4}^2 + \left(\frac{U_{IN5}}{K_4} \right)^2 \right]^{\frac{1}{2}} \tag{4-14}$$

将式（4－14）代入式（4－13）得

$$U_{IN} = \frac{\left[(U_{IN1}^2 K_1)^2 + {U'_{IN}}^2 \right]^{\frac{1}{2}}}{K_1} \tag{4-15}$$

很容易证明，只要前置放大器的输入噪声 U_{IN1} 满足

$$U_{IN1} < U'_{IN} \sqrt{1 - \frac{1}{{K_1}^2}} \tag{4-16}$$

就可使 $U_{IN1} < U'_{IN}$。式（4－16）表明，前放的增益 K_1 必须大于 1，即具有放大能力，而且它的输入噪声必须低于后级的输入噪声，也就是说它必是低噪声放大器。同样用比较的方法还可证明低噪声放大器必须前置，即设置在采集电路前端才能降低输入噪声。设置低噪声前置放大器后虽然会增大总的输出噪声，但却降低了总的等效输入噪声，增强了仪器接收弱信号的能力。考虑到在不同情况下，地震信号强弱不同，低噪声前置放大器的增益还应该分几挡以供选择。

（3）输入阻抗。

为了使检波器输出的地震信号电压尽可能大地传输到前放输入端，就要求前放电路要有适当高的差模输入阻抗。一般检波器组合输出电阻约 500Ω 左右，前放差模输入电阻至少应为 10 kΩ 或 20kΩ（共模输入电阻一般只有差模输入电阻的 1/4）。

（4）地震仪动态范围的计算。

地震仪允许输入的幅度范围称为地震仪的动态范围 L_I，通常用其最大允许输入幅度 U_{Imax} 与最小允许输入幅度 U_{Imin} 之比的分贝数表示，即

$$L_I = 20\lg \frac{U_{Imax}}{V_{Imin}} \tag{4-17}$$

当检波器送来的地震信号比采集系统的等效输入噪声还低时，那么，这个地震信号就势必被采集系统内部噪声所淹没。因此，通常把采集系统的等效输入噪声定为地震仪的最小允许输入幅度，即 $U_{Imin} = U_{IN}$。

5. 滤波器

通常意义下，滤波器是指一种能允许一些频率的信号通过而阻止另一些频率的信号通过的装置。根据滤波器的频率选择特性，常见的滤波器可以分为低通（高切）滤波器、高通（低切）滤波器、带通滤波器和带阻滤波器。

1）滤波器的传输函数

滤波器的传输函数定义为其输出信号频谱 $V_2(j\omega)$ 与其输入信号频谱函数 $V_1(j\omega)$ 之比，即

$$H(j\omega) = \frac{V_2(j\omega)}{V_1(j\omega)} = K(\omega) e^{j\varphi(\omega)} \tag{4-18}$$

式中 $K(\omega)$ ——幅频响应或幅频特性；

$\phi(\omega)$ ——相频响应或相频特性。

实际可实现的滤波器传输函数是一个有理函数，即

$$H(S) = \frac{V_2(S)}{V_1(S)} = \frac{a_m S^m + a_{m-1} S^{m-1} + \cdots + a_1 S + a_0}{b_n S^m + b_{n-1} S^{n-1} + \cdots + b_1 S + b_0} \tag{4-19}$$

式中，$a_0, a_1 \cdots a_m; b_0, b_1 \cdots b_n$ 为实常数；$m \leqslant n; S = j\omega$ 。分母多项式的次数称为滤波器的阶。

一个高阶的传输函数可分解为若干个低阶的传输函数的乘积。比较常见的分解形式是：阶数 n 为奇数时，分解成一个一阶与若干个二阶传输函数的乘积；n 为偶数时，分解成若干个二阶传输函数的乘积。这样，一个高阶滤波器的设计就归结为一阶或二阶滤波器的设计。

实际的滤波器实现有两种方式：一种是采用数字运算的方式，通过计算机来实现，称为数字滤波；另一种是用模拟电路对连续电信号进行滤波，称为电滤波。在地震仪的采集系统和监视系统中，频率滤波是采用电滤波，而在地震资料的数字处理阶段，频率滤波则采用数字滤波。

2）滤波器参数

图 4－19 中所给出的 A_c, A_s, f_c, f_s 四个参数是设计滤波器时必须知道的几项技术指标，只要知道了这些指标和选用的滤波器类型，就可用查表或套公式的办法计算出满足这些指标的滤波器的各个元件值。

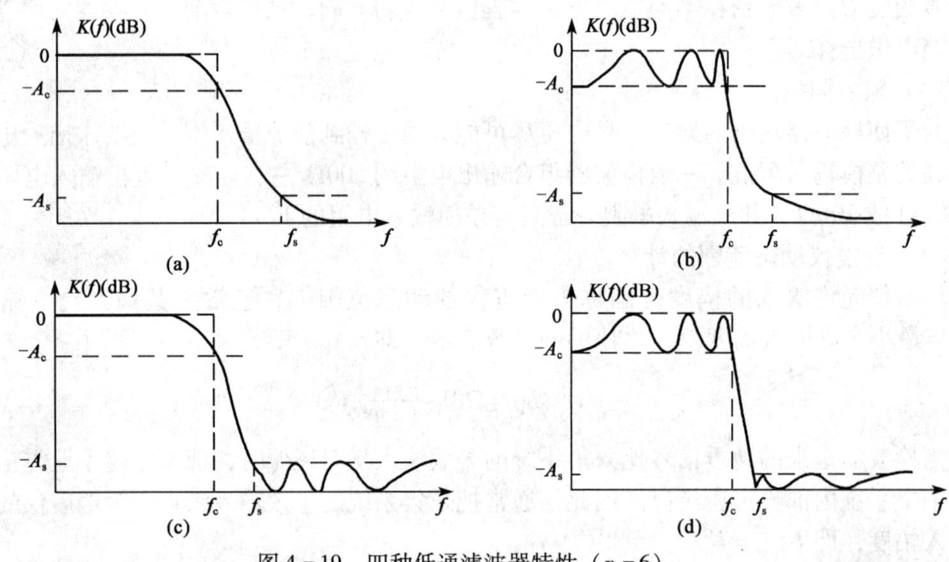

图 4－19　四种低通滤波器特性（$n=6$）

3）地震数据采集系统对滤波器的要求

地震波除了有效波外还有干扰波，它们都会被检波器接收下来转换成电压形式送到采集系统的输入端，因此，采集系统输入电压中真正的信号电压只是地震有效波经检波器机电转换成的电压。干扰波（如面波、声波、环境噪声等）经检波器机电转换成的电压应归属于差模干扰电压。差模干扰电压中既包含地震干扰波通过机电转换形成的电压，也包含交流电、雷电通过漏电和感应引入的电压。图 4－20 示意性地画出了反射信号和一些常见干扰的频谱。

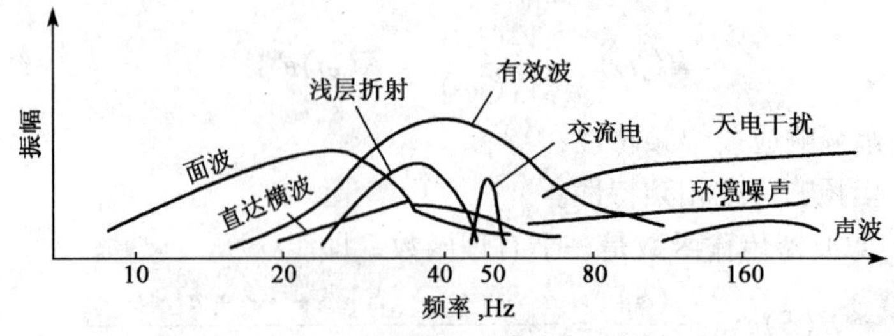

图 4－20　有效波与干扰波的频谱

在频谱图上通常把频谱尖峰处的频率称为主频，因为波的能量大部分集中在主频附近。由图4－19可见，相对于反射波来说，面波的主频较低，属于低频干扰；天电干扰、环境噪声、声波等频率较高，属于高频干扰，交流电与反射波的主频比较接近。

利用信号与干扰的主频差异可以通过频率滤波来压制干扰，突出有效波，提高信噪比。但是，从图4－20上可以看到，信号频谱和干扰的频谱并不是完全分开的，有一部分频率是重叠在一起的。因此，在滤除干扰的同时就免不了也滤掉有效信号频谱中与干扰频率相同的频率成分；相反，要保留有效信号就免不了使干扰中与有效信号频率相同的频率成分也跟着被保留下来。频率滤波的这个弊端在设计和使用地震仪中的电滤波器时一定不要忘记。

4）滤波器参数设计和选择

（1）陷波器。

由图4－20可见，低频面波和50Hz交流电是比较强的干扰，当干扰电压超过信号电压时它就会支配浮点放大器的增益。在这种情况下，如果干扰电压超过深层反射信号和高频分量的程度接近模数转换器的动态范围，那么这些弱信号被浮点放大器放大后就会低于模数转换器的最小量化电平，因而也就记录不下来这些弱信号。为了防止弱信号因面波和交流电干扰过强而记不下来，采集系统中就必须设置高通滤波器和50Hz陷波器。

地震仪采集系统中大多采用二阶陷波器，其传输函数为

$$H(S)=\frac{S^2\omega_0{}^2}{S^2+\Delta\omega S+\omega_0^2} \tag{4-20}$$

其幅频特性如图4－21所示。陷波频率和陷波带宽分别为$f_0=\omega_0/2\pi,\Delta f=\Delta\omega/2\pi$。在我国，交流电频率为50Hz，故应取$f_0=50\text{Hz}$。

（2）高通滤波器。

设置高通滤波器的目的主要是为了抑制低频面波干扰。低频面波干扰太强的危害包括两方面：一方面是由于浮点放大器的弊端，如前所述，面波干扰过强时会使幅度太弱的有用信号记录不下来。另一方面，由于采集系统存在一定的非线性，使得幅度强的低频面波进入采集系统后产生很多谐波干扰，尤其是二次谐波或三次谐波，不仅幅度强，而且频率正好处于反射波频率范围之内，将来进行资料处理时也无法将它们消除。唯一的办法就只有在面波进入地震仪之前用检波器的高通滤波特性对面波进行压制，并在面波刚进入采集系统时用高通滤波器对它进行压制。

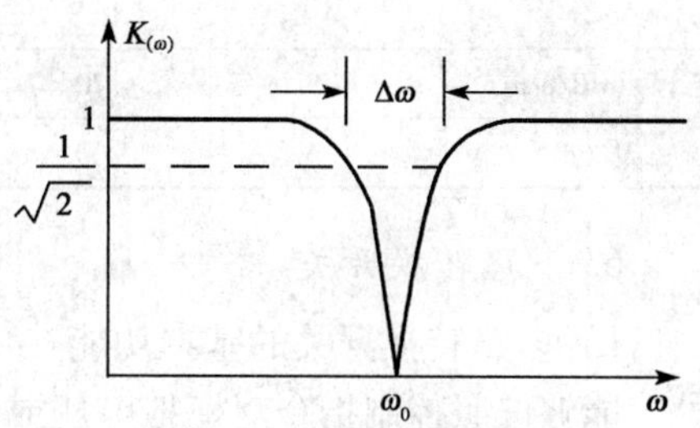

图4－21 陷波器的幅频特性

由理论分析可以推知，可用下式计算高通滤波器的陡度，设仪器的动态范围为L，则

$$S_1+S_2-20\lg H>L \tag{4-21}$$

式中 S_1——检波器的滤波陡度，$S_1=12$（dB/oct）；

S_2——高通滤波器陡度。

取$L=100\text{dB}$，$H=0.03\%$，计算得$S_2=36\text{dB/oct}$。

（3）低通滤波器。

采集电路中设置低通滤波器的目的是为了让所需要记录的地震信号频率全部通过而且不受采样产生的假频干扰，低通滤波器的截频和陡度应满足技术要求。

提高勘探分辨率，需要记录更高的地震信号频率。假定需要记录的地震信号的最高频率为f_{max}，为了保证需要记录的地震信号的频率全部通过，低通滤波器的截止频率f_h应等于f_{max}，即

$$f_h = f_{max} \tag{4-22}$$

除此之外，为了防止假频干扰，截频f_h还应与采样周期T_s保持一定关系，滤波陡度也应足够大，以巴特沃斯低通滤波器为例，低通滤波器的陡度为

$$S = D \cdot \frac{\lg 2}{\lg(q-1)} \tag{4-23}$$

式中 q——截频系数；

S——滤波陡度，dB/oct；

D——假频衰减，dB。

三者之间是紧密联系互相制约的。表4-1列出了几种遥测地震仪采集站中低通滤波器的参数值。

dB/oct为分贝/oct，对信号A：dB = 20lg（A_1/A_0），oct = $\log_2(f_1/f_0)$，其中A_1/A_0为信号的幅值与它的基准幅值比，f_1/f_0为信号的频率与它的基准频率比。dB/oct表示分频斜率，也称滤波器的衰减斜率或滤波陡度，用来反映分频点以下频响曲线的下降斜率。

表4-1 几种遥测地震仪低通滤波器对比

	SN368		WAVE-I		MYRIASEIS	TELSEIS
	I	I	I	I		
f_h（Hz）	250	355.7	250	320	300	400
T_s = 1ms	—	—	—	—	—	—
q	4	2.8	4	3.1	3.3	2.5
S（dB/oct）	72	70	66	66	54	120
D（dB）	114	60	104.6	70.6	66	70.2

6. 多路转换开关

1）多路转换开关的基本功能

能够按照控制指令对模拟电压或电源进行通断控制的器件称为模拟开关。具有公共输出端的多个模拟开关的集合称为多路开关（MUX）。最简单的一种MUX，其开关组态如图4-22（a）所示。它在接收多道地震信号的采集系统中常被用作采样开关，它的多个输入端分别与对应道的前放滤波器输出端相连，公共输出端与浮点放大器输入端相连。在对某一道信号采样时，该道所连接的开关便导通，其他道的开关全部断开，在一个采样周期T_s内，依次对滤波器输出的各道信号均采样一次。因此，多路开关的输出是一连串周期性按道序排列的采样脉冲，如图4-22（b）所示。这些采样脉冲称为子样。图中a_{ij}代表第i道的第j次采样（i=1，2，3…m；j=1，2，3…n），或者说第j个采样周期对第i道采样所得的子样，这里m为采集系统的道数，n为每一道的采样次数。

$$n = \frac{T}{T_s} \tag{4-24}$$

式中 T——采集过程的持续时间，s；

T_s——采样周期，s。

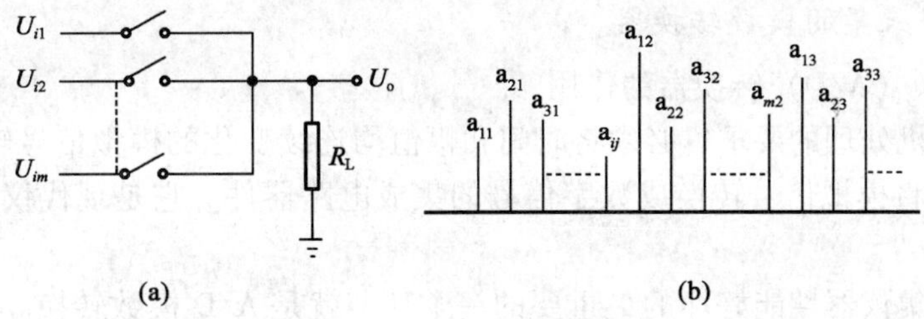

图 4-22　多路开关及其输出波形

(a) 开关组合；(b) 采样脉冲

由图 4-22 可见，多路开关的功能是将多路并行输入的连续信号转换成一路串行输出的离散子样。因此，多路开关又称为多路转换开关。

2）道间一致性与道间串音问题

图 4-23 所示为地震道的组成框图。由图可见，在多路开关之前，各地震道信号所通过的电路（称为地震道）是彼此分离的，而在多路开关之后的电路则是各道公用的。由于大多数采集系统的道数都不只一道而是多道，这样就有必要考虑道间一致性和道间串音这两个多道系统特有的问题。

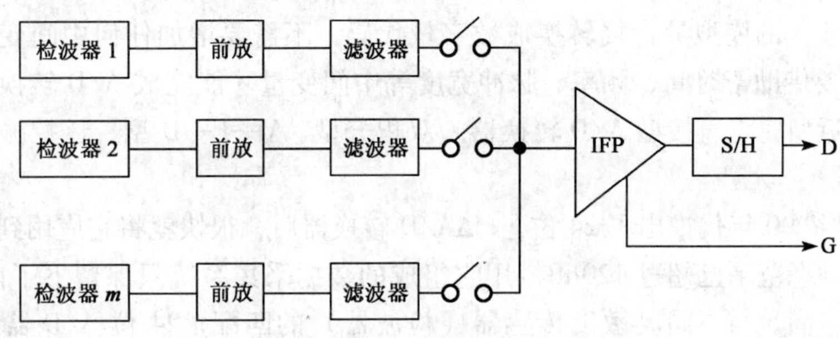

图 4-23　地震道组成框图

(1) 道间一致性。

所谓道间一致就是说，各地震道不仅组成结构完全相同，而且传输特性（振幅特性、相位特性）也没有任何差异。只有在这个前提下，才可以认为磁带上记录的各道地震信号间的差异完全是因为到达各检波点地震信号的差异而造成的，所以，道间一致性是地震勘探对多道地震数据采集系统的一项基本要求。

通常所说地震仪的道间一致性主要是指多路开关及前放滤波电路的一致性。一般要求：在给采集系统各道前放同时输入相同的测试脉冲时，各道测试记录的振幅差应小于 ±0.2%，时间误差应小于 ±0.5ms。

(2) 道间串音。

由图 4-23 可见，各地震道电路本来是彼此分离的，但是因为某些原因还是会出现某一道的地震信号串漏到别的地震道中去的现象，这种现象称为道间串音。

集中采集型地震仪的大线电缆芯线又多又长，而且还靠紧在一起，各道检波器连线间相互感应容易造成串音。此外，由图 4-23 可见，采集系统中各道采样开关的输出端并接在一起，是最可能造成串音的部位，因此，对多路转换开关最基本的要求就是要尽可能减少道间串音。减少每个采集系统的道数，减小多路开关前级即滤波器的输出电阻，增设回零开关都可以减少串音。

7. 地震数据采集的模数转换器

1）模数转换（A/D）转换器的作用

为满足计算机处理的要求，必须将时间和幅值均连续变化的模拟信号转换成数字信号，A/D 转换器就是将模拟信号转换成数字信号的集成电路器件。它是现代仪器系统的一个重要功能部件。

地震数据采集仪器性能好坏的最重要的一个环节就是 A/D 模数转换。以往的模数转换器一般是 12 位或 16 位（96dB），对于地震信号动态范围是 120dB，用低分辨率的 A/D 转换器覆盖更大的动态范围就必须使用瞬时浮点放大器（IFP），其原理是根据输入电压的大小自动改变放大倍数，以最佳放大系数适应 A/D 转换器的需要。传统的瞬时 IFP 组成的数据采集系统中，主要由覆盖开关、前放、陷波、高低通滤波、主放、A/D 转换、自动调零和辅助测试与参数设置等几个功能部分有机结合的复杂电路。采用 IFP 技术，成功地解决了短字长表示大动态范围的技术问题，但同时带来了系统复杂、体积大、放大系数变换产生的畸变，大器件多产生的噪声也大，这些都是瞬时浮点放大器难以克服的困难。

2）模数转换的类型

模数转换器的种类很多，一般可分为直接型 A/D 转换器和间接型 A/D 转换器。直接型 A/D 转换器将输入的模拟量直接转换成数字量代码，不需要增加任何中间变量；而间接型 A/D 转换器则要借助于时间、频率、脉冲宽度等中间变量才能完成 A/D 转换。并联直接比较型、逐次逼近型属于直接型 A/D 转换器。双积分型、V—F—D 型、压控振荡型属于间接型 A/D 转换器。

自从 20 世纪 90 年代推出了 24 位 $\sum-\Delta$A/D 转换器后，很快就将它应用到地震勘探仪器中。由于它的动态范围已超过 120dB，用它组成的数据采集系统只保留下了前放和 A/D 两部分，由前放来满足与不同灵敏度传感器（检波器）的匹配，24 位 A/D 器件作为模数转换，使系统器件减少，增强了技术指标的稳定性、一致性和可靠性好，功耗的下降也降低了系统噪声。

3）模数转换器的性能指标

设 A/D 转换器位数为 n，满刻度值为 m，则 A/D 转换器的动态范围、量化单位、量化电平和分辨率可用下列式子表示。

（1）动态范围

$$20\lg 2^{(n-1)} \tag{4-25}$$

（2）量化单位

$$\frac{n}{2^{(n-1)}} \tag{4-26}$$

（3）量化电平

$$2^{(n-1)} \tag{4-27}$$

（4）分辨率

$$\frac{1}{2^{(n-1)}} \tag{4-28}$$

设满刻度值 $m=8192$mV，计算 24 位和常规的 15 位 A/D 转换器的特性，可将它们的特性列于表 4－2 中。

表 4-2　24 位和常规 15 位 A/D 转换器特性比较

名　称	A/D 转换位数	动态范围	量化单位	量化电平	分辨率
SN388	S+23	138dB	1pV	2^{23}种	$1/2^{23}$
SN338	S+14	84dB	500μV	2^{14}种	$1/2^{14}$

8. 24 位∑-ΔA/D 转换器介绍

1）∑-ΔA/D 转换原理

在初期电子行业中一直采用逐次比较或积分式的模数转换，这些转换很难突破 16 位以上的精度，在 20 世纪 90 年代初推出了 24 位∑-ΔA/D 技术的模数转换。

A/D 转换器是地震数据采集系统的重要组成部分。在 24 位 A/D 转换器投入使用之前的所有各类数字地震仪（包括常规数字地震仪和遥测地震仪）都采用瞬时浮点放大器加（12~14）位 A/D 转换器（即 IFPA+ADC）将模拟地震子样转换成浮点二进制数表示的子样数据。这种浮点转换方式虽然能扩大系统的记录动态范围，但从电路设计和工艺要求上看都很严格。特别是加上瞬时浮点放大器后，在系统中多了一个噪声源，限制了仪器的瞬时动态范围，不利于提高地震分辨率，不适应高精度、高分辨率地震勘探的需要。

由表 4-2 可知，24 位 A/D 转换器具有动态范围大、量化单位小、量化电平多、分辨率高等一系列优点，完全适应输入地震信号 120dB 的变化。由 24 位 A/D 转换器组成的定点地震数据采集系统完全可以取代常规的 15 位 A/D 转换器和瞬时浮点放大器组成的地震数据采集系统，并能提高地震勘探的精度和分辨率。24 位 A/D 转换器技术引入地震仪，使数字地震仪的结构和性能产生革命性的变化。24 位 A/D 转换器定点地震数据采集系统已成为新一代遥测数字地震仪的主要标志和发展方向。

∑-ΔA/D 转换器与传统的 A/D 转换器概念完全不同。传统的 A/D 转换器的转换对象是地震子样的电压幅度，采用电压反馈逐位比较的方法进行转换。而∑-ΔA/D 转换器是采用过采样的一位编码技术和数字抽取滤波器技术来实现。其转换对象不再是地震子样的幅值，而是采样点波形的变化趋向，即对同一道地震信号的两个相邻采样点之间的差值（Δ）进行一位编码，之后再用数字抽取（称为分样）和数字滤波的方法获得高位（20~24 位）的数字信号。

所谓过采样（Oversampling），是指用大于奈奎斯特频率许多倍的频率（一般≥256kHz）对模拟信号进行采样。采用过采样可省去假频滤波器和采样保持（S/H）放大器，消除了一部分噪声源和非线性畸变。

所谓分样，是指用小于过采样频率许多倍的较低频率对过采样所产生的一位数字信号再进行抽取分样，或称为数字抽取，分样必须满足采样定理。

∑-ΔA/D 转换器由∑-Δ 调制器（又称增量总和调制器）和数字抽取滤波器两个相互独立的部分组成。其原理如图 4-24 所示。

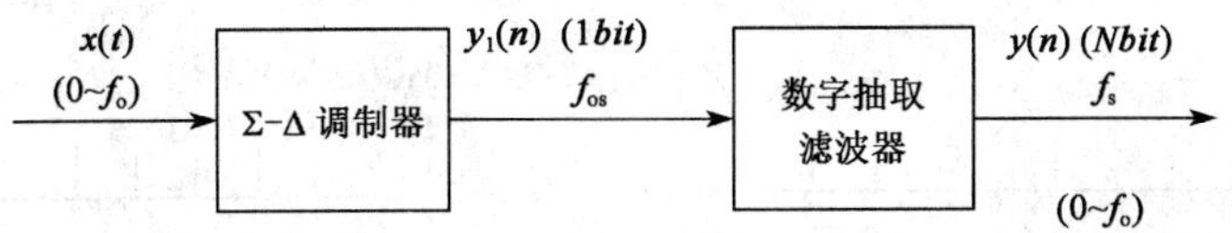

图 4-24　∑-ΔA/D 转换器原理图

设输入带限模拟信号 $x(t)$ 的最高频率为 f_o，∑-Δ 调制器以过采样频率 f_{os} 对 $x(t)$ 进行采样（即过采样），设 f_{os} =256kHz，数字抽取比 $M = f_{os}/f_s$ =256 倍，此处的 f_s = 1000Hz，称为分样频率。∑-Δ 调制器的输出 $y_1(n)$ 为 1 位数字信号序列。这种过采样的 1 位数字信号序列再经过 M =256 倍的数字抽取滤波器后，按照 f_s =1000Hz 的分样频率输出 $y(n)$ 为高位（20～24 位）的数字信号，从而实现模拟信号的高分辨率 A/D 转换。

新一代遥测数字地震仪中的 24 位∑-ΔA/D 转换器都选用两个专用的大规模数字集成芯片来组成，如 CS5323 芯片为∑-Δ 调制器，CS5322 为数字抽取滤波器芯片，由它们构成的 24 位 A/D 转换器。

2）∑-Δ 调制器的量化原理

（1）简单的增量调制原理。

增量调制简称为 ΔM（Delta Modulation）是继 PCM（脉码调制）之后出现的又一种模拟信号的数字化方法。这种方法早在 1946 年就由法国工程师 De Loraine 提出来了，其目的是为了简化模拟信号的数字化方法。在以后的 30 多年间有很大发展，在军事工业、专用通信网和卫星通信中得到了广泛的应用。近年来在高速超大规模集成电路中作为 A/D 转换器用。

增量调制器（ΔM）的基本原理是它只用 1 位编码，但这 1 位编码不是用来表示信号抽样值的大小，而是表示抽样时刻波形变化的趋向，即对相邻两个采样点的幅值之差（Δ）进行 1 位编码，输出 1 位数字信号（“1”或“0”）。

图 4-25 可说明增量编码的概念，图（a）中的 $x(t)$ 表示输入的模拟信号，把时间轴按过采样间隔 Δt 等分成许多小段，把纵轴分成许多相等的幅度间隔 Δ，经过过采样后，使 $x(t)$ 变为用阶梯信号表示的 $x_1(t)$。

很显然，当 Δt 和 Δ 取值都很小时，$x_1(t)$ 就可以近似代替 $x(t)$；当 Δt 位和 Δ 都趋于零时，$x_1(t)$ 就等于 $x(t)$。

观察 $x_1(t)$ 有两个特点：其一是在 Δt 间隔内，$x(t)$ 的幅值都相等；其二是两个相邻间隔的幅值差为 Δ，此差值称为“增量”。

因此，可将 $x_1(t)$ 用 1 位编码来表示：当 $x_1(t)$ 上升一个 Δ 时编码为“1”；下降一个 Δ 时编码为“0”，如图（d）所示。

为了能用 $x_1(t)$ 来近似 $x(t)$，其前提条件是 Δt 非常小，即是说要求的采样频率非常高，采用过采样频率 f_{os}。

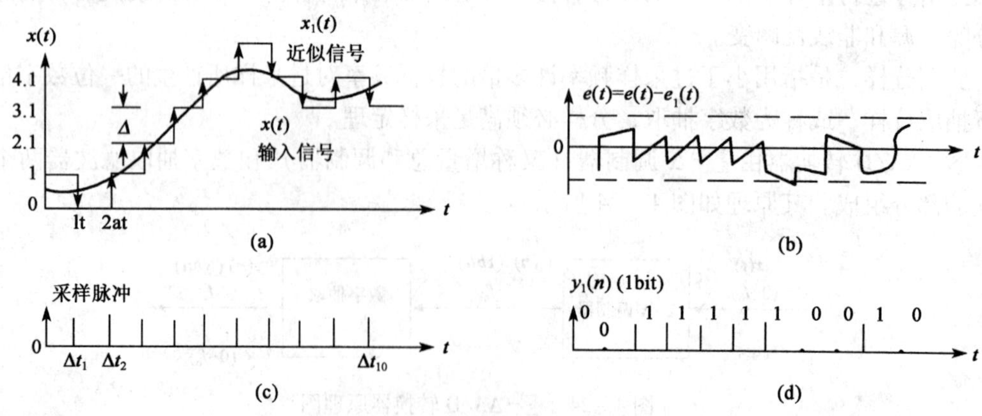

图 4-25 增量调制器量化原理

(2) 增量总和调制器原理。

增量总和调制器（∑-ΔM）是在简单的增量调制器（ΔM）的基础上发展起来的。为了改善增量调制器（ΔM）的高频特性，先将输入信号 $x(t)$ 积分之后再进行增量调制，1 位 D/A 转换器用积分器来完成，图 4-26 所示为增量总和调制器（∑-ΔM）原理。

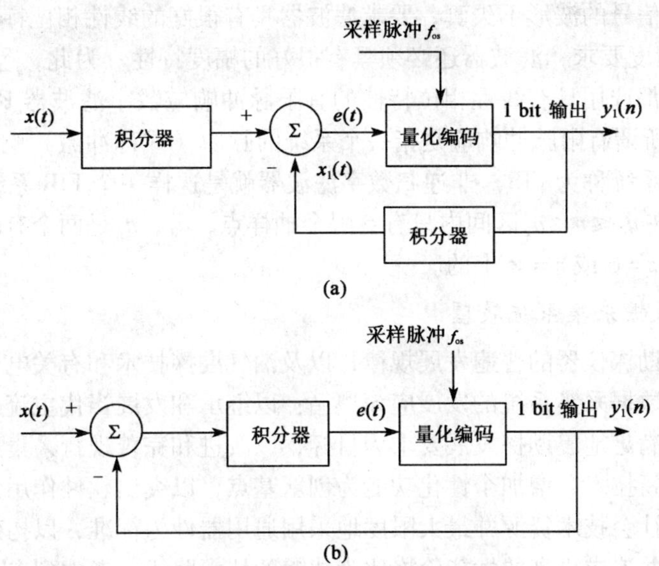

图 4-26　∑-Δ 调制器原理

（a）∑-ΔM 的基本原理图；（b）的∑-ΔM 原理图

由图 4-26（a）可以求出量化编码器输出的 1 位数字信号 $y_1(n)$ 与输入 $x(t)$ 之间的关系

$$\begin{aligned} e(t) &= \int x(t)\mathrm{d}t - x_1(t) = \int x(t)\mathrm{d}t - \int y_1(t)\mathrm{d}t \\ &= \int [x(t) - y_1(t)]\mathrm{d}t \end{aligned} \tag{4-29}$$

对式（4-29）两边同时微分，可得出

$$y_1(n) = x(t) - \mathrm{d}e(t)/\mathrm{d}t \tag{4-30}$$

式（4-30）表明，除第二项 $\mathrm{d}e(t)/\mathrm{d}t$ 外，$y_1(n)$ 代表了原始模拟输入信号 $x(t)$，$\mathrm{d}e(t)/\mathrm{d}t$ 项实际上代表了量化噪声（误差）。因此，将 $y_1(n)$ 再经过数字低通滤波器后即可恢复 $x(t)$。

由式（4-30）可以看出，图 4-25（a）中的两个积分器实际上可合并为一个积分器。由此可得到图 4-25（b）所示的∑-ΔM 的简化电路。目前，大多数实际使用的增量总和调制器（∑-ΔM）都采用该电路，并已集成为∑-ΔM 组件。例如，美国晶体半导体公司生产的 CS5323 芯片就是这种增量总和调制器（∑-ΔM），CS5322 芯片是数字滤波器。使用这两种芯片可以组成 24 位∑-ΔA/D 转换器。

3）数字抽取滤波器

数字抽取滤波器具有数字抽取（又称分样或重采样）和低通滤波的双重功能，它有三个作用：

(1) 低通滤波器将滤除经噪声成形滤波后的∑-Δ 调制器输出的噪声并减至最小；

(2) 滤除奈奎斯特频率（重采样频率）以上的频率分量，防止由于数字抽取（分样）

所产生的混迭失真；

（3）进行数字抽取（分样）和滤波运算，减少数据率，并将1位数字信号转换为高位数字信号输出。

滤波器的第三个作用是减少数据率的抽取与提高分辨率的滤波，这两项工作是同时完成的。为了保证输入信号的波形不失真，要求滤波器具有很好的线性相位特性。同时，为了保证A/D转换器的精度要求，滤波器还必须具有很好的幅度特性。为此，$\sum-\Delta$A/D转换器的低通滤波器，一般都选用具有线性相位特性的有限脉冲响应数字滤波器FIR（Finite Impulse Response，FIR）。所谓有限脉冲响应是指一个系统的脉冲（或称冲激）响应$h(n)$是由有限个非零项组成，该系统称为FIR。非递归数字滤波器就是这样一个FIR系统。这种滤波器的脉冲响应$h(n)$，在$n_1 \leqslant n \leqslant n_2$区间内只有有限个抽样点，$n_1$，$n_2$是两个有限值。这种滤波器的零极点是限制在$z=0$或$z=\infty$上的。

9. *未来地震数据采集系统展望*

根据以往地震勘探仪器的普遍发展规律，以及油气勘探技术和有关电子工程技术等的发展趋势，今后地震数据采集系统的发展应该遵循：以继承和发展当代主流采集系统的成熟技术为基础，以持续满足地震勘探发展要求为目标，以改进和完善现行采集系统潜在的不足为内容，以适时引入新技术、增加个性化功能为创新基点，以突出软件作用并增强使用特性为关键，以充分利用社会技术资源并最大限度地采用通用器件为标准，以构建自由开放式的面向用户的系统平台并追求更高的性能价格比为战略的技术路线。考虑到未来地震数据采集系统的技术特性仍然以获取高品质的地震数据为根本指标，那么依照地球物理勘探技术发展的态势，以及相关基础技术的进展情况，可以预测未来地震数据采集系统的主要技术指标应该有以下变化。

（1）地震波传感器（检波器）的瞬时动态范围接近或达到120dB，其有效接收频带为0～3000Hz；

（2）为提高系统的线性度和保真度，取消前置放大器等模拟电路并采用相当于32位的模/数转换器；

（3）数据传输率达100Mbps（基线）或1000Mbps（干线），二维（单线）采集能力超过5000道/ms，三维（多线）采集能力超过20万道/ms；

（4）单个地震道的平均质量和尺寸是现在的1/2～1/8；

（5）其他技术指标，包括噪声、共模抑制比、失真度等在现行基础上再提高一个数量级。

在特点方面，未来地震数据采集系统会有许多创新，相对当今的主流采集系统而言，未来的地震数据采集系统应有如下特点：

（1）以全新的数字传感器为基础，实现真正意义上的点接收；

（2）中央控制单元（主机）具有冗余设计，可以全天候无故障工作；

（3）无线传感器网络技术引入系统，自动识别并记录每一个采集点物理位置，完全实现数据的无线传输；

（4）纳米技术、超导技术、IT技术、RFID技术等可能得到应用，使系统具有更多的功能和个性化特点；

（5）地震数据安全性极高，不怕任何电磁干扰；

（6）系统能根据所接收地震波的属性自动匹配最佳工作参数；

（7）能自动管理和测试地面排列，并能精确判断任何故障；

（8）数据存储和传递方式多样化，硬盘、磁带、光盘、电子盘等都是可选介质，也可借助高速信息通道在全球范围内实现地震数据异地存储；

（9）系统的构成以通用件、标准件为主，可利用社会资源做后续支持；

（10）软件功能强大、完备、先进、稳定，关键功能和独特技术主要依靠软件实现，同时构建自由开放式的系统平台，用户可根据需要自由地扩展或添加特定功能。

此外，系统没有固定的模式，用户可按需进行自由组合，实现真正意义上的无线、有线、存储等工作方式兼容；地面设备采用分布式内置高能电池供电，单个地震道的平均功率损耗极小（不足现在的四分之一），每充电一次可连续工作 3 个月以上；采用更加优质、先进的材料和加工制造工艺，使系统的稳定性、可靠性、耐用性、适应性等得到空前提高；整体采用高性能器件，系统的工作速度、自动化、智能化程度显著提高，野外施工效率成倍提高；$\sum-\Delta$ 技术、网络遥测技术、IC 电路技术、采集链式结构等仍会作为基础技术得到继承和发展；地面设备的互联关系稳定可靠，排列接触问题罕见；系统的规模越来越大，但成本却越来越少，在价值上，将来的 10 万道系统或许等同于今天的万道系统；现场质量控制和数据处理能力强劲，能为后续地震资料处理提供更加丰富和详实的辅助数据，用户可按需在现场提取和分析研究任何所关注的质量信息，也可选择原始地震数据经过预处理后的地震数据作为采集成果。

总而言之，未来地震数据采集系统离不开电子工程技术和计算机软件、硬件技术的发展，也离不开新工艺、新材料、新技术的支持，更离不开地球物理勘探技术的发展和用户的需求。在组成上应该是地震传感器、采集站、电缆等一体化的全数字结构，系统的控制和地震数据采集都实施网络化管理，能通过全球网真正实现与世界范围内任何一个数据端点进行通信，具有任意道的多维、多波、多分量地震数据采集能力，但在方式上又是有线、无线、存储工作方式完全兼容的自由组合式开放系统，这就是未来地震数据采集系统的总体轮廓。

4.2.6　地震数据存储技术

1. 地震数据存储技术发展

地球物理勘探是一项复杂的系统工程，它涉及地震数据的采集、存储、现场质量控制和数据的处理解释等一系列的技术工作。在整个系统工程中，所有的工作都离不开地震数据，它是地球物理勘探工程的核心内容。由此可见，经济有效地高质量地保存地震数据就显得至关重要。地震数据作为一种信息，它不能孤立地存在，必须依附于特定的介质，这就涉及地震数据的存储问题。

作为地震勘探仪器技术的重要组成部分，地震数据存储技术随着地震勘探技术、计算机技术、工艺材料技术、信息存储技术在不断地发展变化。按存储介质和技术特征相应地可将地震数据存储技术分五个主要发展阶段与类别。这五个发展阶段既是地震数据存储技术的发展历史，也是通用信息存储技术的发展轨迹。

1）光纸存储技术

最早的地震勘探仪器是模拟光点记录仪器，它将采集的地震数据（一般不多于 24 道）通过感光照相技术，以波形方式在感光纸上绘图，此后的资料解释工作直接在记录纸上进行。此时的存储技术实质上就是模拟照相技术，所存储的地震数据是一次性的也是不可共享的，这对于高投入的地震勘探无疑是一种浪费。

2）模拟磁带存储技术

模拟磁带存储技术对应的是模拟磁带记录地震勘探仪器。其方法是通过磁头将地震数据以模拟电流方式直接写入磁带，磁带上存储的是以连续变化的磁通量表示的地震波形。这种存储技术的出现，很好地解决了地震数据的长期保存和共享利用问题，但模拟磁带存储技术也存在一些不足，因为磁带上存储的是模拟的地震波形，那么随着读取次数的增加，就可能因磁粉的脱落和再次磁化等而改变原有的磁性，其结果就会导致地震数据失真甚至完全不可利用。

3）数字开盘磁带存储技术

早期的数字磁带存储技术应用的是0.5in（1in =25.4mm）宽的9轨开盘磁带，它对应的是14或15位A/D转换器数字记录地震勘探仪器（主要是第三代和第四代）。这种存储技术的核心是在地震数据记录磁带之前，通过模/数转换将其转换成为二进制的数字信号，然后地震数据再以“0”和“1”两种状态记录到磁带上。由于磁带上记录的是磁通翻转或不翻转两种状态，而不是连续的磁通变化，所以不怕干扰也不怕磨损，即不会因重复读取磁带信息而导致数据失真。因此，数字磁带存储技术的发展，解决了地震数据长期的保真问题。

4）盒式磁带存储技术

为满足高分辨、超多道大面积的三维地震数据采集的需要，就迫切需要研制免调试且高速度、自动化的磁带驱动器，以及生产更高记录密度（包括增加单位面积内的轨数和位数）和记录速度的磁介质。为此，在地震勘探仪器（主要是24位A/D型的第五代仪器和全数字式的第六代仪器）中引入盒式磁带存储技术。盒式磁带存储技术主要表现在两个方面：一是驱动器技术；二是磁带制作材料和工艺技术。驱动器技术主要表现在工艺结构、自动控制和定位精度方面，而且盒式磁带驱动器引入计算机程序控制技术，不再需要人工的调试（只需要输入必要的参数）。由于自动控制程度的提高以及精密的结构设计，就可以保证在更高的运转速度下磁带保持平衡稳定，磁头保持精确定位。这就使磁带运行有更高的速度且磁头具有更多的轨数（早期为18轨、36轨，后来发展到128轨、256轨、384轨、512轨等）成为可能。磁带技术主要表现在磁粉的均匀性和载体的强度等方面，通过采用最新的工艺和材料技术，盒式磁带的质量迅速提高，记录密度和容量成几何级数地提高。

5）磁盘存储技术

相比盒式磁带存储技术，磁盘存储技术要简单得多，一是它不需要外加的驱动器（转录系统除外），所以操作更为简单；二是它直接从主机以磁盘格式将数据写入磁盘，速度快且不需要做格式编排。实质上磁盘存储技术就是计算机的硬盘数据存取技术，只是地震勘探仪器存储的是特定关系的地震数据而已。随着计算机外部存储技术的发展，使得一个物理磁盘的容量达到近百GB甚至达到TB级，便有了今天的移动硬盘存储技术。

2. 常用地震数据存储技术

地震数据存储技术的发展从属于计算机存储技术的发展（地震勘探仪器就是特殊用途的计算机系统），实质上地震数据存储技术在一定程度上就是计算机存储技术的跟踪应用和简单再现。宏观上看，计算机存储技术和地震数据存储技术是同一概念的两种不同表述方式。实际上地震数据存储技术是计算机外部数据存储技术的延伸应用，只是计算机存储技术比地震数据存储技术在内容上更为广泛，因此，熟悉和掌握计算机存储技术更有利于掌握地震数据存储技术。

1）磁带存储技术

磁带存储技术是计算机存储技术的一个重要分支。主要包括驱动器技术和磁介质技术两个部分。驱动器的灵敏度、平衡度、精确度与磁介质的均匀度、稳定度等共同决定磁带存储技术的记录密度、记录速度和数据安全性等，所以磁带存储技术是磁带技术和驱动器技术的综合。

就已经掌握的线性技术、螺旋扫描技术和热插拔内存扩展技术 AME（Active Memory Expansion，AME），磁带存储技术的发展空间仍很大，不久的将来单盘容量可达 4TB，存取速度可达 240MB/s。就这点而言，磁带存储技术的发展空间完全能够满足今后万道甚至数万道实时地震数据采集的需要。

虽然磁带存储技术在存取速度、容量等方面仍有明显优势，但也应该看到它存在的不足。磁带存储涉及驱动器和磁带两个独立元素，二者对工作环境和条件都有严格的要求，尤其是驱动器对环境要求更为苛刻，在高速（40MB/s 以上）数据流工作下，保持驱动器平稳和洁净就成为必须。实际工作条件特别是野外工作条件要做到防振、防尘、防电磁干扰是极端困难的。因此，随着存取速度、记录密度等的进一步提高，磁带存储技术面临的挑战可能主要来自野外恶劣的工作环境和条件。

2）硬盘存储技术

就目前所达到的最新技术而言，硬盘的容量在几百 GB 以上，平均寻道时间在 10ms 以内，转速达 10020RPM。硬盘的另一特点是便于组合，根据需要可以将多个硬盘组合成更大容量的磁盘阵列，只要条件允许磁盘阵列容量可以无限扩展。作为硬盘存储技术的分支，近些年，移动硬盘存储技术也得到了空前的发展。目前，移动硬盘的容量已达几百 GB，存取速度可达 100MB/s。硬盘存储技术固然有其独特之处，但也有其脆弱的一面，硬盘驱动器就是其中的薄弱环节。随着记录密度的提高，磁头与磁盘的定位精度也就要求十分严密，也许较大的外力冲击就可能致使磁头和磁盘位置关系改变，以至不能按约定的位置关系读取信息。这就要求在访问、运输和保管期间的任何时候均要有相当好的防振措施，稍有不慎就可能导致整盘数据丢失，这也是移动硬盘还没有在地震数据存储中得到推广应用的主要原因之一。

3）光盘存储技术

光盘存储技术是近 20 年才发展起来的，分为 LD、CD、DVD、CD－ROM、MO 等品种，真正用于数据存储的只有 CD－ROM 和 MO 等。大多数光盘是只读型或一次性写入型，只有 MO 光盘（MO 光盘实质上已超出了早期光盘的范畴，它是一种光学与磁学原理相结合的新式盘）等可以重复完成读/写操作。光盘存储技术目前在地震数据存储领域还没有得到应用。也许随着光盘存储技术的发展和完善，更高机械强度和更好安全性的光盘将会问世，那时采用光盘存储地震数据也许是更经济的选择。

4）电子盘存储技术

电子盘存储技术实质上是半导体存储技术，其典型的产品就是当今广为流行的 U 盘。电子盘与光盘或磁盘的原理不同，它存储信息的机理是利用半导体的记忆功能。电子盘也是一种 E^2PROM（Electrically Erasable Programmable Read－Only Memoty）器件，可以无限次地读和写，而且断电后仍可以保存信息。与其他存储介质相比，U 盘的体积更小，可以即插即用，也不怕振动和电磁干扰。目前市面上可购到 32GB 或更高容量的 U 盘，但按体积存储密度算，它甚至比硬盘还高，读写速度应用 USB 口能达 60MB/s。如果将来 U 盘的单位容量价格与其他存储介质相当，那时将有可能成为地震数据存储介质的最佳选择。

5）数据存储接口技术

无论采用哪种存储技术，都必不可少地要用到数据传输的总线和接口，不同的总线和接口有着不同的功能和特点，欲将特定存储技术的能力发挥到极致，合理地选择数据存储接口技术是十分重要的。目前在计算机上广泛应用的外部数据存储接口主要有：SCSI、IDE、IEEE－1394、USB 等，对应的存储方式有磁带、光盘、硬盘和 U 盘等。关于数据存储接口技术方面的更多内容请参见有关计算机硬件技术的书籍。

4.2.7 地震数据传输

在遥测地震仪中，采集站在仪器车中央主机控制下对地震信号进行数据采集。由于采集站远离仪器车，中央主机要把遥控指令送到采集站去，采集站要把遥测数据送回中央主机，中央主机与采集站之间这种通信联系就是遥测地震仪的数据传输问题。目前，国内外使用的遥测地震仪传输方式基本上有三种：金属导线电缆（简称电缆）传输、光导纤维电缆（简称光缆）传输和无线电传输三种。

1. 电缆传输方式

以进口电缆传输遥测地震仪 SN368 为例。SN368 遥测地震仪使用的数字信号传输电缆是由三对双绞线组成的标准六芯电缆，其内部结构如图 4－27 所示。B、C 到 G、F 和 F、C 到 C、B。两对双绞线用于传输数字信号，传输方向总是从 B、C 到 G、F，传输极性总是 B、G 为＋，C、F 为－。第三对双绞线：A 到 H 和 H 到 A 用于传送 48V 电源电压。标准六芯电缆的长度有 55m 和 110m 两种规格，每米电缆产生的信号延迟为 $5\times10^{-2}\mu s$。

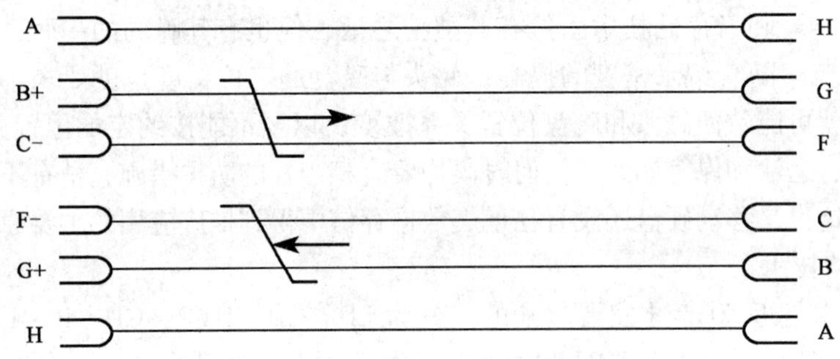

图 4－27 SN368 数传电缆内部结构

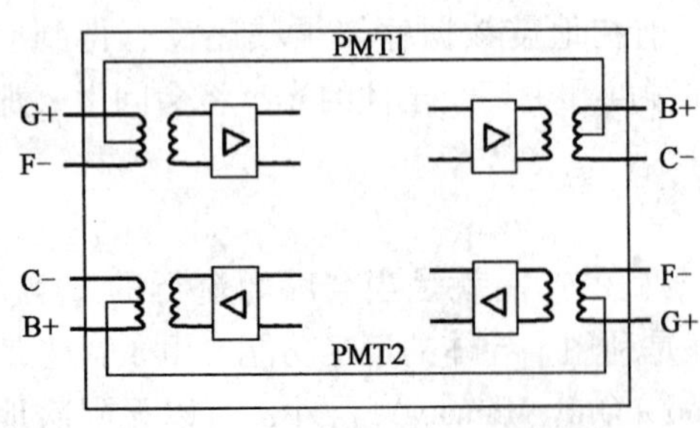

图 4－28 数传电缆与采集站的连接

为了实现中继接力传输，每根数传电缆的两端插头都必须分别与一个传输站，如采集站（SU）、转发站（RU），时断井口站（TB/UH），辅助站（DAUX）、交叉站（CSU）等相连，而且 F、G 必须与传输站中信号输入变压器初级相连，B、C 必须与传输站中信号输出变压器次级相连，如图 4－28 所示。输入变压器初级中心抽头与相对应的输出变压器次级中心抽头用短路线连接起来。两对信号线上分别加有＋24V 电压和－24V 电压。因此，传输站内两对输入、输出变压器中心抽头连线上也分别存在＋24V 电压和－24V 电压，称为导引电压，改变“导引电压”的极性就能改变采集站的工作状态。

2. 光缆传输方式

所谓光纤通信就是利用光波来载送信息，利用光纤作为传光介质来实现的通信。光纤通信系统的组成如图 4－29 所示。

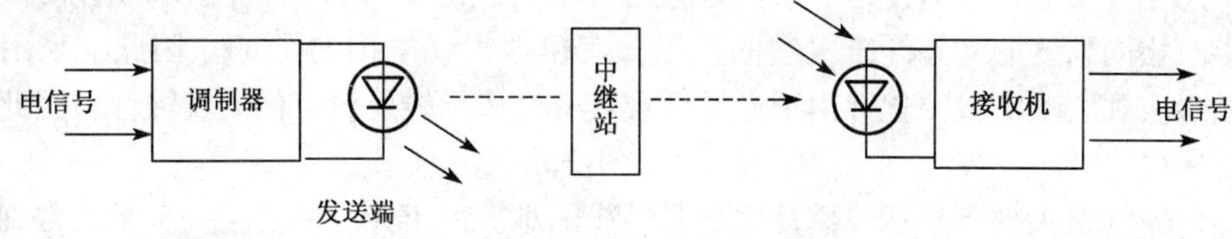

图 4－29　光纤通信系统原理框图

光纤由纤芯和包层组成，纤芯的折射率比包层高。当光线在光纤中传播时，由全反射原理可知，光线不致射出光纤以外。光纤的主要作用是引导光线在光纤内沿直线或折线路径传播。

光纤通信中常用的光源有半导体激光二极管和半导体发光二极管两类。半导体激光二极管适用于长距离、大容量的光纤通信系统，而在短距离和小容量的光纤通信系统中使用半导体发光二极管是较为经济的。

要实现光通信就必须对作为载体的光进行调制，使光信号随电信号变化而变化。半导体激光二极管和半导体发光二极管的光输出都可以用输入信号电流来控制，因而可实现直接调制。如果用数字码流直接调制它们的光强，就可实现数字通信。

光检测器是光通信解调装置的核心元件，它的作用是把光纤传输来的光信号转换成电信号。目前光纤通信系统的主要光检测器有光电二极管、雪崩光电二极管和光晶体管。

光接受机主要由前置放大器和主放大器两部分组成，其作用是把光检测器的微弱电信号放大到其后的“信号再生判别”电路所需要的电平。

如果通信距离较远，光信号经过长距离传输，就会发生衰减和失真，并混入噪声，因此，有必要加接中继器。目前数字光纤通信系统所采用的中继器主要是“光—电—光”中继器。这种中继器由检测器、放大器、再生判别电路、驱动电路、光源五部分组成，兼有接收和发送两项功能。经过光纤传输后的光脉冲信号，被光检测器转换成电脉冲信号，放大器把这个电信号放大到再生判别电路要求的幅度，再生电路对畸变的脉冲进行判别，重新发出一系列与原发脉冲完全相同的信号，这就消除了噪声和畸变的影响，再生后的信号送到驱动电路，使光源重新发出强光信号，进入下一段光纤，继续往接收端传输。

遥测地震数据采用光纤传输与采用电缆传输和无线电传输相比，具有下述优点。

1）传输速率高

在通信系统中，载波频率越高，信号频带就可越宽。光纤的载波频率在 $10^{12}\sim10^{14}$Hz 数量级，而无线电频率在 $10^{6}\sim10^{8}$Hz 数量级，因此，光波传送的信号带宽可比无线电传送的带宽宽 10^{6}倍。金属导线作传输线的带宽与导线长度的平方成反比，而光导纤维的带宽则与光纤长度成反比，同时光纤传输的信号随传送距离的衰减远比电缆传输的信号随传送距离的衰减小。所以，光纤传输的带宽比金属导线电缆的传输带宽要宽得多。由于传输速率越高，数字信号所占频带则越宽，因此，传输介质的频带越宽，就意味着它所能允许的传输速率越高。用光纤传输数据由于频带宽，衰减小，可以很容易地使数据传输速率达到每秒 10M 位以上。

2）光导纤维不导电

光导纤维不导电，因此，传输的信号不会受到电磁干扰和射频干扰，也不存在电缆对地漏电和电缆之间相互串音的问题，这样就避免了由这些原因而引入的噪声。由于光纤不导电，还可以避免短路和其他故障。

3）体积小，重量轻，耐腐蚀

一条光导纤维电缆能够传送的数据道数是模拟大线的10倍，而直径却只有模拟大线电缆的一半。相同长度的光导纤维电缆的重量只有模拟大线电缆的1/50。因此，采用光纤传输特别便于实现装备的轻便化。由于光导纤维具有金属导线所没有的耐腐蚀性，因此它抗潮湿，容易保存。

光缆传输的最大缺点是断线修复比金属导线困难。由于光纤的芯径一般都非常细，断线拼接时又要求两个光纤的端面抛光平整，且轴向要严格校直，否则就会因光耦合不良使信号受到很大衰减，甚至传输中断。光纤的拼接修复需要一套专用器具和比较熟练的技巧，这使得在野外条件下，修复很困难。

3. *无线电传输方式*

无线电传输系统基本上由发射机、天线和接收机三大部分组成。被传送的原始信号（称为基带信号）在发射机中对高频正弦信号（称为载波）进行调制。调制产生的信号（称为已调信号）由天线发射成无线电波。无线电波在空间传播，被接收端天线接收，由接收机中的解调器恢复出被传送的原始电信号。

在无线电传输遥测地震仪中，传输系统除用来传送中央主机的指令和采集站的数据外，还被用作野外生产人员和仪器车操作人员的通信工具。因此，这类遥测地震仪无线电传输系统担负着传送模拟信号和数字信号（指令和数据）的双重任务。在传送音频模拟信号时，采用的是模拟调制，而在传送指令和数据时，采用数字调制。

4.3 地震勘探仪器系统介绍

20世纪80年代末以来，国外各仪器制造厂家先后推出了许多性能优越的新型遥测地震仪。例如，美国I/O公司推出的SYSTEM ONE和SYSTEM TWO系统；美国哈里伯顿地球物理服务（HGS）公司推出的MDS-18X和VISION系统；法国舍赛尔（SERCEL）公司最新推出的SN-388系统；加拿大GEO-X系统公司推出的ARAM-8和ARAM-24系统；日本地球科学综合研究所株式会社推出的G·DAPS-3和G·DAPS-4系统。这些产品代表着当今国际上最先进的遥测地震数据采集系统，各有其独到之处。

4.3.1 遥测地震仪SN-388系统

SN-388是一种专为陆地地震数据采集而设计的超多道记录的高分辨率电缆遥测系统。它充分利用Sercel公司丰富的电缆遥测系统研制经验，结合使用最先进的电子工艺和工作站技术，使仪器具有多种用途和最可靠的性能。它具有从便携式炸药震源采集配置到可控震源采集配置，从大面积的三维勘探（最多为19200道）到高分辨率勘探或三分量勘探的功能。

SN-388由中央控制单元（CCU）和不同的野外站以及连接它们的电缆组成。由于采集站（SU）的功耗极低，分布在野外排列上的24位地震数据采集站和传输用采集站仅需用少量的12V直流蓄电池通过连接电缆供电。

SN-388采集站用专门设计的集成电路制造，用户可以根据实际需要在野外进行采集站道数的选择和插件安装，从而以最低的成本获得最大的灵活性，并且改善了系统的性能，即选择单站单道可用于高分辨率勘探；选择单站3道可用于三分量高分辨率勘探；选择单站6道可用于大面积三维勘探。

由于平均每道的质量仅为650g，且功耗极低，因此SN－388野外采集站为各种地震数据采集施工，尤其是三维施工带来了极大的方便。

4.3.2 垂直地震剖面仪器系统

1. 概述

VSP（Vertical Seismic Profiling）即垂直地震剖面法，是一种特殊的地震观测方法。该方法是在地表激发地震波，再在沿井孔不同深度布置的多级多分量的检波器上进行观测。垂直地震剖面法中，由于检波器通过井筒置于地层内部，所以它不仅能接收到自下而上传播的上行纵波和上行转换波，也能接收到自上而下传播的下行纵波及下行转换波，甚至能接收到横波，这正是垂直地震剖面法勘探不同于其他地面勘探法的最重要的一个特点。目前VSP观测方法主要包括零井源距（零偏）、非零井源距（非零偏）、Walkaway、3D2VSP等。VSP的观测方式主要具有以下优势：

（1）地震波单程衰减，地震信号频率较高；

（2）检波器深度定位，提高了速度分析精度；

（3）检波器离目的层更近，保证了振幅信息畸变小；

（4）三分量检波器采集，能得到PP波（从震源发出，以纵波传播到中途，在地表反射一次后仍以纵波形式传播到测量点的称为PP波）、PS波（从震源发出，以纵波传播到中途，在地表反射后以横波形式传播到测量点的称为PS波）成像数据体；

（5）可以估算各向异性参数。

与其他井中地球物理技术相比，VSP在探测范围上有很大的优势，能得到井周围几平方公里到十几平方公里的三维直达波、纵波、转换波和横波数据体，成像分辨率更高，降低了时间、深度的不确定性，能帮助量化各向异性，更好地解决油田地质问题。VSP技术自上世纪80年代引入国内以来，从最初简单的地震测井发展到目前的Walkaway2VSP、3D23C2VSP，而每次技术的飞跃和发展都离不开VSP仪器等关键设备研发技术的进步。

VSP仪器的发展经历了从最初的单分量到三分量、单级到多级、地面模数转换到井下模数转换、模拟传输到数字传输的过程。VSP仪器发展到现在遇到的问题是数字元器件耐高温、高压以及传输率的问题，目前遇到高温、高压井还得用模拟信号传输方式的检波器。随着VSP技术的提高，Walkaway2VSP与3D2VSP要求采集设备大阵列多次覆盖，采样间隔1ms以上，因此，对设备指标的要求也越来越高。目前能够满足Walkaway、3D2VSP项目要求的井下仪器生产厂家主要有Sercel等少数几家外国公司。国外地球物理公司基本选择以上设备厂家的多级井下数字化仪器。

2. Geowaves数字多级VSP系统

Geowaves数字多级VSP系统采用Sercel最新HST高速率的遥测数据传输技术，由多级的井下数字采集工具，结合Wavelab地面记录仪器构成。基本指标：稳定工作的温度范围≤170℃；耐高温峰值为180℃；耐压150MPa；最大级数32级。

1）Geowaves 系统井下工具结构

Geowaves 系统井下工具自上而下阵列结构如图 4－30 所示。

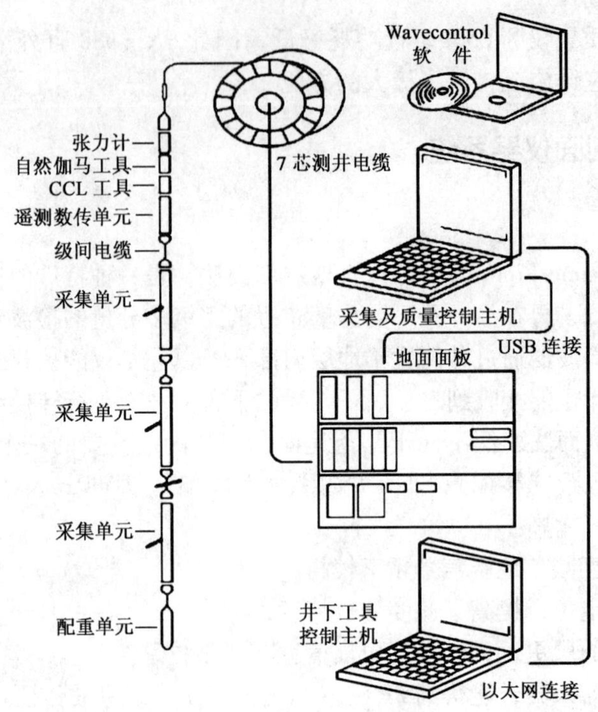

图 4－30　Geowaves 系统结构图

（1）张力计（GTCU）1 个。

张力计可安装在遥测数传单元 GHTU 的上部，功能是探测井下工具阵列张力，探测张力的范围：0～5t。张力计和配有传感器的配重单元在井下工具阵列下井遇卡时，可向操作人员提供早期报警和可靠的张力信息。

（2）自然 γ 工具（GGRU）1 个。

γ 工具计数的编码由遥测数传单元发送至地面，此信号由 Wavecontrol 软件分析并显示在对应深度的报告上。

（3）CCL（中子＋伽马＋磁定位）工具（GCLU）1 个。

套管节箍数据能实时从 Geowaves 辅助道输出。在地面，此信号由 Wavecontrol 软件分析并显示在对应深度的报告上。

（4）遥测数传单元（GHTU）1 个。

GHTU 采用了 HST 技术，高速自适应，多级的遥测传输单元。每个 Geowaves 系统有 1 个 GHTU 确保数字化后的数据传输到地面。

（5）采集单元（GAU）。

1～32 级 GAU 是 Geowaves 井下采集单元，是地震信号采集工具，由 GSU 和 GDU 组成，其中，GSU 是 Geowaves 地震单元，包括机械推靠臂、固定或万向架式的检波器支架筒；GDU 是 Geowaves 数字化单元，包括电子前放和模数转换器。如果某个 GAU 的马达出现故障，可在井下工具阵列中将其注销，这样有故障的 GAU 就不会影响其他 GAU 的工作。

(6) 级间电缆（GIC）和增强器单元（GBU）。

级间电缆（GIC）是一根单芯同轴电缆（1 根导线加上 1 个编织层和双层铠甲），使用 2H464K 型电缆，抗拉强度 86kN，标准长度 5m，10m，15m，20m 或 30m。

增强器单元（GBU）只用在多级配置的情况下放大 CR4 信号以及在长电缆中传输高频的 CR4 数据。对于小配置的系统，低采样率时，不要求使用 GBU。通用的配置是：超过 17 级的系统，1ms 采样时，在第 15 级和第 16 级检波器之间使用一个 GBU；1/2ms 采样时，在第 8 级与第 9 级、第 15 级与第 16 级检波器之间分别用一个 GBU；1/4ms 采样时，最多能使用 16 级检波器，在第 8 级、第 9 级检波器之间用一个 GBU。

(7) 配重单元（GWUS）。

1 个具有动态传感器和滚轮的 GWUS 是一个特制的外径为 92mm 的重块，可分为 2 个各重 50kg 的部分。配重单元引导工具阵列下井，并在井下仪器受阻时提供早期报警，配重单元可向地面输出动态传感器的运动监视信号。

(8) 地面设备。

地面设备包括：Wavelab 地面面板、Wavecontrol 软件、2 个笔记本电脑。

Wavelab 地面面板是 Sercel VSP 记录单元的硬件，用来管理井下工具和记录从井下工具传输来的数据流。Wavelab 能记录井下 32 级 Geowaves 工具的所有三分量信号，能与 408UL 中央单元完全同步。

Wavecontrol 软件可对井下工具阵列进行配置并对采集过程中每一步的数据进行综合质量控制，如控制数据采集、控制数据质量、井下工具命令等。Wavecontrol 软件在 Windows2000 或 XP 操作系统下运行，具有功能强大、使用方便的人机接口。

2 个笔记本电脑和 Wavelab 一起使用，运行 Sercel VSP 的 Wavecontrol 软件，并通过以太网互相连接。

2) Geowaves 系统测试功能

(1) 井下仪器测试功能。

GDU 具有井下电子线路自测试能力，测试功能由地面 Wavecontrol 软件控制，结果在班报中打印出来。GDU 具有以下自测试能力：增益、畸变、带宽、噪声水平和动态范围、串音、检波器芯自然频率、线圈电阻。GAU 具有以下辅助功能：所有检波器道的脉冲测试、参考电压的监测、所有 A/D 转换道的漂移测量、马达电流限制的调节、自动检测马达电流限制、环境噪声检测、加电时自动 GAU 地址的分配。此外，最后一级 GAU 还负责处理配重单元中动态传感器的信息。

(2) 地面仪器测试功能。

Wavelab 地面面板能采集 24 道地面检波器的地震信号，且完全和井下数据道同步。地面 24 道辅助道具有对增益、畸变、带宽、噪声水平、动态范围和串音进行自测的能力，用于检查内部的各操作功能。

3) Geowaves 技术参数

(1) 井下 GDU 技术参数。

耐温：170℃；耐温峰值：180℃；电压：100 ~ 120V；电流：30mA；$\Sigma-\Delta$A/D 转换精度：24 位；满刻度输入信号：0.5V（均方根）；采样率：1/4ms，1/2ms，1ms，2ms，4ms；带宽（系统衰减 -3dB 时）：1666 Hz（1/4ms），833Hz（1/2ms），416Hz（1ms），208 Hz（2ms），104Hz（4ms）；直流漂移滤波器（采样率 1ms）：频率为 0.6Hz 的第一阶高通滤波

器；前放增益：20dB，40dB；动态范围（采样率1ms，前放增益20dB，环境温度25℃）：121dB；ADC畸变（环境温度25℃）：10～5dB；串音：>100dB。

（2）地面Wavelab面板技术参数。

∑－ΔA/D转换精度：24位；差分输入阻抗：43kΩ；满刻度输入信号：14V（均方根）；采样率：1/4ms，1/2ms，1ms，2ms，4ms；带宽（系统衰减－3dB时）：1666 Hz（1/4ms），833Hz（1/2ms），416Hz（1ms），208 Hz（2ms），104Hz（4ms）；直流漂移滤波器（1ms）：频率为0.6Hz的第一阶高通滤波器；前放增益范围：0～36dB（以6dB的台阶递增）；动态范围（采样率1ms，前放增益0dB，环境温度25℃）：121dB；ADC畸变（环境温度25℃）：10～5dB；串音：>100dB。

4）其他特点

（1）高速遥测传输能力。

Geowaves系统采用Sercel公司最新HST（高速率的遥测数据传输）技术与信号增强器（GBU），使其在7000m普通7芯测井电缆中数传可以达到2.5Mb/s，高传输能力意味着该系统可以使用更多级数的检波器实现高采样率。

（2）辅助道板。

辅助道板通过其外设接口与电缆车控制面板接口连接，可以记录电缆车控制面板显示的深度、速度、地面张力信息，并可同Wavelab显示的辅助参数（γ，CCL，配重单元动态传感器）同时记录在相对应的深度报告上。辅助道板上还能实时显示测井辅助道（张力，γ，CCL，配重单元动态传感器）的信息。

（3）质量控制。

对所有数据道的频谱分析和各数据道间或记录间进行的频谱对比，时深曲线的显示，平均速度和均方根速度，显示和打印测井数据，进行质量控制。

（4）数据格式。

VSP数据格式：4字节整数型SEG2Y；测井数据格式：LAS3.0。

（5）检波器芯。

固定式安装是将三个互相垂直固定的检波器芯体安装到固定式检波器筒内，型号SM1850，自然频率30Hz、15Hz。万向节式安装是将三个相互垂直的检波器芯体安装在万向节型检波器筒内，型号SM1850，自然频率10Hz（一个垂直、两个水平）。

4.3.3 其他地震勘探仪器系统

1.428XL 系列

Sercel公司目前主推428XL系统，可以配接模拟（使用FDU）或数字检波器（DSU1、DSU3），大线数传率16Mb/s，横向线采用100Mb以太网TCP/IP协议，传输介质可选用光缆或铜芯电缆，每条排列线的实时带道能力为2000道（2ms采样），每条交叉线单个LCI的实时带道能力10000道（2ms采样），最多可支持10个LCI，总带道能力100000道（2ms采样）。在复杂地表情况下，可利用无线电中继单元LRU将数据连接到排列线或交叉线上去，还可利用无线数据采集单元LAUR组成无线基站，将数据直接传往中央记录单元。自从2006年英国Vibtech公司被Sercel收购后，原来的无线仪器IT系统被改名为UNITE，野外单元主要由UNITE（图4－31）和CAN组成，其工作原理并没有大的改变。目前Sercel正在准备制作补充设备，将其野外系统与428主机相连，结合428XL推出一种新的地震仪系统。

另外，Sercel还推出了适用于小道数勘探的428LITE系统，最大可支持1000道。

2. Scorpion 系统

美国ION公司是集制造、服务和数据处理为一体的综合性公司。ION公司将原来的System Four仪器升级到了Scorpion系统（图4－32），对采集站的内部结构和主机软件做了改进，可支持模拟与数字两种检波器，系统最大带道能力120000道，2ms采样（单口30000道，2ms采样，共4个口）。另外，ION公司于2005年推出的Firefly无线系统，只能配接三分量数字检波器，设计带道能力50000个站，但数据不传回主机，而是存储在站体内，利用车内的大型机架进行数据下载。目前，英国BP公司和美国Apache公司是ION关于Firefly系统的合作伙伴。

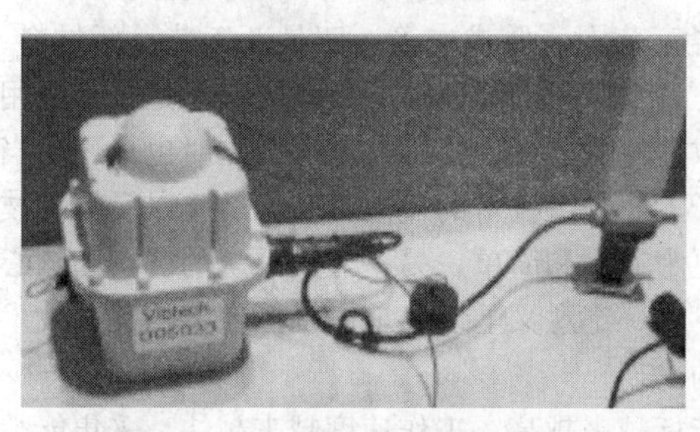

图4－31 UNITE系统

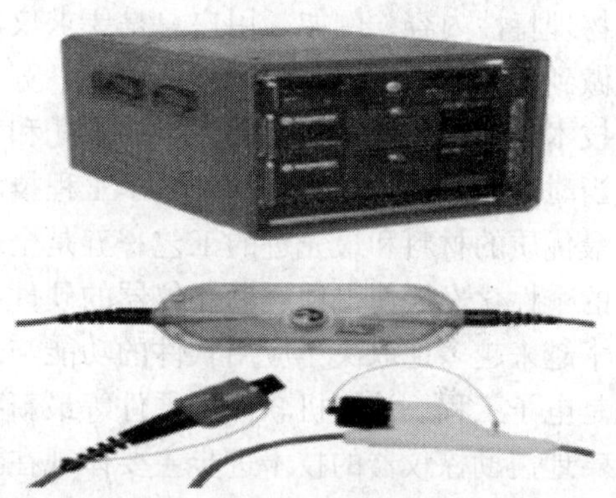

图4－32 Scorpion系统的主机（上）和采集站（下）

3. ARIES 系统

ARAM公司近年来对原来的ARIES系统进行了改进，增加了用于过渡带的防水外壳，并对主机软件进行了升级优化，增加了地面设备的高效部署和灵活的网络架设功能，并在2007年底推出其新型QC软件，加强了“积极排列”或者“接收道”道特征属性信息监控功能。ARIES系统单线带道能力1200道（2ms采样），系统最大带道能力可扩展为19200道（2ms采样）。2007年该公司推出了一种用于高分辨率采集的低成本的单点检波器替代产品“ARAM ARIES多分量系统”（图4－33）。它在一根220m长的电缆上抽出了8个3C检波器点，采用三分量模拟检波器进行单点接收，每个采集单元管理8个点共计24道的数据采集。

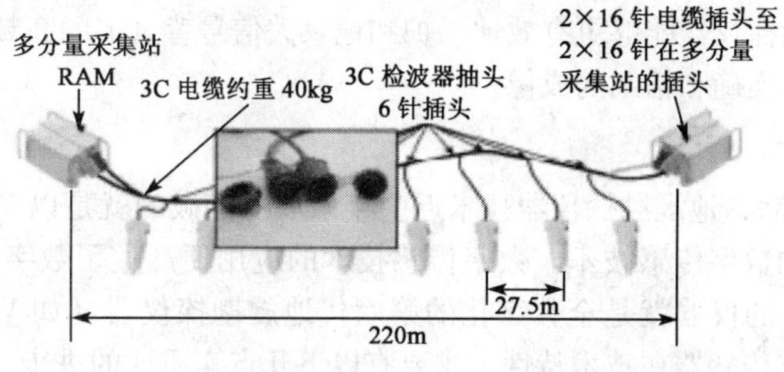

图4－33 ARAM ARIES多分量系统检波线电缆配置

4.4 地震勘探仪器技术发展

地震勘探仪器的发展和地球物理勘探技术的发展一样，也有其独特的发展规律。纵观历代地震勘探仪器的更新换代和发展进步，都离不开以下几方面的关键推动因素和发展模式：一是石油资源在国计民生中的战略位置，决定了最有效寻找油气资源的地震勘探工作大有作为，也就决定了地震勘探仪器具有广阔的市场空间；二是物探方法和技术的进步与发展对地震勘探仪器发展提出了更高的要求，例如，物探技术向着高分辨率、高信噪比、高保真度、多波、多维、多道等技方向发展，地震勘探仪器朝着低噪音、低失真、宽频响应、高速度、超大道容量方向发展；三是用户的追求和希望为地震勘探仪器发展明确了针对性的也是具体的物理特性内容，例如，用户总是要求仪器轻巧、耐用、稳定且价廉等，地震勘探仪器便努力做到轻便、牢固、免维护、低功耗、宽工作温度范围、低成本等；四是新工艺、新材料、新技术是地震勘探仪器发展进步的依托和基础，各个年代的地震勘探仪器无一不是跟踪应用了当时最先进的计算机技术、电子工程技术、数据传输技术、传感技术等，同时也采用了当时最优质的材料和最先进的工艺；五是全球电子工业制造技术的规范化和标准化以及软件技术的个性化发展使得地震勘探仪器的硬件组成更为通用和简单，另一方面系统的特点和核心技术越来越多地取决于应用软件的功能与性能。在一定意义上讲，地震勘探仪器的关键技术就是电子工程、计算机软件、硬件等最新技术的再现。

地震勘探仪器的技术进步主要体现在技术指标越来越高、工作速度越来越快、采集能力与预处理能力越来越强、可靠性与稳定性越来越好、自动化与智能化程度越来越高、单道设备成本越来越低等。总结近几年地震勘探仪器的技术变迁和发展，可以看到其技术的进步和创新点主要体现在 A/D 技术（∑-Δ 技术）、数字传感技术、MEMS 技术、网络遥测技术、光纤通信技术、数字存储技术、高速超大规模硬件技术、硬件功能由软件实现技术、超强道容量采集技术等。

1. ∑-Δ 技术

∑-Δ 技术是一种特别的数学运算方法，20 世纪 90 年代初引入并应用到地震勘探仪器，至今这项技术仍然是先进地震勘探仪器不可缺少的关键技术。∑-Δ 技术就是过采样技术，它通过提高采样速度来换取样点的精度。∑-Δ 技术的应用，使地震勘探仪器的 A/D 转换器从传统的 15 位发展到 24 位，也就使仪器的瞬时动态范围从不足 80dB 升至 110dB 以上。24 位 A/D 转换器具有足够的分辨率，因此，就不再需要模拟的瞬时放大器，进而全面提高仪器系统的技术指标，特别是系统的谐波失真度能控制在 0.001% 之内。正是由于∑-Δ 技术的应用，才使地震勘探仪器能够更有效地保护和记录大信号背景下的高频弱小信号，也使地震勘探有可能实现更准确和精细的成像。

2. 数字传感技术

继∑-Δ 技术之后，地震勘探仪器技术近些年来取得突破的就是以 MEMS（微电子机械系统）技术为核心的数字传感技术。数字传感技术的应用便产生了数字传感器（检波器），以数字传感器为核心的仪器就是全数字化的第六代地震勘探仪器（如 VC 或 VR 系统-IV、408UL-DSU）。数字传感器在技术特性上主要有以下几点实质性的进步：

（1）直接以电信号平衡重力变化原理来感应地震波信号；

（2）传感器直接输出 24 位一个样点的数字信号；

（3）幅度与相位频率特性曲线在 500Hz 内都是平坦的直线；

（4）信号失真度低于 0.003%，即瞬时动态在 90dB 以上；

（5）能自动识别和校正垂直地心方向的倾斜角度。

数字传感器是加速度型，它感应的是重力的变化。因其不再有模拟检波器的机电结构和电磁感应机理，所以它的又一贡献就是不怕任何工业频率和雷电干扰。数字传感器是高度集成的独立单元，在野外一般不作组合采集，具有故障率低、体积小、质量轻、排列布放方便、不漏电、排查故障和建立排列容易等优点，提高了施工效率、降低了生产成本。数字检波器目前主要用于多波三维勘探、精细目标勘探，为解决疑难地质问题和进一步提高勘探质量与效果提供了可靠的系统保证。

3. *网络遥测技术*

近些年在地震勘探仪器上成功应用并得到发展的又一独特技术便是网络遥测技术。网络遥测技术实质上就是计算机的网络通信技术在地震勘探仪器中的推广应用，所不同的是网络遥测通信总是以主机作为请求和控制端，即数据总是从节点流向中央记录单元。仪器系统将整个地面排列（主要由固定物理地址的站单元构成）当作一个完整的局域通信网，每个站点就是网络的节点。实际通信时计算机（服务器）便自由地在网络中对任何一个节点（单元）按数据包方式进行任意次信息交换。这项技术的应用能为野外排列（一般是三维排列）提供传输路径自由选择和通信资源自动分配，其优势就在于能随意设计排列连接关系（适合跨越障碍）并能在个别路径中断时重新选择其他路径来实现信息传输。也就是说野外施工时（一般是三维作业时）能按需要自由地选择排列连接方式，进而为跨越道路、建筑、河流等，为实现绕路传输提供可能，大大提高了野外施工的灵活性，同时也可以通过缓冲存储器实现非实时传输或数据包重发。目前，408UL 和系统-Ⅳ 等多种仪器都具备了完善的网络遥测功能。

4. *硬件功能软件实现技术*

当今的地震勘探仪器之所以能够做得越来越轻巧紧凑，功能越来越完备强劲，技术指标也越来越高，很重要的一点就是得益于硬件功能软件实现技术。本项技术的实质就是软件技术，其要点就是借助计算机和处理器运算速度和能力的提高，将许多过去需用大量硬件实现的数据处理和运算工作，通过软件方法在相应的处理机（器）上共享硬件资源来完成。例如，地震数据的相关与叠加、噪声编辑、相位补偿、格式编排、滤波等工作，当今的地震勘探仪器均能用软件方法来实现。此项技术的应用带来的结果是，系统中硬件部分大大减少，而系统运算速度和运算精度却越来越高，自检功能、质量分析控制功能也越来越强。所有这些效果表现在地震数据采集方面的主要作用是，地震数据的精度更高了，地震道的一致性更好了，现场质量控制分析能力更强了。

5. *高速超大规模硬件技术*

除了软件技术外，地震勘探仪器的硬件技术近几年也有突破性发展，其特点是设计制造过程中充分采用功能强劲的超大规模集成电路和可任意读写的编程器件及新工艺、新材料，且多数情况是直接选用标准通用总成件。这样做的结果是仪器的结构越来越紧凑牢固，稳定性和耐用性更强，适应性和通用性更好，性能指标更优。正是由于新工艺（如 SMT 技术）

和新材料（如优质光导纤维）的应用，使得地震勘探仪器的体积和功耗成倍下降，数据传输速率成几何级数提高。也正是由于超大规模集成电路的应用，使得地震勘探仪器的整体工作速度和能力成倍提高，而单个地震道设备的成本却成倍下降。这项技术的应用对地震勘探的主要贡献就在于降低设备成本和提高采集速度等。

6. 数字存储技术

数字存储技术也是近几年来地震勘探仪器关键技术中发展最快的一项。20 年以前地震数据存储用的磁带还是 0. 5in（1in = 25. 4mm）宽 9 个轨道的开盘带，最高记录密度也只有 6250bpi，后来很快就推出了盒式磁带，并逐步从 3480、3490，发展到今天的 3580、3590、3592 等盒式磁带。随着工艺和材料的发展，目前也推出了在地震勘探中实用的光盘或硬盘存储介质，如系统 - IV 和 408UL 就可选择磁带或硬盘两种存储介质。地震勘探仪器一直在跟踪应用国际最先进的存储技术，目前已有仪器采用高速硬盘记录，这就使得单位时间内地震数据的存取速度和总量比过去增长了几十倍甚至几百倍。数字存储技术的进步为高采样率、超多道施工，在记录数据时提供了有力保证。地震勘探仪器存储技术的发展对地震数据采集工作的主要贡献就在于提高了施工速度和数据可靠性和安全性，并降低了生产成本等。

7. 实时万道采集技术

实时万道采集技术是一项综合技术，它包括编码技术、数据传输技术、硬件技术、软件技术、数字信号处理技术、存储技术等。地震勘探正朝着多波、多维、多道采集方向发展，而且油公司也逐步要求地球物理公司进行万道甚至数万道接收的地震数据采集。这就要求地震勘探仪器应有超强（10000 道/2ms 以上）的地震道接收能力，目前国际最优秀的仪器（如系统 - IV 和 408UL）就具备了这个能力。一般地每隔 3 ~ 5 年仪器的道接收能力就要增加 1 倍，20 年前 2ms 采样的道接收能力还在 300 道之内，而今天，仪器的道接收能力少则几千道多的达几万道。地震勘探仪器实时接收能力的成倍增强，主要得益于新工艺与新材料的应用、硬件速度的提高、计算机速度的提高、数字信号处理能力的增强、存储技术的进步、数据传输技术的发展等。实质上道接收能力的强弱主要取决于地震数据的传输速度、处理速度和记录速度等。万道采集记录技术的问世使地震勘探仪器实现了超大规模地震数据采集能力，更重要的是为最大限度地丰富地震勘探资料的信息、降低勘探成本、提高施工效率等提供了可能。

除以上所述的几项关键技术外，近年来地震勘探仪器在其他方面也有一些技术创新和进步，如蜂窝通信技术、频分复用技术、16QAM（Quadrature Amplitude Modulation，QAM）数字调制技术、高精度同步控制技术、数据压缩技术、高压直流供电技术、GPS 授时技术、无线传感器网络技术等，都在先进的地震勘探仪器系统中得到成功应用。所有这些技术的进步、发展和应用，都是地震勘探仪器的综合技术水平和整体能力提高的组成部分。例如，以往的 SSS200 或 SSS300 遥控爆破同步系统，以及先进 - Ⅰ与先进 - Ⅱ震源同步控制系统的同步精度及技术含量，就远不及目前先进地震勘探仪器所配用的 Shotpro 和 Vibpro（同步精度达 μs 级）。正是 Shotpro 和 Vibpro 的推广应用才为实现极高采样率（0. 25ms 以上）下，不同激发点地震资料的精确叠加提供了初始时间同步的保证。

复习思考题

1. 试述地震勘探原理及石油地震勘探对地震勘探仪器的要求。
2. 地震勘探仪器由哪几部分组成？其研究方法是什么？
3. 检波器分几类？三分量检波器基于什么原理？
4. 图示说明地震数据采集系统的流程。
5. 说明 $\sum-\Delta$A/D 转换原理。
6. 地震数据采用哪些存储技术？
7. 地震数据有哪些传输方式？各有什么缺点？
8. 查阅资料，说明地震勘探仪器的发展方向。

第5章　测 井 仪 器

提要：测井仪器系统由各种下井仪器、绞车、电缆及井口装置、地面测量、记录和控制单元组成。下井仪器本质上是一套将被测量的物理性质或技术状态转换成电信号的装置，即传感器组。基于电、声、光、核、热、力等物理方法不同而有不同的测井方法和下井仪器。电缆是向井内传送下井仪器、给下井仪器供电、在下井仪器和地面仪器之间传送信息的设备。地面记录仪器在地面给井下仪器供电，对井下仪器实行测量控制，接受和处理井下仪器传来的测量信号，将测量信号转换成测井物理参数加以记录，甚至将测井物理参数处理成地质参数再加以记录。

5.1　概述

5.1.1　测井知识

1. 测井概念

测井（Well Logging）是石油勘探开发过程中不可缺少的重要环节。矿场地球物理测井方法，是通过定量测定井下钻穿地层的电、声、光、核、热、力等物理信息，用以判断地层的岩性及流体的性质，确定油、气、水层的位置，定量解释油气层的厚度，含水饱和度和储层的物性等参数，了解井下状况的一整套技术。

石油和天然气储藏在地下具有连通的孔隙、裂缝或孔洞的岩石中。这些具有连通空隙，既能储存油、气、水，又能让油、气、水在岩石空隙中流动的岩层，称为储集层。用测井资料划分井剖面的岩性和储集层，评价储集层的岩性（矿物成分和泥质含量）、储油物性（孔隙度和渗透率）、含油性（含油气饱和度和含水饱和度）、生产价值（预期产油、气、水的情况）和生产情况（实际产油、气、水的情况及生产过程中储集层的变化），称为地层评价（Formation Evaluation）。地层评价是测井技术最基本和最重要的应用，也是测井技术其他应用的基础。

2. 测井原理

如图5－1所示，测井时，根据油气田的地质特点选择需要测量的物理参数，使用测井绞车将相应的下井仪器挂接在电缆末端放入几千米深的井中。当电缆沿井身匀速上提时，操作人员操作计算机，启动测井系统程序，按时序发出命令，通过电缆传送给井下仪器，控制井下仪器的工作流程。井下仪器把地层和井眼的各种参数，如电阻率、声波时差、声波幅度、放射性强度、井径等，测得的数据经放大、简单处理和编码后，以电信号的形式，按帧通过电缆发送到地面。再由测井仪器车上的地面记录系统记录下来，记录的方式可以是曲线图，也可以是数字磁带。地面计算机系统对数据进行一系列处理后，输出按深度变化的测井曲线或图像，有经验的测井工程师可根据曲线或图像的变化初步确定哪些深度的地层含有油气。对于地质特征复杂的地层或是含油气地层要做量的计算，则需把测量得到的所有数据送计算中心做进一步的处理、分析和地质解释。

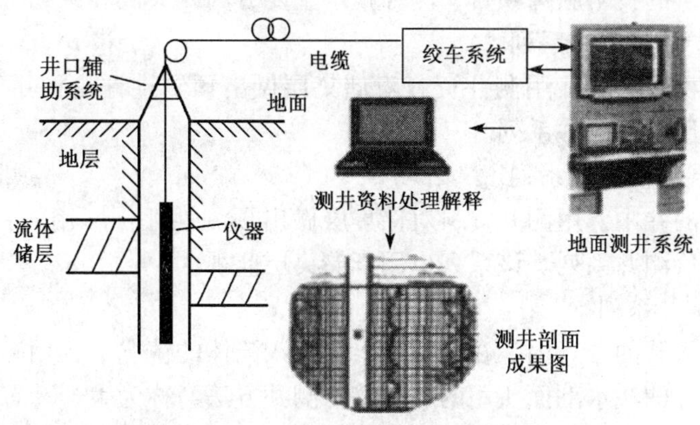

图 5-1 测井原理与解释示意图

5.1.2 测井技术分类

测井技术是应用物理学原理解决地质和工程问题的边缘性技术学科。由于它面临的任务太复杂，又是一种间接研究地质和工程问题的方法，因而发展了众多的技术。对测井技术没有权威一致的分类，为了便于理解和使用，可以对测井技术进行下述分类。

1. 按研究的物理性质分类

1）电法测井（Electrical Logging）

电法测井是研究地层电学性质和电化学性质的各种测井方法的总称。研究地层导电性质的有各种电阻率测井，研究地层极化性质的有各种高频电磁波测井，研究地层电化学性质的是自然电位测井和人工电位测井。

2）声波测井（Acoustic Logging）

声波测井是研究地层声学性质的各种测井方法的总称，包括研究纵波速度的声速测井，研究横波速度的横波测井，研究声波全波列各个成分的声波全波列测井，研究纵波反射的井下电视测井等。

3）放射性测井（Radioactive Logging）

放射性测井是研究地层核物理性质的各种测井方法的总称。研究地层天然放射性的有自然 γ 测井和自然 γ 能谱测井，研究 γ 射线与介质相互作用的有密度测井和岩性—密度测井，研究中子与介质相互作用的有中子孔隙度测井、中子寿命测井和次生 γ 能谱测井等。

4）其他测井

其他测井方法有：测量地层温度的井温测井，测量地层压力的地层测试器，测量井眼几何形态的井径测井，测量钻井液烃含量的气测井等。

2. 按技术服务项目分类

提供测井技术服务的产业是测井公司。测井公司为了提供一个技术服务项目，要根据地质或工程需要选择几种测井方法，构成该技术服务项目所需要的一套综合测井方法。这套综合测井方法称为测井系列（Logging Series）。如果一个测井系列包括的测井方法很多，还可细分为不同的系列，例如，裸眼井地层评价测井系列通常包括岩性—孔隙度测井系列，深、浅、微电阻率测井系列，辅助测井系列。

按测井公司提供的技术服务项目，测井技术主要分为四大测井系列。

1）裸眼井地层评价测井系列

在未下套管的裸眼井中，用测井资料对储集层做出预测性评价使用的一套综合测井方法，称为裸眼井地层评价测井系列。

2）套管井地层评价测井系列

在已经下套管的井中，用测井资料对储集层做出预测性评价所用的一套综合测井方法，称为套管井地层评价测井系列。该系列也用于储集层监视。

3）生产动态测井系列

在生产井或注入井的套管内，在地层产出或吸入流体的情况下，用测井资料确定生产井的产出剖面或注水井的注水剖面所用的一套综合测井方法，称为生产动态测井系列。该系列一般包括流量、持相率（多相流动时，某一相的面积占套管截面积的百分数称为该相的持相率）、温度和压力等测量方法。测量结果反映井眼和每个储集层实际的生产状态。

4）工程测井系列

在裸眼井或套管井中，用测井资料确定井斜状态、固井质量、酸化或压裂效果、射孔质量和管材损伤等所用的各种测井方法，总称为工程测井系列。具体使用何种方法，视工程需要而定。

此外，测井技术还可提供下列服务项目：

（1）井壁取心。用井壁取心器从裸眼井井壁取出地层的岩心，作为直接认识储集层的一种手段，一般用于测井解释没有把握的储集层。

（2）地层测试。在裸眼井或套管井中，用电缆地层测试器可从地层取得流体样品，并在取样过程中得到井内静液压、流动压力、地层静压力、压力恢复曲线和压降曲线等压力资料。用这些资料可建立压力剖面，定性判断储集层的性质，并可计算其有效渗透率。

（3）射孔。下套管固井以后，根据射孔完井的要求将射孔器下到预定的深度，按预定的射孔密度（每米孔数），用射孔弹射开套管、水泥环和井壁地层，构成地层至套管内的通道，打开油气或注水通道。

3. 按资源评价的对象分类

测井技术是详细获取地下地质及工程资料的主要手段，凡是要对地下的各种资源进行评价，都少不了应用测井技术。虽然它们应用测井技术的目的和条件各不相同，但都是以地质剖面的研究为背景，以资源评价为中心，而单井资源评价都归结为地层评价或矿层评价，因此，它们所用的测井技术有许多相同或相似之处，是互相借用的。但为了区别，常常也按测井技术所评价的资源对象进行分类。

1）石油测井

石油测井是勘探和开采石油及天然气所用的各种测井技术的总称，它在使用测井技术的产业部门中一直处于领先地位。

2）煤田测井

煤田测井是勘探和开采煤炭所用的各种测井技术的总称，其规模仅次于石油测井。

3）金属矿测井

金属矿测井是勘探和开采各种金属或稀有金属矿所使用的各种测井技术的总称，其中以放射性测井尤为重要。

4）水文工程测井

水文工程测井是评价地下水资源或者地下岩层的工程性质所用的各种测井方法的总称。我国地下水资源很丰富，淡水、盐水、热水等都很有工业价值。

5.1.3 测井仪器系统

在寻找石油和天然气时，由于含油气地层的电、声、核、核磁等物理性质不同于不含油气的地层，因此，需要在几千米的井中测量所有地层的电、声、核、核磁等物理性质，以确定哪些深度的地层含有油气。把测量上述各种物理性质的仪器组合在一起，并以地面的计算机为中心按照一定的时序对地层的各种物理信息进行采集、传输、处理和快速解释，并在测量过程中实时地对下井仪器进行控制，这就是现代的石油测井仪器系统（Log Unit/Device）。采集测井数据的各种仪器设备，统称为测井仪器（Well Logging Instrument），它由三部分组成：各种下井仪器；绞车、电缆及井口装置；地面测量、记录和控制系统。

油气层埋藏在地下几千米深，如果人们具有古代神话传说中的千里眼，就可以毫不费力的探寻宝藏，尽管千里眼是人们良好的愿望，但科学的发展可使复杂的电子仪器下放到为探寻油气层所钻的井中，这就是寻找油气层的“千里眼”——测井下井仪器。当地层含有油气时，它的电、声、核和核磁等物理性质就不同于其他地层。可将测量电阻率或介电常数、测量声波传播速度或衰减、测量放射性射线能谱和测量核磁共振特性的仪器用电缆下放到几千米深的井中，当电缆上提时，在地面仪器命令的控制下，自动测量地层相应的物理特性。

由于钻探井的直径一般仅为15~20cm，且井内充满钻井液，更由于井深和井内的温度、压力都很高，因此，下井仪器都制作成细长形状，在狭窄的空间内放置对所测物理参数敏感的传感器和其他电子设备，其钢外壳要承受高温、高压，连接处和导线引出处要密封绝缘，不受钻井液浸入。下井仪器测量的物理参数，如电阻率大小、声波传播时间的长短、核测井计数率等，其输出信号有的是模拟信号，有的是数字信号，还有脉冲信号，因此，在将各种信号通过电缆发送前必须进行统一处理。为此，每支下井仪器都设置井下仪器接口，将测量的物理参数和仪器工作状态转换为数字信号储存于接口中以备发送。

为了完成地面计算机和下井仪器之间的信息交换，电缆的地面端接地面遥测模块，井下一端接井下遥测短节。地面遥测模块和地面仪器前端机进行数据通信，实现测井的实时采集和传递地面计算机的控制命令，井下遥测短节传递命令实现各下井仪器的数据发送。

1. 下井仪器

下井仪器（Logging Tool）的主体是传感器组（Sensors），还有电子线路、机械部件及承受高温高压的钢外壳等。传感器是一个将被测量的物理性质或技术状态转换成电信号的装置，测井工程上常把这类传感器称为探测器。将测量的电信号再转换成代表某一物理性质或技术状态的物理参数（如电阻率、井斜角等），称为仪器刻度。

各种下井仪器的探测特性是指探测器的探测特性，一般包括下述几个方面。

1）记录点（Measuring point）

记录点也称为测量点，是探测器测量的物理参数记录的深度参考点。它是探测器上一个固定点，该点在井内的深度就是该点测量参数的记录深度；随着下井仪器在井内匀速移动，地面记录仪就记录出随深度变化的测井参数曲线。

2）横向探测深度（Investiagaton Depth）

横向探测深度是指某一探测器测量的结果在横向上主要受多大范围内介质的影响，简称探测深度或探测范围。如果探测器不贴井壁，通常认为它在井轴上，其探测范围可看成一个球体，其半径是探测深度。如果探测器是贴井壁的，其探测范围可看成是井壁附近地层环带（如冲洗带）的一部分（靠近探测器），这个环带的径向厚度就是探测深度。

3）纵向分辨率（Vertical Resolution）

纵向分辨率是指探测器分层能力，即它在纵向上能分辨不同性质岩层的最小厚度。

2. 地面记录仪（Surface Recorder）

测井仪器的地面记录仪是在地面给井下仪器供电，对井下仪器实行测量控制，接受和处理井下仪器传来的测量信号，将测量信号转换成测井物理参数加以记录，甚至将测井物理参数处理成地质参数再加以记录。目前我国地面记录仪有下述三种类型。

1）多线记录仪

多线记录仪是我国较常用的地面记录仪。它采用照相记录，能同时记录多条模拟曲线。如果配上计算机和相应的数据采集及处理设备，也可完成数字磁带记录。

2）数字磁带测井仪

数字磁带测井仪是采用数字磁带作为记录介质的综合测井系统。它除了将测井数据记录在磁带上，还将模拟曲线记录在胶片上。

3）数控测井仪

数控测井仪是20世纪70年代末投入使用的新一代的测井地面设备。它以计算机为中心，配置若干外围设备及测井专用接口，组成联机实时系统，实行操作控制、数据采集、处理和解释，可在井场提供数字磁带记录的原始测井数据和地质解释结果，同时提供模拟记录的测井曲线和地质解释成果图。

3. 电缆等辅助设备

由导电缆芯、绝缘层和钢丝编织层组成的单芯或多芯铠装电缆，是向井内传送下井仪、给下井仪供电、在下井仪和地面仪之间传送信息的设备，通常所说的电缆测井（wireline logging）就源于此意。电缆上每隔一定的距离（如25m）做一个磁记号（该处电缆磁化），将检测电缆磁记号的磁性记号器放置在钻台方补心上，当电缆磁记号经过磁性记号器时便向记录仪发出深度信号。因此，测井记录的深度是从钻台方补心的顶面开始计算的，方补心顶面至地面的距离称为补心高度。电缆从绞车电缆滚筒上引出，与下井仪器连接好以后，将仪器放入井中，井口滑轮对电缆移动进行导向，而绞车动力装置控制下放或上提的速度。测井数据采集一般在仪器上提的过程中进行。

斯伦贝谢、阿特拉斯和哈里伯顿三大测井公司对作业需求量大的常规测井系列进行了系统集成，改进仪器传感器设计，优化电子线路和机械设计，大大缩短了组合仪器串长度，增强了仪器稳定性，提高了测量准确度，降低了不确定度，一次下井可以完成所有常规测井资料的采集，提高了测井作业的时效。目前市场主导产品是斯伦贝谢公司的MAXIS-500系统、阿特拉斯公司的ECLIPS-5700系统及哈里伯顿公司的EXCELL-2000系统。同时为了满足一些特殊的测井需求，各测井公司又开发了集成快速测井平台系统。如斯伦贝谢测井公司的新的电缆测井系列——扫描仪器系列和哈里伯顿公司的INSITE仪器系列。这些测井系统可为客户提供高性能、高可靠、低成本的测井服务，这类服务正逐步取代原有的常规测井。

5.1.4 测井仪器研究内容

井下仪器电缆测井占世界测井的80%以上，包括声、电、核磁、放射性、光测井，井下仪器种类众多，分裸眼测井、生产测试及油藏监测三大系列。

1. 裸眼电缆测井井下仪器

（1）电阻率井下仪器的研究，有侧向系列（微球、三侧向、八侧向、双侧向和七侧向）、感应系列（双感应、高分辨率感应、阵列感应）、梯度电极系列、复电阻率等；

（2）声波井下仪器的研究，有长源距声波、偶极子声波、全波列、阵列声波、横波、水泥胶结测井、变密度测井、井下扫描电视等；

（3）核磁共振井下仪器的研究；

（4）放射性井下仪器的研究，有补偿中子、阵列中子、补偿密度、岩性密度、方位密度、自然γ、自然γ能谱等；

（5）地层测试仪的研究；

（6）光纤井斜方位仪的研究。

2. 生产测试井下仪器

测井方法有井温、流量、压力、噪声、放射性、持相率、密度、井径、套管电位、井眼声波电视、套管接箍、脉冲回声水泥结胶、脉冲中子俘获、中子测井、γ射线、γ能谱、声波、地层测试等。其测井仪器的研究包括：

（1）注入、产出剖面多参数组合仪器及高含水持水率测井仪器的研究；

（2）高温高压测井仪器的研究；

（3）水平井产液剖面测井仪器的研究；

（4）剩余油饱和度监测测井仪器［过套管井产层电阻率、碳氧比（C/O）、中子等］的研究；

（5）工程测井（检测套管损坏、射孔质量检测、水泥胶结）成像测井仪器的研究。

3. 油藏监测仪器

（1）井间剩余油饱和度监测测井仪器的研究；

（2）井下存储仪器的研究；

（3）光纤井下永久监测系统的开发，将是未来油藏监测方向，是数字化油田的基础。

4. 随钻测井井下仪器

（1）随钻测井钻井陀螺仪的研究；

（2）随钻电阻率仪的研究；

（3）随钻声波仪的研究；

（4）随钻核磁仪的研究；

（5）随钻放射性仪的研究；

（6）随钻地层测试仪的研究；

（7）传输方式的研究。

目前我国测井仪器发展正处于加快普及数控测井、启动成像测井系统研制时期。油气勘探和开发迫切需要核磁共振测井、成像测井、井间测井、地质导向和新型地层测试器等新技术新仪器，因此，加快测井仪器的创新迫在眉睫。

在电测井方面，微电阻扫描成像测井仪、方位电阻率成像测井仪、阵列感应测井仪、电成像测井仪、高分辨率双感应测井仪、高分辨率双侧向测井仪等成像测井仪器成为电测井发展的主流方向和未来趋势。电测井的探测范围正在不断拓宽，井间电磁成像测井和过套管电阻率测井的研究也是发展方向。还有随钻电阻率测井和地质导向特别引起关注。

在声测井方面，主要以阵列声波测井、偶极子及多极子横波测井、井下声波电视、三维体积扫描测井等成像仪器为主流，以探测地层声学性质声速、声衰减和声阻抗和固井一、二次界面胶结质量为目的。此外，井间声波探测、随钻声波测井与地质导向等仪器正在发展。

在核测井方面，分为γ测井、中子测井和核磁测井三大类，有30多种核测井方法，能提供近50种参数。它能在裸眼井和套管井中进行测量，揭示着反映岩石本质的各种核素微观特性的宏观表现。目前以双晶碳氧比γ能谱测井、双晶自然γ能谱测井、双岩性密度能谱测井和脉冲中子测井等仪器系列为主流，正在研制的阵列中子测井仪具有发展潜力，特别是核磁测井具有广阔的前景。

5.2 常规测井技术与仪器

5.2.1 电法测井理论与方法

1. 电法测井基本理论

物理模拟和数值模拟是两种重要的电测井研究方法，是电测井研究、仪器研制及应用的基础。理论上，Maxwell方程是电法测井最根本的物理基础，根据源频率特性可将电法测井分为直流电测井和交流电测井。

直流电测井的基本方程为

$$\nabla\cdot[\sigma(\vec{x})\nabla u(\vec{x})] = -II(\vec{x}) \tag{5-1}$$

式中 $\vec{x}$——空间任意一点的坐标；

$u(\vec{x})$——$\vec{x}$点的电位；

$\sigma(\vec{x})$——$\vec{x}$点的电导率；

$II(\vec{x})$——$\vec{x}$点的显电源的体分布密度。

目前，常规电测井中的普通电阻率测井、双侧向测井和微球型聚焦测井及成像测井中的微电阻率扫描测井和阵列侧向测井等均属于直流电测井范畴（严格说是超低频电法测井）。

交流电测井的基本方程为

$$\nabla^2\vec{A}(\vec{x}) + k^2\vec{A}(\vec{x}) = -\mu\vec{j}_s(\vec{x}) \tag{5-2}$$

式中 $\vec{A}$——磁矢势，Wb/m；

∇——哈密尔顿算子；

k——传播常数；

$\vec{j}_s$——发射电流密度，A/m^2。

目前，常规电测井中的双感应测井、LWD中的2MHz电阻率测井、高频电磁波传播测井及成像测井中的阵列感应测井等均属于交流电测井范畴。

若地层与井构成的求解域及源场具有旋转轴对称性，则场的分布也具有旋转轴对称性，

于是方程（5－1）可简化为

$$\frac{1}{r}\frac{\partial}{\partial r}\left(\sigma r\frac{\partial \mu}{\partial r}\right)+\frac{\partial}{\partial z}\left(\sigma\frac{\partial \mu}{\partial r}\right)=-\Pi \tag{5-3}$$

式中，σ、μ 和 Π 为子午面（Meridian Plane，子午面一般指通过地面一点包含地球南北极的平面）上的坐标 r、z 的函数，与方位角 φ 无关。

方程（5－2）可简化为

$$\frac{\partial}{\partial r}\left[\frac{1}{r}\frac{\partial}{\partial r}(r\vec{A})\right]+\frac{\partial^2\vec{A}}{\partial z^2}+k^2\vec{A}=-\mu\vec{j_s} \tag{5-4}$$

式中，$\vec{A}$、k 和$\vec{j_s}$为坐标 r、z 的函数，与方位角 φ 无关。

在地球物理勘探研究中，根据地质体的形状、产状和物性数据，通过构造数学模型计算得到其理论值（数学模拟），或通过构造实体模型来观测模型所产生的地球物理效应的数值（物理模拟）称为正演模拟（forward modelling）。在地球物理资料解释过程中，常常利用正演模拟结果与实际地球物理勘探资料进行比较，不断修正模型，使模拟结果与实际资料尽可能地接近，进而使解释结果更接近客观实际。

在全非均匀介质模型中，直流电测井方法可以利用 Laplace 方程（或泊松方程）的边值问题来描述；交流电测井方法可以利用由 Maxwell 方程组导出的波动方程边值问题来描述。此边值问题建立了地层参数与仪器响应之间的数学关系，如果地层的参数确定，通过求解，可以得到仪器的响应值，这种正演方法在测井中称为数值模拟，即在测井仪器存在周围环境时计算测井仪器的响应。如果已知仪器的响应值，而求地层的有关参数，此问题就构成反问题，反问题的求解过程称为反演。可以看出，正演、反演研究构成了电法测井的主要内容。

目前主要的正演方法有：有限差分法（FDM）、有限元素法（FEM）、边界元方法（BEM）、数值模式匹配法（NMM）和逐次逼近法（SAM）等。其中，有限元素法和数值模式匹配法在电测井数值模拟领域的研究和应用极为成熟。

2. 电法测井种类

根据油（气）层、煤层或其他探测目标与周围介质在电性上的差异，采用下井装置沿钻孔剖面记录岩层的电阻率、电导率、介电常数及自然电位的变化。电法测井包括下述几种。

1）电阻率测井

电阻率测井是使用简单的下井装置（电极系）探测岩层电阻率，以研究岩层的电性特征。由于影响因素较多，其测量结果称为视电阻率。电阻率测井按其电极系的组合及排列方式不同，又分为梯度电极系测井及电位电极系测井。

2）微电极测井

微电极测井是在电阻率测井的基础上发展的一种电测井方法。它用于测量靠近井壁附近很小一部分泥饼和冲洗带地层的电阻率，能较准确地指示泥饼的存在及划分渗透性地层，能区分储集层中的薄夹层（非渗透层）以及准确地确定地层厚度。

3）侧向测井

侧向测井是一种聚焦电阻率测井方法，主要用于高电阻、薄地层及盐水泥浆测井。根据同性电相斥的原理，在供电电极（又称主电极）的上方和下方装有聚焦电极，用聚焦电流控制主电流路径，使它只沿侧向（垂直井轴方向）流入地层。由于侧向测井电极系结构不同（如双侧向电极系的浅侧向电极系和深侧向电极系），聚焦电流对主电流的屏蔽作用大小不同，因而它们具有不同的径向探测深度。

4）感应测井

感应测井是一种探测地层电导率的测井方法。该方法根据电磁感应原理，测量地层中涡流的次生电磁场在接收线圈中产生的感应电动势，以确定地层的电导率。它是淡水泥浆井和油基泥浆井有效的一种测井方法。同时它特别适用于低电阻率岩层的探测，包括离子导电的含高矿化度地层水的油（气）、水层和电子导电的金属矿层。

5）介电测井

介电测井是探测岩石介电常数的一种测井方法。由于水的介电常数远远大于油（气）和造岩矿物的介电常数，所以它可用于判断油田开发中出现的水淹层，并提供估计油层残余油饱和度及含水量多少的可能性。

6）自然电位测井

自然电位测井是沿钻孔剖面测量移动电极与地面地极之间的自然电场。自然电位通常是由于地层水和泥浆滤液之间的离子扩散作用及岩层对离子的吸附作用而产生的。因此，自然电位曲线可用来指示渗透层，确定地层界面、地层水矿化度以及泥质含量。在油（气）井中，它与电阻率测井组合，可以划分油（气）、水层并进行地层对比等。

5.2.2 电阻率测井

电阻率测井（Resistivity Logging）是一类通过测量地层电阻率来研究井剖面地层性质的测井方法。包括最早使用的梯度电极系测井和电位电极系测井，还包括后来发展的侧向测井和感应测井等。梯度电极系测井和电位电极系测井的供电电流在介质中的分布是不受人工控制的（均匀介质中是均匀分布的），而侧向测井的供电电流被聚焦成薄板状进入地层。为了以示区别，通常将梯度电极系测井、电位电极系测井和在此基础上发展的微电极测井称为普通电阻率测井，是非聚焦的。而侧向测井和感应测井是聚焦的电阻率测井。普通电阻率测井是使用最早的测井方法，又是现在仍然在使用的常规测井方法。其中梯度电极系测井与自然电位测井组合，是每口井从井口到井底都要测量的“标准测井”，是地质研究的主要手段。

1. 普通电阻率测井原理

1）岩样电阻率测量

实验室常用四极法测量岩样电阻率，图 5－2 是岩样电阻率测量原理图。岩样被加工成圆柱状，两端面与金属板或金属电极 A 和 B 相接触。A 和 B 称为供电电极。给岩样供直流电，用电流表测量流过岩样的电流强度，岩样中部相距 L 处绕有金属丝环状电极 M 和 N，称为测量电极，用电压表测量岩样 M 和 N 之间的的电位差 ΔU_{MN}。按已知的的欧姆定律，则岩样电阻率为

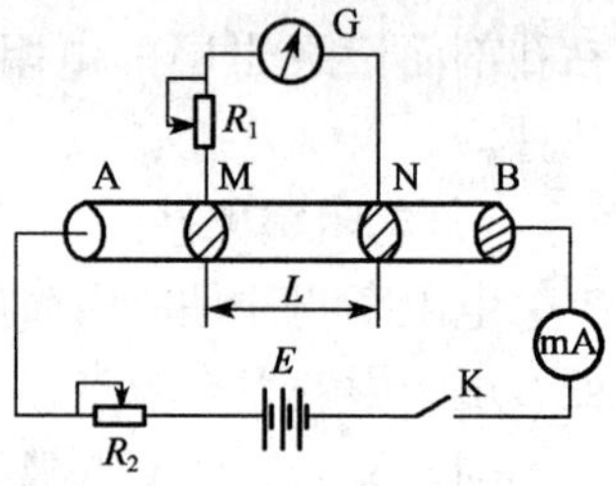

图 5－2 测量岩样电阻率原理

$$R_t = \frac{\Delta U_{MN}}{I} \cdot \frac{S}{L} = K \frac{\Delta U_{MN}}{I} \tag{5-5}$$

$$K = \frac{S}{L}$$

式中 R_t——岩样电阻率，$\Omega \cdot m$；

S——截面积，m^2；

L——测量电极间的距离，m；

ΔU_{MN}——测量电极间的电位差，V；

I——流过岩样的电流强度，A。

如果将岩样两端的电极 A 和 B 同时作为测量电极 M 和 N，则构成测量岩样电阻率的两极法。不论四极法或两极法，要测量岩样或介质电阻率，必需的三个步骤是：

（1）用供电极给岩样供电，形成人工电场；

（2）用测量电极测量两点间的电位差；

（3）研究电场电位分布规律，确定岩样或介质电阻率与测量电位差和电流强度等参数的关系。

2）视电阻率概念

式（5－5）是在均匀各向同性介质中得到的结果，但实际电极系周围的介质有泥浆，地层厚度有限，储集层上下有围岩，储集层径向分成不同的环带。要想考虑到所有这些情况进行理论计算是不可能的，只能用测井电模型进行实验研究，或对比较简单的情况进行理论研究。

为了将普通电阻率测井用于生产，可将实际的电极系在实际井眼和地层条件测量的电位差 ΔU_{MN} 按式（5－6）计算的电阻率称为视电阻率（Apparent Resistivity），记为 R，即

$$R = K\frac{\Delta U_{MN}}{I} \tag{5-6}$$

式中，K 为电极系系数。普通电阻率测井按式（5－6）得到的电阻曲线称为视电阻率曲线，这类测井方法也称为视电阻率测井。总的来说，视电阻率曲线基本上能反映井剖面上地层电阻率的变化，横向上具有一定的可对比性，但其数值大小和曲线形态既与井眼及地层条件有关，又与电极系结构尺寸有关。由于这些关系太复杂，又有比较先进的侧向测井和感应测井能提供较准确的地层电阻率用于定量解释，故普通电阻率测井目前主要用于定性解释，特别是用于地质对比和地质绘图。它具有测量简单，又能满足地质工作基本要求的特点，是每口井从井口到井底必测的标准测井项目之一。

3）普通电阻率测井原理

图5－3是普通电阻率测井与自然电位测井同时测量的电原理图。同测量岩样电阻一样，普通电阻率测井也有一对供电电极 A 和 B，一对测量电极 M 和 N，但通常有一个电极固定在地面（地面电极），另外三个电极在井内移动。在井内移动的三个电极称为电极系（Electrode Array），其组成方式为 A、M、N 或 M、A、B，前者称为单极供电，后者称为双极供电。当采用双极供电电极系时，其中 M 电极还测量自然电位曲线。因为井内自然电位是直流电位，若要 M 电极同时测量电阻率和自然电位两种信号，只能使电阻率信号成为交流信号。其方法是：地面供电线路产生直流电，经过换向器后变成矩形波状交流电，而 M 电极测量到的矩形波状交流信号进到地面经过换向器以后又变成直流信号被测量。为了分别测量 M 电极送来的电阻率信号（交流）和自然电位信号（直流），电阻率测量线路装有电容器，而自然电位测量线路装有电感器。

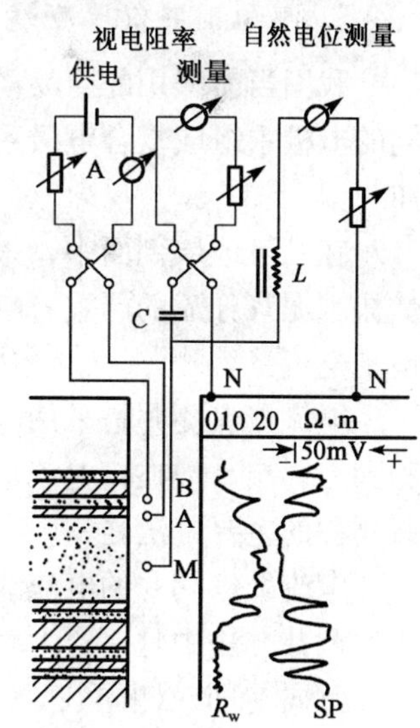

图5－3　普通电阻率测井和自然电位测井同时测量的原理图

电阻率测井结果与岩石的次生特征——流体组成有关。流体饱和度的测量依赖于对岩石孔隙度、泥质含量、胶结指数、饱和度指数、地层水电阻率和粘土电导的认识与了解。

含水饱和度、岩石及流体特征和电阻率的关系式，即阿尔奇方程为

$$S_w = \left(\frac{R_w \Phi^{-m}}{R_t}\right)^{\frac{1}{n}} \tag{5-7}$$

式中 S_w——含水饱和度，无量纲量；

R_w——地层水电阻率，Ω·m；

R_t——实测含水岩石的电阻率，Ω·m；

m——岩性指数，$m \leqslant 1$；

n——饱和度指数，$n > 1$；

Φ——孔隙度，%。

显然，基于电阻率测量原理，按式（5-6）计算岩石的电阻率，即可根据阿尔奇方程计算岩石的含水饱和度和流体特征。

2. 自然电位测井原理

如图5-3所示，基于电阻率测井原理，对自然电位测井原理很容易理解。自然电位测井（Spontaneous Potential Logging）是在裸眼井中测量井轴上自然产生的电位变化，以研究井剖面地层性质的一种测井方法。它是世界上最早使用的测井方法之一，是一种最简便、实用的测井方法，至今仍然是砂泥岩剖面淡水泥浆裸眼井必测的项目之一。只要在井内电缆底端装一个不极化电极M，在地面泥浆池内放入另一电极N，将它们与地面记录仪相连，当匀速上提M电极时，记录的电位差变化便是井轴上自然产生的电位变化。

3. 侧向测井仪器测量原理

我国当前采用的简易横向测井，是一种组合的普通电阻率测井。它用4个电极距长度不同的电极系组成复合电极系对钻井剖面进行测量，可得到4条反映不同探测深度的视电阻率曲线。

在一般地层剖面中，采用普通电阻率测井是有效的，但在盐水泥浆和膏盐剖面中，由于受盐水泥浆分流的严重影响，使普通电阻率测井失去了效力，为解决这种地层剖面的测井提出了电流聚焦测井。

电流聚焦测井是采用电屏蔽方法，使主电流聚焦后水平流入地层，因而大大减小了井眼和围岩影响。现在，电流聚焦测井不仅是盐水泥浆和膏盐剖面井的必测项目，也是淡水泥浆井测井的主要方法之一。

电流聚焦测井的电流线沿电极轴线的侧向流入地层，故又称为侧向测井。侧向测井在电阻率测井方法中是一个大家族，按构成电极系的电极数目来分，有三侧向、七侧向、八侧向和九侧向（即双侧向）；按探测深度，上述每一种侧向测井又有深、浅之分；按主电流聚焦后的特点，还可分为普通聚焦和球形聚焦等。

现在，最理想的侧向测井组合是双侧向和微球形聚焦测井组合。双侧向的仪器性能、探测深度、分层能力、测量动态范围都优于三侧向和七侧向。由双侧向微球形聚焦组合获得的资料可以较准确地确定地层电阻率 ρ_t、冲洗带电阻率 ρ_{xo} 和侵入带直径 D_{io}。这些是计算地层

含油饱和度、判断地层含油性不可缺少的参数。

侧向测井与普通电阻率测井的主要区别就在于它的主电流（又称为测量电流）是被聚焦以后才流入地层的。为使主电流聚焦，侧向测井电极系的主电极 A_0都位于电极系中心，两端都有屏蔽电极 A_1、A_2，它们以 A_0呈对称排列。测井时，从主电极流出的主电流 I_0和从屏蔽电极流出的屏蔽电流 I_b极性完全相同。三侧向就是由上述这样三个电极组成的，其电极为柱状，电极 A_0较短，以提高对薄地层的分辨能力，电极 A_1、A_2较长，以增强屏蔽作用，减小井眼和围岩影响。A_1和 A_2短路连接，具有相同的电位，电极间用绝缘材料隔开。测井时，仪器自动控制 I_b使 A_0、A_1、A_2三电极电位相等，沿纵向的电位梯度为零（即 $\frac{\partial U}{\partial z}=0$），从而迫使主电流沿垂直于井轴的方向流入地层，避免了主电流沿井轴方向流动。在无限均匀介质中，主电流束如图 5－4 中的阴影部分所示。

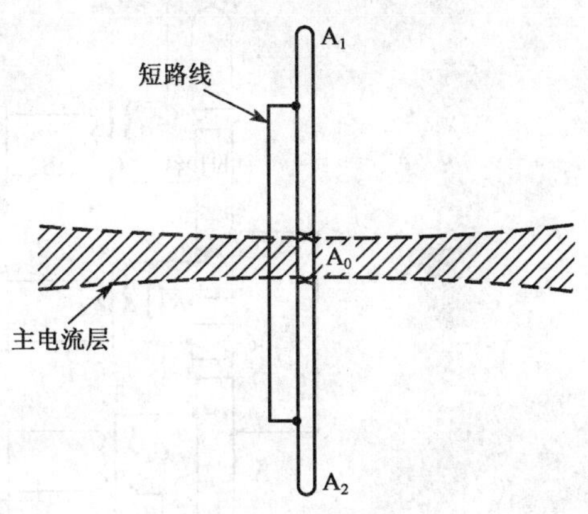

图 5－4　三侧向电极系和主电流层

为避免电极极化，侧向测井采用低频正弦交流电供电，国产三侧向、七侧向的电流频率用 515Hz。测井时，由仪器测出主电流 I_0的数值或主电极 A_0（可用 A_1或 A_2代替）至无穷远处电极 N 间的电位差，就可计算出地层视电阻率 ρ_a。

和普通电阻率测井一样，侧向测井的视电阻率为

$$\rho_a = K\frac{U}{I_0} \tag{5-8}$$

式中 U——主电极表面的电位，V；

I_0——主电流强度，A；

K——侧向电极系系数，m，用实验或理论公式计算求得。

4. 三侧向测井仪器技术

在三侧向屏蔽电极以外，两端再加上第二屏蔽电极 A_1'、A_2'。若将它们分别与对应的第一屏蔽电极 A_1和 A_2短路连接，就等于加长了屏蔽电极，相应屏蔽作用增强，可以进行深三侧向测井。反之若用 A_1'、A_2'作 A_0、A_1、A_2的回流电极，就可降低屏蔽作用，进行浅三侧向测井，图 5－5 为恒流式三侧向仪的原理框图。

侧向测井仪器是根据它们的测量原理设计的，这里以三侧向仪为例说明其测量原理。

由电阻率公式 $\rho_a = K\frac{U}{I_0}$可知，欲得到电阻率，可以保持 I_0恒定，测量电压 U 的数值，或保持电压 U 不变，测量主电流 I_0，也可以对电压 U 和电流 I_0不加任何限制，任其随负载自由浮动，同时测量电压和电流，通过计算$\frac{U}{I_0}$的比值来获得电阻率，或者在保持 I_0U 乘积恒定的条件下，同时测量电压和电流来确定电阻率。以上这些工作方式分别称为恒流式、恒压式、自由式和恒功率式。

恒流式三侧向仪设计首先要考虑的问题是如何使 A_0、A_1、A_2三电极电位相等，为此需

要供给 A_0、A_1、A_2同极性的电流。电路框图中用515 Hz振荡器输出电流经过调制放大和功率放大后加到屏蔽电极 A_1或 A_2，然后再通过连接在电极 A_1和 A_0间的一个小电阻 R（0.01Ω）加到电极 A_0，这样就达到了使 A_0、A_1、A_2电流极性相同的目的。

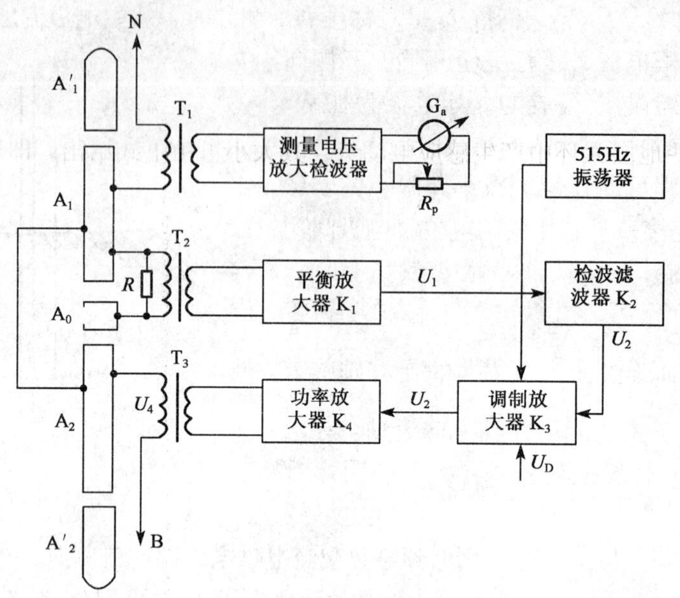

图5-5 恒流式三侧向仪的原理框图

B—主电流和屏蔽电流的回流电极；T_1—测量信号输入变压器；T_3—屏流输出变压器；R_p—记录仪测程电阻；U_D—比较电压；N—无穷远测量电极；T_2—平衡信号输入变压器；R—主电流取样电阻；G_a—检流计

测井过程中，随着电极接地电阻的变化，必然引起主电流 I_0的变化，在恒流式仪器中必须保持 I_0不变，使接地电阻的变化完全反映在主电极表面电位的变化上。为此，电路中设置了平衡放大器对主电流的变化进行检测。通过负反馈形式对主电流进行控制，使主电流按原来相反的方向变化，达到恒定电流的目的。

测量信号取自 A_1至N电极间的电位差，因N电极在无穷远处，即 $U_N=0$，所以$U=U_{A1}$。该信号经变压器 T_1送至测量放大器放大，再经滤波和相敏检波输出至记录仪。

双侧向是在三侧向、七侧向的基础上发展起来的，它吸取了三侧向、七侧向的优点。双侧向电极系由9个电极组成，主电极A、第一屏蔽电极 A_1、A_2、第二屏蔽电极 A_1'、A_2'和三侧向同样使用的柱状电极，其中 A_0较短，屏蔽电极较长。监督电极 M_1、M_2和 M_1'、M_2'和七侧向同样使用环状电极，它们介于 A_0和 M_1（或 M_2）之间。各同名电极间同样要短路连接，并以 A_0为中心呈对称排列。

5.2.3 感应测井

1. 电磁感应测井原理

感应测井（Induction Logging）是利用电磁感应原理测量地层电导率的测井方法。其测量原理如图5-6所示。

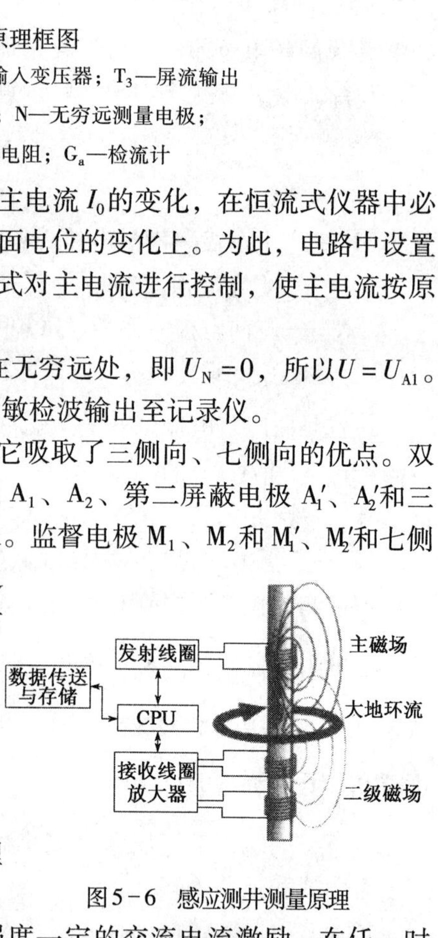

图5-6 感应测井测量原理

发射线圈受正弦波振荡器发出的频率为20kHz且强度一定的交流电流激励，在任一时

刻的发射电流 i_r 可表示为

$$i_r = I_0 e^{j\omega t} \tag{5-9}$$

式中　I_0——电流幅度值，A；

　　ω——发射电流的角频率，rad/s。

这个电流就会在井周围地层中形成交变电磁场。设想把地层分割成许多以井轴为中心的地层元环，如图 5－6 所示，每个地层元环相当于具有一定电导率的线圈。发射电流所形成的电磁场就会在这些地层元环中产生感应电动势，其大小可由下式给出，即

$$e_L = -M\frac{\mathrm{d}i_r}{\mathrm{d}t} = -j\omega M i_r \tag{5-10}$$

式中，M 为发射线圈和地层元环之间的互感。从式（5－10）不难看出感应电动势 e_L 滞后发射电流 $\frac{\pi}{2}$，于是地层元环内的感应电流可表示为

$$i_L = \sigma \cdot e_L$$

式中，i_L 的大小取决于地层的电导率 σ。这个环电流又形成二次交变电磁场，在二次电磁场的作用下，接收线圈中产生感应电动势 e_R，即

$$e_R = -M'\frac{\mathrm{d}i_L}{\mathrm{d}t} = -M'(-j\omega M\sigma)\frac{\mathrm{d}i_r}{\mathrm{d}t} = -\omega^2 MM'\sigma i_r \tag{5-11}$$

式中，M' 为地层元环和接收线圈之间的互感。接收线圈电压正比于地层元环电导率，且与发射电流 i_r 反相。互感 MM' 取决于地层元环的位置和几何尺寸。

在接收线圈中除了二次电磁场产生的感应电动势外，发射电流 i_r 所形成的一次电磁场也引起感应电动势。这种由发射线圈对接收线圈直接耦合产生的感应电动势可表示为

$$e_X = -M''\frac{\mathrm{d}i_r}{\mathrm{d}t} = -j\omega M'' i_r \tag{5-12}$$

式中，M'' 为两线圈之间的互感。直接耦合引起的感应电动势与发射电流相位差 $\frac{\pi}{2}$，且和地层电导率无关。因此，接收线圈给出的信号包含了两个分量：与地层电导率成正比的 e_R，它和发射电流相位差为 π；与地层电导率无关的直接耦合信号 e_X，它和发射电流相位差为 $\frac{\pi}{2}$。前者称为 R 信号，是测量需要的，后者称为 X 信号，是需要消除的。由于 e_X 与 e_R 相位相差为 $\frac{\pi}{2}$，因此可以利用电子线路予以鉴别，从而达到测量 R 信号的目的。

上述测量原理是简化、近似的，没有考虑电磁场在地层中传播时能量的损耗和相移，即通常所称的传播效应。由传播效应引起测量信号的减小，可在电路中或数据处理中予以校正，遍常称为传播效应校正或趋肤校正。

2. 电磁波测井原理

电磁波测井可以同时测量井眼周围地层电导率和介电常数，因此，又称介电测井。这些参数对评价钻孔附近一些特殊储集层具有非常重要的意义，具体可以解决两方面的问题：

（1）低阻油层的问题，这是一种油层和水层同为低阻或高阻的情况；

（2）油田开发过程中水淹层测井，开发过程中注水的电阻率是不一定的。

从电磁场理论可知，当研究电场 E 只有 X 分量，磁场 H 只有 Y 分量的平面波在有损介质中沿 Z 方向传播时，电场和磁场解分别表示为

$$E = E_0 e^{-\alpha Z} e^{-j\beta Z} \hat{X} \tag{5-13}$$

$$H = H_0 e^{-\alpha Z} e^{-j\beta Z} \hat{Y} \tag{5-14}$$

$$K = \beta - j\alpha \tag{5-15}$$

式（5－13）、式（5－14）、式（5－15）表明，电磁波在有损介质中传播时，无论电场强度还是磁场强度都会发生相位变化和幅度衰减。K 称为波矢量或波数，β 称为相位系数，它表示电磁波传播过程中单位波长的相位变化，α 称为衰减系数或吸收系数，它表示电磁波传播过程中幅度的变化。当电场强度衰减到原有值的 $1/e = 36.8\%$ 时，电磁波所穿过的深度称为传播深度或趋肤深度，用符号 δ 表示，即

$$\delta = \frac{1}{\alpha} = \frac{1}{\sqrt{\pi f \mu \sigma}}$$

求解 β 和 α 可以得到

$$\beta = \omega\sqrt{\varepsilon\mu}\left[\frac{1}{2}\sqrt{1 + \left(\frac{\sigma}{\omega\varepsilon}\right)^2} + 1\right]^{\frac{1}{2}} \tag{5-16}$$

$$\alpha = \omega\sqrt{\varepsilon\mu}\left[\frac{1}{2}\sqrt{1 + \left(\frac{\sigma}{\omega\varepsilon}\right)^2} - 1\right]^{\frac{1}{2}} \tag{5-17}$$

当 $\frac{\sigma}{\omega\varepsilon} \ll 1$，即位移电流起主要作用时，相位系数与介质的电导率无关，衰减系数则与外加电场的频率无关。

当 $\frac{\sigma}{\omega\varepsilon} \gg 1$，即传导电流起主要作用时

$$\beta = \alpha = \sqrt{\frac{\omega\mu\sigma}{2}} \tag{5-18}$$

无论相位系数还是衰减系数都不受介电常数 ε 的影响。

感应测井是为了求得地层的电导率，故力求减小 ε 的影响，因此，选用很低的 ω，使 $\frac{\sigma}{\omega\varepsilon} \gg 1$。

但是当地层电导率 σ 不高时，就要消除位移电流所产生的影响，因此，感应测井对低阻层的效果更好。

对于电磁波传播测井来说，测量的是地层的介电常数，为了消除传导电流的影响，力求使 $\frac{\sigma}{\omega\varepsilon} \ll 1$，因此，选用很高的频率，一般在 20MHz 以上直至 1GHz。

介电常数的实部 ε' 和虚部 ε'' 与相位系数、衰减系数有如下的关系，即

$$\varepsilon' = \frac{\beta^2 - \alpha^2}{\omega^2 \mu} \tag{5-19}$$

$$\varepsilon'' = \frac{2\alpha\beta}{\omega^2 \mu} \tag{5-20}$$

因此，无论何种类型的介电测井仪器都是测量电磁波在地层中传播的相位变化和幅度衰减。

3. 介电测井仪器技术

感应测井仪其线圈系是由多个发射和接收线圈构成互感达到平衡的复合聚焦线圈系。在发射线圈中通过等幅、稳频的交变电流后，以井筒为轴心的无数多个地层单元环中就会产生感应电流，感应电流的大小与地层单元环电导率成正比。这些电流环产生的电磁场称为二次场。二次场会在接收线圈中产生感应电动势，其大小反映了地层电导率的高低，因此可以通过测量接收线圈中二次场引发的感应电动势来间接测量地层电导率。接收线圈中的感应电动势含有 2 个分量，与发射电流相位同相的分量称为 R 信号，与发射电流相位异相的分量称为 X 信号。研究结果表明，X 信号无论在幅度还是在空间响应形状上都与“趋肤效应”给 R 信号带来的误差极为相似，因此可通过反褶积滤波对 X 信号进行空间变换和幅度提升，来弥补“趋肤效应”和“围岩效应”对 R 信号造成的影响。

自 20 世纪 70 年代以来前苏联、美国以及我国的大庆油田先后研制了介电测井仪器。最先研制的仪器都是采用两种频率（几兆赫兹和几十兆赫兹）进行介电测井和感应测井的组合测量以求得电导率和介电常数两个参数。如上所述，当频率很高时，相位系数受地层电导率的影响很小，可以较好地确定地层介电常数，因而在前苏联和我国大庆油田都研制了频率为 60MHz 的相位介电测井仪。

为了尽可能地使地层电导率对测量结果不产生影响，斯伦贝谢公司研制了 EPT（电磁波传播测井仪）仪器，频率高达 1.1GHz，然而探测深度太浅，仅 50mm 左右，限制了它的使用。目前，斯伦贝谢、阿特拉斯公司都发展了深、浅探测范围的介电测井仪器，同时测量相位差和幅度衰减，以期扩大介电测井的应用范围。

阿特拉斯公司 200MHz 介电测井仪器的框图如图 5－7 所示。下井仪器靠偏心装置使极板贴向井壁，极板上装有两个发射天线和两个接收天线，发射和接收天线都采用开槽的空腔谐振器，发射天线与近接收天线的距离为 25.4cm（10in），与远接收天线的距离为 33cm（13in）。采用双发射天线是为了尽量减小接收天线与地层耦合的差，也可消除由于各道接收电路之间相位和增益的不同而引起的误差。

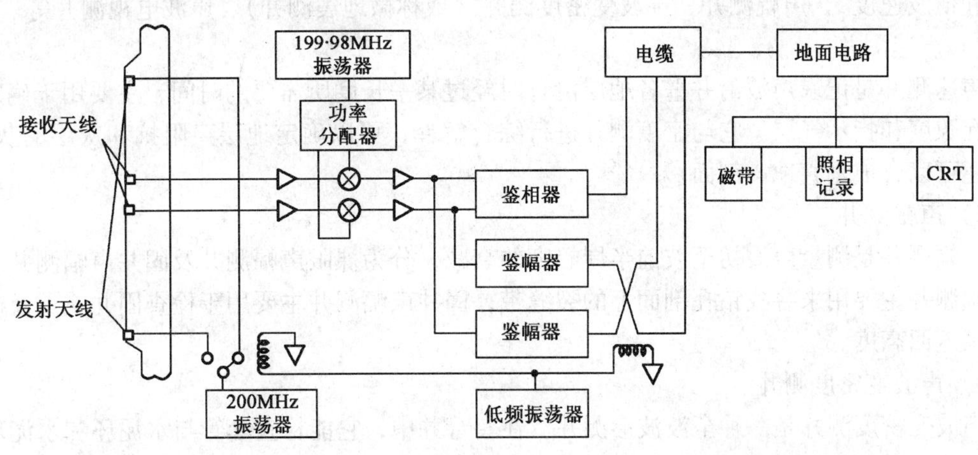

图 5－7　200MHz 介电测井仪框图

200MHz 振荡器的功率输出交替地供给上、下发射天线，用开关变换接收天线，使上、下发射天线工作时要有正确的远、近接收天线与它相配。发射的电磁波穿过地层界面滑行并折射回远、近接收器，这些信号经前置放大后与 199.98MHz 的本机振荡信号混频输出 20kHz 的中频信号。采用和 47MHz 介电测井仪相类似的办法，两个幅度检波器输出远、近接收器的幅度信号 A_1、A_2，鉴相器输出远、近接收器信号间的相位差。然后将 A_1、A_2 相位信号沿电缆送到地面，在地面仪器里进行与 47MHz 仪器相类似的计算，只是使用的计算介电常数和电阻率的模型不同。

4. *存在问题及发展方向*

电磁波测井从出现到现在，已有几十年的历史，然而它的应用范围一直不像其他常规方法一样普遍，它的优点一直没有得到充分的发挥，原因在于有些技术方面的问题还没有得到很好地解决。现有的仪器还不能很好地解决石油测井中存在的问题，开发能够测量一定范围内的介电常数和电导率的多频电磁波测井仪是一种很好的选择。为此，需解决以下问题：

（1）宽带天线问题，由于多频电磁波的测量，需要具有一定宽带的天线，同时天线的体积也应考虑，使之能够满足井下要求；

（2）宽带仪器的一致性的问题，各个频率的信号应具有可比性和一致性；

（3）要有能够用于实际多频数据的反演方法和软件；

（4）要解决频散的问题，在高频阶段，所测电导率和介电常数都会发生频散现象，针对具体的地质问题，如何认识和解决或解释频散问题，值得考虑。

5.2.4 声波测井

1. *声波测井概念与分类*

声波测井是利用声波在岩石等介质中传播时，幅度的衰减、速度或频率的变化等声学特性来研究钻井地质剖面、判断固井质量等问题的一种测井方法。目前声波测井常用到的方法包括声速测井、声幅测井、偶极和多极子声波测井、声波全波列测井、声波成像测井、井间声波测井及随钻声波测井等。

利用岩石的声波传播特性研究钻孔剖面岩层地质特征和井下工程情况。声波测井按其探测目的不同，可分为声速测井和声幅测井两类。常用的声波测井方法有：声速测井（纵波速度和横波速度）、声幅测井、声波变密度测井（或称微地震测井）、声波电视测井等。

1）声速测井

声速测井是记录声波沿井壁各地层滑行时经过某一长度所需要的时间，主要用于确定岩性、孔隙度和指示气层。它与密度测井进行综合解释，可以确定地层声阻抗和灰层的灰分，同时还可以合成垂直地震剖面。

2）声幅测井

声幅测井是测量声波初至波前半周幅度的衰减，分为裸眼声幅测井及固井声幅测井。裸眼声幅测井主要用来寻找钻孔剖面上的裂缝带；固井声幅测井主要用于检查固井质量及确定水泥浆返回高度。

3）声波变密度测井

声波变密度测井是一种全波波形测井。在套管井中，它能检查套管与水泥环和水泥环与地层胶结程度的好坏，也是检查固井质量的有效方法之一。在裸眼中，它用于确定岩石的横波速度，计算岩石弹性参数（泊松比、杨氏模量、切变模量等），对于评价煤层的岩石强度特别有用。

4）声波电视测井

声波电视测井是利用超声波的传播与反射，来反映井壁物体形象的测井方法。主要用途是：拍摄井下套管的照片，以检查套管射孔后的质量及套管的工程问题；在裸眼井内拍摄井下碳酸盐岩层和煤层的井壁照片，以确定岩层裂缝及溶洞的形状。

2. 声波测井仪的发展

早在20世纪30年代，为了地震解释的需要就陆续进行了一些声速测井实验，到1954年才开始使用单发双收声速测井仪。60年代末提出了偶极子源能直接激发横波信号，可以解决软地层中横波勘探的问题；70年代初出现了横波速度测井仪；70年代末出现了长源距声波全波列测井，突破了以往声波测井方法只记录滑行纵波的局限性，以数字化记录方式记录到除滑行纵波以外的滑行横波及伪瑞利波和管波斯通利波；80年代初研制出电磁驱动的偶极子横波测井仪，并发展到现在的偶极子及多极子横波成像测井仪。80年代中期发展了阵列声波测井仪，将常规井眼补偿声系与长源距声系以及井径等综合测量，实现了对声波全波列的数字化记录，并对管波的记录予以重视。90年代斯伦贝谢公司推出了偶极子横波成像测井仪、超声成像测井仪等。

从声波测井仪器的发展特点来看，仪器的研制略超前于方法理论的完善，即在大致的理论方向指导下研制仪器，并在井下取得较丰富的测井资料的前提下，使方法理论趋于完善。

3. 声波测井原理

声波是机械波，是机械振动在介质中的传播过程。人耳能听到的声波频率为20Hz～20kHz。频率更高的声波称为超声波。声波测井使用的频率为15～30kHz，故有时也称为超声波测井。

如图5－8（a）所示，在一无限大地层中有一个垂直钻孔，半径为r；井眼内充满钻井液流体，声速为v_f；半径为a的声波测井仪器位于井轴上，发射换能器T向周围发射一个有一定声功率、有一定方向性和频率特性的超声脉冲，由于声波在井内的传播与井内流体和井壁附近地层的性质有关，因此，在井内和地层中将激发出各种模式的波，沿不同方向和途径传播。在离发射换能器足够远的地方放置声波接收器R（Receiver），就可接收到如图5－8（b）所示的各种声波波形。波形图的横坐标是从发射声脉冲开始经过的时间（μs），纵坐标是声波引起的电信号的幅度（mV），它代表声波幅度。

全波列声波主要由两类波组成：体波（纵波和横波）与导波（伪瑞利波和斯通利波），还有各种多次反射波（如纵波的泄漏模式等）。对于快速地层（地层横波速度大于井内流体声速），在全波形上的初至波是地层纵波，其幅度较小，频率较高；在纵波之后是地层横波波至，由于所谓的伪瑞利波的影响，横波部分幅度较大；最后到达的大幅度低频率波是斯通利波，它是一种沿井壁与井内流体之间传播的导波，速度比井内流体声速略低。低频斯通利波通常又称为管波。对于慢速地层（地层横波速度小于井内流体声速），难以看到以临界折射方式传播的横波。

体波的主要特点是：沿地层中传播，幅度存在几何扩散，速度的频散可忽略不计，有一系列共振频率。在均匀各向同性的弹性介质中，纵波和横波的速度分别为

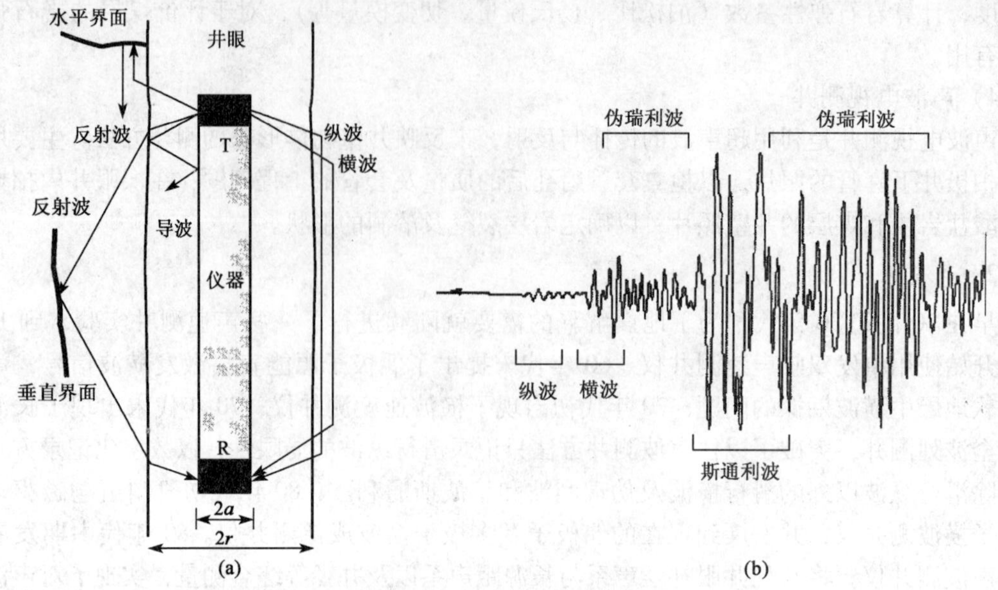

图 5-8　井内声波的发射、传播和接收及全波列图

（a）声波测井示意图；（b）全波列波形图

$$v_p = \sqrt{\frac{K + \frac{4}{3}\mu}{\rho}} \tag{5-21}$$

$$v_s = \sqrt{\frac{\mu}{\rho}} \tag{5-22}$$

式中　ρ——体积密度，g/cm^3；

K——体积弹性模量，N/m^2；

μ——切变模量，N/m^2，对于流体 $\mu = 0$。

导波的主要特点是：沿井壁传播幅度最大，进入地层和井内流体显著衰减，不存在几何扩散，相速度有频散。伪瑞利波有多阶模式，相速度的频散较大，在高频端趋近于井内流体声速，在低频端有一截止频率，相速度等于地层横波速度，其群速度的频散相当大，在中高频段甚至明显低于斯通利波的群速度，称为伪瑞利波的艾里相。斯通利波速度始终低于井内流体声速，相速度的频散较小，在低频端有明显增加。

在均匀完全弹性地层中，低频斯通利波的速度与横波速度存在下述关系

$$v_{st} = \frac{v_f \sqrt{1 - a^2/r^2}}{\sqrt{1 - a^2/r^2 + (\rho_f v_f^2)/(\rho v_s^2)}} \tag{5-23}$$

式中，ρ_f、v_f 分别为钻井液密度和声速。在软地层中，通过式（5-23）可以用斯通利波速度估算地层的横波速度。

导波的激励响应也与体波不同。伪瑞利波的激发频率较高，能量集中在高频段；斯通利波的激发频率较低，通常低于 5kHz。斯通利波的激励响应在低频处最大，当频率大于 2kHz 时显著减小，因此，要想有效利用斯通利波必须用低频声源激发。斯通利波的能量主要取决于井孔有效半径（井孔半径减去仪器半径）和井壁的刚性，其幅度与井孔有效半径成反比，与井内流体与地层的声阻抗特性差异成正比。由于井径对斯通利波的幅度和速度都有影响，

因此，在实际声波资料处理中必须对井径影响进行校正。

能将电磁能转换成声能，又能将声能转换成电磁能的器件称为换能器。测井用作声波发射器和声波接收器的器件就是换能器。测井常用压电陶瓷晶体换能器，它具有机械和电学两方面的特性，即机械特性和介电特性。压电陶瓷晶体在外力作用下产生变形时，会引起晶体内部正、负电荷中心相对位移而发生极化，导致晶体某些表面出现电荷累积，其电荷密度与外力成正比。反之，如果将晶体置于外电场中，外电场的作用使晶体内部正、负电荷中心发生位移，从而导致晶体表面产生变形，其变形大小与外加电场成正比。

用以发射纵波的压电陶瓷制成有限长的圆管，其原始极化方向是圆管圆周方向。在圆管内外表面上，间隔相等地沿轴方向敷有 12 条银层，将相隔的银层与发射电路两极相连，当外加交变电场的频率与压电陶瓷径向振动的固有频率相同时，便引起圆管的周长收缩和膨胀，从而在其周围的流体引发疏密相间的纵波向井壁传递。用以接收纵波的压电陶瓷换能器的形状和材料与发射换能器相同，但内外表面仅敷有 8 条银层，相隔的银层与仪器的接收电路相连，以便把接收到的纵波变成可测量的电信号。

发射换能器的工作频率一般选用换能器本身的机械谐振频率，声速及声幅测井为 20 ~ 25kHz。接收换能器要接收的声波信号有一定频带宽度，由图 5 - 8 可以看出这一点。这就要求接收换能器对一定频率范围内的声波信号都有相近的接收特性。为此，一般选择换能器的机械谐振频率要高于接收声波信号的频率。

测井仪器在井下高温高压条件下工作，井下温度可达 150℃以上，压力可超过 100MPa。因此，要求换能器耐高温，即要求换能器有较高的居里点（物质失去磁性的温度，即从铁磁性转变为顺磁性的温度，低者 100℃左右，高者 300℃以上），又要求耐高压，一般是从仪器外壳设计上考虑。

4. *声波速度测井仪*

从声学理论可知，当波从一种介质传播到另一种介质，若折射角等于 90°时，折射波将在折射介质内沿分界面传播。声波测井将在井壁地层内沿井壁滑行（传播）的折射波称为滑行波。声波速度测井（Acoustic Velocity Logging）是测量滑行纵波在井壁地层中传播速度的测井方法。

声波接收器离声波发射器要有足够的距离，使滑行纵波成为全波列的首波，才能得到如图 5 - 8（b）所示的全波列。声波发射器中点至声波接收器中点的距离称为源距（Spacing）。要使滑行纵波成为首波，就要使源距足够大。事实上，除了管波以外，全波列中其他波不可能比滑行纵波先行到达接收器。而管波则有可能，因为它相当于几何声学的直达波，在发射器与接收器间直线传播。

要源距足够大，使直达波在路径 TR 上的传播时间大于滑行纵波在任何地层中沿路径 TBCR 的传播时间。按图 5 - 9 的几何关系，设源距 $\overline{TR} = L$，换能器至井壁的距离为 a，流体速度为 v_f，行纵波速度为 v_p，第一临界折射角为 θ，则滑行纵波为首波的条件可表示为

$$\frac{L}{v_f} > \frac{L - 2a\mathrm{tg}\theta}{v_p} + \frac{2a}{v_f\cos\theta}$$

此式化简为

$$L > \frac{2a(v_p - v_f\sin\theta)}{\cos\theta(v_p - v_f)}$$

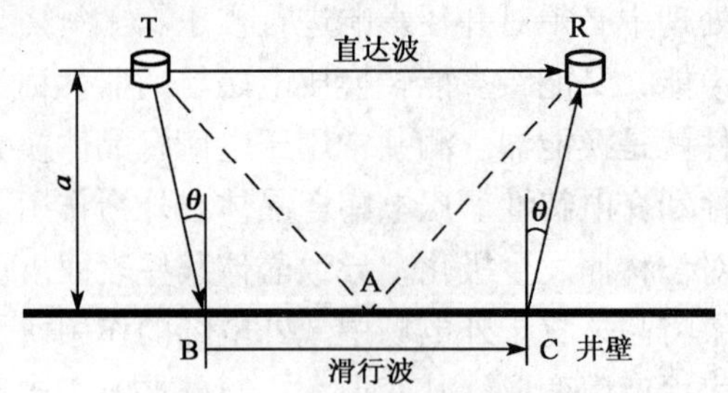

图5-9 井下声波传播的最短路径

因为，$\sin\theta = v_f/v_p$，$\cos\theta = 1-(v_f/v_p)^2$，代入上式整理后可得滑行纵波为首波的条件为

$$L > 2a\sqrt{\frac{v_p + v_f}{v_p - v_f}}$$

若把不等式右端记为临界源距 L'，则

$$L' = 2a\sqrt{\frac{v_p + v_f}{v_p - v_f}} \tag{5-24}$$

所以，滑行纵波为首波的条件是要选择源距大于临界源距。例如，$v_f = 1600$m/s，$a =$ 0.1m，相当于换能器外径为0.051m，井眼直径为0.254m，最低速泥岩 $v_f = 1800$m/s，$L' =$ 0.825m，最高速白云岩 $v_p = 7900$m/s，$L' = 0.25$m。我国声速测井常用源距为1m。此外，井下仪器的外壳为钢外壳，其声速达5400m/s。为了防止直达波沿钢外壳到达接收器成为首波，在仪器外壳垂直仪器轴的方向挖了许多交错排列的空槽。其作用一是使沿外壳传播的波在槽边界上多次反射，使之能急剧衰减；二是延长声波传播路径和时间；三是使相位不同和传播路径不同的声波互相叠加，从而减小对滑行波的干扰。

因为地层横波速度低于纵波速度，如果要使管波出现在横波之后，并使纵波、横波到达时间有明显差别，以记录较完善的全波列波形，则应进一步加大源距。所以，声波全波列测井是长源距声波测井，源距2.438～3.658m。

对于单发双收声速测井仪的设计，在确定源距以后，如何测量滑行纵波的速度呢？由图5-9可以看出，只用一个接收器是不行的，主要原因有：

（1）只能测量滑行纵波为首波在路径TBCR上的传播时间，而未知变量太多，如 v_p，v_f，θ'，井径等，不能单独确定 v_p。

（2）当源距为1m时，滑行纵波在井壁地层中实际传播的距离 $\overline{BC}$ 约为0.6118m（泥岩）～0.9531m（白云岩），而有开采价值储集层的最小厚度约0.5m，此时BC段内会包含其他岩石。

为了解决或克服这两个问题，最简单的方法是在在接收器一侧再加一个接收器，构成单发双收声系（图5-10）。两个接收器中点间的距离称为间距（span）为0.5m，与储集层最小厚度一致。这种单发双收声速测井是国际上最早使用的声速测井法，目前仍然在大量使用。

由图5-10可见，在井眼规则和仪器居中的情况下，将有 $\overline{AB} = \overline{CE} = \overline{DF}$，路径ABCE与路径ABDF的几何差为 $\overline{CD}$。设滑行纵波为首波经过路径ABCE的时间为 t_1；经过路径ABDF的时间为 t_2，则滑行纵波为首波波列到达两个接收器的时间之差（$t_2 - t_1$）是滑行纵波在井

壁地层内传播$\overline{CD}$段用的时间，即

$$t_2 - t_1 = \overline{CD}/v_p$$

显然，$\overline{CD}$面与接收器间距相等，此处为0.5m。声速越高，此时M差越小。声速通常用声波单位时间传播的距离来表示，单位是m/s，但测井中为了记录方便，声速常用传播单位距离用的时间来表示，这个时间称为声波时差，记为Δt。当间距为l米时，滑行纵波在地层内传播1m用的时间差（声波时差）与它到达两个接收器的时间之差（在地层内传播1m用的时间）$t_2 - t_1$的关系是

$$\Delta t = (t_2 - t_1)/l \quad (5-25)$$

式中 Δt——声波时差，μs/m；

l——声波传播距离，m；

$t_2 - t_1$——滑行纵波到达两个接收器的时间之差，μs。

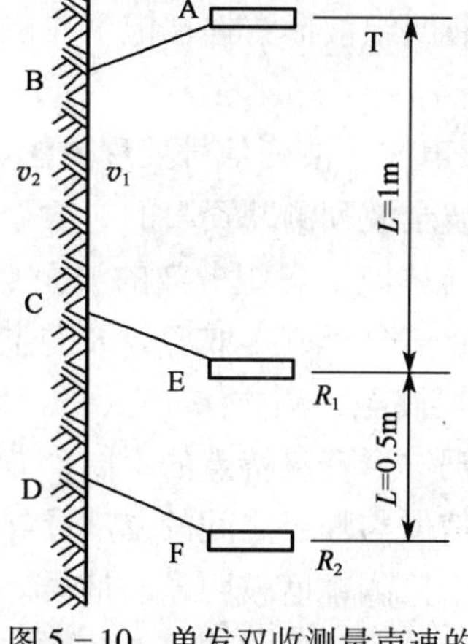

图5-10 单发双收测量声速的原理

式（5-25）是单发双收声速测井仪记录声波时差的理论依据：发射声脉冲以后立刻记录滑行纵波为首波先后到达两个探测器的时间t_1和t_2，再按上式记录Δt。一般每秒钟发射10~20次频率为20kHz的声脉冲，随着仪器匀速移动就可记录出随深度变化的声波时差曲线。对于给定的仪器位置，如图5-10所示，测量的声波时差应是地层CD段中点的时差，两者在深度上略有误差，一般可忽略不计。

5. *声波全波列测井*

声波全波列测井资料包含的信息非常丰富，各种分波的传播速度、幅度衰减、频率主值以及波形包络等参数都与储层及性质有密切关系。这些参数可广泛用于非均质复杂储层的油气评价和钻采工程参数选择。在复杂非均质储层中，波形变化相当复杂，必须采用多种行之有效的信号处理方法，才能得到可靠的分析结果。

1）全波列波形的特点

以长源距声波测井3700仪器为例，其声系采用双发双收结构，如图5-11所示。其组合方式为：T_1发射R_2接收，波形WF1，源距2743.2mm；T_1发射R_1接收，波形WF2，源距2133.6mm；T_2发射R_1接收，波形WF3，源距2743.2mm；T_2发射R_2接收，波形为WF4，源距2133.6mm。

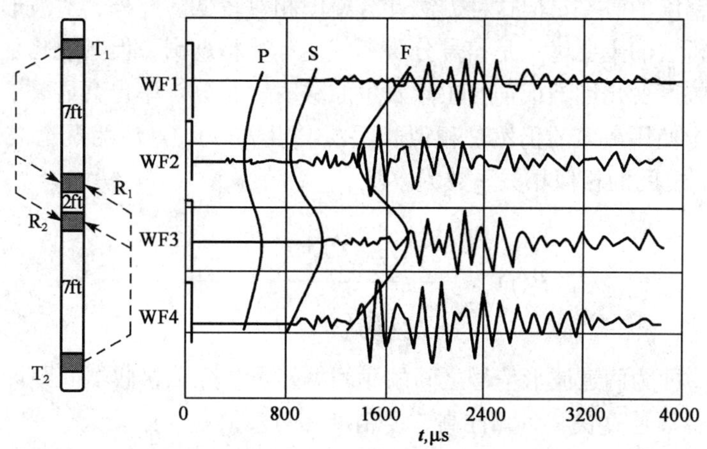

图5-11 长源距声波测井仪声系结构及记录的四道全波列波形

测井时，两个接收器交替接收来自两个发射器经地层传播过来的各种声波信息，每一个深度点有四组波形数据被记录在磁带上。通常每个波形的记录长度为960个点，采样间距 dt 为2μs、4μs 或 8μs 等。

2）声波全波列信号处理方法

声波全波列测井资料的一般处理流程是：首先识别和提取各道波形中纵波、横波、斯通利波（流体波）等组分波的波至点，然后计算各组分波的声波时差和幅度衰减；最后对波形进行频谱分析，提取各分波的主频、峰值及能量等参数。

(1) 波至检测方法。

根据波形资料特点的不同，波至检测方法有多种，传统的方法是幅度门限值法。它是利用有效信号与噪声之间的幅度差异来进行首波的识别。这种方法对信噪比的要求相对较高，只适用于检测幅度较明显的信号。

一种较好的新方法是长短时方差比法。它通过计算波形的短步进时窗与长累积时窗的能量之比来检测首波波至。设信号 $f(t)$ 在第 n 个点处的短时窗能量与长时窗能量的比值为

$$R_n = \frac{n \sum_{i=0}^{l-1} f_{n+i}^2}{\sum_{m=1}^{n} \sum_{i=0}^{l-1} f_{m+i}^2} \tag{5-26}$$

式中，l 为短时窗的长度（μs），一般应小于有效信号的半个周期。这种方法对信噪比的要求取决于有效信号与噪声信号之间的周期差别和短时窗的长度。在很多情况下，此方法能有效地平滑噪声并突出信号波至，特别适用于检测微弱信号。

对全波列各分波进行波至检测的过程为：首先识别全波列中最早到达的纵波波至，并计算其时差；然后确定横波波至搜寻范围，依据是横波时差约为纵波时差的1.4～2.3倍，横波速度总是高于斯通利波速度；最后确定斯通利波波至，由于斯通利波通常具有幅度相对较大、频率相对较低、速度低于井内流体声速等显著特点，较易识别。

(2) 时差计算方法。

用于计算声波时差的方法较多，如时域的相似相关法和交互相关法、频域的直接相位法、基于现代谱分析的最大似然法以及参数估计法等。直接相位法实际上是相似相关法在频率域的表现形式，它通过计算两道波形信号的互频谱相位谱曲线，并利用零相位时的剩余时差，来得到较高精度的时差。但这种方法计算速度相对较低。此外，对波形的信噪比要求也较高。现代谱分析法的主要优点是信号分辨率好、计算精度高，但其缺陷是对弱信号计算效果较差，当信号幅度变化剧烈或信号主频发生漂移时，其分辨率也会显著下降。

在实际应用中使用最多的仍然是相似相关法。设 $f_1(i)$、$f_2(i)$ 为两道波形信号，采样长度均为 n，则它们之间的相似相关系数为

$$R(j) = \frac{\sum_{i=0}^{n} [f_{1i}(i) + f_{2i}(i+j)]^2}{2\sum_{i=0}^{n} [f_{1i}(i) + f_{2i}(i+j)]} \quad (j = 0,1,2,\cdots)$$

使 R 最大的 j 即为两道波形信号之间的时间偏移量，除以接收器间距即为声波时差。这种方法的特点是计算速度快，可靠性高，但精度相对较低。

相关对比时窗的选取是关键，一般取为信号周期的1.5～2.5倍较合适。计算的相似相

关系数峰值还可以作为一个质量控制参数，用于评价声波时差计算结果的好坏。

对分别由下发上收方式和上发下收方式计算的两组时差进行加权平均，可以得到一个井眼补偿时差，以消除井眼变化的影响，计算公式为。

$$\Delta t' = \frac{\Delta t_{up} + \Delta t_{down}}{2} \tag{5-27}$$

（3）声衰减计算方法。

声波幅度衰减系数的计算公式为

$$a = \frac{20}{z_2 - z_1}\lg\left[\frac{A_1 G(z_2)}{A_2 G(z_1)}\right] \tag{5-28}$$

式中，A_1、A_2分别为在与声源相距z_1、z_2处接收到的声波幅度；$G(z)$是几何扩散因子，对于纵波，$G(z)$与$1/z$成正比，对于横波，$G(z)$与$1/z^2$成正比；对于斯通利波，$G(z)$为1。

当地层非均质性较强时，远接收器的纵波或横波幅度有可能比近接收器的声波幅度大，这时可直接分析波形包络变化，计算纵波、横波幅度比，或进行频谱分析，计算高频成分与低频成分的相对幅度比，利用这些参数评价地层对声波的吸收特性。

（4）反射斯通利波处理方法。

反射斯通利波在全波列声波测井变密度显示图上经常表现为波形尾部的“V”字形波纹，可作为裂缝的指示。要进行裂缝宽度和有效性的定量评价，就必须对反射斯通利波进行波场分离处理，并准确提取其特征参数。

首先，通过低通滤波可将频率较低的斯通利波与频率较高的纵波、横波和伪瑞利波分离开。然后，采用中值滤波将反射斯通利波与直达斯通利波分离开。再通过二维频率滤波或速度滤波（F—K 滤波、τ—P 滤波等）将上行和下行的反射斯通利波分离开。这样就可以从声波全波列记录中得到直达斯通利波、上行反射斯通利波以及下行反射斯通利波等，并可计算出斯通利波的透射和反射系数。

为突出对裂缝位置的响应，可对反射波形数据加窗处理，使能量比曲线在反射与直达斯通利波的交会处（即裂缝实际位置）出现剧烈地变化，形成较尖锐的峰值，这样得到的反射斯通利波系数能够更好地用于评价裂缝位置及其有效性。

6. 数字声波测井仪器设计与实现

1）仪器工作原理

数字声波测井仪的电路原理框图如图 5-12 所示，由发射子系统、接收子系统和控制子系统三部分组成。首先由地面设备向井下仪器发送命令，控制井下仪器按命令要求工作。发送的命令共有 2 条。

（1）激发命令。

此命令是控制选择某个发射器工作及选择某个接收换能器接收以及通道增益选择、模数变换器采样速率选择等。所有命令字都是以每秒 20k 波特率，用双极性归零码，通过测井电缆传输给遥测器，再传给控制子系统。经井下控制子系统的数据总线接口电路译码后，具体控制各部分工作。在这些控制码操纵下，被选中的发射换能器发射声波，由命令指定的接收换能器接收后将其加到通道放大器上。被放大后的声波信号可以直接通过电缆传送到地面，采用传统方法处理。同时通过一个 50k 低通滤波器，加到模数转换器（A/D）上进行采样处理。

（2）传送命令。

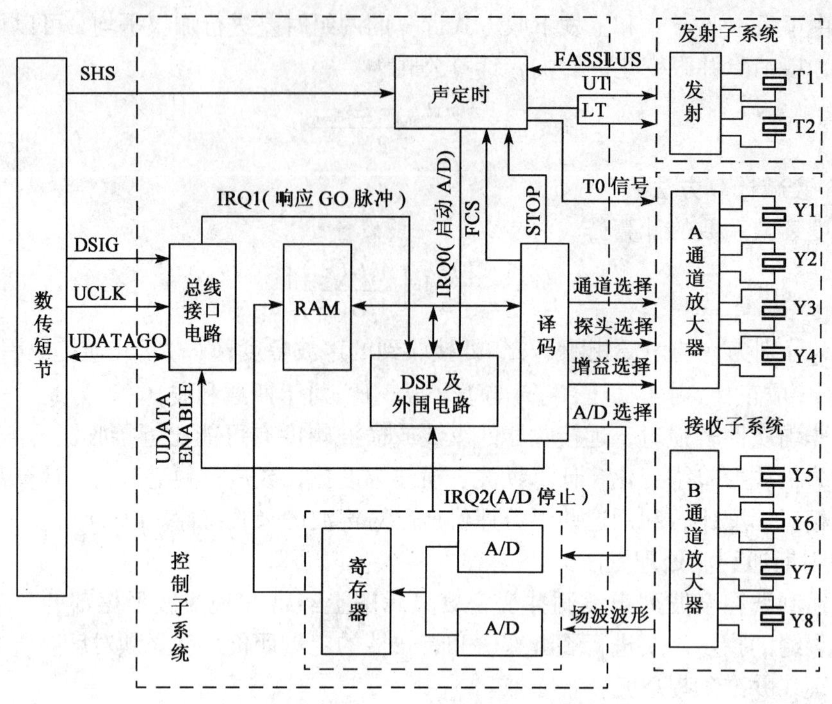

图 5-12　数字声波测井仪的电路原理框图

此命令使控制子系统采集到的数字声波波形送到地面设备。内容主要包括：读取 RAM 数据速率、通道选择传送 A 或 B 通道数据、选择 RAM 中某个单元地址开始传送帧字数。控制子系统收到命令后由接口电路译码，然后在这些控制码操作下向上传送数据。

2）发射和接收子系统

发射子系统电路部分的基本功能是在控制脉冲信号作用下，产生适当的激励脉冲，推动各自的换能器，从而使它们发射出足够强度的超声脉冲。发射子系统内的 2 个发射换能器和接收子系统的 8 个接收换能器一起，为使用者提供多种测井组合和选择。控制子系统内的接收通道只有 2 个，而接收换能器多达 8 个，因此，在接收子系统内还设置了一套译码电路。由控制子系统通过 SC0 ~ SC3 这 4 条线发来的命令提供了不同的接收换能器组合方式，使从接收子系统到控制子系统每次可有 4 个接收器接通，然后在控制子系统内再进一步选择 1 或 2 个接收换能器通道。经放大后，声波信号可直接以模拟信号方式传送，或经模数转换器变成数字信号后存入随机存储器内，供下一帧向地面传送。

3）控制子系统

控制子系统的总线接口负责与井下总线打交道，通过存储器定时电路和声定时电路将接收到的下传命令分别去设置各子系统和各部分的工作状态。例如，设置 SC0 ~ SC3 线去选通适当的接收器；设置接收放大器的通道号和该通道的放大倍数；设置模数变换器的通道号和采样频率；设置读随机存储器的起始地址和读数方式；选择发射换能器的通道等。当启动脉冲（GO）到来，且本仪器与上传总线接通后，通过总线接口把数据传送给遥测系统。待声波握手信号（SHS）到来后，声波定时电路发出命令，启动发射器激发电路工作。

4）井下仪器数据总线接口电路（DTB）

控制子系统与遥测部分相连是通过数据总线接口电路。数字声波测井仪所有功能都是由地面通过遥测短节，用命令来指挥动作。命令是以串行码形式向井下发送，DTB 接口电路将其送到 DSP 来读取，根据不同的命令，准备不同的数据并控制各部分工作，同时控制子系统采集到的声波波形数字信号，通过 DTB 接口和 DSP 传送给遥测短节，再由遥测短节发送到地面。遥测器通过井下设备母线（DTB）与控制子系统连接，有 4 个信号通过 DTB：

（1）向下传送信号（DSIG），由遥测器向控制子系统传送包含时钟信号的命令数据；

（2）向上时钟（UCLK）、单向时钟，用作由控制子系统向遥测系统传送数据的时钟；

（3）向上数据/启动（UDATA/ GO）是双向传送的，其中 GO 是由遥测器发来的向上传送数据周期开始标志，UDATA 是控制子系统向遥测器传送的数据；

（4）声波同步信号（WF—HS），如果控制子系统已收到激发命令了，再收到 WF—HS 信号，即开始声波发射器激发时序，这期间遥测器不再向下传送信号。

7. 现代声波测井技术发展的特点

声波测井技术的特点表现在阵列化和集成化上。阵列化包括接收器数目的显著增加、发射频率的连续可调、波形记录方式的多样化、信号采集的高速数字化等。集成化主要是指单极、偶极、四极源的组合化、多种探测模式的综合化、地层评价与工程应用的一体化等，目的是一次下井能取得多种类型的声波参数，从不同角度认识和评价复杂地层的各种属性变化，甚至给出其三维立体空间图像，提高探测效率和成功率。

5.2.5 核测井

1. 概念

1）核测井概念

核测井（Nuclear Logging）是指将核技术应用于井中测量，它是在钻孔中利用岩石的天然放射性、人工 γ 射线及中子与岩层的相互作用所产生的一系列效应（散射、吸收等），根据岩石及其孔隙流体的核物理性质，研究井的地质剖面，勘探石油、天然气、煤以及金属、非金属矿藏，研究石油地质、油井工程和油田开发的核地球物理方法，又称放射性测井（Radioactivity Logging）。

2）岩石的放射性

一些自然元素，在没有任何外来激发的情况下，具有自发地放出射线的特性，称为自然放射性。岩石中含有天然的放射性元素主要是铀（U）系、钍（Th）系、钾（K^{40}）的放射性同位素，它们自然衰变时会发射 γ 射线，使岩石有自然放射性。粘土矿物中 Th 和 K 的含量较高。因此，泥岩的放射性通常比砂岩高。但是，当泥岩含有机物时，粘土颗粒对铀离子的吸附增强，使铀含量增高。地壳中 U、Th 和 K 的丰度（化学元素在地球化学系统中的平均含量）为 $Th = 1.3 \times 10^{-30}\%$，$U = 2.5 \times 10^{-4}\%$，$K = 5\%$。砂岩和碳酸盐岩放射性元素含量低。

一些放射性同位素的原子核在一次衰变之后即变成稳定的原子核。所有自然放射性核素的衰变过程均遵守衰变的基本规律。

$$N = N_0 e^{-\lambda t} \tag{5-29}$$

式中 N——衰变后的原子核数目；

N_0——未发生衰变时的原子核数目；

λ——衰变常数；

t——衰变时间，s。

核衰变放出的γ射线具有特征的能量值。在铀系中，通过能谱测量可观察到大约 80 条 γ 能谱线；在钍系中，可观察到大约 60 条 γ 能谱线。图 5－13 所示给出了地层中铀（U）系、钍（Th）系、钾（K^{40}）的主要的γ射线能谱。

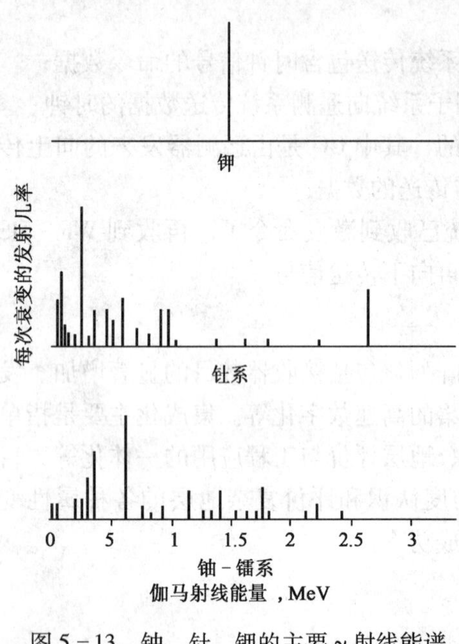

图 5－13　铀、钍、钾的主要γ射线能谱

地层中的自然γ射线几乎全部由铀系、钍系元素和 K^{40} 产生。K^{40} 只辐射能量为 1.46MeV 的γ射线，铀系和钍系的各种元素发射不同能量的γ射线，有些元素还发射多种能量的γ射线，因而铀系和钍系的γ射线能谱较为复杂。

铀系和钍系元素在放射性平衡状态下，不同能量的γ射线的相对强度也是确定的，因此，可以选定铀系和钍系的某一特征能量来识别铀和钍。通常在铀系中选铋（Bi^{214}）发射的 1.76MeV 的γ射线来识别 U，选钍系中铊（Tl^{208}）发射的 2.62MeV 的γ射线来识别 Th。

放射性元素在衰变过程中能发射α粒子、β粒子和γ射线。α粒子和β粒子的穿透能力很差，不能用于测井。与此相反，γ射线具有很强的穿透能力，它能在井中被探测到。自然γ测井就是在井中测量这种自然γ射线。

3）核测井分类

放射性测井与井下仪器的研究有自然γ、自然γ能谱、补偿中子、阵列中子、补偿密度、岩性密度、方位密度等的测量方法及仪器。核测井可大体分为三类。

（1）γ测井。

含自然γ和γ—γ测井（散射测井）。前者又分自然γ和自然γ能谱测井；后者又分地层密度和岩性密度测井。

（2）中子测井。

中子测井主要包括中子寿命测井、一般中子测井和中子诱生γ测井。中子寿命测井也称为热中子衰减时间测井；一般中子测井包括热中子测井和超热中子测井，其中又包括单探测器中子和补偿中子测井；中子诱生γ能谱测井通常包括快中子非弹性散射γ能谱测井（即 C/O 比测井）、中子俘获γ能谱测井和中子活化γ能谱测井等。

（3）放射性核素示踪测井。

放射性核素示踪测井是利用放射核素作为示踪剂，将其掺入流体中并注入到井内，通过流体在井中的流动而使核素分布到各种孔隙空间。利用核γ测井对示踪剂进行追踪测量，确定流体的运动状态及其分布规律。

2. 放射源技术

在中子和质子组成的原子核内，质子数相同、中子数不同的这类原子称为同位素，产生射线的同位素称为放射性同位素，又称为放射源。根据放射源存在的形态，分为固体源和非固体源（液态或气态），根据对放射源采取的不同防护措施，又分为密封源和非密封源。

核测井技术的大多数方法依赖于放射源性能，少部分方法利用井下地层的天然放射性进行测量。现有的测井用放射源主要是γ放射源和中子源。受井眼尺寸（偏小、弯曲、不规则等）、井下环境（高温、高压等）制约，地面实验用加速器γ源等技术尚难以应用于测井领域。

γ放射源（Gamma-ray Source）是进行γ—γ测井、γ中子测井和γ活化法测井时使用的γ放射源。它由人工或天然放射性同位素制成。γ—γ测井经常使用的有钴（^{60}Co）源，铯（^{137}Cs）源，也有使用锌（^{65}Zn）源的。选择γ—γ测井时，使用低能量的γ放射源，如汞源（^{203}Hg）和铈（^{141}Ce）源等，γ—中子法使用锑（^{124}Sb）等作为放射源。

放射性同位素制备技术是同位素辐射技术应用的物质基础。目前，人工制备放射性同位素的方法有三种：反应堆生产的丰中子同位素，简称堆照同位素；加速器生产的贫中子同位素，简称加速器同位素；从核燃料废物中提取的同位素，简称裂片同位素。

中子源是中子与物质相互作用研究所必需的信息源。测井常用的中子源有放射性同位素中子源、自发裂变中子源和人工脉冲中子源三种。衡量中子源特性的指标是源强度、能量、单色性、γ辐射和寿命（半衰期）等。测井常用的241Am—Be源是放射性同位素中子源，中子产额$2\times10^7/s$，平均中子能量5MeV；252Cf是自发裂变中子源，中子产额$2\times10^8/s$，平均中子能量2.35MeV；脉冲中子源（中子管技术）常用T（d，n）4He源，中子产额$10^7\sim10^9/s$，强流中子管产额达$10^{10}/s$，平均中子能量14.1MeV。

应用放射源，必须注意放射性防护、放射性危险、放射性可控等要求，测井用中子源需向小体积、高强度、高度可控、高安全、高耐温、耐压指标发展。

3. 自然γ测井与自然γ能谱测井

核测井技术是随着当代核技术的发展和石油、煤炭、地质矿产等对核测井技术发展的需要而迅速发展起来的尖端测井技术之一。自然γ测井和自然γ能谱测井是核测井的重要组成部分。

自然γ测井是用γ射线探测器测量岩石的总的自然γ射线强度，以研究剖面地层性质的测量方法。自然γ测井是测量地层总的天然放射性。

自然γ能谱测井仪通过测量地层不同能量的放射性脉冲分布，既对自然γ射线进行能谱分析，获得地层中U、Th和K的含量，是油田勘探开发中研究沉积环境、分析岩石矿物成分的重要手段。自然γ能谱测井是测量地层中铀、钍、钾的含量。

1）γ射线探测器

测井用传感器的核心部件是γ射线探测器。不同的核辐射需要用不同的探测器测量。所有核探测器均基于射线与物质的相互作用原理，在物质中具有不同的空间分布、能量分布、时间分布和特征作用而制作。

测井中用已知活度的γ放射源和探测器共同组成探头（测井仪）下到钻孔内，沿钻孔连续测量从地层中散射的γ射线强度，可探知介质的密度，从而确定地层岩性。核测井探测器要求高效率、高计数通过率、高能量分辨率、高耐温、耐压、高抗震、小体积、价格适中等。

γ射线与物质的相互作用主要有光电效应，康—吴散射（康普顿—吴有训效应）和电子对效应，这三种效应使γ光子把能量传给从原子核外层轨道飞出的电子或形成的电子对。这些次级电子能引起物质中原子的电离和激发。利用这两种物理现象可以探测γ射线。

利用次级电子电离气体而建立的探测器有电离室、正比计数器和盖革—弥勒计数器等。利用次级电子使原子核的外层电子受激发，当原子返回基态时放出光子，发生闪光，而建立了闪烁计数器。

测井常用的γ和X射线探测器为闪烁计数器，用光耦合剂将闪烁体与光电倍增管耦合起来，组装成探头，配上电子仪器，就构成了闪烁计数器。为提高脉冲输出幅度，可选择发光效率高的闪烁体，增大闪烁体尺寸，选择反射系数大的反射层和性能良好的光导系统，调整好光电倍增管前面几级的分压电阻，选择与闪烁体能实现良好匹配的光电倍增管。

闪烁计数器输出脉冲幅度与入射光子在闪烁体中损失的能量成正比。而光子是通过前述3种效应损失能量的，所以，在测量单能光子时得到的输出的是一连续谱。

如图5－14所示，闪烁计数器由两部分组成：闪烁晶体和光电倍增管。当γ射线射入晶体后，与物质作用产生次级电子，这些电子使闪烁晶体的原子受激发后发光，大部分光子被收集到光电倍增管的光阴极上；从光阴极上打出光电子。光电子在倍增管中倍增，最后，电子流在光电倍增管的阳极上形成电脉冲。电脉冲被放大计数。光电倍增管输出脉冲的幅度与γ射线能量成正比，而脉冲计数率与射入晶体的γ射线强度成正比。

为了使更多的光子被收集到光电倍增管的光阴极上，在闪烁晶体和光阴极之间涂硅油，增加光耦合。

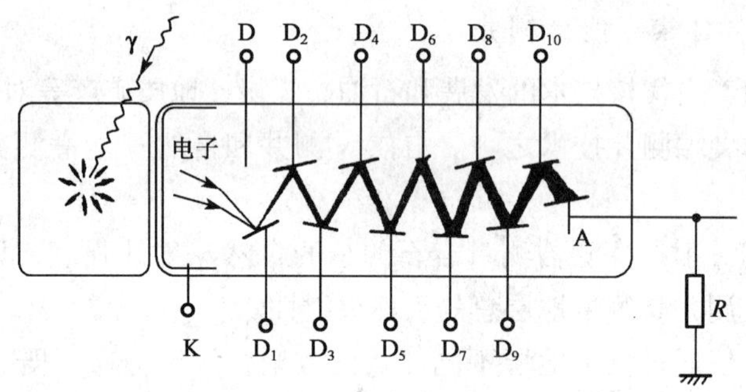

图5－14　闪烁计数器探头

（1）闪烁晶体。

对于探测γ射线能谱的闪烁晶体主要要求它具有很好的能量分辨率、时间分辨率和能量正比响应特性，此外，要求晶体的密度大，光产额高以及发射光的波长与光电倍增管的光谱响应相匹配等，用于测井仪器的晶体还要考虑温度特性和机械强度等指标。

对闪烁计数器的能量分辨率按能谱曲线上强度为最大值（B）一半处的宽度$\Delta E_{1/2}$与能量E_0的比值来确定。如图5－15所示，能量E_0的能量分辨率$W_{1/2}$可表示为

$$W_{1/2}=\frac{\Delta E_{1/2}}{E_0}\times 100\% \tag{5-30}$$

理想情况下，Cs^{137}发射的γ射线是单能的，能量为0.661MeV，但能谱曲线上却是具有一定宽度的峰，这是由于统计涨落所引起的。由式（5-30）可知，$W_{1/2}$越小，能量分辨率越高。

必须要强调的是，式（5-30）所确定的能量分辨率是闪烁计数器的总分辨率。它包括了闪烁晶体的本征分辨率，光电倍增管放大倍数和光子数的统计涨落以及光子转换成电子的转换效率的涨落等。

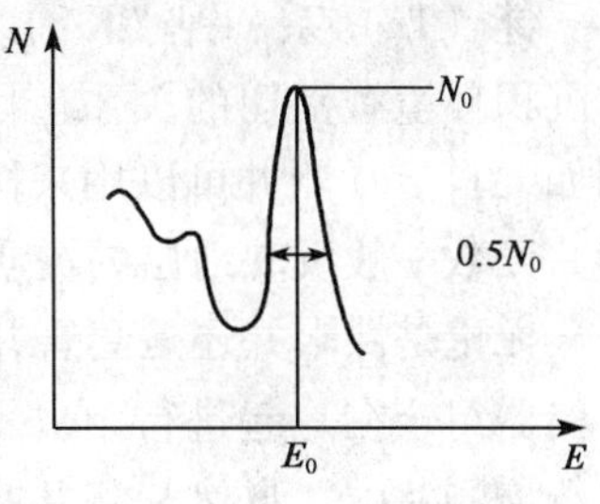

图5-15　Cs^{137}发射的γ射线能谱曲线

（2）光电倍增管。

如图5-14所示，闪烁晶体发射的光子通过光耦合射到光电倍增管的光电阴极上。通常，光电阴极是由光致发射材料构成，例如，将铯化合物喷涂在玻璃管壳内部，形成半透明薄膜层，它接受入射的光子后，发射出光电子。在聚焦电极D的作用下，光电阴极上轰出的光电子聚焦到电极D_1。D_1至D_{10}是相同的电极而依次递增相等的电压（80~150V）。这些电极称为次阴极，用以产生二次电子。当电子轰击这些电极时会产生3~6倍的二次电子。从每一极打出的二次电子又被加速轰击后一级电极，产生出更多的电子。这个过程一直继续下去，可以将光电阴极所发生的电子倍增到极大的数目。最后在阳极A的电阻R上输出电脉冲。光电倍增管的主要性能指标是放大倍数、灵敏度、暗电流和光谱响应。光电倍增管的放大倍数就是阴极所收集到的光电子为光阴极射出的光电子的倍数。由于次阴极级间电压是固定的，次阴极每级的放大倍数是相同的，于是总的放大倍数可表示为

$$\eta = (\sigma\theta)^n \tag{5-31}$$

式中　η——次阴极级数，一般为9~14；

σ——次阴极每级的放大倍数；

θ——次阴极每级收集前级电子数。

次阴极每级的放大倍数约为3~6，所以光电倍增管的放大倍数为10^5~10^8。显然，次阴极级间电压的大小会显著影响放大倍数，因此，光电倍增管高压的稳定性是很重要的。如果要求放大倍数的稳定度为1%~0.1%，高压的稳定度则为0.1%~0.01%，也就是说电压的稳定度要比放大倍数的稳定度提高一个数量级。

光电倍增管的灵敏度是用来描述光电倍增管的光电转换性能。有两种概念，一是指光阴极灵敏度，二是指总灵敏度。光阴极灵敏度是指一个光子在光阴极上打出一个电子的几率。总灵敏度是指入射一个光子在阳极上收集到的平均电子数，单位是μA/lm（微安/流明）。光电倍增管的灵敏度实际上与入射光的波长有关，波长过长或过短的光子入射到光阴极打出电子的几率都极低。光阴极发射光电子的效率随入射光波长而改变的现象称为光电倍增管的光谱响应，因此，闪烁晶体和光电倍增管配用时，必须注意这点。光电倍增管的灵敏度和光谱响应都和光阴极的材料有关。

按理想情况考虑，光电倍增管没有入射光时，阳极上不会有电流。实际上，阳极上仍有微小电流流过，约为10^{-5}~10^{-8}A，这个电流称为暗电流。产生暗电流的主要原因是次阴极的热电子发射。因此，应该降低光电倍增管的工作温度和提高其灵敏度。

2）自然γ测井原理

自然γ测井是测量地层的自然γ射线。地层的自然γ射线是由岩石中所含的铀（U）

系、钍（Th）系、钾（K^{40}）等放射性元素引起的。这些放射性元素在地层中的聚集与地层的沉积环境有密切的关系。因此，测量地层的自然γ射线可以解决一些有关的地质问题。例如，自然γ测井可以用来探测和评价放射性矿床（钾矿和铀矿）；在沉积地层中，自然γ测井读数一般反映地层的泥质含量。通常情况下，纯地层的γ射线是很微弱的。

无论是裸眼井还是套管井，都可以进行自然γ测井。自然γ测井仪可以和任何其他测井仪器组合在一起进行下井测量。因此，自然γ测井的另一个重要用途是用于地层对比。在数控测井中，自然γ测井曲线作为各种曲线深度取齐时的标准曲线。

需要指出的是，在自然γ测井中能量小于100keV的γ射线，在穿越地层和井下仪器外壳时大都被吸收了。所以，自然γ测井记录的是能量大于这一数值的自然γ射线。其次，γ射线通过地层物质时，它和物质的原子核外轨道上的电子发生多次康—吴散射。每次散射，γ射线都要损失能量。在γ射线损失了足够的能量之后，最后经光电效应被物质所吸收。因此，由探测器记录的自然γ射线显示几乎是连续的能量谱，而看不到如图5-13所示的清晰的谱线图。

自然γ测井的另一个重要用途是地层对比。可以在下套管井中进行测井则是自然γ测井的突出优点。通常，自然γ测井仪做成小的短节，便于和任何其他测井仪组合进行井下测量。

3）自然γ测井仪

在核测井方法中应用最早的是自然γ测井，1939年开始使用一直沿用至今。自然γ测井仪测量地层总的天然放射性强度。γ射线探测器采用闪烁计数器。为了提高计数率，减小统计涨落偏差，在自然γ测井仪中通常采用尺寸较大 的NaI（T1）晶体或CsI（T1）闪烁体。自然γ测井仪配有一个遥测接口电路，通过三条总线（上行数据线UDATA/GO、上行时钟线UCLK、下行指令线DSIG）与电缆遥测系统CTS相连接。测井过程是在地面计算机测井系统的指令控制下自动完成的。整个仪器由低压电源、高压电源、探测器、放大/鉴别电路、指令/数据电路、遥测接口等几部分组成，如图5-16所示。

（1）低压电源。

220V/50Hz交流电经电缆1、4由地面送至井下变压器T_1。交流电经变压器T_1降压后，再经整流、滤波、稳压变成+12V、-12V、+5V三组直流电源供电子线路使用。

（2）高压电源。

高压电源是利用+12V、-12V直流，通过交直流变换器产生的，最大输出3000V，它是光电倍增管的电源。高压电源电路能响应来自地面仪器的坪区检查指令，引起高压输出有一个小的增加或减小。

（3）探测器。

探测器采用闪烁探测器。当来自地层的γ射线轰击晶体时，晶体把射线的能量变成光能。光电倍增管把光能转变成电脉冲，并加以放大，以便电子线路进行处理。

（4）放大/甄别电路。

光电倍增管输出的负脉冲经电缆线送至放大器放大，然后由甄别器检测，并转换成标准的电压脉冲。甄别器设有一定的门坎电平，用以抑制噪声。甄别器的输出脉冲送至计数器。在计数器的数据往寄存器加载期间，为了防止计数器的内容有任何变化，甄别器将被短暂禁止（停止往计数器送脉冲）。

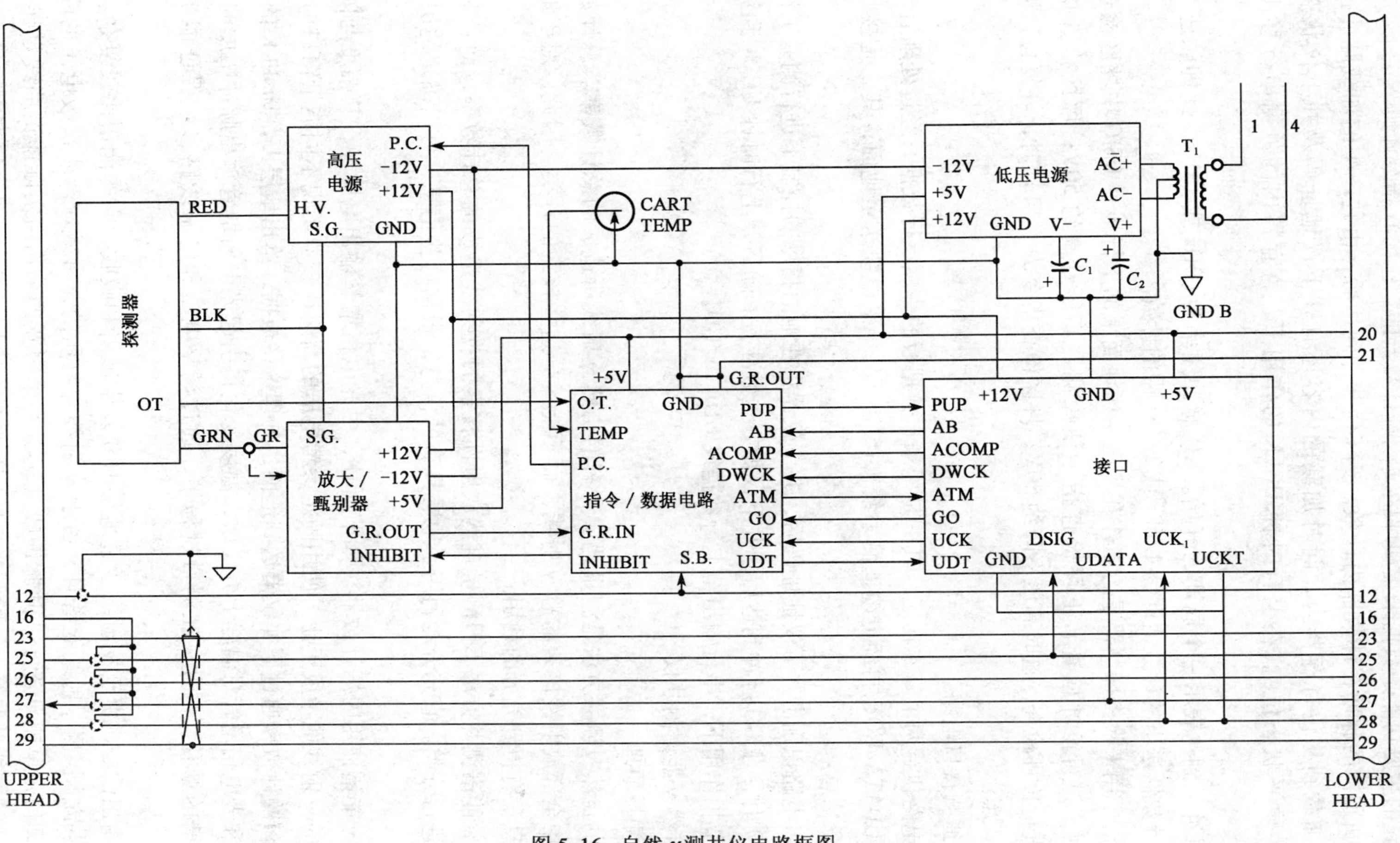

图 5-16 自然 γ 测井仪电路框图

（5）指令/数据电路。

该电路的主要功能是数据采集和坪区（闪烁计数器的工作区）指令译码。

来自甄别器的脉冲在计数器内计数。当 GO 脉冲到达后，由它产生的加载脉冲把计数器的内容加载到移位寄存器内，同时加载的内容还有井下仪地址码及井下仪状态指令（超温位、电平状态位）。在上行时钟 UCLK 的作用下，寄存器内的数据串行移出至接口板。

GO 脉冲的到达表示一个周期的开始。GO 脉冲频率为 60Hz 或 15Hz，此即帧速率。因此，每次计数器送出的计数值即为 1/60s 或 1/15s 内的计数。

坪区指令用来检查探测器是否工作在坪区。当地面来的下行指令 DSIG 中坪区检查指令为（5）时，进行正坪检查。正坪检查指令使探测器高压升高约 50V；坪区检查指令为（12）时进行负坪检查，这时高压下降约 50V；坪区检查指令为（14）时，坪复位，即处于正常测井状态。

（6）遥测接口电路。

接口电路执行两个基本功能：其一是把来自数据板的一帧上行数据，经过处理后送至上行数据线 UDATA/GO，再经电缆遥测系统 CTS 处理后，沿电缆送至地面；其二是接收来自地面的指令信息。

当接口电路识别出井下仪地址码后，井下仪器将在地面指令的控制下进行测井工作；当使能位为 0 时，在 GO 脉冲到达后，井下仪做好送数准备。随后，上行时钟 UCLK 到达，数据在时钟节拍作用下，串行输出至上行数据线 UDATA/GO。

4）自然 γ 能谱测井仪

（1）测量原理。

普通的自然 γ 测井方法是测量地层所有的自然 γ 射线所造成的总计数率。总计数率只反映地层中全部放射性核素的总 γ 射线，而不能区分这些核素的种类。因此，对于地层所提供的信息没有得到充分的利用。

自然 γ 能谱测井方法不但测量自然放射性核素的 γ 射线造成的总计数率，而且对 γ 射线的能量进行分类。它充分地利用了地层具有的信息，根据这些信息，可以确定地层中铀、钍、钾的含量。

测量 γ 能谱使用闪烁计数器。如前所述，由光电倍增管输出电脉冲，其幅度与闪烁晶体中吸收的 γ 射线能量成正比。使用固定参考电压的高速比较器实现不同能量窗口的设置。各能量窗口的计数率通过下井仪器送到地面，处理这些数据，给出地层 U、Th 和 K 的含量。由于晶体和光电倍增管对温度十分灵敏，温度变化将引起光电倍增管输出脉冲幅度的改变，等效于能谱的漂移。因此，在测量过程中，通过调整电压和电子线路参数保证能量谱的稳定。

需要指出的是，由于 γ 射线通过地层时要发生散射和吸收，它的能谱比较复杂。当用 NaI（T1）晶体探测 γ 射线能谱时，由于 γ 射线与物质的三种效应产生次级电子的能量不同，因此即使是单能 γ 光子，其脉冲幅度仍有一个很宽的分布。实际能谱曲线是连续的，称为仪器谱。在能谱曲线上，除了光电效应造成的光电峰或全能峰外，还有康—吴散射产生的峰，穿过晶体的 γ 射线反射回来产生的光电峰以及电子对效应产生的逃逸峰等，因此，在自然 γ 能谱测井仪中，为了能测量 U 和 Th 的特征能量峰和 K^{40} 的能量峰，仪器在高能域

设置 W_3、W_4和 W_5三个能窗，分别探测 1.46MeV、1.76MeV 和 2.62MeV 三个主要峰，在低能域再设置 W_1和 W_2两个能窗，探测地层中康—吴散射后的 γ 射线。实际测得的仪器谱如图 5-17 所示。它是连续谱，与初始谱相比已有很大的差别。

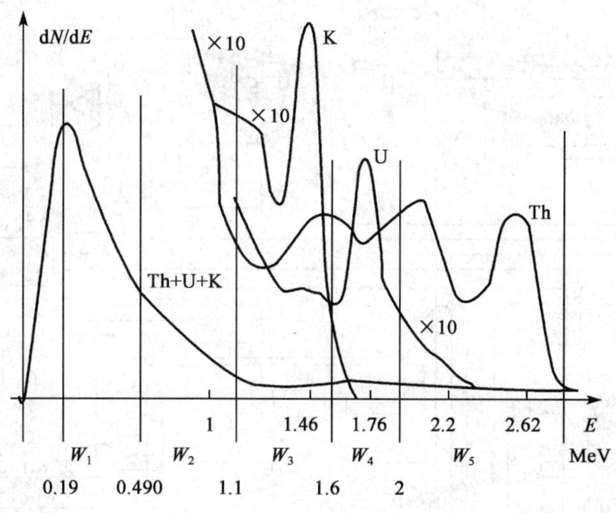

图 5-17　自然 γ 能谱测井仪测得的仪器谱

由于闪烁计数器的探测效率低，按计数率计算，高能部分仅占能谱的 10%，为了减小统计起伏和提高计算 U、Th、K 含量的精度，按 5 个窗口的计数率用方程式（5-32）、式（5-33）、式（5-34）和式（5-35）组成的方程组求解 U、Th、K 含量。

$$^{232}\mathrm{Th} = a_1W_1 + a_2W_2 + a_3W_3 + a_4W_4 + a_5W_5 \tag{5-32}$$

$$^{238}\mathrm{U} = b_1W_1 + b_2W_2 + b_3W_3 + b_4W_4 + b_5W_5 \tag{5-33}$$

$$^{40}\mathrm{K} = c_1W_1 + c_2W_2 + c_3W_3 + c_4W_4 + c_5W_5 \tag{5-34}$$

式中，$a_1 \sim a_5$、$b_1 \sim b_5$、$c_1 \sim c_5$为仪器常数；$W_1 \sim W_5$为相应能窗的计数率。

地层的自然 γ 总计数率为

$$GR = W_1 + W_2 + W_3 + W_4 + W_5 \tag{5-35}$$

为了确定系数 a_i、b_i和 c_i，要采用实体模型刻度。配制 U、Th、K 含量不同但却为已知值的模拟地层，用自然 γ 能谱仪对这些地层进行测量，就可在 5 个能窗口得到 15 个不同的计数率。以此可解出方程组的系数 a_i、b_i和 c_i。

（2）NGT-C 自然 γ 能谱测井仪。

斯伦贝谢公司生产的 NGT-C 自然 γ 能谱测井仪，采用计算机直接控制数据的传输，仪器的稳谱措施更完善，不仅采用 Am^{241} 源产生 60keV 的标准峰作为稳谱峰，还利用地层产生的 K 峰（1460keV）和 Th 峰（2615keV）进一步细调能窗门槛值，提高稳谱效果。仪器采用 GSR-U 刻度器，辐射 Th 能谱，谱的主峰作为刻度峰。

图 5-18 是 NGT-C 自然 γ 能谱测井仪的原理图。仪器由两部分组成：探头部分和电子短节部分。探头部分主要由晶体、光电倍增管、前置放大器和高压倍增器等组成。NGC-C 是电子短节部分，主要的电子线路都放在这里，由测量、稳谱和接口三大部分组成。包括谱信号和环信号放大器（NGC-051），测量谱信号的能窗逻辑（NGC-052），计数率寄存和

传输（NGC－054），高压控制和谱误差控制（NGC－053），CCS 接口（NGC－055）和电源（NGC－056）。

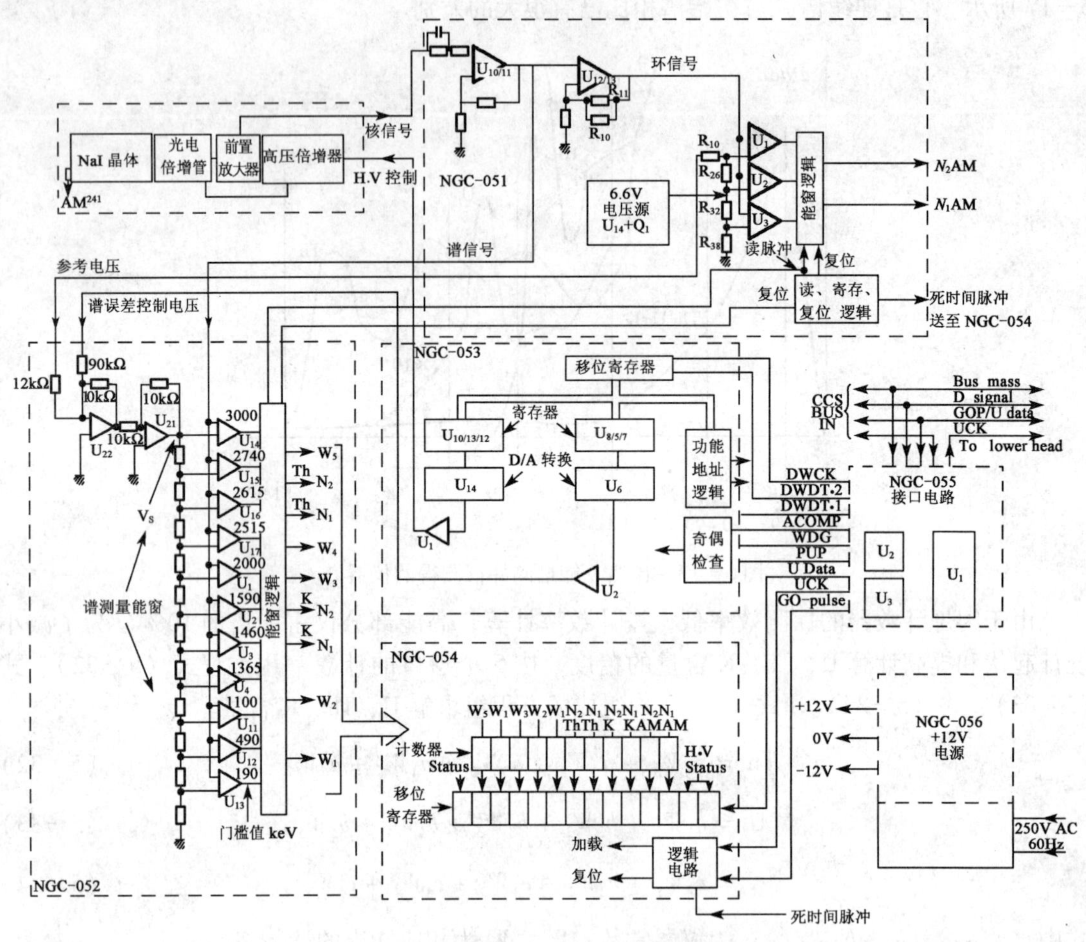

图 5－18　NGT－C 自然 γ 能谱测井仪的原理图

由光电倍增管输出的计数脉冲包含了地层的自然 γ 谱信号和稳谱源 Am^{241} 的谱信号。经 U_{10}、U_{11} 组成的放大级放大后，地层的谱信号送 NGC－052 测量信号比较器。Am 源的信号再经 U_{12} 和 U_{13} 组成的放大器放大后作为控制光电倍增管高压的环信号送到环信号能级比较器 U_1、U_2、U_3。比较器的参考电压分别为 1.2V、1V、0.8V，对应的能级为 80keV、60keV、40keV。

经窗口逻辑电路后输出 Am^{241} 峰高（60～80keV）和低（40～60keV）能窗的计数率值 N_2 和 N_1，N_2 和 N_1 的差值通过电路或软件指令改变高压值使 Am^{241} 峰稳定在 60keV。

被测的地层谱信号送测量能级比较器 U_1、U_2、U_3、U_4、U_{11}、U_{12}、U_{13}、U_{14}、U_{15}、U_{16} 和 U_{17}，输出 9 个能窗的信号，即 W_1、W_2、W_3、W_4、W_5、K 稳谱峰的 N_1、N_2 和 Th 稳谱峰的 N_1、N_2。这 9 个信号与 Am^{241} 稳谱峰的 N_1、N_2 一道加至 NGC－054 板的 11 个 8 位计数器，在下传命令的控制下，再从计数器信号加载进 11 个 8 位移位寄存器，与之同时，高压状态信号和仪器状态也载入另外三个 8 位移位寄存器。这 14 个移位寄存器的 112 个数据位在上传时钟的节拍下串行输出，经 CCS 接口板沿电缆送到地面。

5.3 现代测井技术与仪器

5.3.1 核磁共振测井

1. 核磁共振基本原理

1）原子核的自旋与原子核的磁矩

核磁共振研究的对象是具有磁矩的原子核。原子核是由质子和中子组成的带正电荷的粒子，其自旋运动将产生磁矩。并非所有同位素的原子核都具有自旋运动，只有存在自旋运动的原子核才具有磁矩。原子核的自旋运动与自旋量子数 I 相关。量子力学和实验均已证明，I 与原子核的质量数（A）、核电荷数（Z）有关。

当 A 为偶数、Z 为偶数时，$I=0$，如12C6，16O8，32S16 等。

当 A 为奇数、Z 为奇数或偶数时，I 为半整数，如1H1，13C6，15N7，19F9，31P15 等，$I=1/2$；11B5，33S16，35C117 等，$I=3/2$。

当 A 为偶数、Z 为奇数时，I 为整数，如 2H1，6Li3，14N7，I = 1；58Co27 等，$I=2$；10B5 等，$I=3$。

（1）$I\neq 0$ 的原子核，都具有自旋现象，其自旋角动量（P）为

$$P = \frac{h}{2\pi}\sqrt{I(I+1)} \tag{5-36}$$

式中 h——普朗克常数，$h=6.624\times 10^{-34}\,\mathrm{J\cdot S}$；

I——原子核的自旋量子数。

具有自旋角动量的原子核也具有磁矩 μ，μ 与 P 的关系为

$$\mu = \gamma P \tag{5-37}$$

式中，γ 是原子核的旋磁比，同一种核，γ 为常数。γ 值可正可负。

（2）$I=1/2$ 的原子核，其电荷在核上呈球对称分布。核磁共振谱线较窄，最适宜于核磁共振检测，是 NMR 研究的主要对象，如1H，13C；19F，31P 等。

（3）$I>1/2$ 的原子核，其电荷在核上是非球对称分布的。

2）核磁共振

如图 5-19 所示，磁矩 μ 在静磁场 B_0 的作用下，只能静止在它的平衡位置 B_0（z 轴方向）。要使 μ 离开平衡位置（实现能级跃迁），必须在与 B_0 垂直的方向（如 x 轴）上加一个射频磁场 B_1。B_1 对 μ 施加的力矩为 μB_1，它使 μ 偏离 z 轴，μ 偏离 z 轴之后要受到力矩 μB_0 的作用而绕 z 轴进动。

根据动量矩定理，进动的方向就是力矩 μB_0 的方向。在 B_0 中，自旋核绕其自旋轴（与磁矩 μ 方向一致）旋转，而自旋轴既与 B_0 场保持一夹角 θ 又绕 B_0 场进动，称 Larmor 进动。进动的圆频率 $\omega_0 = 2\pi\nu_0$，即磁矩 μ 的进动频率就是核磁共振的共振频率 ν_0，这是核磁共振的条件。B_1 在 B_0 的作用下也将绕 z 轴旋转，旋转的方向和频率与 μ 的进动方向和频率是相同的，即 μ 绕 z 轴的进动与 B_1 绕 z 轴的旋转是同步的。若采用旋转坐标系，则 μ 与 B_1 是相对静止的，如图 5-20 所示。

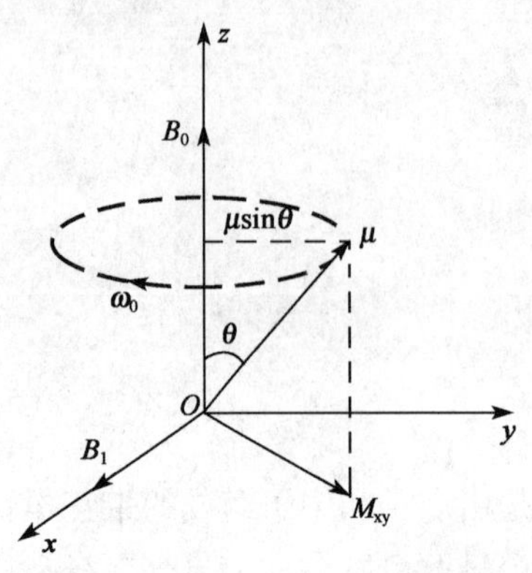

图 5－19　射频磁场 B_1 的作用

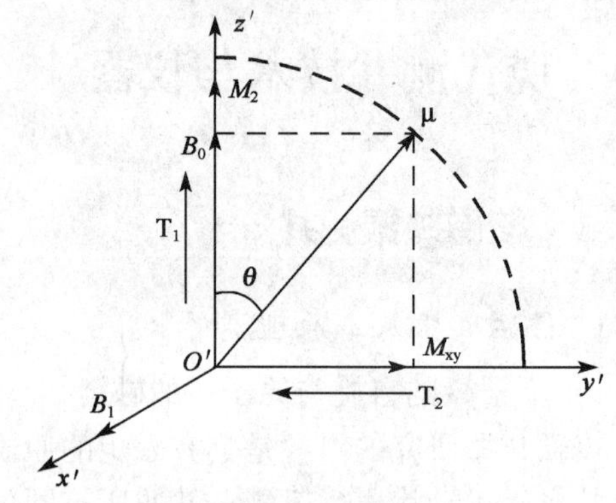

图 5－20　旋转坐标系中的 μ 与 B_1 关系

μ 与 B_0 的夹角 θ 称为倾倒角，它是由 B_1 引起的。在 B_1 的作用下，μ 将以 $\omega_1=\theta/T_p$ 在竖直平面内绕坐标原点 O' 匀速转动。其中 T_p 是射频磁场作用于核磁矩 μ 的时间，称为脉冲宽度。$\theta=\pi/2$ 的脉冲称为 $\pi/2$ 脉冲，相当于 μ 从 B_0 的方向倒向 y' 方向，$\theta=\pi$ 的脉冲称为 π 脉冲，相当于 μ 与 B_0 反向。

3）弛豫

磁矩 μ 在射频磁场 B_1 的作用下偏离平衡态后，若撤去 B_1，则经过一段时间将恢复到平衡状态，这样的过程称为原子核的弛豫过程。弛预效率常用弛豫过程的半衰期来衡量，半衰期越短，弛豫效率越高。弛豫过程分为两种：第一种是 M_2 分量恢复到平衡态的过程，称为纵向弛豫，它是核磁矩把能量传递给周围环境的过程，又称为自旋—晶格弛豫。纵向弛豫时间用其半衰期 T_1 表示。第二种是 M_{xy} 分量恢复到平衡态的过程，称为横向弛豫，是高能态核磁矩把能量传递给邻近低能态同类核磁矩的过程，称为自旋—自旋弛豫。这一过程不改变磁核的总能量。横向弛豫时间用其半衰期 T_2 表示。T_1 的数值与核的种类、化学环境、样品的状态和温度有关。

自旋—晶格弛豫过程，是磁核从高能级辐射出射频波回到低能级（平衡态）的过程。磁核辐射出去的射频波，不断被周围环境所吸收，频率基本不变，而振幅随时间按指数规律衰减，从而形成有阻尼电磁振荡。利用电磁感应可以将这种电磁阻尼振荡转化为同频率的电流（或电压）的阻尼振荡曲线。这种转化过程，称为自由感应衰减，如图 5－21 所示。

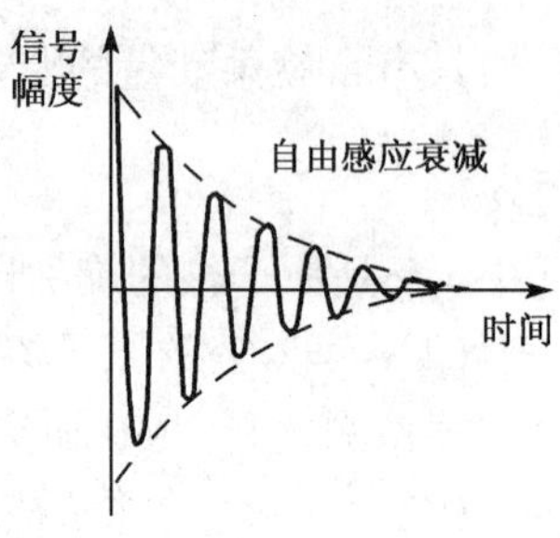

图 5－21　自由感应衰减过程

2. 核磁共振成像原理

核磁共振成像的核心问题是把核磁共振原理同空间编码技术结合起来，同时把物体内部各位置的特征信息显示出来。由于磁核在静磁场 B_0 作用下的共振频率 ν_0 与空间位置无关，不能提供物体内的空间分布信息，所以起不到空间编码的作用。如果在静磁场 B_0 上叠加一个梯度磁场，就可以把物体的共振频率与物体内部的空间分布联系起来，从而达到空间编码的目的。现以一维梯度磁场为例说明之。

如图 5－22 所示，梯度磁场与 B_0 的方向一致，沿 x 方向的梯度为 G_x，则坐标为 x 处的磁感应强度

$$B_x = B_0 + G_x x \tag{5-38}$$

对应的核磁共振频率

$$\nu_x = \gamma(B_0 + G_x x)/2\pi \tag{5-39}$$

这样，共振频率 ν_x 与坐标 x 之间就有了一一对应的关系。如物体内部的四个位置 1，2，3，4 对应的频率是 ν_1，ν_2，ν_3，ν_4，那么这四个位置的坐标 x_1，x_2，x_3，x_4 是唯一确定的。

若梯度磁场是三维的，则有

$$\begin{cases} \nu_x = \gamma(B_0 + G_x x)/2\pi \\ \nu_y = \gamma G_y y/2\pi \\ \nu_y = \gamma G_z z/2\pi \end{cases} \tag{5-40}$$

与上述方法相同，可确定各位置的 y，z 坐标。

如果定义空间某一体积元 ΔV_{xyz} 中频率为

$$\nu_{xyz} = \gamma(B_0 + G_x x + G_y y + G_z z)/2\pi \tag{5-41}$$

就可据此式对物体内部的各个微小部分进行空间编码了。

在空间编码的基础上，通过同步射频磁场 B 的激发产生核磁共振。在停止射频脉冲之后，任其自由衰减并通过电磁感应转化为自由感应衰减信号，测出衰减的时间即弛豫时间 T_1 和 T_2，最后通过傅里叶变换并以图形的形式表示出来，就得到物体的核磁共振象。

3. 核磁共振成像方法

1973 年 Lauterbur 用梯度磁场区分空间坐标，用连续波（CW）NMR 获得了世界上第一个 NMR 图像。1975 年瑞士核磁学家 Ernst 等人用二维傅立叶成像法重新做了 Lauterbur 的实验。在傅立叶成像中，用脉冲梯度代替了旋转梯度，用两个时间段 t_1，t_2 做成正交时域，直接用二维傅立叶变换就可以得到自旋密度像。由于无旋转，也就不需要内插，也很容易推广到三维成像。

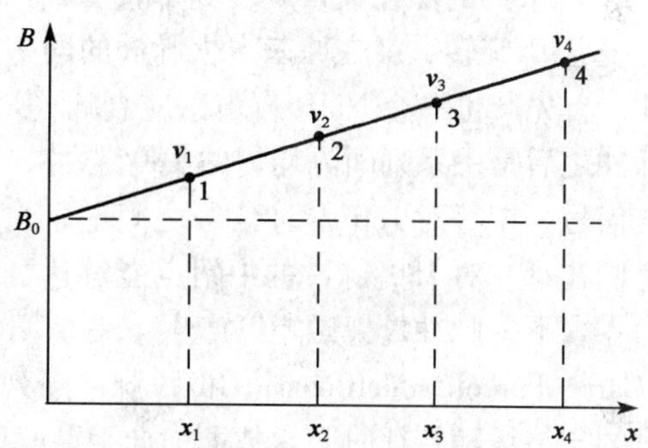

图 5－22　梯度磁场的作用

NMR 信号是一个时间域信号。在 MRI 中，梯度磁场使时间 t 和 k 空间建立了线性关联。因而 k 空间信号本质上就是时间域信号。同时，梯度磁场又使得原子核共振频率和空间线性关联起来，这就决定了用傅立叶成像法的必然优势。其他图像重建法还有自旋——扭曲法，回波成像法等。

4. 核磁共振测井技术发展

从 1945 年发现了核磁共振（NMR）现象以来，在随后的 20 多年时间里，人们基于地磁场的核磁共振理论，探讨了核磁测井的可能性，并开发出了实验仪器样机。但是，由于固液界面效应的影响，岩石孔隙中油与水的弛豫时间差异相当小，某些孔隙水的核磁弛豫非常快，以至于无法收到信息，使得孔隙度和饱和度都很难求准。而且，井内泥浆的影响很大，必须对泥浆添加顺磁物质消除井眼信号，使钻井施工作业变得复杂和麻烦。20 世纪 70 年代末至 80 年代初，美国 Jasper Jackson 博士提出了“Inside-out”思想，即不用地磁场，而是在井中放置一个磁体，在井眼周围的地层中产生梯度场，代替地磁场，建立核磁共振的条件，从而达到消除泥浆影响的目的。1983 年，NUMAR 公司综合了“Inside-out”概念和核磁共振成像技术，利用梯度磁场和自旋回波方法，设计开发了全新的磁共振成像测井（MRI），并于1991年7月正式投入油田商业服务。1995年斯伦贝谢公司的以贴井壁磁体为核心的核磁共振（CMR）进入商业服务。2001年，哈里伯顿公司推出了NMR流体分析器，该仪器是电缆流体采样器的一部分。哈里伯顿和斯伦贝谢公司分别于2000年和2002年推出了NMR随钻测井仪器。贝克休斯公司于2004年推出了电缆NMR测井仪器，并于2005年推出了NMR随钻测井仪器。

5. *核磁共振测井原理*

NMR测量有两步。第一步是建立储层流体的净磁场，当仪器沿井筒移动时，磁铁的磁场矢量B_0磁化储层流体中的氢核，产生净磁场，磁场沿着B_0方向，即纵向。在井壁附近区域（距井壁250mm内），B_0的大小一般为几百高斯。B_0的大小随着离磁铁径向距离的增加而减小，从而在测量区域内形成磁场梯度或梯度分布。正如下面讨论的，磁场梯度用于识别储层流体并描述流体特征。在施加B_0之前，氢核磁矩的方向是无序的，因此流体净磁场为0。在极化时间T_p内，磁化强度以指数方式增大到其平衡值M_0。描述磁场以指数方式增强的时间常数即为纵向弛豫时间T_1。在储层岩石中，用T_1分布描述磁化过程。T_1分布反映的是沉积岩中油气的复杂成分和孔隙大小分布。极化所需时间至少是最长T_1时间的3倍以确保充分磁化。如果极化时间太短，得到的NMR孔隙度就会小于真实的地层孔隙度。极化时间一到，立即将RF射频脉冲串用于地层。第一个RF脉冲称为90°脉冲，这是因为它能把最初与B_0平行的磁化矢量旋转到垂直于B_0的横向平面上。一旦磁化在横向平面内进行，它就会绕着B_0旋转，就在原来产生脉冲的同一天线上产生一个随时间变化的信号。紧跟着90°脉冲，首先产生一个NMR自由感应衰减（FID）信号，但由于其衰减太快而无法探测到。90°脉冲之后是一系列间隔均匀的180°脉冲，用来使氢核的磁矩重新聚焦，形成连贯的自旋回波信号。在每对180°脉冲信号之间记录自旋回波信号。之所以把信号称之为回波，是因为它们在每一对180°脉冲的中间点能够达到最大幅度，然后在下一个脉冲到来之前快速衰减为零，下一脉冲重聚磁矩以产生下一个回波。RF脉冲及相关的自旋回波就是所谓的CPMG（Carr—Purcell—MeiBoom—Gill）脉冲序列，这是应用最广泛的NMR测井序列。自旋回波信号的包络线随特征时间常数即横向弛豫时间T_2以指数规律衰减。外推到零时间（紧跟90°脉冲）的自旋回波衰减曲线的幅度就等于推导的NMR总孔隙度（假设流体含氢指数等于1）。

NMR测井仪的一个重要技术指标是它的最小回波间隔。在确定T_2敏感性极限——仪器能测量出的最小T_2值方面，最小回波间隔和信噪比S/N起了重要作用。短的最小回波间隔对于准确而重复地测量包含粘土束缚水和微小孔隙（如测量小于3ms的T_2值）在内的地层NMR总孔隙度是必需的。对于目前所用的仪器而言，其最小回波间隔大约在0.12～112 ms之间。

在CPMG序列中，回波个数和回波间隔T_E是可编程的采集参数。这两个参数都根据测井目标和预测的地层和流体性质进行选取。典型的NMR测井中，在大约1s的时间内要采集几千个回波。回波的个数取决于预计的地层T_2弛豫时间。在具有长T_2时间的地层（如含轻质油和大孔隙或孔洞岩石的地层）中，需要更多的回波以准确测量T_2分布中的最长T_2值。实际上，在仪器磁场梯度中，分子的扩散会造成额外的T_2扩散衰减，可以测到最长T_2的上限。纵向弛豫时间T_1不受扩散影响。

弛豫过程具有指数关系，而且，T_2均小于T_1。孔隙流体的纵向弛豫过程受自由弛豫和表面弛豫两种机制控制，横向弛豫过程则受到自由弛豫、表面弛豫、扩散弛豫三种机制的作用。所谓自由弛豫是指流体处于不受限制的空间时的NMR弛豫；表面弛豫是指分子扩散时，与岩石颗粒表面碰撞，核自旋的能量传递给表面，使质子自旋沿 B_0 重新取向，由此引起纵向弛豫，同时，自旋被不可逆转地失相，引起横向弛豫的加速；扩散弛豫是指测量自旋回波串的时候，分子扩散引起回波串衰减速率加快，由此引入的弛豫称为扩散弛豫 T_{2D}，即

$$\frac{1}{T_{2D}}=\frac{D(\gamma G T_E)^2}{12} \tag{5-42}$$

可见，扩散弛豫与流体的扩散系数（D）、观测时的磁场强度（G）以及回波间隔 T_E 和原子核的旋磁比 γ 等因素有关。故 T_1 受流体自由弛豫和表面弛豫的影响，而 T_2 则还受到流体扩散弛豫的影响。

核磁弛豫会产生感应电流信息，即核磁共振信号。NMR 信号的弛豫时间与氢核所处的周围环境密切相关，由于储层中的水和烃（油、气）分子结构中含氢量的不同，纵向弛豫时间 T_1 相差很大，这意味着它们的纵向恢复速率很不相同，其物理含义是：水的纵向恢复时间比烃快得多，如果选择不同的极化时间，进行一系列的测量，就可得到衰减幅度不同的信号分布，能分辨出油、气、水的信息。但在现场测井时，T_1 测量速度很慢，而且受界面影响严重，测量结果重复性差，而 T_2 在现场却可以较快的速度获得较准确的结果，所以现在实际测井一般只测 T_2。测得的 T_2 信息，通过信号处理技术，可将其转换为 T_2 分布，如图 5-23 所示。T_2 一般呈双峰分布，短 T_2 对应的峰是由毛细管微孔隙中的束缚流体（不可动流体）形成的，长 T_2 对应的峰是由渗透大孔隙中的自由流体（可动流体）形成的。T_2 分布包含了以下岩石物理信息：

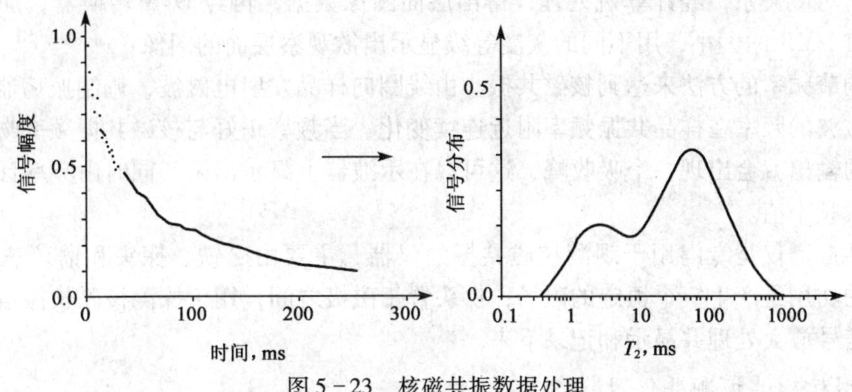

图 5-23　核磁共振数据处理

（1）T_2 分布反映了饱和水岩石孔隙大小的分布情况，孔隙结构又与渗透率有比较直接的联系；

（2）T_2 分布曲线之下的区域与核磁孔隙度相对应；

（3）由 T_2 的对数均值与核磁孔隙度也可估算出岩石渗透率；

（4）由实验得到的 T_2 截止值，将 T_2 分布分成与自由流体孔隙度和束缚流体孔隙度相对应的两个区域，砂岩 T_2 截止值为 33ms，灰岩为 92ms；

（5）在含油气岩石中，T_2 分布与油气的饱和度及粘度相关。

由此可见，核磁共振测井可研究岩石的孔隙结构，估算岩石孔隙度、渗透率，求取自由流体孔隙度与束缚流体孔隙度，从而划分产层与非产层，还可计算油气饱和度，区分油、气、水层。

6. NMR 实验系统组成

目前使用的核磁共振仪有连续波（CN）及脉冲傅里叶（PFT）变换两种形式。连续波核磁共振仪主要由磁铁、射频发射器、检测器和放大器、记录仪等组成。磁铁用来产生磁场，主要有三种：永久磁铁，磁感应强度 1.4T，频率 60MHz；电磁铁，磁感应强度 2.3T，频率 100MHz；超导磁铁，频率可达 200MHz 以上，最高可达 500～600MHz。频率大的仪器，分辨率好、灵敏度高、图谱简单，易于分析。磁铁上备有扫描线圈，用它来保证磁铁产生的磁场均匀，并能在一个较窄的范围内连续精确变化。射频发射器用来产生固定频率的电磁辐射波。检测器和放大器用来检测和放大共振信号。记录仪将共振信号绘制成共振图谱。

1）磁铁系统

静磁场，又称主磁场。医学上所用超导磁铁，磁感应强度有 0.5～4.0T（特斯拉），常见的为 1.5T 和 3.0T。另有匀磁线圈（Shim Coil）协助达到磁场的高均匀度。

梯度场，用来产生并控制磁场中的梯度，以实现 NMR 信号的空间编码。这个系统有三组线圈，产生 x、y、z 三个方向的梯度场，线圈组的磁场叠加起来，可得到任意方向的梯度场。

2）射频系统

射频（RF）发生器：产生短而强的射频场，以脉冲方式加到样品上，使样品中的氢核产生 NMR 现象。

射频（RF）接收器：接收 NMR 信号，放大后进入图像处理系统。

3）计算机图像重建系统

由射频接收器送来的信号经 A/D 转换器，把模拟信号转换成数字信号，根据与观察层面各体素的对应关系，经计算机处理，得出层面图像数据，再经 D/A 转换器，加到图像显示器上，按 NMR 的大小，用不同的灰度等级显示出欲观察层面的图像。

采用调节频率的方法来达到核磁共振。由线圈向样品发射电磁波，调制振荡器的作用是使射频电磁波的频率在样品共振频率附近连续变化。当频率正好与核磁共振频率吻合时，射频振荡器的输出就会出现一个吸收峰，这可以在示波器上显示出来，同时由频率计即刻读出这时的共振频率值。

核磁共振谱仪是专门用于观测核磁共振的仪器，主要由磁铁、探头和谱仪三大部分组成。磁铁的功用是产生一个恒定的磁场；探头置于磁极之间，用于探测核磁长振信号；谱仪是将共振信号放大处理并显示和记录下来。

7. 典型核磁共振测井仪器

目前，在全世界范围内提供商业服务的核磁共振测井仪主要有三种类型：一种是阿特拉斯公司和哈利伯顿公司采用 NUMAR 专利技术推出的系列核磁共振成像测井仪 MRIL；另一种是斯伦贝谢公司推出的组合式脉冲核磁共振测井仪 CMR；还有一种是以俄罗斯生产和制造为主的大地磁场型系列核磁测井仪 яMK923。核磁共振成像测井仪 MRIL 在后面介绍。

1）脉冲核磁共振（CMR）测井仪

CMR 利用一个永久磁体，试图在井眼外面的地层中产生一个均匀磁场，如同实验室仪器一样，建立均匀磁场中的共振条件，克服井眼干扰，完成对地层信号的观测。下井仪器包括极板、电子线路和偏心弹簧等基本部件，其中极板又由磁体和天线两部分组成。

CMR 利用自旋回波测量原理，其核心部件是磁体和天线。它们都固定在贴井壁的极板上，磁体的南北极呈水平方向排列，试图在井外的地层中产生一个均匀磁场。通过数值模拟可以得到磁场强度的空间分布，从而了解观测信息的来源和仪器的空间响应特性。CMR 的探测区域是一个离极板约 215cm、直径近 3cm、高度约 15cm 的圆柱体，犹如一个小岩心，由仪器径向与纵向探测特性的模拟结果看出，CMR 的探测深度更浅，但纵向分层能力会很强。只是由于均匀磁场的区域太小，测量信号的信噪比将会很低。

2）大地磁场型核磁共振测井仪（NML）

NML 一般采用“预极化地磁场自由进动”方法为基础。该方法原理是：首先把一个很强的极化磁场加到地层中去，使地层中的氢核极化，经过一定时间后，撤去极化场，磁化矢量将绕地磁场自由进动，由此，在放置好的探测线圈中可以得到一个感应电动势，即自由感应衰减信号。上述预极化方法能够确定地磁场中质子自由进动信号的初始幅度，继而由此经过适当的刻度得到自由流体指数 *IFF*。一般认为，核磁测井提供的自由流体指数，在勘探阶段能够确定可采储量，在开发阶段可以评价采收率。该方法还可以进行弛豫时间的测量，连续且有规律地改变极化时间 T_p，或剩余极化磁场持续时间 T_{0c}，可以得到磁化强度 M_p 的一组测量值，根据 M_p 随时间变化的指数表达式，即可计算纵向弛豫时间 T_1。

8. 核磁共振测井发展方向

核磁共振测井的未来发展方向决定于其真正解决油气勘探开发问题的能力和潜力。为了提高油气勘探开发效益，它必定在满足解决日益复杂的油气地层评价问题需要的基础上，充分发挥在流体识别和岩石物理评价中的独特优势，不断地向前发展。归纳起来有以下几方面：

（1）鉴于核磁共振测井的独特优越性，石油公司将会建立以核磁共振为中心的油气评价技术体系，包括随钻核磁共振测量、电缆核磁共振测井、与地层测试结合在一起的核磁共振流体分析以及系统的数据处理和综合解释方法系列。

（2）随钻核磁共振测井（NMR LWD）技术将备受关注。该技术是在钻进过程中实现对地层的核磁共振测量，提供地层的孔隙度、束缚水孔隙体积以及 T_1 分布信息。特别是 T_1 信息的测量，近年来的新进展，已增强了 T_1 测井的价值。因为在 LWD 中，T_1 信息能将钻铤移动的影响分离，而且 T_2 测量获得的信息从物理原理上讲不如 T_1 数据，LWD 和流体采样中（不受电缆测井的局限）NMR 的加入把 T_1 测井的优点推到台前。通过 T_1 和 T_2 测井曲线的比较可知，T_1 测井是用于 LWD 的正确方法。

（3）当前核磁共振测井自身存在的一些问题，可能会成为新仪器研制和应用研究的突破口。例如，仪器的探测深度仍然较浅，对于泥浆侵入比较深的轻质油和气层，NMR 测井在评价含烃性时将遇到困难；再如，在碳酸盐岩地层，T_2 分布与孔径分布及油气赋存状态的关系不像砂泥岩地层那么明确。这些都将给核磁共振测井的应用带来挑战。

（4）继续从核磁共振测井技术中寻找测井新方法。例如，在磁场设计方面，实验室的磁共振成像（MRI）是在静磁场的基础上施加脉冲磁场梯度，以对成像物体进行三维空间编码。测井条件下如何建立和施加脉冲磁场，或者使井周方向产生磁场梯度？如果能够实现并且解决信噪比问题，这必将使地层径向与井周外地层的三维成像成为可能。到时，不仅油、气、水可动与不可动及其空间定量分布能够看得一清二楚，甚至连裂缝的开度、走向及连通性都可尽收眼底。

（5）逐步发展起来的二维核磁共振测井技术，能较好地解决因地层孔隙中油、气和水同时存在，导致 T_2 谱信号重叠在一起，而用现有 NMR 测井技术识别时存在很大局限性的问题。二维核磁共振测井方法是将孔隙流体中氢核分布从一维的单个 T_2 弛豫变量拓展到二维的两个变量，能够充分利用 NMR 观测的信息（横向弛豫时间 T_2，纵向弛豫时间 T_1，流体扩散系数 D，内部磁场梯度 G）开拓核磁共振测井岩石物理研究的新领域。

5.3.2 随钻测井

1. 随钻测井概念

石油工业随钻测井 LWD（Logging While Drilling）一般是指在钻井的过程中用安装在钻铤中的测井仪器测量地层岩石物理参数，并用数据遥测系统将测量结果实时送到地面进行处理，或记录在井下仪器的存储器中的一种技术。该技术要求测井仪器应能够安装在钻铤内较小的空间里，并能承受高温、高压和钻井时产生的强烈振动。由于目前数据传输技术的限制，大量的数据存储在井下仪器的存储器中，起钻后回放。随钻测量 MWD（Measurement While Drilling）一般是指钻井工程参数测量，如井斜、方位角或工具面角等的测量。有时候，MWD 泛指钻井时所有的井下测量。

随钻测井是在钻开地层的同时实时测量地层信息的一种测井技术，主要有电阻率测井中的补偿双电阻率测井仪，钻头电阻率仪，放射性测井中的补偿中子密度仪，方位中子密度仪，声波测井中的新型声波测井仪，偶极声波测井仪，核磁共振测井仪等几种目前世界上较新且应用广泛的随钻测井仪器。

常规随钻测井服务系统包括定向井、随钻测井和其他相关服务。其中定向井服务包含井下实时井斜角、方位角和工具面角等的测量；随钻测井包括随钻电阻率测井、自然 γ 测井、放射性测井、光电因子测井、井径测井及声波测井；其他服务，如随钻温度测量、随钻振动测量、随钻钻头钻压测量、随钻地层压力测量和随钻可变径扶正器等，以其高精度的测量和可靠的服务具备了取代电缆测井的能力。

2. 随钻测井技术的进展

几乎在电缆测井诞生的同时，随钻测井的想法就形成了。国外从 20 世纪 30 年代开始研究随钻测井技术。20 世纪 60 和 70 年代，尽管随钻测井系统在设计上是可行的，但由于技术和工艺原因，仍然达不到商用水平。1978 年，Teleco 公司才首次推出了具有商业用途的随钻测井仪器，早期产品只能提供自然 γ 和电极电阻率测量。直到 20 世纪 80 年代末，大斜度井和水平井钻井活动十分活跃，随钻测井技术开始迅速发展。80 年代中期以来，能进行电、声、核随钻测井仪器系列不断丰富。哈里伯顿公司的 PathFinder 随钻测井系统包括自然 γ、电磁波电阻率、密度、中子孔隙度、井径和声波等。斯伦贝谢公司的 VISION475 测井系统包括声波（SI）、电阻率（RAB）、阵列电磁波电阻率（ARC5）及中子密度（ND）等。Sperry Sun 公司的三组测井系统包括 SLIM PHASE4 电阻率仪、SLIM 稳定岩性密度仪及补偿热中子仪，还测量 γ 射线。

在过去的近 15 年时间里，随钻测井技术得到迅速发展，不仅原有的一些测量方法得以改进，还出现了许多新的随钻测井方法。首先是随钻方位测井，如方位中子密度（AND）测井仪提供方位密度和光电因子（*Pe*），钻头电阻率仪器（RAB）提供方位 γ 和实时电阻率图像；其次是多探测深度的定量成像测井，如 RAB 产生的电阻率图像，VISION 系统测量的密度成像图。随钻方位测井与多探测深度测井，完善了随钻地层评价。

迄今为止，可进行随钻测井的项目有比较完整的随钻电、声、核测井系列，随钻井径、随钻地层压力、随钻核磁共振测井以及随钻地震等。有些 LWD 探头的测量质量已经达到同类电缆测井仪器的水平。国际三大石油技术服务公司紧盯测井领域的随钻测井这一发展方向研制随钻测井仪器。斯伦贝谢的 VISION 系列、Scope 系统、哈里伯顿的 Geo—Pilot 系统和贝克休斯的 OnTrack 系统等均能提供中子孔隙度、岩性密度、多个探测深度的电阻率、γ以及钻井方位、井斜和工具面角等参数，基本能满足地层评价、地质导向和钻井工程应用的需要。根据用户的需要，这些系统分别有各种不同的组合形式和规格，最常使用的两种组合是 MWD + γ + 电阻率，提供地质导向服务，结合邻近地层的孔隙度资料还可用于地层评价；MWD + γ + 电阻率 + 密度 + 中子，提供地质导向和基本地层评价服务。

随钻测井相对于电缆测井具有很多优点。电缆测井需占用一定的钻机在用时间，井眼环境和泥浆滤液的侵入严重影响常规测井数据的质量。与之相比，随钻测井资料是在泥浆滤液侵入地层之前或侵入很浅时测得的，更真实地反映原状地层的地质特征。在大斜度井、水平井或特殊地质环境（如膨胀粘土或高压地层）钻井时，电缆测井困难或风险大以致不能进行作业时，随钻测井可以取而代之进行测量。这样既减少钻井在用时间，降低成本，又提高了地层评价测井数据的质量。目前，在海上钻井活动中几乎都使用随钻测井技术。未来 5 ~ 10 年里，全球石油钻井活动继续从陆上向海上转移，水平井、大斜度井、多分支井的数量会持续增加，与之配套的随钻测井技术也会进一步完善和发展。

3. 随钻测井原理与应用

1）随钻测井原理

随钻测井就是在钻井的同时，对地层进行测量。在大斜度井、特别是水平井钻井中对地层进行测量是必须的。如图 5 - 24 所示，在钻井的同时，随钻测井仪器对地层进行测量，测量数据实时传往井上，钻井工程师可以根据测井数据，随时调整钻进方向。随钻测井仪器安装在钻铤中。随钻测井没有测井电缆，仪器供电靠自带电池或泥浆发电机发电，信号传输靠泥浆压力波、无线传输等方法实现。

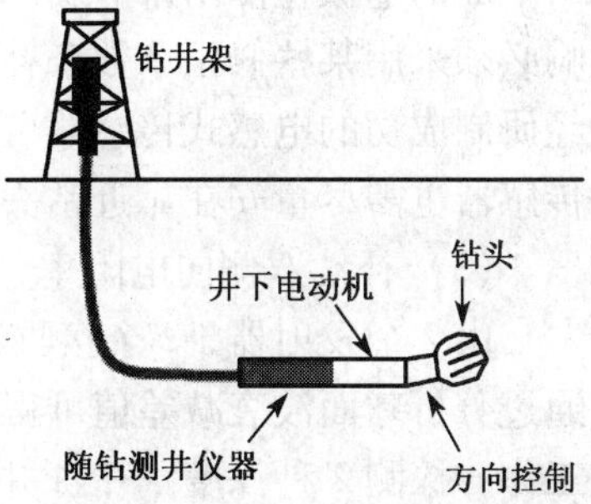

图 5 - 24　随钻测井示意图

2）随钻测井系统优点

LWD 是在 MWD 的基础上，增加若干用于地层评价的参数传感器，如补偿双侧向电阻率、自然γ、方位中子密度、声波、补偿中子密度等。随钻测井技术的发展与完善，使其成为电缆测井的一个重要补充手段，并因其“随钻”功能，使它具备以下的技术优势：

（1）利用γ射线确定页岩层来选择套管下入深度；

（2）选定储层顶部开始取心作业；

（3）钻进过程中与邻井对比；

（4）识别易发生复杂情况的地层；

（5）如果在电缆测井作业前报废井眼的话，至少还有一些地层数据可以利用；

（6）对电缆测井不适合的大斜度井能够进行测井作业；

（7）电阻率测井可以发现薄的气层的存在；

（8）在钻进时利用γ射线和电阻率测井可以评价地层压力；

（9）在地层尚未有钻井液侵入污染前能获得真实的地层特性的最新资料，这对正确评价地层是绝对重要和必要的。

3）随钻测井系统传感器

正是由于上述的这些技术优势，LWD 在大位移井、水平井中获得了日益广泛的应用。随钻测井系统的关键模块是采集地层参数的传感器（相当于下井仪器）。

（1）自然γ传感器。

γ射线是由放射性元素，如钾、钍和铀的同位素发射出来的。这些元素在页岩中比其他岩石中更普遍地存在。装在 LWD 仪器中的γ射线传感器可在钻头钻过地层时检测到γ射线发射量，通过测量岩石序列的γ射线发射量，就能确定页岩区。为了尽快地检测到岩性的变化，γ射线传感器应尽可能地装在靠近钻头的位置，以便在仪器有反应之前只钻过 1～2m 的新地层。实际上，钻头与γ射线传感器之间的距离大约为 1.8m。由于在钻井液中和在钻铤中的衰减作用，实际上只有所发射的γ射线中很小的百分数被检测出来。现在使用的传感器有两种：盖革—米勒管（Geiger-Muller Tube）和闪烁计数器（Scintillation Counter）。LWD 的控制系统将传感器的测量结果转换为数字码，并储存起来准备传递。同定向测量一样，数据作为一系列钻井液脉冲传送到地面。最终结果是以连续测井形式沿井深画出的γ射线响应图。

（2）电阻率传感器。

电阻率是地层对电流阻抗的度量。地层的响应取决于孔隙空间的流体含量（油和气为绝缘体，而盐水为导体）。LWD 仪器上的电阻率传感器是由等效的电缆电阻率测量仪器改装的。2 个电极安在 LWD 仪器外侧的 2 个绝缘橡胶套上。上面的电极发出电流，流过地层并由下面的电极检测出来。实际结果是受井眼直径、钻井液浸蚀和地层厚度的影响的。这些影响必须采用某些修正系数来补偿。这种类型的传感器对使用油基钻井液的井眼是无效的。已经研制成功的电感式传感器可以装在 LWD 仪器里。如同γ射线传感器的情况一样，电阻率传感器也需尽量安在靠近钻头的位置以便对地层变化很快做出反应。

（3）补偿双侧向电阻率（CDR）。

由 2 个发射器、2 个接收器、电池和电子线路构成。CDR 自带发射磁柱，发出球面波，通过分析球面波衰减差值可得电阻率。其主要特点：高频感应（2MHz）能在各种钻井液中工作；探测 2 种深度（中深井通过相位测量，深井通过衰减测量）；补偿井眼的影响；垂直分辨率大于 0.4572m，其中相位测量能识别 0.1524m 以上的地层，衰减测量能识别 0.3048m 以上的地层；可在井下储存测井数据；可以通过 MWD 进行数据实时传送；已有能在 165.1mm、203.2mm 和 241.3mm 钻铤中使用的 CDR 工具，该工具的使用目的是对比所钻地层，对地层进行评估，并保证测到地层真实的数据。

（4）补偿中子密度（CND）。

CND 由 2 个中子源、1 个中子探测器、1 个密度探测器、1 个扶正器和电子线路构成。Anadrill 公司的补偿中子密度（CDN）传感器的放射源放在钻铤里，具有安全性；使用 2 个探测器的目的是补偿井眼的影响；补偿热中子密度；补偿岩石的密度；带全尺寸或欠尺寸的扶正器；可在井下存储测量数据；可用 MWD 工具实时传递数据；可在 165.1mm 和 203.2mm 钻铤中使用。

（5）方位中子密度（AND）。

AND 由中子源、中子探测器、密度源、密度探测器和超声探测器等构成，该工具的特点是：方位中子密度是首创的方位核子测井工具；方位核子测量能认识非均匀性地层，并且在不规则井眼中也能得到很好的应用；与电缆测量的密度和孔隙度的精度相同；可用超声波进行偏离间隙测量；5MB 的大储存容量能储存更长的地层信息段，根据这些信息可实现井眼周围密度的安全方位图像显示。

该工具使用极为方便：可用扶正器，也可不用；允许大排量钻井液，以保证井眼清洗更好；允许高钻速和快速下钻；放射源易于安装和打捞；振动、转速和温度的井下测量可改进钻井效率。

(6) 声波随测工具（ISONIC）可在钻进过程中进行声波测量。

4）随钻录井工具

随钻录井工具是由测量钻井工艺参数的若干种传感器做成独立的参数短节，装在 MWD 或 LWD 上实现随钻测量。这些钻井工艺参数主要有钻头处的钻压、扭矩、钻柱转速、环空温度、环空压力等。以下对这些传感器做简要介绍。

（1）温度传感器。

温度传感器通常装在钻铤的外壁，用来监测环空中的钻井液温度。传感元件是随温度变化的金属片（如热电偶），温度测量范围为 10～176.7℃。

（2）井底钻压/扭矩传感器

这些是由装在靠近钻头的特制接头上的灵敏应变仪系统来测量的。应变仪能测钻压的轴向力和扭矩的扭力。将成对的应变片贴在接头的对边，会消除弯曲应力产生的影响。接头的设计必须可以补偿温度和压力的影响。

（3）涡轮钻速传感器。

用井下涡轮钻井时，在地面上并不知道钻头转动的实际速度。监视转速的唯一有效方法是用连接到 MWD 仪器上的涡轮转速计来提供实时数据。井下传感器是由一个非常靠近旋转的涡轮轴顶部的直径为 50.8mm 探测器组成。在轴的顶部装 2 个成 180°的磁铁，当轴转动时，探测器内的线圈采集由磁铁引起的电压脉冲，计算某一时间内的脉冲数就可以计算出涡轮每分钟转数。将这些信息编码为一系列钻井液脉冲，每隔一段时间就传送到地面，使司钻知道转数是在如何变化。

5.3.3 井下成像测井

1. 视频成像测井

成像测井技术是现代测井技术的发展方向，也是其研究热点。在众多成像测井仪器中，视频成像测井仪即井下电视（Downhole Video）以其图像直观、清晰、实时性好而在成像测井仪器中独树一帜。在套管检测、井下落物辅助打捞、套管除垢、检查井下作业效果等方面取得了十分成功的应用。最早利用摄像机来获取井下图像技术的专利出现在 20 世纪 50 年代，到了 70 年代，井下电视在浅水井中已经开始商业化应用。实践证明井下电视在水井中应用效果明显，70 年代至今，井下电视在水井中应用十分广泛。到了 80 年代，井下电视得到了发展并应用到石油天然气工业一些较浅的、压力较低的井段。这时的井下电视采用单芯或多芯电缆传送动画图像，还不能提供井下连续视频图像，只能得到每隔几秒钟更新一次的静态图像。此外，仪器的外径也较大。90 年代，一种采用光纤技术的光电测井电缆（Electro－opto Logging Cable）应用到井下电视中，极大地提高了井下电视的性能，不但提高了数据传输速率，而且电缆直径较小，能够应用到石油天然气生产井测井中，但由于光电测井电缆物理性质方面的原因，对井眼环境条件的适应性较差。

目前商业化应用的井下电视成像测井仪有单芯电缆、多芯电缆、光纤测井电缆等不同的配置，最高工作温度 120～175℃，最大测井深度 5000～7000m，最大耐压 70～80MPa。配置光电测井电缆的井下电视系统能够传送实时视频图像。配置多芯电缆的井下电视的图像传输速率最高为每幅图像 1.1s。

普通测井电缆成本低、对井眼环境适应性强、使用广泛，但目前基于普通测井电缆的视频成像测井系统还不能传送实时视频图像，因此，研究普通测井电缆为传输载体的实时井下视频电视系统有着深远的意义。

井下视频成像测井系统的组成如图 5－25 所示，井下微型摄像头获取井眼视频图像，经过采样编码转换为 CCIR601 标准的数字图像，采用基于小波变换的图像压缩技术进行压缩，由发送模块进行编码和调制后经由测井电缆传送至地面。井下 DSP 控制图像的采样、压缩、编码和传输。

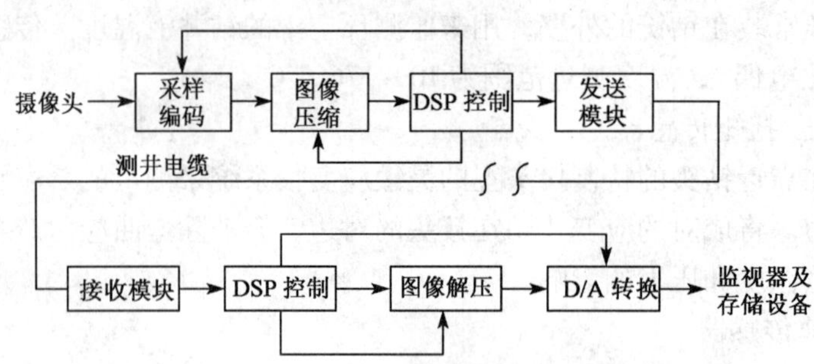

图 5－25　井下电视成像测井系统组成框图

图像传输到地面后，首先由接收模块进行解调和解码，由地面 DSP 控制图像的解压缩和 D/A 转换，转换后的 PAL 制式模拟视频信号送给监视器和图像记录设备。

2. *超声电视成像*

超声电视测井（Seisviewer，BHTV）又称井下声波电视，是一种利用声波反射原理获得井壁直观图象的测井方法，可用于裸眼井和套管井。

超声电视测井的换能器以固定的速率（3～6r/s）绕仪器轴（井轴）旋转，与它同步旋转的地磁仪每周产生一个磁北信号，以控制成像的方位。旋转的换能器每秒发射 3000～4000 次宽度为 20μs、频率为 2MHz 的声脉冲，经钻井液垂直入射到井壁后又反射回来被该换能器接收。接收到的反射波幅度被电子线路转换成电信号，送到地面记录仪放大后控制电视显像管光点的辉度，反射波幅度越小辉度越暗，反之越亮。由于井下仪器移动速度很低（1.5 m/min 左右），每移动 1m 换能器要旋转 120～240 周左右。换能器每旋转 1 周在井壁上有 500～1400 个采样点，在显像管上控制相应数目光点的辉度，它们扫出一条水平线。若深度比例为 1:50，则每 2cm 胶片上水平扫描 120～240 次，图像将有足够的清晰度。而对地层的垂直分辨率相当于小于 1cm，是仔细观察井壁情况的一种好办法。

影响成像的基本因素是井壁介质的声强反射系数 β，对于裸眼常见的泥岩、砂岩、石灰岩和白云岩，其声强反射系数是按此顺序渐大的。其电视成像将随之由暗变亮。如果井眼穿过裂缝，裂缝中有流体，则其反射系数更低，成像更暗。

影响成像的另一个因素是钻井液性质及换能器与井壁间的距离。声波传播过程中钻井液的内摩擦和热传导等因索造成对超声的吸收作用，钻井液中固相颗粒对超声的散射作用，它们都造成声波衰减，换能器与井壁间的距离越大衰减越大。而且，相邻两次发射声脉冲的时间间隔约 313μs，换能器与井壁距离约大于 23.5cm。若井眼直径太小，将接收不到反射波。因此，应当严格控制钻井液性能，使钻井液性质均匀，最好使悬浮颗粒的直径在 2μm 以下，钻井液密度不要过大。

超声电视测井内容：判断地层岩性；确定地层面或裂缝面；确定地层面或裂缝面的产状；检查射孔质量；检查套管破损情况。

3. *核磁共振成像*

核磁共振成像也称磁共振成像，是利用核磁共振原理，通过外加梯度磁场检测所发射出的电磁波，据此可以绘制成物体内部的结构图像。核磁共振成像的“核”指的是氢原子核，对于含氢原子的结构物，当把物体放置在磁场中，用适当的电磁波照射它，使之共振，然后分析它释放的电磁波，就可以得知构成这一物体的原子核的位置和种类，据此可以绘制成物体内部的精确立体图像。

核磁共振成像测井仪，简称 MRIL，在测量过程中不需放射源，仪器本身无任何形式的放射性危害。MRIL 测井仪主要探头、电子线路单元和电容储能单元三个部分。这三部分构成仪器串。

探头部分由一个强铁氧体磁铁主磁体、两个磁性更强的地层预极化永久磁铁和 RF 天线组成。主磁体安装在外壳内部，用于产生静磁场，预极化永久磁铁用于对地层预极化，RF 天线用于发射和接受射频信号。

电子线路单元主要包括：产生大功率脉冲的电路模块；对接收到的回波信号进行放大、滤波和解调的电路模块；对仪器进行控制、刻度以及数据通信的电路模块；仪器供电电路模块。

电容储能单元为核磁井下仪器提供一个附加的能量存储，给发射器在发射脉冲期间提供足够的能量补充。因为发射器在发射脉冲期间，由于电缆电阻的限制，不可能在短时间内为其提供发射所需的能量。电容储能单元还包括滤波电路，用来消除采集数据和数据通信之间的干扰。

如图 5－26 所示，核磁成像测井仪（MRIL）井下仪器的主要部件是强永久磁体和缠在磁体外面的射频线圈。磁体由众多小磁畴（偶极子）组成，从横截面上看，N—S 极水平平行摆放，产生的磁场使地层中的氢原子核被磁化，由此在径向方向建立起一个梯度磁场。在设计上要求磁体产生的静磁场 B_0 与射频线圈产生的射频场 B_1 在任何地方都互相垂直，此时，两个磁场的等场强度线都是同心柱壳，在径向方向都服从平方反比率。B_0 与 B_1 正交是获得最大信号的关键。而存在磁场梯度的空间区域，根据 Larmor 频率确定的共振条件，可以通过改变射频电磁波的中心频率来选择观测区域。

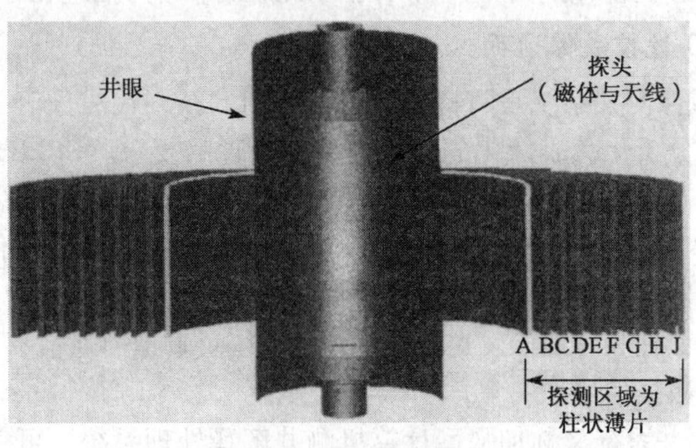

图 5－26　核磁成像探头及探侧区域示意图

天线安装在磁体外部的玻璃钢外套中，用于向地层发射预先设置的射频脉冲，产生自旋回波信号，并接收和采集回波信号。用 9 种不同的频率对 9 个不同直径的同心圆柱壳进行独立观测，通过设计复杂的脉冲实现多种信息的同时测量。根据 Larmor 频率确定的共振条件，可以通过确定 MRIL 的发射器和接受器的中心频率和带宽，选定每个圆柱形区域的直径和厚度。

5.4 地面记录系统

测井地面记录系统是一套具有数据采集、处理与通信功能的高可靠性计算机系统。国内所用测井地面记录系统种类繁多，技术水平参差不齐。当前技术比较先进的地面仪器主要有下述几种。

1. EXCELL－2000 数控成像地面仪

EXCELL－2000 地面系统是哈利伯顿公司 MRIL 测井设备的重要组成部分，是一个采集和处理的综合性测井平台，相互完全独立的双系统允许同时完成多任务采集和处理，提供精确的高品质测井数据；兼备强大的测井数据后处理工作站的能力，并为新研制的下井仪和软件的高效运行提供标准化平台。更重要的是，它的智能化设计，极大地提高了测井工作效率；配有陆地车载和海洋拖撬两种运载方式，能够完成陆地、海洋测井和射孔等技术服务；可与多种下井仪配套，例如，高分辨率感应/数字聚焦测井仪（HRI/DFL）和环周声波成像仪（CAST）等。

EXCELL－2000 测井系统的特点是：有更快更强的处理能力，它采用的先进的技术使数据处理和采集的速度提高，可以组合进更多的仪器；多任务处理，强大的处理能力使它可同时处理多项任务；全球数据传送，它与哈里伯顿最新的卫星数据传送系统（HalSatTM）兼容，HalSatTM 将现场数据传送到数据中心，然后将处理后的结果传回现场；灵活的双系统，完全冗余和独立的双地面系统可以同时进行两项重要工作，如一套系统进行仪器串校验，另一套系统进行测井或处理数据；模块式的设计，在设计时每个面板都是模块化的，这样便于每个单元的升级，以适应速度的提高和存储量的增大。

EXCELL－2000 测井系统的应用包括：成套的裸眼井测井服务；成套的套管井测井服务；生产测井；通过 EMITM 和 CASTTM 服务实时地显示井眼成像；设置封隔器和桥塞、射孔、化学溶解裂缝、油管恢复等完井服务；检验和评估水泥胶结、增产措施和砾石填充等作业。

2. ECLIPS－5700 数控成像地面仪

ECLIPS－5700 成像测井系统是阿特拉斯公司研制的新一代成像测井系统，满足了现代测井仪器阵列化、谱分析化、成像化的大规模数据处理的要求。ECLIPS－5700 数控测井系统是当今最先进的测井设备之一，它采用的是 WTS（Wireline Telemetry Systems）通信系统，其最快传送速率为 230kB，能很好地完成 5700 测井时大数据量的传输任务。5700WTS 通信就是指地面与井下仪器之间的通信，其中井下仪器负责井下仪器的通信部分，接收命令、采集数据，数据的初步处理和向地面发送数据。地面系统负责地面通信部分，向井下仪发送命令，接收井下仪器的数据信号。

ECLIPS－5700 测井系统又称加强型计算机测井解释处理系统，可完成各种常规和成像测井的数据采集和处理编辑工作。它采用菜单驱动，具备“help”功能，便于操作。ECLIPS 可提供广泛的诊断，如电源和遥传系统的诊断程序以及用户可选择的诊断程序。通过图形显示和数据处理的实时显示，可不断地监视测井质量。

软件建立于分布式处理及多任务 UNIX 系统，提供真正的多任务/多用户系统，允许井下仪刻度、数据处理、记录、储存、显示、传送等同时执行，并且可现场进行快速直观解释。该系统采用 X. 25（一个标准的分组交换通信协议）数据传输格式，野外施工小队可在 ECLIPS 设备上直接将数据传回基地解释中心。

ECLIPS－5700 成像测井系统除了兼有所有 3700 常规测井项目外，还配备了多种特殊的下井仪，如：核磁共振测井仪（MRIL），环周声波成像测井仪（CBIL）和多极子声波测井仪（MAC）等。

3. MAXIS－500 测井系统

MAXIS 系统的设计目的是为了更好地弄清油气储集层的复杂性，直接提供反映详细构造和地层的井下图像。MAXIS 系统由传感器阵列、数字遥测系统、野外采集装置和解释工作站组成。

MAXIS 测井仪采用空间分布的传感器阵列，并受井下微处理器控制。该阵列对同一参数进行多种测量，可以探测储集层的非均质性和产层性能。目前提交现场实验和将投入市场的 MAXIS－500 下井仪器有以下几种：

（1）阵列感应成像仪——测量地层电阻率和泥浆滤液浸入剖面；
（2）阵列地震成像仪——测量套管井中的三维垂直地震剖面；
（3）组合式地震成像仪——测量裸眼井中的三维地震剖面；
（4）偶极子横波成像仪——测量硬地层和软地层中的纵波和横波速度；
（5）地层微电扫描仪——使构造地层和沉积特征详细成像；
（6）组合式地层动力学测试器——测量压力、渗透率和流体剖面；
（7）超声成像仪——测量套管和水泥胶结情况。

MAXIS－500 系统数字遥测系统之所以能采用井下传感器阵列，是因为 MAXIS 数字遥测系统使数据传送速率大为提高，把来自测井仪的数据不失真地传送到 MAXIS－500 野外采集装置，他们采用的传送速率为每秒 500kB，是以往工业标准的 5 倍。使用这样高速率的遥测系统还可以组合更多的仪器，将更多的测井数据传送到地面，但不增加测井时间。

MAXIS－500 野外采集装置有 3 台联络微处理器，在井下采集数据的同时，收集、处理、显示、打印和传输数据，野外技术人员通过一台专用微机控制这些工作的执行情况，另一台微机为测井用户提供监测结果，供编制、修改汇编井眼及其周围的图像。采集工作完成之后，提交给用户的将是解释后的彩色或黑白测井图和磁带或软盘。

MAXIS－500 测井系统的解释工作站接收 MAXIS－500 野外采集装置传送来的数据，将它与所存储的有关地震、测井、测试、采样等信息综合解释，给出静态或动态的油藏描述。

4. SL－6000 高分辨率多任务测井系统

SL－6000 地面数据采集系统是中国石化胜利测井公司推出的新一代的高分辨率、多任务测井系统。系统硬件设计高度智能化、集成化，测井数据传输高速数字化，测井质量控制可视化，实现了数据采集高质量，操作安全高效，支持新一代的成像测井。系统采用完全双机配置，主机为两台双 CPU 工控微机工作站，数据采集系统采用 DSP 技术设计，模块采用网络化结构相互连接，实现了双机配备。测井操作系统可以同时进行多项测井操作：在进行一串测量的同时，还可以对另一串仪器的多支仪器同时进行刻度/校验、测井数据编辑预处理、资料现场解释、制作测井图头、回放测井图等，有效地提高了测井时效。先进的数据采集平台技术，同时多采样率数据采集方法，满足了全新的成像测井数据采集及常规测井的要求，高速多CPU系统保证了满足各种测井场合的需求。此系统的主要测井项目有：核磁共振测井和微电阻率扫描成像测井等。

5.5 测井信息通信

5.5.1 测井电缆遥传系统设计

地球物理测井技术是一种综合应用技术。它涉及地球物理学、电子学、光学等学科，还涉及信号检测、信号传输、遥控遥测、远程数据通信等。井下仪器工作环境恶劣，每次测量都要经受从地面温度到井下175℃的温度变化，且仪器在连续运动中实施控制。实时测得的数据用电缆遥传系统通过近10000m长的电缆传至地面系统进行实时处理、显示和记录，从而了解地层的结构，为石油和其他矿藏的勘探和开发提供可靠的地质资料。测井仪器不断更新换代，测井的数据量越来越大，这对电缆遥传系统提出了更高的要求。

1. 系统的总体设计

电缆遥传系统由地面遥传单元、专门研制插放在计算机扩展槽内的通信卡、井下遥测短节和测井电缆传输线组成。测井电缆传输线将地面单元和井下遥测短节连接起来。单芯电缆采用电源和信号复用，完成两个作用：一是给井下仪器的电路提供直流电；二是完成通信任务。遥测短节和地面系统之间的单芯电缆将仪器采集的数据向地面传送。井下遥测短节接收地面单元传送下来的指令，往井上传送测井过程中井下仪器采集的数据。地面遥传单元接收计算机指令并向井下遥测短节转发指令，它还接收井下遥测短节传送上来的测井数据并输送给计算机。

2. 遥测短节（WTC）的设计

遥传系统的井下部分称为遥测短节，简称WTC（Wireline Telemetry Cartridge），其体积很小，电路设计不能太复杂，井下恶劣的环境对元器件也提出了很特殊的要求。所以，在追求传输速率的同时，必须考虑技术上的实现难度，既要高性能，又要简单可靠，技术上容易实现。遥测短节由两片微控制器（MCU）组成双CPU系统作为控制和通信核心。其硬件结构如图5－27所示。

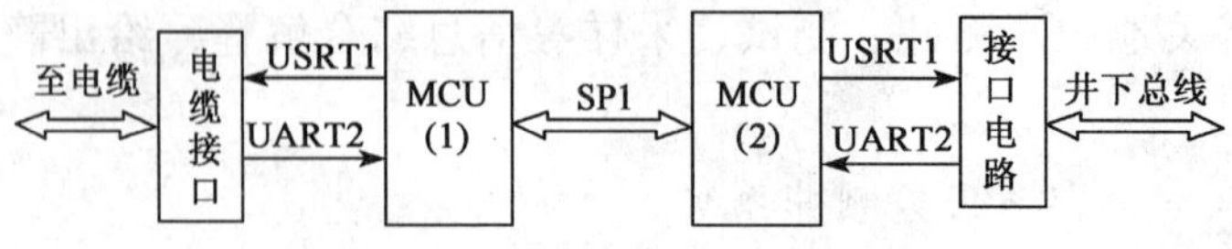

图5－27 WTC硬件框图

微控制器MCU（2）与井下测量仪器组成主从结构，通过井下仪器总线给测量仪器发送命令，并接受井下仪器传送来的数据，并与微控制器MCU（1）通过SPI口进行双向通信。微控制器MCU（1）通过两个USART串口与地面系统进行通信。其中的一个串口使用同步方式，将井下仪器测量的数据和仪器状态发送到地面系统，另一个串口使用异步方式，接受地面系统传送下来的命令，并由微控制器对命令进行解释，然后执行命令。

电缆接口包括接收部分和发送部分，发送电路就是将微控制器 MCU（1）出来的数据码转换成适合在单芯电缆上传输的码，并进行放大，使信号到达地面时有足够的幅度和信噪比。接收电路用来对电缆传来的信号经过整形、滤波和放大，然后送至微控制器。电缆遥传系统中的传输码型采用 AIM 码，并采用基带传输。数码“0”用零电平表示，数码“1”交替地用正电压和负电压表示，AIM 码的优点是无直流分量而且具有检错能力（因为 AIM 码中正负脉冲一定是相间出现，当接收不符合这一规律时，就说明传输发生了错误码）；缺点是当传送连续多个“0”码时会长时间不出现电平的跳变，致使接收端不能直接从传送信号中提取同步信号，为了解决这一问题，可以在控制器中预先对数据进行处理，采用 4B/5B 编码。

3. 通信协议

在数据通信中，为了使数据无误地传输，通常把一批数据分成若干组帧，并对每一组数据加以必要的附加信息以标示数据的含义。例如，数据的来源，传送的目的地，组的长度，校验代码等，数据接收方和发送方共同遵照这种预定的数据格式，进行数据的收发。数据进行这种信息附加后就形成了一个个数据包。这种通信双方的共同的约定，就称为通信协议。这种约定还包括对同步方式、传送速度、传送步骤及检测纠错方式定义等问题做出统一规定，它属于的 ISO（International Organazationt for Standardization）的 OSI（Open System Interconnect Reference Model）七层参考模型中的数据链路层。它把物理层提供的可能出错的物理链路改造为逻辑上无差错的数据链路，主要完成链路管理、组帧、流量控制和差错控制的功能。

遥传系统是一个串行、半双工、点对点的通信系统，信道是非对称的，即上传的数据量大，下行的命令数据少。数据传输过程为分时分布。帧格式分为上行数据格式和下行命令格式。下行的速率固定为 9.07kB/s，上行的默认数据速率为 34kB/s，也可由地面发送命令改变上传速率。数据链路层细分为链路控制子层和信道子层，信道子层的主要功能是完成信道的编码和译码，支持链路子层的运行。链路控制子层有以下两个功能：一是组成链路控制层协议数据单元，即控制帧、信息帧和应答帧，用以完成链路层的数据传输；二是对数传过程中的建链、拆链、选择重发过程进行控制，保证数据的完整和正确、差错控制机制选择和自动请求重传（ARQ），并采用 ARQ 连续协议，用滑动窗口机制来实现。

上行帧是由井下遥测短节向地面系统发送的数据单元，采用同步式的发送接收方式。协议的编制采用集成开发环境。

4. 遥传系统操作程序

打开电源，遥传系统开始工作，系统自检，向地面发送井下仪器的状态信息，并准备接收地面系统发送的命令。首先进入配置模式后，由地面系统发出命令提供服务表，建立井下仪器组合，然后进入测井模式，将各个仪器的数据传送到地面。在测井模式下，也可由地面发送命令返回到配置模式。

5.5.2 测井电缆遥传系统

1. BAKER ATLAS 电缆通信系统

ATLAS（美国）公司的电缆通信系统发展可分三个阶段：AMI PCM（3502/03，3506），Manchester PCM（3504/3508，2222），WTS（AMI Manchester 3510，3514）。第一代的 PCM

代表为3502，它使用AMI（Alternate Mask Inversion）方式编码，它只能用来与双侧向仪器组合测井，传输速率为4kB/s，包含10个数据道（4个脉冲道，6个模拟道）。3503为其升级后的代表，它包含15个数据道，传输速率提升到8kB/s，可以组合其他测井仪器。3506是20世纪80年代的产品，它包含17个数据道，有很好的井眼温度补偿功能。3700系列仪器大都可以与3506组合，实施大满贯测井。在后来的ECLIPS测井系统中依然兼容3506系列仪器（1503，1309，1229，2435…）。下一代就是3504，3508，2222，使用Manchester编码方式进行通信，传输速率有了进一步的提高，达到20kB/s。在80年代末、90年代初开发了新一代通信系统WTS（Wireline Telemetry System）。WTS使用的编码方式为AMI Manchester，数据传输总和达到了230kB/s。

1）AMI通信系统（PCM 3506）

PCM 3506是CLS3700系统主要运用的电缆通信短节。它采用的是AMI脉冲编码调制技术，PCM数据的发送和接收是由地面计算机来控制的，更确切地说是由地面计算机利用声波测井的逻辑信号启动的。计算机按一定的深度间隔，控制3700系统内3752面板的声波逻辑电路，产生声波逻辑脉冲。该逻辑脉冲沿电缆缆芯2号、5号送至井下仪器PCM3506内的逻辑解码电路。逻辑解码电路一方面把声波逻辑脉冲送至井下声波测井仪器；另一方面产生启动脉冲，令PCM短节向地面发送数据。声波信号经缆芯7号传送，编码数据由缆芯2号，5号传送。3506数据通信格式：使用低电平代表“0”数据位，高电平代表“1”数据位，脉冲的极性交替改变，使得电缆上传输的极性为零。一帧PCM数据有16个数据道，1个模拟道。第一道是同步道，它由16位1组成，使同步道与数据道区别，便于地面系统检测出来。紧接着是6个脉冲数据道和10个模拟数据道。每一道占宽2ms，含16个数据位。基本时钟频率为8kHz，数据位宽125μs。每道实际携带的测井信息为12位，其余4位为特征码。

2）Manchester通信系统（PCM3508）

Manchester通信系统工作在命令响应模式。当它接收到地面采集系统命令后开始采集传输数据，与AMI 3506不同的是其数据编码方式。在Manchester数据编码中，将每个周期中心上升沿表示为“1”，每个周期中心下降沿表示为“0”，这样，它便具有消除长串“1”或“0”时直流成分的优点。在远距离的接收器内，可利用再生发生器时钟的变化，使发射数据同步成为可能。

一帧Manchester码包含20位，前3位是同步码，有数据同步和命令同步。定义：周期中心上升沿表示数据，周期中心下降沿表示命令；中间16位是数据；最后一位奇偶校验位。若数据中“1”的个数是偶数，则用周期中心下降沿表示，若数据中“1”的个数是奇数，则用周期中心上升沿表示。地面系统接收解码数据后，它会给出两个检查结果来确保所传输的数据已被正确解码。第一是要检查确保传输的数据位总和是奇数，若不是，就给出一个标志NVM；第二是检查每个数据位，确保电平变化发生在位的中间，若有两个或更多的跃迁错误，则也会给出一个NVM标志。

3）WTS（AMI Manchester）

WTS电缆遥传系统结合了AMI和Manchester两种方式，被称为AMI Manchester。它仍然用电平的由高到低的变化代表“1”，用电平由低到高的变化代表“0”，但它由正负交替的脉冲组成数据，使用了M2、M5、M7（TM7）传输模式。M2为双向传输模式，既可向井下传输命令，又可向地面传输数据；M5、M7 则只用来向地面传输数据。传输模式 M2、M5、M7 的接法示意图如图 5－28 所示。

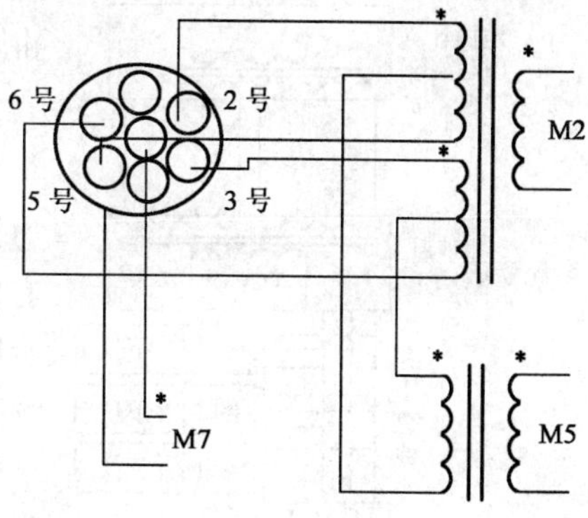

图 5－28 M2、M5、M7 接法示意图

（1）WTS M2 模式。

M2 使用缆芯 2、3 相对于缆芯 5、6 来传输命令和数据。传输命令时速率为 20kB/s，传输数据时为 41kB/s。典型的数据字同 Manchester 数据字具有一样的格式：占宽 20 位，包括 3 位同步，16 位数据和 1 位校验位。

（2）WTS M5 模式。

M5 使用缆芯 2、5 相对于缆芯 3、6 传输数据。这种接法使得传输数据的速率达到 93.75kB/s。M5 可与 M2 同时传送数据，它们之间的交叉干扰非常小。M5 只用来向地面传输数据，用于采集数据量大的仪器，如阵列声波等仪器。M5 的数据格式与 M2 略有不同，先是 3 位同步，然后是 16 位数据，一个字一个字地连续传送，中间没有间断，也没有奇偶校验位，只作数据传输错误检测，若有错误，则给出一个 NVM 字。

（3）WTS M7 模式。

M7 是利用缆芯 7 相对于电缆外皮来传输数据的。数据格式同 M5 一样，传输数据的速率也可达到 93.75kB/s，可与 M2、M5 同时工作，交叉干扰非常小，通常用于采集数据量大的仪器，如阵列感应等仪器。

（4）TRUE M7（TM7）。

TM7 是在 M7 模式的基础上改进而来的一种传输模式。它较 M7 模式有如下改进：使得运用 M2、M5、TM7 与使用直流供电和直流电机的仪器同时测井成为可能；RCI 仪器与 WTS、RCI 与 MRIL 组合测井；M7 与双侧向组合测井；3514XA 中 Channel 8 提供了数字井径信号；解决了 ECLIPS－S 系统使用 3506 测井时“SP”信号的衰减问题；提供了 PCL 测井时的电压保护。

WTS 通信模式在数据传输上效率很高，总的向上传输速率达到 228kB/s，完全满足了成像测井系统数据量大的要求。

2. Schlumberger 电缆通信系统

1）CTS 遥测系统原理

CTS 是一种高速数据传输系统，数据传输速率达到 100kB/s，CTS 是所有井下仪器与地面计算机测井系统之间的统一的数据传输系统。在井下采用了类似计算机系统的设计思想，即在 CTS 与各井下仪器之间安排了 3 条串行总线（DTB），由 3 根 56Ω 的同轴电缆组成，进行信息交换。这 3 条总线是：下行信号线 DSIG，上行时钟线 UCLK 和上行数据线 UDATA/GO。地面的中央处理机把每个井下仪器（包括 CTS）看成是它的外部设备，在电缆上传送的信息有中央处理机给井下发送的指令和井下仪器向上传送的数据，但两者在时间上是隔开的，即地面与井下之间的信息传递是采用半双工方式进行的。CTS 是在计算机指令的控制下进行数据的采集、格式编排和传输的，每一帧的上行数据和下行指令中均含有帧同步字 FSP（在一帧井下遥测单元 TCC－A 和地面遥测模块 TCM－A 两部址码）。计算机首先向井下发送指令，指令中含有井下仪器的地址码，当井下仪器从指令中识别出自己成一定格式后，经测

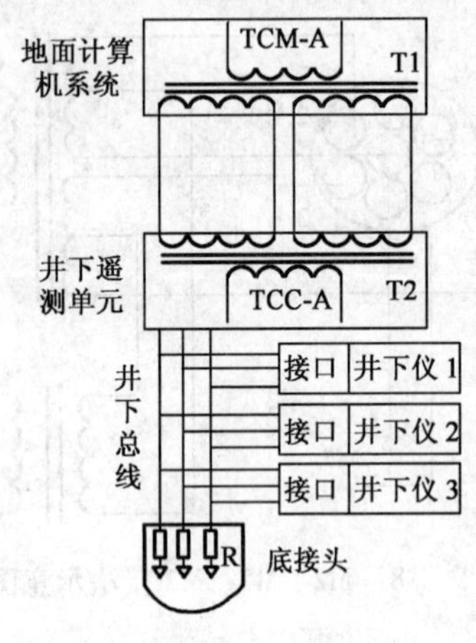

图 5－29　CTS 遥测系统原理框图

井电缆传送数据至井下总线上，编输至地面，由地面计算机处理。CTS 遥测系统原理框图如图 5－29 所示。

2）CTS 遥测系统数据格式

CTS 采用双相位码制。双相位码的电平变化发生在位的边界处，如果在位的中间有电平变化则代表数据“1”，无变化则代表数据“0”，每位边界之间的时间间隔为 10μs，所以全“0”数据的视频率为 50kHz 方波，全“1”数据视频率为 100kHz 方波。CTS 采用双相位码制的优点：数据信息可以与时钟的时间信息合在一起传输；能有效地利用电缆的频带宽度；双相位码中无直流成分，便于电缆传输和变压器耦合。CTS 遥测系统数据格式如图 5－30 所示。

（1）帧格式（上行线）。

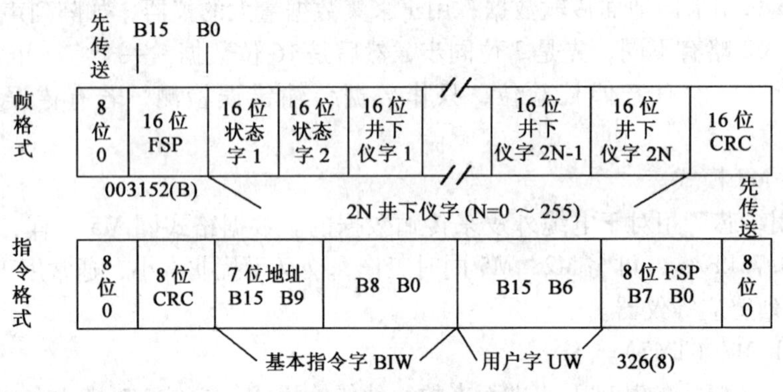

图 5－30　帧格式与指令格式

上行数据由帧同步字 FSP、2 个状态字、2N 个井下数据字和循环 6 校验码组成，字长 16 位。在 FSP 前有 8 个 0 是为了便于接收设备确定位的边界。FSP 为固定字，值为 003152（8）。状态字 1 的含义是：低 8 位代表帧长的 N 值，B8 位为指令接收位 CMD REC，B9 为指令错误位 CMDERROR，B10 为超时位，B11、B12 未用，B13 为波形允许位 WFMEN，B14 为现在位 NOW，B15 为指令等待位 WAIT。状态字 2 的唯一信息是电缆头电压，它由高字节的 B15 ~ B11 给出。井下数据字是井下遥测单元 TCC－A 从上至下对各井下仪器依次采集的。上行帧的最后 16 位是 CRC 字。在上行帧中，高位数据先传送。

（2）指令格式（下行线）。

同帧格式一样，它也由 8 位 0 开头，然后是 8 位 FSP，16 位用户字 UW，16 位基本指令字 BIW，8 位 CRC 字，最后是尾随的 8 位 0。与上行帧格式相反，它由低位线传送。指令中的 FSP 和 CRC 不送至井下仪器。

3）井下总线 DTB

下行信号线 DSIG：它用来传送下行指令，从 TCC－A 至井下仪器单向运行，为归零制信号，1.2V 代表“1”，－1.2 V 代表“0”。下行信号既含数据信息，也含下行时钟信息，两者由井下仪器的总线接口电路分离。

上行时钟线 UCLK：来自 TCC－A 上的时钟信号 UCLK 经该总线送至井下仪，单向运行，按“菊花链”方式与各井下仪器相连。每帧开始时，先送至第一个井下仪，当第一个井下仪的数据送完后，UCLK 送至第二个井下仪，直至最后一个井下仪器的数据送完为止。

上行数据线 UDATA/GO：它是双向运行的，每帧开始时，井下遥测单元通过 UDATA/GO 发出 GO 脉冲，通知各井下仪器做好传送数据的准备，然后，各井下仪器在上行时钟 UCLK 的作用下，依次把数据送至上行线上，向上传送。

Schlumberger 公司目前所有测井设备都配备了多任务采集和成像系统，MAXIS－500 是其最新一代产品。这种基于 PC 的模块式平台大量采用了可从市场上购买的硬件和操作系统，所以适用性更广泛。其数据传输速率达到 500kB/s，成像测井仪采集数据的能力有了突飞猛进的进步。

3. Halliburton 测井通信系统

EXCELL－2000 成像测井系统使用的数字通信系统为 DITS，它包括远程通信设备（RTU）、1553 仪器总线、数字井下通信模块（D4TG）和地面通信接口（D2MP）。RTU 是仪器电子测量部分和井下通信系统之间的接口。每一种仪器都有自己的 RTU 地址，通过 1553 总线与 D4TG 连接，进行双向通信。D4TG 作为仪器总线控制器可在地面和 RTU 之间进行双向通信连接，它由井下调制解调器（SSM）和总线控制单元（BCU）组成。BCU 根据总线命令表从仪器串中采集数据，编译成上传数据格式，然后以 50ms 一帧上传到地面系统。D2MP 将上传的信号译码成串行数据，以便进一步处理，而且放大从 D2MP 到 D4TG 的信号，使信号能与测井电缆相匹配。

EXCELL－2000 成像测井系统使用模式传输方式，此模式通过 7 芯电缆实现最小的交叉干扰。传输信号和电源，共有 4 种模式。模式 W2 利用电缆 1、2 和 4、5 为高压仪器或井径马达提供辅助电源；模式 W5 利用 1、2 和 4、5 为井下仪供电；模式 W6 利用 2 组 3 芯电缆 1、3、5 和 2、4、6 传输数据，其缆芯电阻低，传输速度高，波段宽；模式 W7 利用缆芯 7 和电缆外皮上传通信信号，如自然电位 SP 信号。

目前 Halliburton 公司推出的新型测井系统 IQ 快速测井平台，使用了 ADSL 通信方式，该通信方式对所有外设均分配 IP 地址，通过网络进行传输，大大提高了性能。IQ 系统使用 10M 以太网总线在地面与井下仪器之间进行通信。地面测井计算机网络可以直接与井下测井仪器网络进行对话，井下每一只仪器看作是另外的计算机，与地面计算机一样，分配有独立的 IP 地址，如：地面计算机 IP 地址区间：10.10.1.1—10.10.1.128；井下仪器的 IP 地址区间：10.10.1.129—10.10.1.255。地面测井计算机会发送含有地址表的数据包，地面路由器若检测到其目的地是井下网络，则将数据包通过已建立的连接发送到井下路由器，井下路由器收到数据后将其送到井下仪器总线上，这样，相应的仪器就和地面之间建立了连接，可以进行数据和命令的传送了。

5.5.3 无线随钻测量信息传输方式

MWD 无线随钻测斜仪是在有线随钻测斜仪的基础上发展起来的一种新型的随钻测量仪器，其传输方式有钻井液脉冲、电磁波、声波和光纤四种。其中，钻井液脉冲和电磁波方式已经应用到生产实践中，绝大多数的无线随钻测量系统都是采用钻井液脉冲传输方式，但钻井液脉冲方式不能用在空气钻井、泡沫钻井等没有连续液相的钻井中。

1. 钻井液脉冲传输方式

钻井液脉冲遥测是普遍使用的一种数据传输方式，大多数随钻测量都采用钻井液脉冲遥测方式传输数据。钻井液脉冲遥测技术的数据传输速率较低，为4～16Bit/s，远低于电缆测井的传输速率。预计通过提高信噪比和优化调制解调，新一代的钻井液脉冲遥测系统的传输速率可望提高到50Bit/s。

1）连续波方式

连续波发生器的转子在钻井液的作用下产生正弦压力波，由井下探管编码后的测量数据通过调制系统控制的定子相对于转子的角位移使这种正弦或余弦压力波在时间上出现相位移或角位移，地面设备连续检测这些相位或频率的变化，通过译码、计算获得测量数据。这种方式的优点是数据传输速度快、精度高。

2）正脉冲方式

如图5－31所示，钻井液正脉冲发生器的针阀与小孔的相对位置能改变钻井液流道在此的截面积，从而引起钻柱内部钻井液压力升高。地面设备连续检测立管压力的变化，经译码转换成不同的测量数据。针阀的运动由探管编码的测量数据通过驱动控制电路来实现，由于用电磁铁直接驱动针阀需要消耗很大的功率，通常利用钻井液的动力，采用小阀推动大阀的结构。

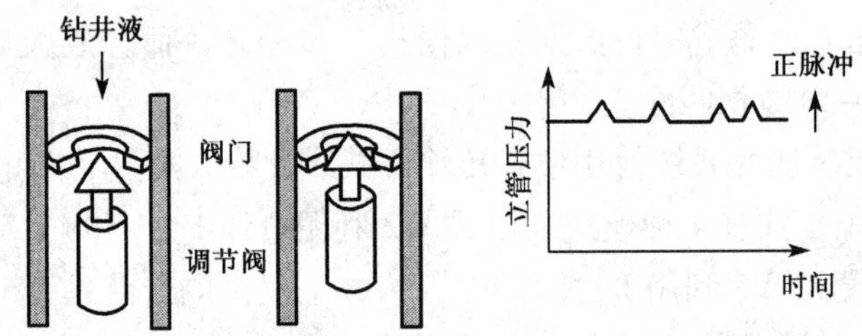

图5－31　钻井液正脉冲方式工作原理

3）负脉冲方式

钻井液负脉冲发生器需要安装在专用的无磁短节中。开启钻井液负脉冲发生器的泄流阀，钻柱内的钻井液经泄流阀和无磁钻铤上的泄流孔流至井眼环空，从而引起钻柱内部的钻井液压力降低，地面连续检测立管压力的变化，通过译码转换可获得不同的测量数据。泄流阀的动作由探管编码的测量数据通过驱动控制电路实现。钻井液负脉冲方法工作原理如图5－32所示。

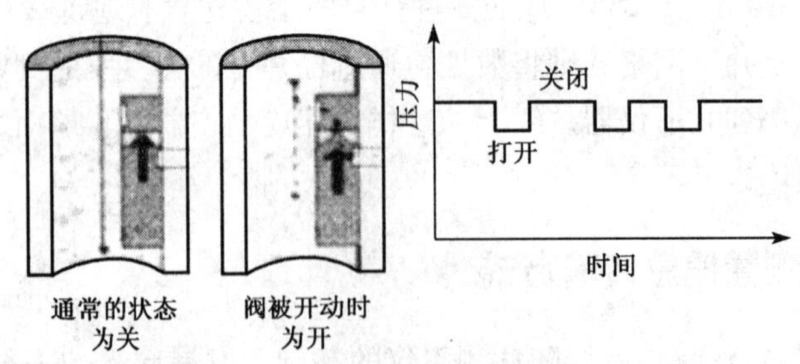

图5－32　钻井液负脉冲方式工作原理

2. 电磁波传输方式

电磁波信号传输主要依靠地层介质来实现。井下仪器将测量的数据加载到载波信号上，测量信号随载波信号由电磁波发射器向四周发射。地面检波器将检测到的电磁波中的测量信号卸载之后通过解码、计算得到测量数据。

该传输方式的优点是数据传输速度较快，适合在普通钻井液、泡沫钻井液、空气钻井和激光钻井等钻井施工中传输定向参数和地质资料参数；其缺点是地层介质对信号的影响较大，低电阻率地层电磁波不能穿过，电磁波传输的距离也有限，不适合深井施工。

电磁传输作为把 MWD/LWD 数据从井下传送到地面的一种替代方法，正处于发展之中。这种方法是双向传输的，可以在井中上下行传输，不需要钻井液循环。EM 传输的最大优点是不需要机械接收装置，缺点是低电磁波频率接近于大地频率，从而使信号的探测和接收变得较困难。EM 传输速率与钻井液脉冲传输速率相当。但 EM 传输能用于使用空气、泡沫或钻井液的欠平衡钻井，这些钻井技术限制了钻井液脉冲传输技术的使用。近几年推出了三个新的 EM 传输系统：精确钻井康谱乐公司的 EMMWD 系统；斯伦贝谢公司的 E 脉冲电磁传输系统；哈里伯顿 Sperry—Sun 公司的电磁 MWD 系统。

3. *声波传输方式*

声波遥测和电磁波遥测一样，不需要钻井液循环，但是，井眼产生的低强度信号和由钻井设备产生的声波噪声使探测信号非常困难。

声波遥测是利用声波传播机理，不需要通过钻井液循环，通过钻杆来传输声波或地震信号的一种传输方法。当钻柱、钻头与井底相互作用时，钻柱中出现纵向弹性波，通过钻杆将声波或地震信号传输至地面。声波传输监测的主要参数是岩石破碎工具的回转频率，其中主要是牙轮的振动谐波。由于牙轮的振动幅值和频率与其磨损程度具有相关性，据此可以判断工具的状态。当钻进过程保持不变时，信号的幅值变化情况还可以反映岩石的力学性质。

声波遥测信息传输方式的优点是随钻数据传输速率较快，能显著提高数据传输率，使随钻数据传输率提高 1 个数量级，达到 100Bit/s。缺点是信号衰减快，钻杆内每隔 400 ~ 500m 需要安装一个中继站，传送的信息量少，井眼产生的低强度信号和钻井设备产生的声波噪声使信号探测非常困难。

4. *光纤遥测方式*

美国已研制成功并实验过用于 MWD 的光纤遥测系统。使用的光纤电缆很细小，成本低，可短时间使用，最后在钻井液中磨损掉并被冲走。在美国天然气研究所的测试中，光纤遥测成功传送到 915m 深处。光纤遥测技术能以大约 1Mbit/s 的速率传送数据，比其他商用的随钻遥测技术快 5 个数量级。

5.6 典型测井系统介绍

5.6.1 DF－V 多功能全数控测井系统

1. 简介

DF－V 多功能全数控测井系统是一种新型的数控测井系统。该系统可完成完井测井、生产测井、射孔、取心等多种施工任务。它具有功能齐全，自动化程度高，安全性能好等优点。系统的硬件部分采用了总线式结构，结构紧凑合理，信号处理模块集中于一个箱体内，采用插板式结构，便于检查、维修。扩充能力强，很容易根据用户的需要配接新型的井下仪器。软件以WINDOWS操作系统为平台，采用C++语言编程。操作工程师可以参与测井施工的全过程，实时监控能力更强。此外，软件系统具有强大的测后处理功能。两台计算机可以进行实时通信，资料处理和测井同时进行，这不仅提高了工效，而且增强了现场实时控制的能力。

2. 工作原理

本系统工作原理是以工控机为核心，通过接口箱内各项模板的信号处理，完成各项测井施工任务，同时由于采用总线结构、信号调理规范化及缆芯智能转换等技术措施，体现出强弱信号分离的设计思想。下井仪器信号流程及规范如图5-33、图5-34所示。

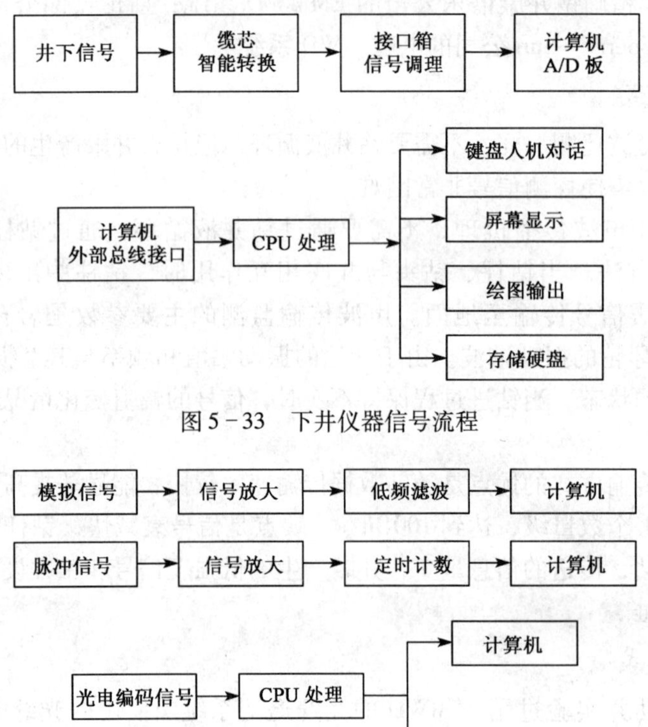

图5-33　下井仪器信号流程

图5-34　下井仪器信号规范流程界面

3. DF-V 多功能全数控测井系统的硬件系统

1）工控机与接口板

充分利用大规模集成电路和高性能工控微型计算机，研制开发了能够处理高、低模拟信号、脉冲信号、编码数字信号等多种类型信号的调理板，插入工控机的扩展插槽内。整个系统的信号处理由计算机完成。这不仅使该系统小型化、结构紧凑，而且可靠性高，性能稳定。

2）曼彻斯特编码解调板

曼彻斯特编码解调板的功能是将井下传送上来的双向曼彻斯特编码信号解调出来，通过计算机数据总线获得井下参数。

3）分时传输信号处理板

分时传输信号处理板的功能是将井下传送上来的连续的分时信号分为各个单一信号，进入不同的测量道进行测量。

4）信号调理板

信号调理板在系统中肩负着比较重要的作用，它负责将井下电缆送上来的模拟信号和脉冲信号进行加工处理，包括信号放大、滤除干扰、信号分离、信号整形。

5）深度张力面板

深度张力面板在线路设计上，吸取国内外各种绞车面板的优点，采用单片机技术，以单片机 8098 为核心，不但具有一般深度张力面板的深度显示、速度显示、记号探测、深度预置、深度校正、遇阻报警、遇卡报警、超速报警功能，而且具有通信、射孔取心参数设置等功能。

6）程控井下仪器供电电源

程控井下仪器供电电源的作用就是向井下仪器供电，可以由计算机产生控制信号控制供电的电压、电流。

7）继电器阵列板

继电器阵列板的作用是通过计算机进行控制缆芯选择、信号通道切换。

4. DF-V 多功能全数控测井系统的软件系统

1）软件系统运行环境

软件系统编写采用 C + + 语言，运行在 WINDOWS 窗口式、多任务、图形界面的操作平台，解决了 WINDOWS 应用于测井过程的实时控制、实时处理技术难题，从而实现了测井软件的图形窗口、英汉两种方式操作窗，方便、灵活、直观。

2）软件系统设计的特点

打破了传统的软件直线性工作方式，实现了测井软件的并列式工作方式。传统的软件直线性工作方式，不便于修改参数，不便于对质量进行实时控制，特别是对于开发动态生产测井来说，是一个严重的缺陷。软件的并列式工作方式，可以随时根据井下动态情况修改参数，实现对动态监测的实时质量控制和处理，并且可以实现测井曲线的实时跟踪对比。

3）全波列采样技术

传统的全波列处理方法是对于不同的波列对应不同的处理面板，这样不但设备庞大，而且费时、费力，操作不便。该系统对于各种各样的波列，均由计算机控制，通过软件，进行高密度采样，然后对采样数据进行大量的精确分析，获得波列的技术参数。

4）自动相关处理技术

在实时测量过程中，系统可根据原始曲线自动校深，获取质量更高的地层资料。

5）仪器串的编辑技术

以往测井软件系统，仪器串的设置是固定的，系统配接井下仪器的能力差。该系统可以对仪器串进行任意编辑，系统可以自动识别其信号类型，进行处理。

5. DF-V 多功能全数控测井系统的功能

1）实时监视功能

通过计算机对井下仪器信号的处理，可实时监视井下仪器的工作状况，并随时提示工作程序，避免发生误操作。

2）实时记录功能

在计算机实时对测井曲线进行数据记录的同时，绘图仪同步绘制测井曲线，保证资料的准确性。

3）实时控制功能

软件系统采用并列式结构，可以在系统运行过程中实时采用热键或者调入对话框方式，对系统的参数及井下供电电源进行实时控制，简化了操作程序。

4）资料预处理功能

在现场作业时，该系统能现场对各种数据和曲线资料进行预处理，提高了测井施工时效，减少了作业时间。

5）在线帮助功能

该软件系统具有在线帮助功能，操作工程师可以随时寻求帮助。

6）具有强大的适应性

软件系统设计时，考虑到不同地区的要求和井下仪器的多样性，采用系统参数存盘和人机对话的方式，实现对参数名、图头、计算方法等系统参数的修改，而不需要修改原程序。

7）中英文两种菜单

该软件系统在设计时，考虑到不同的用户需求，设计了中英文操作界面，用户可以随时切换。

系统能配接以下井下仪器：

（1）完井系列13种基本配接井下仪器任选，包括：双感应-8侧向；双侧向；微侧向；电极系4m/2.5m/0.45m+自然电位；微球；微电极；补偿中子；磁电位+自然γ+中子γ十声幅；井径、双井径和多臂井径；地层测试；井温、流体；变密度；SHDT（Stratigraphic High resolution Dipmeter Tool）高分辨率地层倾角测试。

（2）射孔取心测井系列5种基本配接井下仪器任选，包括：有电缆射孔；无电缆射孔；井壁取心；磁电位+自然γ；电极系10m/4m/2.5m/0.45m+自然电位。

（3）生产测井系列8种基本配接井下仪器（单芯传输，直流供电）任选，包括：

①磁电位+自然γ+井温；

②磁电位+自然γ+井温+示踪流量；

③磁电位+自然γ+井温+涡轮流量；

④磁电位+自然γ+井温+涡轮流量+含水+压力+密度；

⑤磁电位+自然γ+中子γ+声幅；

⑥X—Y井径+40mm臂井径；

⑦变密度（选项）；

⑧8臂磁测井（选项）。

5.6.2 MRIL-Prime 核磁共振测井仪

1. 简介

MRIL-Prime是Halliburton公司推出的最新一代核磁共振测井仪器。它挂接在Halliburton 公司的 DPP 系统上。该仪器有直径为 6in 和 4in (1in = 25.4mm) 两种探头。采用 5 个频带共 9 个不同的频率进行测量。要求仪器在井内居中测量，在井眼周围地层中形成以井轴为中心，直径 14 ~ 16in，高 24in，厚度 1mm，彼此之间相距 1mm 的 9 个圆柱壳。天线发射的频率决定圆柱壳距离井轴的位置。由于仪器的工作频率多，可以探测 9 个切片，运用累加的方法可大大提高资料的信噪比。同时，该仪器采用预极化技术，提高了测井速度。

2. 仪器结构及主要技术指标

MRIL - Prime 仪器主要由三部分组成：探头部分 MRSN - D；电子线路部分 MREC - D；电容部分 MR2CC - D（能量储存）。另外还有一个泥浆排斥器，多个居中及扶正器，如图 5 - 35 所示。

标准的泥浆排斥器有直径为 7in、8in、9in 三种，长度为82in的，主要用于减少钻井液影响，提高信噪比。居中及扶正器都是用来保证仪器在井眼中能够居中测量，扶正器还能使仪器纤维玻璃体远离套管和井壁，起到保护仪器的作用。MRIL - Prime 仪器主要技术指标见表 5 - 1。

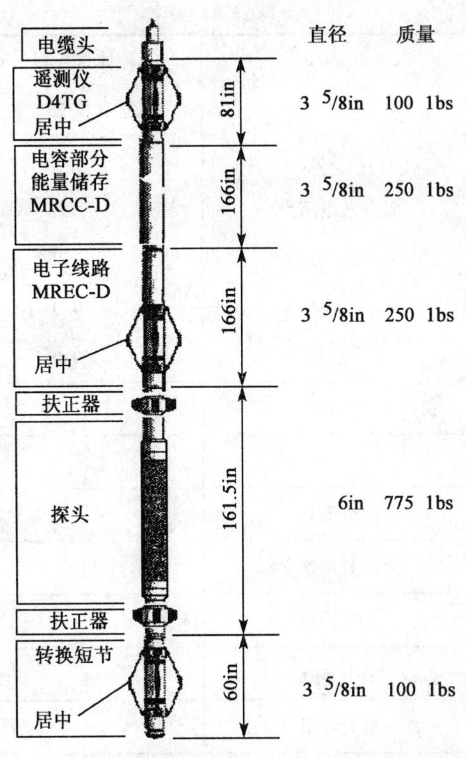

图 5 - 35　MRIL - Prime 核磁共振测井仪结构示意图

表 5 - 1　MRIL - Prime 核磁共振测井仪器主要技术指标

磁场强度	$168\times10^{-4}\sim170\times10^{-4}$T		
提供信息	总孔隙度、区间孔隙度、粘土束缚水、毛管束缚水、渗透率		
测速	条件		最大速度，ft/min
	HQ（淡水泥浆，8.5in 井眼）		24
	MQ（0.05Ω · m，8.5in 井眼）		12
	LQ（0.02Ω · m，带 6.875in 流体排斥器）		6
探测深度	频带	频率，kHz	探测深度，in
	A	590	16.12
	B	620	15.73
	C	650	15.36
	D	680	15.02
	E	760	14.21
纵向分辨率	标准模式 6ft	高分辨率模式 4ft （1ft = 304.8mm）	点测模式 2ft

续表

	流体排斥器，in	井眼尺寸，in	最小钻井液电阻率，Ω·m
钻井液电阻率	7.25	8.5	0.02
	7.25	9.625	0.035
	7.25	10.75	0.05
	7.25	12.75	0.065
	9.0	10.75	0.02
	9.0	12.25	0.04
共振频率	500～800kHz		
重复率	孔隙度标准偏差为1pu		
T_2 分布谱	测量范围0.5ms～3.0s		
耐温特性	177℃		
仪器外径	6/4.875in		
最小井眼	7.0/6.0in		
最大井眼	16/8.5in		
最大工作压力	20000psi（1psi = 700kg/m²）		

3. 工作原理及实现方法

MRIL－Prime 核磁共振测井仪井下整机工作原理如图5－36所示。

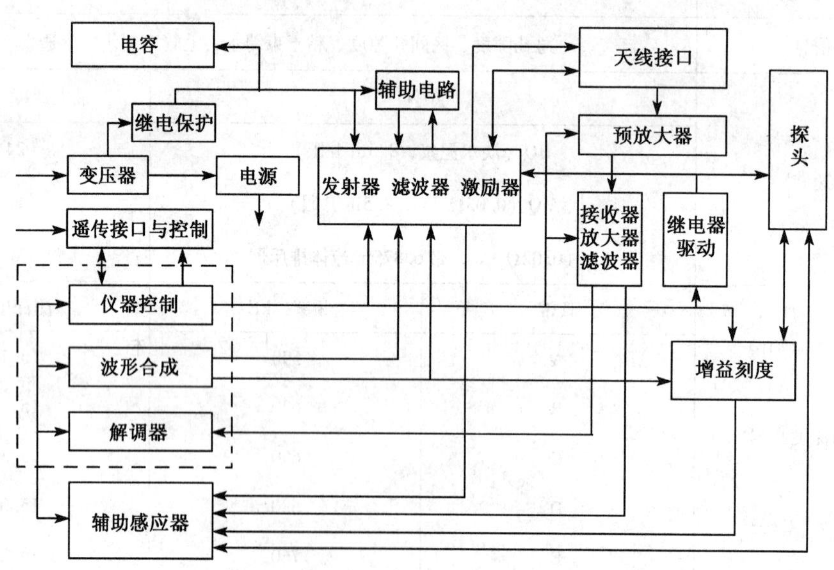

图5－36　MRIL－Prime 核磁共振测井仪井下整机工作原理

电子线路 MREC－D 部分为整机工作核心，负责传输和接收 NMR 信号、数据采集和与地表系统的通信；探头是 NMR 信号发射和接收的源点；电容部分为发射器储存能量。

1）电子线路（MREC－D）

电子线路由电源、数字信号处理器 DSP 及辅助测量电路、激励器、发射器、发射滤波器、发射器接口、天线接口、前置放大器、接收器和刻度电路（或 B1 检测电路）组成，负责产生高能 RF 脉冲和放大、滤波、解调接收到的回波信号；同时还包括用于控制、刻度、通信及为仪器提供电能的电子线路。其工作原理如下所述。

（1）操作员选择的测量模式并下载到井下仪器 DSP 中去。DSP 控制执行该模式的测量。

（2）对每 1 个测量点监测天线增益 Q 和电子线路增益。为了准确测量，DSP 在每 1 个测量频率产生 1 个精确的 RF 参考信号。这个信号被发送到刻度电路衰减后发送到 B1 感应线圈输入。这样就提供了两路发射信号到达天线，从而使系统得到参考信号并以同一个接收电路接收 NMR 回波，同时在此方式下对增益漂移进行补偿。

（3）数字信号处理器（DSP）控制并形成发射模式系统。天线接口把发射器的输出信号送到天线，同时保护前置放大器的输入信号不受高压脉冲的影响。DSP 通过模拟控制信号来控制脉冲频率、形状、幅度和宽度。

（4）发射器产生高能射频脉冲。此脉冲的一部分通过 B1 感应线圈进入 B1 测量电路。B1 信号被采样后，用于校正由于脉冲幅度和宽度的变化而对回波幅度的影响。另一部分通过天线接收电路接收回波信号。

（5）RF 脉冲发射后，系统被 DSP 配置处于断电状态并泄放天线中剩余能量。

（6）DSP 控制器按列表时间初始化一个回波采集，这就涉及通过天线把接收到的信号从天线送到接收电路中的前置放大器。放大和滤波后的回波信号在 DSP 子系统被数字化，然后，数字化后的 RF 回波信号被检波到基带，并被滤波产生同相方波，构成原始回波数据。

（7）根据所选测量模式表中定义的次数重复（2）~（7）步骤。在 DSP 子系统中原始数据被累加。数据采集后，被送到地面等待进一步处理。

2）探头

（1）探头结构特征。

MRIL－Prime 仪器探头主要由长度为 6in 的强永久磁铁和天线构成，如图 5－37 所示。永久磁铁用于产生一个沿径向变化的梯度磁场 B_0（图 5－37 下部分），RF 调谐天线安装在玻璃钢外套中，用于向地层发射特定能量、特定频率和特定时间间隔的电磁波脉冲，即产生所谓的自旋回波信号，并接收和采集这种回波信号。回波信号来自于一个形状规则的圆环切片，圆环直径和厚度则由天线发射电磁波的频率和脉冲频带完全确定。天线发射的电磁波频率决定切片观测的具体位置，电磁波的能量决定切片内磁化矢量偏向程度。另外，还有两个更强（大约强度为 $2B_0$）、更短（大约 30.5cm）的永久磁铁固定在主磁铁的顶底端，用于预极化地层，加快地层氢质子的极化速度。

（2）探头的电子特征。

MRIL－Prime 有直径为 4in 和 6in 两种探头，其电子结构是相同的，如图 5－38 所示。由 1 个双匝线圈天线、B1 线圈和 1 个嵌入式电阻温度计 RTD 组成。探头继电器接通天线电路中不同串联、并联的电容，将天线调谐到 600～800kHz 范围内的 5 个不同频带的共振频率。选用的继电器触发很快，接通时间 1ms，有较好的高额定电压，提供有效的 RF 开关且性能可靠，可使用 1000 万次。嵌入式电阻温度计 RTD 用于测量磁铁温度，因为磁铁温度影响仪器的探测深度，RTD 测量数据用来校正 B1 信号。B1 线圈在这里有两个目的，其一是将刻度信号引入天线，测量或补偿天线增益 Q 和电子增益的变化或漂移；其二是提供一个发射脉冲采样，允许操作员优化脉冲幅度。

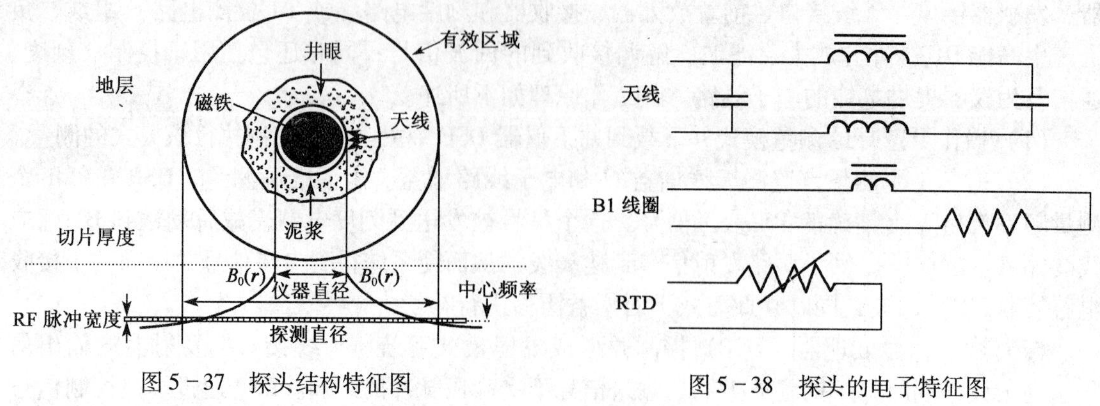

图 5－37 探头结构特征图　　图 5－38 探头的电子特征图

3）电容（MRCC－D）

MRIL－Prime 电容部分提供额外的井下能量存储，能够在发射器发射高频脉冲时补充由于电缆电阻对地面供电电能的损耗，此时输出大量能量；还包括滤波消除 MRIL 数据与 DSP 通信间的干扰。

5.6.3 随钻感应电阻率测井仪器

为了开发薄油层以及残余油，随钻地质导向仪器已经变得相当重要。英国 Geolink 公司的随钻感应电阻率测井仪器 TRIM（Tool Resistivity Induction MWD）与原有的 MWD 定向系统及随钻自然 γ 测井仪器一起组成双参数地质导向仪器，根据随钻 2 道地质参数（自然 γ、电阻率）的测量曲线，再利用邻井的测井资料，就可以定性描述开发地层的地质构成，满足定向轨迹测量和地质导向的要求，控制轨迹沿有效产层钻进。该仪器的测井响应与常规使用的电缆感应测井（20kHz）一致，测量结果可以直接融入现行的测井解释体系，对准确评价地层和进行地层对比以及油藏描述具有重要的意义。

1. 测量方法

感应测井是利用电磁感应原理测量地层电导率的测井方法。随钻感应电阻率测量的理论依据是电磁波的传播效应，对于固定的电磁场，不同的地层由于其地质参数的差异对电磁场的响应也各不相同，不同的钻井环境（如油基钻井液，空气钻井）同样也会影响电磁场的分布，通过检测电磁场的变化，就可以获得地层和钻井环境的有关信息。由于是进行随钻测量，地层暴露时间短，钻井液对地层的侵入很小，因此，地层信息的获取十分准确。另外，用这种方法得到的测井响应与电缆深感应测井的探测深度相类似，这种探测深度可以减少井眼环境及钻井液侵入对地层测量产生的影响。因而，不需要对在不同钻井液（水基、油基、气基及泡沫基）作业中所产生一系列复杂的环境影响进行校正，就能够得到地层真实电阻率值。

2. 工作原理

感应电阻率仪器装置安装在无磁电阻率钻铤短节的一侧，由传感器（即线圈系）、控制电路组成，如图 5－39 所示。

随钻感应电阻率仪器是目前钻井行业中唯一实现将感应测井方法与随钻相结合的测井仪

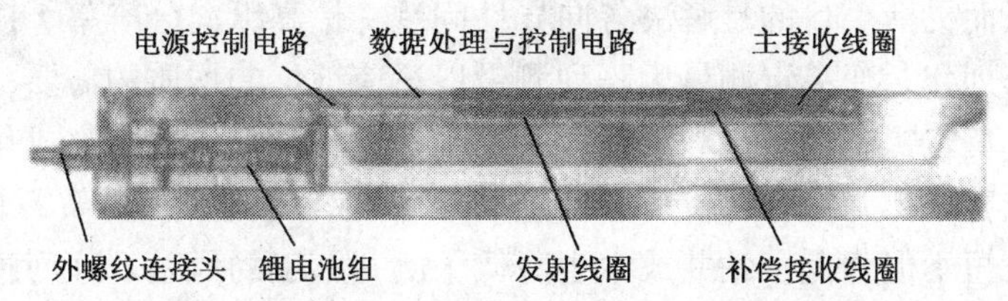

图 5－39　随钻感应电阻率测井仪器结构

器。其工作原理与电缆感应测井仪器原理相同，采用了复合线圈系以改善径向特性，通过电源控制电路产生 20kHz 交流电流供给发射线圈，激发产生一个变化的磁场（主磁场），并传播进入地层，在井眼周围的地层中产生感应电流，这些电流产生了能够被接收线圈接收的二级磁场。

由于二级磁场的作用而使接收线圈产生的电压的幅值和相位是地层电导率的函数，因此，通过控制电路的处理可以得到地层电导率，它的倒数就是地层电阻率。2 个接收线圈的作用是消除主磁场的干扰。每个接收线圈的感应电压大小相等、极性相反，该电压有助于消除在主磁场和接收线圈间的干扰。电压相互平衡技术能使其有比单接收线圈更高的灵敏度和垂直分辨率。TRIM 工具由锂电池组提供能量，锂电池组使用寿命 250h。在电池顶部装有 1 个外螺纹连接头，它可与定向仪器串的底部内螺纹连接头相连接，以使 TRIM 工具向定向测量系统传送实时电阻率数据，并通过 MWD 的钻井液脉冲传输系统传送到地面，经软件处理后得到实时电阻率测井曲线；同时，将电阻率数据储存在数据处理与控制电路中的存储器中，当传输中断时，它可保持一份备份记录，当起完钻后可以进行回放，经处理后，得到回放的电阻率测井曲线。井下存储读取率可以设置为 8～200 次/s，以使之同期望的机械钻速（ROP）相匹配，得到比实时数据更精确的高分辨率测井曲线。

5.7　测井仪器技术发展

测井方法和仪器的发展反映了现代科技的发展，测井仪器或测量技术的创新和进步会使那些原来无法实现的测井方法得以实现。随着油气勘探进程的加快和勘探程度的提高，中国油气勘探和油气田开发地质及工程难度越来越大，测井面临高含水油田开发测井、超深井和水平井测井等技术难度。美国的高新技术是针对高产油气勘探开发的，对中国高含水、低产油气勘探开发有些不足，所以，中国必须建立适合自己的油气地质特点的测井新理论、新方法、新仪器和测井数据处理解释评价技术。目前测井技术主要发展方向是：成像测井、随钻测井、核磁测井、多井精细解释技术、高温高压井的测量与解释、水平井的解释模型及方法研究，过套管井的剩余油饱和度测量方法及解释技术等。未来发展方向体现在下述几个方面。

1. 地面系统综合化、便携化、网络化

未来的地面系统要具有多种作业功能，不仅可以挂接成像测井仪器和常规测井仪器，进行裸眼井测井，还能挂接生产测井、测试、射孔、取心等工具，进行套管井测井，满足全系列测井服务的要求。

2. 井下仪器集成化、高分辨、深探测、高可靠、高时效、低成本

测井仪器向阵列化、系列化、数字化、标准化和集成化多功能方向发展，表现为信息采

集量大，组合性强而灵活。目的是解决各向异性问题、提高纵向分辨率、横向探测深度。井下仪器测量探头阵列化，变单点测量为阵列测量以适应地层非均质的需要，为储层评价的深入提供丰富信息，奠定提高储层饱和度精度的基础。各种测井仪器的集成化测量不但提高了测井时效，而且改善了测井综合评价所需信息的一致性，提高了测井资料的整体评价水平，同时仪器长度的缩短不但降低了钻井成本也降低了测井施工的风险。阵列感应测井、阵列侧向测井和阵列声波测井是测井技术发展主流的具体体现。以方位侧向、多分量感应和交叉偶极子声波测井为代表的储层各向异性测井不但实现了三维测井，也为突破薄储集层测井评价的瓶颈技术指明了方向。因此，井下仪阵列化和集成化已经成为测井技术发展的主流，储层物性各向异性测井技术研究是单项测井技术发展的方向。

3. 随钻测井小型化、集成化，应用范围和测量项目日益完善

目前，随钻测井已能进行几乎所有的电缆测井项目，其应用范围在不断扩大。国外，在海上，几乎所有的裸眼测井作业都采用随钻测井技术；在陆地上，特别是大斜度井和水平井，以采用随钻测井技术为主。随钻测井技术日益成熟，地质导向和地层评价作用越来越大。另外，随钻测井方法的多样化，如随钻声、电、核、核磁、地层测试等方法都已出现，随钻地层评价全面替代电缆测井是必然结果。

4. 生产工程测井逐渐向油藏动态监测方向发展和完善

过套管电阻率测井为油田三次开发提高采收率提供了新的监测方法，井下永久传感器使得油藏生产开发状态的监测工作由长周期定期测试向全面实时动态监测方向发展。

5. 测井解释软件综合化、网络化、可视化

从国外三大测井公司的软件到国内各公司自行开发的软件都能体现综合化、网络化、可视化。主要解释软件有：西方阿特拉斯公司开发研制的 express 软件系统、斯伦贝谢公司开发研制的 Geo Frame 处理解释系统、哈里伯顿国际公司开发研制的工作站综合解释软件系统 DPP、中国开发研制的单井地层评价测井处理解释软件系统 Forward、START、多井综合评价系统 Cif2000 和生产测井软件系统 WATCH。开发具有自主知识产权的测井处理解释人机一体三维可视化软件系统，进一步深化国产软件功能并得到推广。

根据目前保持较高原油价位的国际石油形势、大型测井装备的更新换代规律、IT 技术和相关学科的高速发展等因素综合分析，测井装备发展的又一个高峰期可能即将到来。基于不同原理和方法的成像测井系统正趋于成熟。以各种地球物理方法为基础的阵列传感器又进入一个新的层次（全向探测，全向解析），通过电缆的数据传输经优化和压缩达到 10Mb/s 以上的速率（这是完全可能的）甚至利用光纤达到千兆波特（多通道实时“可视”）。基于大规模集成的 SOC 技术、千亿次车载计算平台和 64 位操作系统的成熟应用，所有这些必将使测井装备在信息获取和处理方面进入一个崭新的层次，人们真正清楚地了解井下地层的时代可能已经不远了。

复习思考题

1. 试述石油测井原理，测井技术是如何分类的？
2. 说明测井仪器系统的组成，其工作原理是什么？
3. 何为视电阻率，它的电极系数如何计算？电阻率测井原理是什么？

4. 感应测井原理是什么？电磁波测井与介电测井有何区别？

5. 声波测井中，滑行纵波为首波的条件是什么？如 $v_f = 1600m/s$，$a = 0.1m$，相当于换能器外径0.051m，井眼直径0.254m，最低速泥岩 $v_f = 1800m/s$，$L' = 0.825m$，最高速白云岩 $v_p = 7900m/s$，$L' = 0.25m$。求声速测井常用源距。

6. 核磁共振成像的原理什么？T_2 分布包含了哪些岩石物理信息？

7. 说明随钻测井原理，它的优点是什么？

8. 图示说明井下视频成像测井系统的组成。

9. 无线随钻测量仪器信息传输方式有哪些，说明工作原理。

10. 测井技术未来的发展方向是什么？

第 6 章　计量基础与误差分析

提要： 介绍了计量单位和单位制方面的知识，包括国际单位制构成，我国的法定计量单位，量纲和谐原理与量纲分析方法，详细讨论了测试过程中涉及的误差分类、误差计算方法、误差的消除与误差表示等误差理论知识，以及测量结果的数据处理方法。

6.1　概述

计量学研究一切有关测量的理论和实践问题。其内容包括研究确定计量单位和单位制、计量单位的复现方法和建立基准标准体系、量值传递和溯源方法，误差理论及测量结果的质量保证。哲学研究认为，事物的性质是由质和量两方面来体现的。科学发展的历史表明，无论是自然科学还是社会科学，在初始阶段都是从定性描述发展起来的，后来又都向定量描述阶段过渡，最后以理论来表述。当代自然科学乃至社会科学都普遍处于计量化的过程之中，社会生活的许多方面呈现日益数字化的趋势。数学表达是对自然规律最严谨的描述，没有定量的实验观测便难以证明这种表达的正确性。

自然科学为技术发展奠定了基础。但技术科学的成果倘若没有可供工程计算的基本数据就不可能进行工程设计，也不可能形成规模生产能力。不言而喻，测量是获取基本数据必不可少的手段。现代化生产是专业分工的社会化大生产，产品要有互换性，要求对工艺过程进行严格的控制以保持产品性能的一致性，保证产品质量生产过程中的测量和控制。它不可能像手工作业凭经验操作，而要求对多种工艺参数进行在线的甚至随机的测量和控制。在商品经济的发展中，要求低投入多产出，提高劳动效率、节约原材料是降低投入与产出比的两大方面。显然生产过程的自动化是当前提高生产劳动效率的主要途径，而节约原材料和能源除了有赖于设计和工艺方法的改进外，还与生产过程的控制有关。自动测量不但替代了人的感官功能，而且在灵敏度、量程以及忍受的环境条件方面早已超出了人类感官的范围，有些人类尚无法感觉到的物质和现象可以靠传感器探测出来。所以测量是人类获取生产过程信息的唯一途径。

信息科学是获取信息、传递信息和处理信息的科学。人们获取信息，对自然的认识是由感性到理性，由定性到定量的过程。现代科学对自然的探索主要靠更精密、更高级的传感技术及测量仪器定量而精确的获得信息。例如，对遥远的星际发出的脉冲波谱需要进行准确的定量分析；对医学诊断中应用的核磁共振需要极高的准确度测量其频率；对微小的脱氧核糖核酸（DNA）也需要进行精确的排序。所有这些测量使用的仪器都必须通过计量校准，从确保其测量结果的准确可靠来讲，计量科学是准确获取信息的基础和保证。

6.2　计量基础

6.2.1　基本概念

1. 可测的量（Measurable Quantity）

量是可以定性区别并能定量确定的现象、物体或物质的属性。通常所说的量是指可以测量的量。可相互比较并按大小排序的量称为同种量。若干同种量合在一起可称为同类量，例如，功和热能。量可以是标量，如质量；也可以是矢量（或向量），如速度、加速度等。广义的量，如长度、时间、电阻；特定意义的量，如杆的长度、导线的电阻。量可以用符号表达，如功率为

$$P = \frac{W}{t} \tag{6-1}$$

量在特定情况下总是可测知的。此外，物理量也可以用数值和单位的乘积表示，例如，12V190 型柴油机的功率为 982 千瓦，可以写成：$P = 982\text{kW}$。

2. 量制（Quantity System）

彼此间存在确定关系的一组量，即在特定科学领域中的基本量和相应导出量的特定组合。一个量制可以有不同的单位制。

3. 单位（Unit）

在同类量中，选出一个特定的量作为参考量，用这个参考量与其他同类量进行比较（或对比），以表示同类量的大小，则这个参考量就称为单位。单位是量度各种物理量数值大小的标准量，是“量”的表征。例如，为了表达长度、宽度、高度、半径和距离的大小，可以用市尺、市丈、米、英尺或码作为参考量度量其大小。则市尺、市丈、米、英尺或码就称为长度的单位。在国际单位制中，长度选定“米”为基本单位。同类量的量纲必然相同，但相同量纲的量未必同类。

4. 基本量和基本单位

1）基本量（Fundamental Quantity）

一组彼此相互独立的量称为基本量。在制定一种单位制之前，首先要选定一组彼此相互独立的量为基础，其他的量则由这一组彼此相互独立的量通过物理方程导出。在单位制发展的历史上，有各种单位制及相应的基本量。例如，在工程上常见的单位制及其基本量见表 6-1。

表 6-1　各种单位制的基本量及基本单位

单位制	长度	质量	时间	力
厘米、克、秒制	cm（厘米）	g（克）	s（秒）	—
米、千克、秒制	m（米）	kg（克）	s（秒）	—
工程单位制	m（米）	—	s（秒）	kgf（千克力）

2）基本单位（Fundamental Unit）

在每一类基本量中，虽然有大小若干个单位，但有独立定义的单位只有一个，这个单位称为基本单位。而其他单位则以基本单位为基础给予定义。

基本单位的选择应符合下述几项原则：

（1）基本单位的定义应该是科学的、严格的和明确的；

（2）基本单位必须能以很高的精度复现和保持长期稳定不变；

（3）基本单位应便于和导出单位建立联系，也就是便于用它来检验导出单位的准确度。

5. 辅助量及辅助单位

除基本量外，还有辅助量及辅助单位。如 SI 辅助量是平面角和立体角，对应的 SI 辅助单位为弧度和球面度。

6. 导出量及导出单位

1）导出量（Derived Quantity）

由基本量通过物理方程导出的物理量称为导出量。导出量是以基本量的函数来定义的。

例1 密度 ρ 是单位体积内所含有的质量，即

$$\rho = \frac{m}{V} \tag{6-2}$$

密度是基本量质量与基本量长度的三次方之比，密度就是导出量。除基本量外，物理学中的其他物理量都是导出量，如力、功、功率、电荷、电阻、磁通等都是导出量。

2）导出单位（Derived Unit）

由基本单位和辅助单位以相乘、相除形式构成的单位称为导出单位。

例2 $v(\text{速度}) = \frac{A(\text{距离})}{T(\text{时间})}$，则速度的单位为

$$[v] = \frac{[A]}{[T]} \tag{6-3}$$

距离是属于长度的量，其SI基本单位是米（m），而时间的SI基本单位是秒（s），所以

$$[v] = \frac{\text{m}}{\text{s}} \quad (\text{米每秒}) \tag{6-4}$$

把“米每秒”称为SI导出单位。在国际单位制中，导出单位的数量与物理量的数量是相等的。

6.2.2 国际单位制

1. SI单位制缘起

单位制指为已规定的量制按规则确定的一组基本单位和导出单位。

SI是国际单位制（International System of Units）的简称，取自于法文：Système international d'unités（SI）。1948年召开的第九届国际计量大会做出了决定，要求国际计量委员会创立一种简单而科学的、供所有米制公约组织成员国均能使用的实用单位制。1954年第十届国际计量大会决定采用米（m）、千克（kg）、秒（s）、安培（A）、开尔文（K）和坎德拉（cd）作为基本单位。1960年第十一届国际计量大会（CGPM）决定将以这六个单位为基本单位的实用计量单位制命名为“国际单位制”，并规定其符号为“SI”。1974年的第十四届国际计量大会又决定增加将物质的量的单位摩尔（mol）作为基本单位。因此，目前国际单位制共有七个基本单位。

国际单位制是国际计量会议以米、千克、秒为基础所制定的单位制。后经修改和补充，成为世界上通用的一套单位制。

2. SI单位

SI单位是国际单位制中构成一贯制的那些单位。除质量外，均不带词头（质量的SI基本单位为千克，kg）。SI单位由三部分组成：

SI 单位
- SI 基本单位:米(m)、千克(kg)、秒(s)、安培(A)、开尔文(K)、摩尔(mol)、坎德拉(cd)
- SI 辅助单位:弧度(rad)、球面度(sr)
- SI 导出单位:即一贯制导出单位

3. SI 词头

只有 SI 单位，还不能满足不同领域需要不同大小的单位，例如，长度的 SI 基本单位为米。对天文学来说，米的单位就显得太小，而对物质结构的微观世界来说，米的单位又太大了。为了适应不同领域的需要，国际单位制规定了一套词头，称为 SI 词头。把 SI 词头加在 SI 单位前就可以构成国际单位制的倍数和分数单位。

词头多用于科学研究和工程技术方面，日常生活中一般不使用词头。规定使用的词头名称、符号及所代表的因数见表 6－2。

表 6－2　用于构成十进倍数和分数单位的词头

表示的因数	词 头 名 称	词 头 符 号
10^{24}	yotta 尧［它］	Y
10^{21}	zetta 泽［它］	Z
10^{18}	exa 艾［可萨］	E
10^{15}	peta 拍［它］	P
10^{12}	tera 太［拉］	T
10^{9}	giga 吉［伽］	G
10^{6}	mega 兆	M
10^{3}	kilo 千	k
10^{2}	hecto 百	h
10^{1}	deca 十	da
10^{-1}	deci 分	d
10^{-2}	centi 厘	c
10^{-3}	milli 毫	m
10^{-6}	micro 微	μ
10^{-9}	nano 纳［诺］	n
10^{-12}	pico 皮［可］	p
10^{-15}	femto 飞［母托］	f
10^{-18}	atto 阿［托］	a
10^{-21}	zepto 仄［普托］	z
10^{-24}	yoct 幺［科托］	y

4. 国际单位制

1）国际单位制的构成

国际单位制是由 SI 单位、SI 词头和 SI 单位的十进制倍数和分数单位三部分组成。

国际单位制(SI)
- SI 单位
  - SI 基本单位(m,kg,s,A,K,mol,cd)
  - SI 辅助单位(rad,sr)
  - SI 导出单位(一贯性导出单位)
- SI 词头
- SI 单位的十进倍数和分数单位

2）国际单位制的单位

SI 是国际单位制的简称。SI 单位并不是“国际单位制的单位”的同义语，两者的概念不同。SI 单位包括 SI 基本单位、SI 辅助单位和 SI 导出单位，而国际单位制的单位是指 SI 单位和 SI 单位的十进倍数和分数单位的总和。例如，长度的 SI 基本单位是米，而长度的国际单位制的单位不仅包括米，而且也包括米的倍数和分数单位：千米（km）、厘米（cm）、毫米（mm）、微米（μm）、纳米（nm）、皮米（pm）、飞米（fm）等。所以，SI 单位不等于国际单位制的单位，SI 单位是国际单位制的单位的一个组成部分。

（1）SI 基本量及 SI 基本单位。

在国际单位制中，根据当代最先进的科学技术水平，选定的七个基本量及七个基本单位分别构成国际单位制的基本量及基本单位，称为 SI 基本量及 SI 基本单位，见表 6－3。

表 6－3　SI 基本量及 SI 基本单位

量的名称	单位名称	单位符号
长度	meter 米	m
时间	second 秒	s
质量	kilogram 千克［公斤］	kg
电流	Amper 安［培］	A
热力学温度	Kelvin 开［尔文］	K
发光强度	candela 坎［德拉］	cd
物质的量	mole 摩［尔］	mol

（2）SI 辅助量及 SI 辅助单位。

在国际单位中，还确定了两个 SI 辅助量，它们是平面角和立体角，对应的 SI 辅助单位为弧度和球面度。这两个单位即可作为基本单位使用，又可作为导出单位使用，称为辅助单位，见表 6－4。

表 6－4　SI 辅助单位

量 的 名 称	单 位 名 称	单 位 符 号
［平面］角	radian 弧度	rad
立体角	steradian 球面度	sr

（3）SI 导出量及 SI 导出单位。

SI 导出单位是指在导出量的定义方程中，当各基本量以 SI 基本单位代入时，定义方程的系数为 1 时得出单位就称为 SI 导出单位。SI 导出单位是指一贯性导出单位。常用的具有专门名称的 SI 导出单位见表 6－5。

表 6－5　SI 导出单位示例

量 的 名 称	单 位 名 称	单 位 符 号	其他表示示例
频率	赫［兹］	Hz	s^{-1}
力，重力	牛［顿］	N	$kg \cdot m/s^2$
压力，压强，应力	帕［斯卡］	Pa	N/m^2
能量，功，热量	焦［耳］	J	$N \cdot m$
功率，辐［射量］通量	瓦［特］	W	J/s
电荷［量］	库［仑］	C	$A \cdot s$
电位，电压，电动势（电势）	伏［特］	V	W/A
电容	法［拉］	F	C/V
电阻	欧［姆］	Ω	V/A
电导	西［门子］	S	A/V
磁通［量］	韦［伯］	Wb	$V \cdot s$
磁通［量］密度，磁感应强度	特［斯拉］	T	Wb/m^2
电感	亨［利］	H	Wb/A
摄氏温度	摄氏度	℃	—
光通量	流［明］	lm	$cd \cdot sr$
［光］照度	勒［克斯］	lx	lm/m^2
［放射性］活度	贝可［勒尔］	Bq	s^{-1}
吸收剂量	戈［瑞］	Gy	J/kg
剂量当量	希［沃特］	Sv	J/kg

例 3　力的定义方程为：$F = ma$，这是一个导出量。力的单位方程为

$$[F] = [m][a] \tag{6-5}$$

质量的 SI 基本单位是千克（kg），加速度是一个导出量，它的定义方程是

$$a = \frac{\Delta v}{\Delta t}$$

加速度的一贯性导出单位为

$$[a] = m/s^2$$

代入力的单位方程（6－5）中，则

$$[F] = 1kg \cdot m/s^2$$

所以，力的单位“千克米每二次方秒”就称为 SI 导出单位（或者称为一贯性导出单位）。

综上所述，SI 导出单位必须具备两个条件：其一是导出量中的各基本量必须是 SI 基本单位；其二是单位方程的系数必须是 1。

例 4 速度的定义方程为

$$v = \frac{A}{t}$$

如果时间的单位取秒（s），长度的单位取厘米（cm），则

$$[v] = 1\text{cm/s}$$

虽然单位方程的系数为 1，时间秒也是 SI 基本单位，但长度厘米不是 SI 基本单位，因此，速度单位“厘米每秒”就不是 SI 导出单位，但“厘米每秒”是国际单位制的单位。

例 5 千瓦小时是电工上使用的单位。电就是用这个单位出售给用户的。它的定义是：在 1 伏特的电动势下，1 千安培电流流动 1 小时所包含的能量，即

$$1\text{kW} \cdot \text{h} = 1\text{V} \times 1000\text{A} \times 3600\text{s}$$

$$= 3.6 \times 10^6 (\text{kg} \cdot \text{m}^2 \cdot \text{s}^{-2})$$

在千瓦小时的单位方程中，各基本量都是 SI 基本单位，但由于单位方程的系数不是 1，因此，千瓦小时不能称为 SI 导出单位。

5. SI 单位的十进制倍数单位

由词头加在 SI 单位之前构成相应的倍数（包括分数）单位。七个基本单位的十进制倍数（分数）单位见表 6－6。

表 6－6 SI 基本单位的十进倍数（分数）单位

量	分 数 单 位	SI 基本量纲	倍 数 单 位
长度	pm，nm，μm，mm，cm	m	km
时间	ns，μs，ms	s	ks
质量	μg，mg，g	kg	Mg
电流	pA，nA，μA，mA	A	—
物质的量	μmol，mmol	mol	kmol
热力学温度	—	K	—
发光强度	—	cd	—

6. SI 基本单位及辅助单位的定义

国际单位制是计量学研究的基础和核心。特别是七个基本单位的复现、保存和量值传递是计量学最根本的研究课题。到目前为止，七个基本单位最科学的定义如下：

（1）长度：米（m），米是 1/299792458s 的时间间隔内光在真空中行程的长度。

（2）质量：千克（kg），千克定义为国际千克原器的质量。

（3）时间：秒（s），1s 为铯－133 原子基态两个超精细能级间跃迁辐射 9，192，631，770 周所持续的时间。国际原子时是根据秒的定义的一种国际参照时标，属国际单位制（SI）。

（4）电流：安［培］（A），安培是一恒定电流，若保持在处于真空中相距 1m 的两无限长，而圆截面可忽略的平行直导线内，则两导线之间产生的力在每米长度上等于 2×10^{-7}N。

（5）热力学温度：开［尔文］（K），以绝对零度（0K）为最低温度，规定水的三相点的温度为273.16K，1K等于水三相点温度的1/273.16。热力学温度T与人们惯用的摄氏温度t的关系是$T=t+273.16$，因为水的冰点温度近似等于273.16K，并规定热力学温度的单位开（K）与摄氏温度的单位摄氏度（℃）完全相同。

（6）发光强度：坎［德拉］（cd），坎德拉是一光源在给定方向上的发光强度，该光源发出频率为540×10^{12}Hz的单色辐射，而且在此方向上的辐射强度为1/683W每球面度。定义中的540×10^{12}Hz辐射波长约为555nm，它是人眼感觉最灵敏的波长。

（7）物质的量：摩［尔］（mol），摩［尔］是指所包括的基本单元数与0.012千克碳-12的原子数目相等的系统的物质的量。根据科学测定，0.012千克碳-12所含的C原子数为6.0220943×10^{23}（阿伏加德罗常数）。所以，凡是含有阿伏加德罗常数个基本单元（约6.022×10^{23}）的物质，其物质的量为1摩［尔］。物质的量单位“摩尔”是表示组成物质基本单元数目多少的物理量（物质的量是一个专用名词，不可分割和省略），“摩尔”是物理量物质的量的单位，在使用“摩尔”时应指明基本单元可以是原子、分子、离子、电子或其他粒子，也可以是这些粒子的特定组合。

（8）平面角：弧度（rad），以长为圆周长（$2\pi r$）的弧所对的圆心角为2π弧度，半个圆周长的弧所对的圆心角为π弧度。

（9）立体角：球面度（sr），以r为半径的球的中心为顶点，展开的立体角所对应的球面表面积为r^2，该立体角的大小就是1球面度。

7. 国际单位制的优越性

1）统一性

国际单位制选定了七个基本量及其相应的基本单位。每一个基本单位都有严格的定义。容易复现，并反映了现代科学技术的最新水平。用这七个基本量和基本单位可构成所有的理论科学和技术科学所用的各种单位，不仅能满足各学科所需单位的要求，并能使各个学科之间的单位得以统一。例如，用米、千克、秒可构成几何学、运动学、力学、声学单位；开尔文可构成热力学单位；安培可构成电学、电磁学的单位；坎德拉可构成光学单位；摩尔可构成化学、物理化学单位。

2）科学性

国际单位制对各单位都规定了科学而明确的概念，并澄清了许多量和单位的模糊概念。例如，长期以来，千克在“米-千克-秒制”中是质量的单位，而在工程单位制中，千克（力）又是三个基本量（即长度、力、秒）之一力的基本单位。千克（力）是这样定义的，一千克质量的物体在北纬45°海平面上所受的重力（地球引力）定义为一个力的单位。因此，人们常常分不清千克什么时候是质量的单位，什么时候是力的单位。实际上，质量和重力（重量）是两个不同性质的量，使用不同单位，就能更准确、更科学地表达质量和重量的概念。

3）继承性

国际单位制是在米制基础上发展起来的，继承了米制的精华，克服了米制的不足之处，使之更加完善。其继承性主要表现在下述几方面。

（1）继承了米制先进的十进位制。

历史上许多单位制是非十进位制，例如，我国的老秤就是1斤等于16两，使用时造成许多不便之处。国际单位制中的倍数和分数单位是用10进位词头加在SI单位之前构成的。

其命名方法也具有简便的系统性，使用十分方便。例如，长度单位 m（米）有：km（千米），cm（厘米），mm（毫米），μm（微米），nm（纳米），pm（皮米），fm（飞米）等。

（2）继承了米制大部分常用单位。

国际单位制的基本单位和导出单位，大部分是在米制中得到广泛应用的单位。例如，基本单位的米、千克、秒、安培都是过去人们所熟悉的；一贯性导出单位的米、米/秒、伏特、欧姆、焦耳等也都是常用的单位。

4）先进性

国际单位制体现了当前世界科学技术的最先进水平。其先进性主要体现在下述几方面。

（1）定义先进。

在七个基本量中，除质量单位千克以外，其他六个基本量的基本单位都实现了自然基准。其定义都反应了当今科学技术的先进水平，例如，秒由回归年秒定义改为原子秒定义就是由于科学水平已经发展到了原子秒时代。

（2）复现精度高。

随着科学技术的发展，复现精度不断提高。目前七个基本单位复现准确度如下：

米（m）　　复现精度为 10^{-9}

千克（kg）　　复现精度为 10^{-9}

秒（s）　　复现精度为 10^{-13}

安培（A）　　复现精度为 10^{-6}

开尔文（K）　　复现精度为 10^{-8}

摩尔（mol）　　复现精度为 10^{-5}

坎德拉（cd）　　复现精度为 10^{-4}

6.2.3 国家法定单位制

1960 年以来，国际计量会议以“米-千克-秒制”为基础，制定了国际单位制（简称 SI）。国际单位制是在米制基础上发展起来的，于 1960 年第 11 届国际计量大会通过。目前已有 80 多个国家宣布采用国际单位制，工业比较发达的国家几乎全部采用了国际单位制。我国在 1986 年 7 月 1 日起实施的《中华人民共和国计量法》中规定：国家采用国际单位制。国际单位制计量单位和国家选定的其他计量单位，为国家法定计量单位。国家法定计量单位的名称、符号由国务院公布。

1. 我国法定计量单位的构成

我国新颁布的法定计量单位，是以国际单位制单位为基础，根据我国的实际情况，保留了少数国内外习惯或通用的非国际单位制单位构成的。

我国的法定计量单位包括：

（1）国际单位制的基本单位（见表 6－3，共 7 个）；

（2）国际单位制的辅助单位（见表 6－4，共 2 个）；

（3）国际单位制中具有专门名称的导出单位（见表 6－5，共 19 个）；

（4）国家选定的非国际单位制单位（见表 6－7，共 10 个）；

（5）由以上单位构成的组合形式的单位；

（6）由词头和以上单位所构成的十进倍数和分数单位（词头见表 6－2）。

表 6-7 国家选定的非国际单位制单位

量的名称	单位名称	单位符号	换算关系和说明
时间	分 （小）时 日（天）	min h d	1min = 60s 1h = 60min = 3600s 1d = 24h = 86400s
平面角	（角）秒 （角）分 度	(″) (′) (°)	1″ = （π/648000）rad（π 为圆周率） 1′ = 60″ = （π/10800）rad 1° = （π/180）rad
旋转速度	转每分	r/min	1r/min = （1/60）s^{-1}
长度	海里	n mile	1n mile = 1852m（只用于航程）
速度	节	kn	1kn = 1n mile/h = （1852/3600）m/s（只用于航行）
质量	吨 原子质量单位	t u	1t = 10^3kg 1u = 1.6605655 × 10^{-27}kg
体积	升	L（l）	1L = 1dm^3 = 10^{-3} m^3
能	电子伏	eV	1eV ≈ 1.6021892 × 10^{-19}J
级差	分贝	dB	—
线密度	特（克斯）	tex	1tex = 1g/km

2. 单位的名称和符号

在有关量和单位的 15 个国家标准中，共列出了 600 多个物理量及相应的单位名称和符号，其中只有 19 个单位给予了专门名称，见表 6-5。为了说明大量的 SI 导出单位的名称和符号，列出表 6-8。

表 6-8 量和单位的名称及符号

量的名称	SI 基本单位表达式	中文名称	SI 单位表达式	中文名称	中文符号
力	kg · m · s^{-2}	千克米每二次方秒	N	牛顿	牛
功	kg · m^2 · s^{-2}	千克二次米每二次方秒	N · m = J	焦耳	焦（牛 · 米）
压力	kg · m^{-1} · s^{-2}	千克每米二次方秒	N/m^2 = Pa	帕斯卡	帕
功率	kg · m^2 · s^{-3}	千克二次方米每三次方秒	J/s = W	瓦特	瓦
密度	kg · m^{-3}	千克每立方米	—	—	千克 · $米^{-3}$
线密度	kg · m^{-1}	千克每米	—	—	千克 · $米^{-1}$
电压	kg · m^2 · s^{-3} · A^{-1}	千克二次方米每三次方秒安	W/A = V	伏特	伏

（1）凡SI单位名称来源于人名者，原则上都给予音译的中文名称。例如，力的单位的中文名称为“牛顿”，压力单位的中文名称为“帕斯卡”，电流单位的中文名称为“安培”等。

（2）组合单位的中文名称与国际符号表示的顺序一致。

符号中乘号没有对应的名称，除号的对应名称为“每”字，无论分母有几个单位，“每”字都只出现一次。例如，比热容单位的国际符号为J/（kg·K），这个单位的中文名称是“焦耳每千克开尔文”，而不是“每千克开尔文焦耳”或“焦耳每千克每开尔文”。

（3）乘方形式的单位名称，其顺序应是指数名称在前，单位名称在后。相应指数的名称由数字加“次方”二字构成。例如，动量矩单位的国际符号是$kg \cdot m^2/s$，该单位的中文名称是“千克二次方米每秒”。

（4）当长度的二次和三次幂是特指面积和体积时，则相应的指数名称为“平方”和“立方”，并置于长度单位之前，其他情况称为“二次方”和“三次方”。例如，体积单位的国际符号为“m^3”，这个单位的中文名称是“立方米”，而截面系数单位的国际符号也是“m^3”，但它不是指体积，因此，这个单位的中文名称为“三次方米”。

（5）书写单位名称不加任何表示“乘”或“除”的符号或其他符号。例如，电阻率单位的符号为Ω·m，这个单位的中文名称为“欧姆米”，而不是“欧姆·米”、“欧姆一米”或“（欧姆）（米）”等。

3. 单位的国际符号

（1）计量单位的符号一律用正体字母：

①来源于人名的单位符号要正体大写。例如，力的单位的国际符号为“N”。

②非来源于人名的单位符号要正体小写。例如，长度单位的国际符号为“m”，时间单位的国际符号为“s”等。但升的国际符号“L”和天文单位距离的符号“A”例外。

③来源于人名的单位，且由两个字母构成者，则第一个字母正体大写，第二个字母正体小写。例如，压力单位的国际符号为“Pa”。

（2）由两个以上单位相乘或相除构成的组合单位的国际符号形式：

①由两个以上单位相乘构成的组合单位，其国际符号有两种形式。例如，动力粘度单位“帕斯卡秒”的国际符号是Pa·s。

若组合单位符号中，某单位符号同时又是词头符号并有可能发生混淆时，则应尽量将该单位的国际符号置于右侧。例如，力矩单位“牛顿米”的国际符号应写成“N·m”，而不应写成“mN”。否则，会被误认为是“毫牛”。

②由两个以上单位相除所构成的组合单位，其国际符号可采用三种形式。例如，密度的SI单位为“千克每立方米”，其国际符号可用kg/m^3；$kg \cdot m^{-3}$；kgm^{-3}。当可能发生误解时，尽量用圆点或斜线的形式。

③在用斜线表示相除时，单位符号的分子和分母都与斜线处于同一行内。当分母中包含两个以上单位符号时，整个分母一般应加圆括号；在j个组合单位的符号中，除加括号避免混淆外，斜线不得多于一条。例如，传热系数单位的国际符号应是“$W/(m^2 \cdot K)$”，而不应是“$W/m^2/K$”。

（3）单位的名称或符号必须作为一个整体使用，不得拆开。例如，摄氏温度单位“摄氏度”表示的量值应写成并读成“20 摄氏度”，书写时应写成“20℃”。

（4）分子无量纲而分母有量纲的组合单位即分子为 1 的组合单位的符号，一般不用分式而用负数幂的形式。例如，波数（在波传播的方向上单位长度内的波周数目称为波数，其倒数称为波长）单位的符号是 m^{-1}，一般不用 1/m。

（5）单位和词头的符号应按其名称或者简称读音，而不得按字母读音。

（6）摄氏温度的单位“摄氏度”的符号℃，可作为中文符号使用，可与其他中文符号构成组合形式的单位。

（7）非物理量的单位（件、台、人等）可用汉字与符号构成组合形式单位。

4. 单位的中文符号

（1）在初中、小学课本和普及书刊中有必要时，可将单位的中文简称（包括带有中文词头的简称）作为这个单位的中文符号使用。这样的符号以下简称为“中文符号”。例如，“开”、“安”、“牛”、“帕”等，分别是“开尔文”、“安培”、“牛顿”和“帕斯卡”的简称，都可作为中文符号使用。

（2）由两个以上单位相乘所构成的组合单位，其中文符号只用一种形式，即用居中圆点代表乘号。例如，动力粘度单位“帕斯卡秒”的中文符号应为“帕·秒”，而不应写成“帕秒”、“[帕][秒]”、“帕[秒]”、“帕—秒”或“（帕）（秒）”等。

（3）由两个以上单位相除构成的组合单位，其中文符号可采用以下两种形式，如：密度单位的中文名称为“千克每立方米”，则它的中文符号可写成“千克/米^3”或“千克·米$^{-3}$”。

（4）在进行运算时，组合单位中的除号可用水平横线表示，如速度单位可写成：$\frac{米}{秒}$。

5. SI 词头使用规则

（1）按词头定义，SI 词头不能单独使用，必须加在单位之前才有意义。使用时，词头与所紧接的单位（即 SI 基本单位，SI 辅助单位和具有专门名称的 SI 导出单位，而不是指组合单位的整体）应作为一个整体对待，它们一起组成一个新单位（十进倍数单位）。例如，力的单位是牛顿（N），使用词头组成单位时，则有：MN，kN，mN，μN（兆牛、千牛、毫牛、微牛）。

用词头组成的单位，词头和单位具有相同的幂次，而且还可以和其他单位构成组合单位。例如：

$$1cm^3 = (10^{-2}m)^3 = 10^{-6}m^3$$

$$1\mu s^{-1} = (10^{-6}s)^{-1} = 10^6 s^{-1}$$

$$1mm^2/s = (10^{-3}m)^2/s = 10^{-6}m^2/s$$

SI 词头不得重叠使用。例如，10^{-9}应该用 nm，而不应该用 mμm，在电工技术中 10^{-12}F 应该用 pF，而不应该用 μμF。这里应该特别注意，由于质量的 SI 基本单位是“kg”，其中已经包括了 SI 词头“千”，所以质量的十进倍数单位由词头加在“克”前构成。如 10^{-6}kg 应写成 mg，而不应写成 μkg。

亿（10^8）、万（10^4）等是我国习惯用的数词，仍可使用。它们不是词头，不得与SI单位构成倍数单位或分数单位。例如，万公里可记为“万km”或“10^4km”；万吨公里可记为“万t·km”或“10^4t·km”。

（2）选用的SI单位的倍数单位和分数单位，一般应使量的数值处于0.1~1000范围内。例如：

1.2×10^4N 可写成12kN(千牛)

0.00394m 可写成3.94mm

11401Pa 可写成11.401kPa

3.1×10^{-8}s 可写成31ns

某些场合习惯使用的单位可以不受上述限制。例如，大部分机械制图使用的单位可以用毫米，导线截面积使用的单位可以用平方毫米（mm^2）。

词头h，da，d，c（百、十、分、厘），一般仅用于某些长度、面积和体积的单位，但根据习惯和方便也可用于其他场合。

有些国际单位制以外的单位，可以按习惯用SI词头构成倍数单位，但它们不属于国际单位制单位。例如，核物理中能的单位是电子伏特，常用GeV，MeV（吉电子伏、兆电子伏）表示。它们用了“M”和“G”这两个词头，但GeV，MeV仍然不是国际单位制的单位。

（3）摄氏温度单位“摄氏度”，角度单位“度”，“角分”，“角秒”和时间单位“分”、“时”、“日”不得用SI词头构成倍数单位。

词头的符号和单位的符号之间不留间隙，也不加表示乘积的其他符号。例如，km，mA。

单位和SI词头的中文名称，一般只宜在叙述性文字中使用。单位和词头的符号在公式、数据表、曲线图、刻度盘和产品铭牌等需要简单明了表示的地方使用，也用于叙述性文字中。

（4）只是应优先采用符号通过相乘构成的组合单位在加词头时，词头通常加在整个组合单位中的第一个单位之前。例如，力矩单位加词头时，应写成“kN·m”，而不宜写成“N·km”。

通过乘、除构成的组合单位在加词头时，词头一般都应加在分子中的第一个单位之前，分母中一般不用词头，但质量单位kg不作为有词头的单位对待。例如，电场强度单位应写成“MV/m”，而不宜用“kV/mm”；但质量摩尔浓度可用“mmol/kg”。

（5）当组合单位分母是长度、面积和体积单位时，按习惯与方便分母中可以选用词头构成倍数单位或分数单位。例如，密度的单位可以选用“g/cm^3”。

（6）在计算中，建议所有量值都应该用SI单位表示，词头应以相应的10的幂代替。“kg”本身是SI单位，在这种情况下，其中的“k”字不作为词头对待，即不应换成10^3g。

将SI词头的中文名称，置于单位名称的简称之前构成中文符号时，应注意避免与中文数词混淆，必要时应使用圆括号。例如，转速的量值不得写为3千秒$^{-1}$；如表示“三每千”，则应写为3（千秒）$^{-1}$（此处“千”为词头）；如表示“三千每秒”，则应写为3千（秒）$^{-1}$（此处“千”为数词）。

（7）SI词头的国际符号字母，当它所表示的因数小于10^6时，一律用正体小写体，大于或等于10^6时用正体大写。法定单位和词头的符号，不论拉丁字母或希腊字母，一律用正体，不附省略点，且无复数形式。

6.2.4 量纲分析

1. 量的表达式

量纲分析（Dimensional Analysis）是从分析参与某一现象各物理量的量纲出发，来求得所研究现象中各物理量之间一般关系的一种分析方法。

物理量是用于定量地描述物理现象的概念。对物理量的定量表达，既可以使用符号（物理符号），也可以使用数值与单位之积。用符号所表示的量在特定情况下，总是可测的。例如，大庆130钻机大钩的额定承载能力可表示为

$$Q = 1.3\mathrm{MN}\ (130\mathrm{t})$$

式中，Q为该钻机承载能力的量值；1.3为以MN为单位表达量Q的数值；MN为所选取的单位。

为了表明物理量的特性和计算规则，量和单位严格的表达式为

$$A = \{A\}[A] \tag{6-6}$$

式中　A——某一物理量的符号，表示其量值（数值与单位之积）；

　　$\{A\}$——以单位$[A]$表达量值A的数值；

　　$[A]$——所选用的单位。

可以认为：量值是数值与单位的乘积；数值是量值与单位之比；单位是量值与数值之比。

由于单位$[A]$是标量，因此，所表示的量值也是标量。对于矢量（向量）来说，其分量也可按上述方法表示。

将某一量用另外的单位表达时，当该单位等于原来单位的k^{-1}倍时，则新的数值等于原来数值的k倍，换句话说，量值与单位的选择无关。例如，钠的某一条谱线波长为

$$\lambda = 5.896 \times 10^{-7}\mathrm{m}$$

$$\lambda = \{\lambda\}[\lambda]_{\mathrm{SI}}$$

但如果单位不用m，而选用nm（$1\mathrm{nm} = 10^{-9}\mathrm{m}$），该单位为原单位$10^{-9}$倍，这时波长的量值的数值就增大为原来数值的$10^9$倍，即

$$\lambda = 5.896 \times 10^{-7}\mathrm{m}$$

$$= 5.896 \times 10^{-7} \times 10^{9}\mathrm{nm}$$

$$= 589.6\mathrm{nm}$$

为了区别量本身和用特定单位所表示的量的数值，在图表中，数值和单位可采用下列两种表示方式之一：

（1）用量与单位的比值表示数值，如 $\lambda/\mathrm{nm}=589.6$；

（2）把量的符号加上花括号，并用单位的符号作为下角标表示数值，如 $\{\lambda\}_{\mathrm{nm}}=589.6$。

采用第一种方式较好。

2. 量纲（Dimension）

量纲指以给定量制中基本量的幂的乘积表示该量制中某量的表达式，其数字系数为1。量纲在撇开单位的大小后，表征物理量的性质和类别，是“质”的表征。例如，速度量纲为［LT^{-1}］。量纲可分为基本量纲和导出量纲。

1）基本量纲（Fundamental Dimension）

在考虑一个量制时，必须在所研究的全部物理量中确立一组一定数量的彼此独立的量作为基本量。具有独立性的，不能由其他量推导出来的这些基本量的量纲称为基本量纲。

为了便于表达，常使用符号表达量纲。基本量的量纲规定用正体大写字母表示。在国际单位制中，七个基本量的量纲见表6－9。

表6－9　基本量的量纲

基本量	长度	质量	时间	电流	热力学温度	物质的量	发光强度
量纲	L	M	T	I	Θ	N	J

例如，长度、高度、半径、弧长、波长等，这些量的量纲都是长度。直径为2m的圆周长 $l=2\pi\mathrm{m}$，在这个物理量中，其数值为2π，m为单位，就量纲而言也是长度。

2）导出量纲（Derived Dimension）

导出量纲是指由基本量纲导出的量纲。除了基本量纲外，导出量纲是以代数关系由基本量纲导出（乘与除）。导出量纲显示出导出量与基本量的关系，用以定性地描述物理量，说明导出量与基本量之间的积商关系。

在GB 3101—1982《有关量、单位和符号的一般原则》中，对导出量规定用符号代表量的量纲，量 Q 的量纲为 $\dim Q$，读作“Q 的量纲”。

例6　速度的定义为

$$v=\frac{A}{t} \tag{6-7}$$

式中　A——距离，它的基本量纲符号为L；

t——时间，它的基本量纲符号为T。

因此，$\dim V=\mathrm{LT}^{-1}$。

例7　加速度的定义为　$a=\dfrac{\mathrm{d}v}{\mathrm{d}t}$，因此，$\dim a=\mathrm{LT}^{-2}$。

例8　力的定义为　$F=ma$，其中 m 为质量，它的基本量纲符号为M。因此，$\dim F=\mathrm{MLT}^{-2}$。

例9　压力的定义为　$p=\dfrac{F}{A}$，其中 A 为面积，它的量纲符号为 L^2。因此，$\dim p=\mathrm{ML}^{-1}\mathrm{T}^{-2}$。

例 10 电荷量的定义为 $Q = I \cdot t$，其中 I 为电流，它的基本量纲符号为 I，t 为时间，它的基本量纲符号为 T。因此，$\dim Q = \mathrm{IT}$。

其他常用力学量的量纲见表 6－10。

表 6－10 常用力学量的量纲

量	定 义	量 纲
质量	基本量	M
长度	基本量	L
时间	基本量	T
面积	长度平方	L^2
体积	长度立方	L^3
密度	质量/体积	ML^{-3}
能量	力×距离	ML^2T^{-2}
弧度	弧长/半径	1
角速度	角/时间	T^{-1}

这里应特别指出，数学中用的符号，表示在它左右两侧的信息是一样的，即所谓相等的关系。但是，量纲之间的相等关系只表示属性，不包括量的大小。

3. 量纲的一般表达式

任何一个量 Q，可以用其他量以方程的形式表示（即指导出量）。在这一表达式中，量 Q 也可以是若干项之和。例如，机械能可表示为

$$E = \frac{1}{2}mv^2 + mgh \tag{6-8}$$

其中每一项又可以表示为选定的一组基本量 A，B，C…的乘方之积，有时还乘以数字系数，如机械能 E 的第一项，其定义系数为 0.5。任意一个量 Q 的一般表达式为

$$Q = \varepsilon_1 A^\alpha B^\beta C^\gamma \cdots \tag{6-9}$$

式中 ε_1——数字系数，为无量纲的纯数；

A，B，C——选定的基本量；

α，β，γ——各基本量的指数。

当一个量是多项之和时，各项的量纲及量纲指数（α，β，γ）都应相同。在式（6－8）中，虽然各项出现的量不完全相同，但量纲及量纲指数都完全相同。如第一项的量纲为 ML^2T^{-2}，第二项的量纲为 $MLT^{-2}L$，即也是 ML^2T^{-2}，显而易见，量 Q 的量纲的表达式为量纲积，即

$$\dim Q = A^\alpha B^\beta C^\gamma \cdots \tag{6-10}$$

式（6－10）中，A，B，C，…为基本量 A，B，C…的量纲；α，β，γ，…为相应各基本量纲的指数，称为量纲指数。

在国际单位制中，选定了七个基本量，并规定了相应的各基本量纲。因此，量 Q 的量

纲一般表达式为

$$\dim Q = \mathrm{L}^{\alpha}\mathrm{M}^{\beta}\mathrm{T}^{\gamma}\mathrm{I}^{\delta}\theta^{\varepsilon}\mathrm{N}^{\xi}\mathrm{J}^{\eta} \tag{6-11}$$

由于选定了七个基本量，其中大多数的导出量，其量纲指数都是整数。

量纲符号用大写正体字母表示。无论其余文字的字体情况如何，量纲符号的这种字体不得改变。而表示物理量的符号所用字体，则无例外地总是用斜体字母（常称为意大利体），单位的符号也为正体（常称为罗马体），其中一部分也是采用大写字母（来源于人名的单位），如牛顿为 N，焦耳为 J，特斯拉为 T，这三个符号与量纲符号相同。如果必须与正文相区别以避免混淆时，可分别采用不同格式的正体大写字母。

4. 无量纲量

在量纲表达式中，其基本量量纲的全部指数均为零的量，这样的量称为无量纲量，也称纯数。无量纲量的特点：

（1）无量纲单位，它的大小与所选单位无关；

（2）具有客观性；

（3）在超越函数（对数、指数、三角函数）运算中，均应用无量纲数。

例 11　立体角 Ω，按其定义为 $\Omega = \dfrac{\text{面积}}{\text{半径的平方}}$。

面积的量纲是长度的平方，其量纲为 L^2，而半径的量纲也是长度，半径平方的量纲也是 L^2，即

$$\dim\Omega = \mathrm{L}^2/\mathrm{L}^2 = \mathrm{L}^0 = 1$$

例 12　相对密度 d，按其定义为 $d = \dfrac{\rho_1}{\rho_2}$，由于 $\dim\rho_1 = \mathrm{ML}^{-3}, \dim\rho_2 = \mathrm{ML}^{-3}$，则

$$\dim d = \mathrm{ML}^{-3}/\mathrm{ML}^{-3} = \mathrm{M}^0\mathrm{L}^0$$

若某一个量，所有量纲指数都等于零，则该量称为无量纲量，即量纲积或量纲为

$$\dim Q = \mathrm{L}^{\alpha}\mathrm{M}^{\beta}\mathrm{T}^{\gamma}\mathrm{I}^{\delta}\theta^{\varepsilon}\mathrm{N}^{\xi}\mathrm{J}^{\eta}$$

当

$$\alpha = \beta = \gamma = \delta = \varepsilon = \xi = \eta = 0 \text{ 时}$$

$$\dim Q = 1$$

换句话说，量纲为 1 的量，称为无量纲量。这里要特别注意的是这些物理量无疑是有量纲的，这里 1 与数学上的纯数 1，显然有本质的区别。这些导出量与其他导出量一样，也是由基本量组合而成，与基本量之间存在着一定的相互关系。量纲为 1 是表明具有相同量纲的两个物理量之比。

5. 量纲和谐原理（Theory of Dimensional Homogeneity）

凡是正确反映客观规律的物理方程，其各项的量纲都必须是一致的，即只有方程两边量纲相同，方程才能成立，这就是量纲和谐原理。因为只有相同量纲的量才能相加减，否则是没有意义的。所以一个方程中各项的量纲必须是一致的。例如，连续方程、能量方程和动量

方程各项的量纲都是一致的，方程的形式不随单位制的变化而改变。

必须注意一些经验公式是在没有理论分析的情况下，根据部分实验资料或实测数据所归纳出来的公式，量纲往往是不和谐的。在运用这些公式时必须用规定的单位，不得更换。

量纲和谐原理的重要性在于：

（1）一个方程在量纲上应是和谐的，可用来检验经验公式的正确性和完整性；

（2）量纲和谐原理可用来确定公式中物理量的指数；

（3）可用来建立物理方程式的结构形式。

6. 量纲分析法

量纲分析法又称为因次分析法，是一种数学分析方法，通过量纲分析，可以正确地分析各变量之间的关系，简化实验和成果整理，所以量纲分析是实验测试分析与设计的有力工具。

量纲分析法是自然科学中一种重要的研究方法，它根据一切量所必须具有的形式来分析判断事物间数量关系所遵循的一般规律。通过量纲分析可以检查反映物理现象规律的方程在计量方面是否正确，甚至可提供寻找物理现象某些规律的线索。常用的量纲分析方法有雷利法和布金汉 π 定理。

1）雷利法

雷利法是量纲和谐原理的直接应用，雷利法的计算步骤：

（1）确定与所研究的物理现象有关的 n 个物理量；

（2）写出各物理量之间的指数乘积的形式，例如，$F_{\mathrm{D}} = kD^{x}U^{y}\rho^{z}\mu^{a}$；

（3）根据量纲和谐原理，即等式两端的量纲应该相同，确定物理量的指数 x，y，z，a，代入指数方程式，即得各物理量之间的关系式。

应用范围：一般情况下，要求相关变量未知数 n 小于等于 4 ~ 5。

例 13 已知管流的特征流速 v_{c} 与流体的密度 ρ、动力粘度 μ 和管径 d 有关，试用雷利量纲分析法建立 v_{c} 的公式结构。

解：假定

$$v_{\mathrm{c}} = k\rho^{\alpha} \cdot \mu^{\beta} \cdot d^{\gamma}$$

式中，k 为无量纲常数。其中，各物理量的量纲为

$$\dim v_{\mathrm{c}} = \mathrm{LT}^{-1}, \dim\rho = \mathrm{ML}^{-3}$$

$$\dim\mu = \mathrm{ML}^{-1}\mathrm{T}^{-1}, \dim d = \mathrm{L}$$

代入指数方程，则得相应的量纲方程

$$\mathrm{LT}^{-1} = (\mathrm{ML}^{-3})^{\alpha} \cdot (\mathrm{ML}^{-1}\mathrm{T}^{-1})^{\beta} \cdot \mathrm{L}^{\gamma}$$

根据量纲齐次性原理，有

$$\begin{aligned} &\mathrm{M}: 0 = \alpha + \beta \\ &\mathrm{L}: 1 = -3\alpha - \beta + \gamma \\ &\mathrm{T}: -1 = -\beta \end{aligned}$$

解上述三元一次方程组得

$$\alpha = -1, \beta = 1, \gamma = -1$$

故得

$$v_c = k\frac{\mu}{\rho d}$$

其中常数 k 需由实验确定。

2）布金汉（Buckingham）π 定理

π 定理：对于某个物理现象，如果存在 n 个变量互为函数，即 $F(x_1, x_2, \cdots x_n) = 0$。而这些变量中含有 m 个基本量，则可排列这些变量成（$n-m$）个无量纲数的函数关系 $\varphi(\pi_1, \pi_2, \cdots \pi_{n-m}) = 0$，即可合并 n 个物理量为（$n-m$）个无量纲 π 数。

π 定理的解题步骤：

（1）确定关系式：根据对所研究的现象的认识，确定影响这个现象的各个物理量及其关系式

$$f(x_1, x_2, \cdots x_n) = 0$$

（2）确定基本量：从 n 个物理量中选取所包含的 m 个基本物理量作为基本量纲的代表，一般取 $m=3$。

（3）确定 π 数的个数 $N(\pi) = (n-m)$，并写出其余物理量与基本物理量组成的 π 表达式

$$\pi_i = x_1^x x_2^y x_3^z, \cdots x_i \quad (i = 1, 2, \cdots, n-m) \tag{6-12}$$

（4）确定无量纲 π 参数：由量纲和谐原理解联立指数方程，求出各 π 项的指数 x，y，z，从而定出各无量纲 π 参数。π 参数分子分母可以相互交换，也可以开方或乘方，而不改变其无因次的性质。

（5）写出描述现象的关系式

$$f(\pi_1, \pi_2, \cdots \pi_{n-m}) = 0$$

或显解一个 π 参数，如

$$\pi_4 = f(\pi_1, \pi_2, \cdots \pi_{n-m}) = 0$$

或求得一个因变量的表达式。

选择基本量时应注意的原则：

（1）基本变量与基本量纲相对应，即若基本量纲（M，L，T）为三个，那么基本变量也选择三个；倘若基本量纲只出现两个，则基本变量同样只需选择两个。

（2）选择基本变量时，应选择重要的变量。换句话说，不要选择次要的变量作为基本变量，否则次要的变量在大多数项中出现，往往使问题复杂化，甚至要重新求解。

（3）不能有任何两个基本变量的因次是完全一样的，换言之，基本变量应在每组量纲中只能选择一个。

例 14 实验发现，球形物体在粘性流体中运动所受阻力 F_D 与球体直径 d、球体运动速度 v、流体的密度 ρ 和动力粘度 μ 有关，试用 π 定理量纲分析法建立 F_D 的公式结构。

解：假定

$$f(\rho, F_D, v, d, \mu) = 0$$

选基本物理量 ρ、v、d，根据 π 定理，上式可变为 φ（π_1，π_2）=0，其中

$$\pi_1 = \rho^{\alpha_1} \cdot v^{\beta_1} \cdot d^{\gamma_1} \cdot F_D$$

$$\pi_2 = \rho^{\alpha_2} \cdot v^{\beta_2} \cdot d^{\gamma_2} \cdot \mu$$

对 π_1 有

$$M^0L^0T^0 = (ML^{-3})^{\alpha_1} \cdot (LT^{-1})^{\beta_1} \cdot L^{\gamma_1} \cdot MLT^{-2}$$

$$M: 0 = \alpha_1 + 1$$

$$L: 0 = -3\alpha_1 + \beta_1 + \gamma_1 + 1$$

$$T: 0 = -\beta_1 - 2$$

解上述三元一次方程组得

$$\alpha_1 = -1, \beta_1 = -2, \gamma_1 = -2$$

故

$$\pi_1 = \frac{F_D}{\rho v^2 d^2}$$

同理

$$\pi_2 = \frac{\mu}{\rho v d} = \frac{1}{R_e}$$

代入 φ（π_1，π_2）=0，并就 F_D 解出，可得

$$F_D = f(R_e)\rho v^2 d^2 = C_D \rho v^2 d^2$$

式中，$C_D = f(R_e)$ 为绕流阻力系数，由实验确定。

6.3 测量误差分析

6.3.1 误差公理和定义

1. 误差公理（Error Axiom）

测量是为确定被测对象的量值而进行的实验过程。测试的过程，就是以（标准）仪器对某一物理量实施测量的过程。在测试过程中经常发现，当对某一物理量进行多次测量时，各次测量的结果并不完全一样，特别是由于受现阶段科学技术水平和人们认识能力的限制以及其他一些原因，所得的值并不就是被测量的真值，也就是说测量结果与被测量的真值之间存在误差。可以说：一切测量结果都带有误差，误差存在于测试的全过程之中，这个结论，在误差理论中，被称为误差公理。因此，在给出一项测量结果的时候，必须同时指出其误差，否则，这个测量结果将没有任何实际意义。测量结果常常写成如下的形式，即

$$x_0 = \bar{x} \pm \Delta_m \tag{6-13}$$

式中 x_0——某物理量的真值；

$\bar{x}$——测量列的算术平均值；

Δ_m——测量列的极限误差。

由式（6-13）可知，某物理量的真值 x_0 是多少不知道，但是可以用算术平均值 $\bar{x}$ 来代

表它，$\bar{x}$ 与 x_0之间有误差，最大不超过 Δ_m。

2. 误差的定义

1）测量误差（Error of Measurement）

由于任何测量结果都不可避免地含有误差，所以测得的值不可能绝对精确，只是在一定程度上接近于它的真值。在测量过程中，把测量结果与被测量的真值之差称为测量误差。

若以 δ 表示测量误差（绝对误差），A 表示测量结果，A_0表示真值，其关系式为

$$\delta = A - A_0 \qquad (6-14)$$

测量误差是最为普遍和常见的误差，通常称为绝对误差（Absolut Error）。绝对误差有大小和符号，其单位与测量结果的单位相同。例如，三角形的三个内角和的真值为 180°，实测结果为 179°，则绝对误差为 -1°。符号为负，说明测量结果小于真值。不应将绝对误差与误差的绝对值混淆，后者为误差的模。

显而易见，测量误差的大小决定了测量的准确程度。测量误差越小，说明测量越准确，即通常所说的测量的准确度高；反之，测量误差越大，测量的准确度越低。

例 15 用某天平称量实际值为 100g 的标准砝码，得其值为 100.02g，则本次测量的绝对误差为

$$\delta = 100.02 - 100 = 0.02 \text{ (g)}$$

↓　　↓

（测量结果）（真值）

通常真值不能确定，实际上用的是约定真值，例如，一组测量的平均值，已知被测量更准确的值等。在例 15 中，把该砝码的实际值作为它的真值，而把天平称得值作为测量结果。

在测试中，还经常用到修正值，修正值与误差值相等，符号相反，测量结果加上修正值后，即得真实值。

若以符号 δ'表示修正值，并沿用测量结果与真值的符号，则修正值的关系式可写为

$$\delta' = A_0 - A \qquad (6-15)$$

2）相对误差（Relative Error）

绝对误差虽然可以评定任一测量的准确度，但是相同的误差，由于被测的量不同，测量结果的准确程度也就不一样。例如，有一误差值为 3，当被测量为 10 时，这个误差相对于被测量为 3/10，其大小是不能忽略的，而当被测量为 10000 时，这个误差相对于被测量为 3/10000，在某些情况下，完全可以忽略不计。所以，为了客观地反映测量结果的准确程度，正确评价测量的质量，引进了相对误差的概念。

所谓相对误差，就是测量的绝对误差与被测量的真值之此，通常以百分数表示，沿用前面的符号，以 γ 表示相对误差，则关系式为

$$\gamma = \frac{\delta}{A_0} \qquad (6-16)$$

通常真值是不易获得的，因此在测量过程中，相对误差在应用上通常表示为

$$\gamma = \frac{\delta}{A} \qquad (6-17)$$

例 16 真值为 100mm 的量块，测量结果为 101mm，求测量的绝对误差及相对误差。

解：根据式（6-14），该量块的绝对误差为

$$\delta = A - A_0 = 101 - 100 = 1 \text{ (mm)}$$

在本例中，由于真值已给出，所以测量的相对误差用式（6-16）或式（6-17）计算均可，即

$$\gamma = \frac{\delta}{A_0} \approx \frac{\delta}{A} = 1\%$$

相对误差是一个比值，所以它是一个没有单位的量，应用时务必注意。相对误差可正可负，其正负取决于绝对误差的符号。

例 17 今用二等标准活塞压力计测量某压力，测得该压力为 10002Pa，若以更准确的方法，测得该压力为 10005Pa，求二等标准活塞压力计的绝对误差和相对误差。

解： 把准确测得的值作为真值，则

$$\Delta = 10002 - 10005 = -3\ (\text{Pa})$$

$$\delta \approx \delta/A = \delta/A_0 = -3/10005 \approx -0.03\%$$

3）引用误差（Reduced Error）

对多挡连续刻度的仪器仪表，由于该类仪器仪表的可测范围不是一个点，而是一个量程，各刻度点的示值及真值都不一样，这时如果仍按式（6-16）或式（6-17）来计算相对误差，则这时式中的分母也就不一样，计算起来也就很麻烦。为了正确计算误差和划分仪表的准确度等级，从而引进了引用误差的概念。

所谓引用误差是绝对误差与测量范围上限值或量程之比值，用百分数表示。也就是说它的分母取该仪器或仪表量程中的最大刻度值（满度值），而分子则是该仪器仪表的示值误差（绝对误差）。所谓示值误差，对于计量仪器（仪表）而言，它是计量仪器（仪表）的指示值和被测的量的真实值之间的差值，即

$$\delta_m = A\text{（指示值）} - A_0\text{（真实值）}$$

从而引用误差为

$$\gamma_m = \delta_m / A_m \tag{6-18}$$

式中 γ_m——引用误差；

δ_m——示值误差；

A_m——仪器或仪表量程中的最大刻度值（满度值）。

在实际应用中，还有仪表的示值相对误差，定义为

$$\gamma_s = \delta_m / A \tag{6-19}$$

在仪器仪表的刻度中，引用误差最大的一个百分数的分子，称为该仪表的准确度级别。

$$a\% \geqslant \frac{\delta_{mmax}}{A_m} \geqslant \gamma_m \tag{6-20}$$

式中 a——仪表准确度等级；

δ_{mmax}——最大绝对误差。

一般有如下关系，即

$$\frac{\delta_m}{A_m} \leqslant a\% \leqslant \frac{\delta_m}{A} \tag{6-21}$$

例 18 今用电流表测量一个真值为 80A 的电流，仪表的指示值为 80.5A，求仪表的示值误差及示值相对误差。若该电流表满度值为 100A，又知该表最大绝对误差为 0.83A，求该表的示值误差，并确定该表的准确度级属于哪一级？

解： 该表的示值误差为

$$\delta_m = 80.5 - 80 = 0.5(\text{A})$$

而示值相对误差根据式（6－19）为

$$\gamma_s = 0.5/80.5 \approx 0.5/80 = 0.6\%$$

由于最大绝对误差 δ_{max} 为0.83A，满度为100A，根据式（6－18），则最大引用误差为

$$\delta_{max}/A_m = 0.83/100 = 0.83\%$$

按电气测量指示仪表准确度级的划分，该表实际准确度级0.83介于0.5级与1.0级之间，而标准规定仪表的准确度级 $a\%$（$a=0.1, 0.2, 0.5, 1.0, 1.5, 2.5, 5.0$）是以最大引用误差来标明的，仪表的最大引用误差 $\delta_{max}/A_m \leqslant a\%$，按上述原则，因为 $0.5 < 0.83 < 1.0$，所以该表准确度级应为1.0级。

式（6－21）还可以写成以下形式，即

$$\delta_m \leqslant a\% \cdot A_m \tag{6-22}$$

式（6－22）表明用准确度为 $a\%$ 的仪表，在测量时所能产生的最大绝对误差。把式(6－22)两边同除以 A 得

$$\gamma_m = \delta_m/A \leqslant a\% \cdot \frac{A_m}{A} \tag{6-23}$$

式（6－23）表明，用准确度为 $a\%$ 的仪表，测量某 A 值时所能产生的最大相对误差，不仅与仪表的准确度等级有关，还与被测量的值与满度值的比有关。式（6－23）还表明，测量的最大相对误差，只有在被测量等于满度值时，才能等于仪表的准确度级 $a\%$，否则，总是低于仪表的准确度级。

例19　某被测电压值约为100V，今用0.5级（0～300V）和1.0级（0～100V）的两个电压表去分别测量此电压，求测量的最大相对误差为多少？

解：根据式（6－23），用0.5级，300V量限的表测量时，最大相对误差为

$$\gamma_A = \delta_m/A = 0.5\% \times \frac{300}{100} = 15\%$$

而用1.0级，100V量限的表测量时，最大相对误差为

$$\gamma_A = \delta_m/A = 1.0\% \times \frac{300}{100} = 10\%$$

从上述的计算结果可以看出，应当选用1.0级，100V量限的表测量合适，因为用1.0级的表测100V电压比0.5级的准。所以选表时并非级选的越高越好，有了好的仪表，还应合理选择量程，只有两者配合得当，才能发挥仪表的潜在准确度。在一般情况下，为充分发挥仪表的潜在准确度，被测量的值应为仪器或仪表满量程值的三分之二以上。

6.3.2　函数的误差传递

在测试过程中，常常会遇到这样的问题，如已知圆的面积 S 和直径 D 之间有如下关系式

$$S = \frac{1}{4}\pi D^2 \tag{6-24}$$

若精确测得直径 D 及其误差，如何应用式（6－24）求面积 S 的误差呢？又如，已知电阻值大小及误差的若干个电阻串联，如何计算总电阻 R 的误差呢？这些问题归结起来，就是误差的传递问题。在检定过程中，当标准量具或器具的误差小于被检量具或器具误差的

1/3～1/10 时，则标准量具或器具的误差可以忽略不计。但是，若因为某些条件或因素的影响，标准设备达不到上述要求时，则标准量具或器具的误差就会传递给被检量具或器具，这也是一个误差的传递问题。

从微积分学可知，如果函数 $y=f(x)$ 在 x_0 处连续，则有

$$\Delta y = f(x_0+\Delta x) - f(x_0) \tag{6-25}$$

$$\mathrm{d}y = f'(x_0)\mathrm{d}x \tag{6-26}$$

$$\mathrm{d}y/y = f'(x_0)\mathrm{d}x/y \tag{6-27}$$

如果让 $\Delta y \approx \mathrm{d}y$，$\Delta x \approx \mathrm{d}x$，$\gamma \approx \mathrm{d}y/y$，则很容易得出函数的误差传递计算式。

1. *和差函数的真误差*

如果在检定与测试中，测得某物理量 y 等于两个直接测得量 x_1 与 x_2 的和或差，即

$$y = x_1 \pm x_2$$

由于

$$\mathrm{d}y = \mathrm{d}x_1 \pm \mathrm{d}x_2 \approx \Delta x_1 \pm \Delta x_2$$

函数 y 的绝对误差为

$$\Delta y = y - y_0$$

因为

$$\Delta y \approx \mathrm{d}y$$

那么函数 y 的绝对误差为

$$\Delta y = \Delta x_1 \pm \Delta x_2 \tag{6-28}$$

式中，Δy 为函数 y 的绝对误差，Δx_1 为变量 x_1 的绝对误差；Δx_2 为变量 x_2 的绝对误差。式(6-28)说明，若 y 与 x_1，x_2 之间为和与差的关系，那么，变量 x_1 与 x_2 的绝对误差的和与差，就等于函数 y 的绝对误差。

以上关系可以推广到具有 n 个变量的情况。若间接测量的量 y 与 n 个直接测量的量 x_1，x_2，$x_3 \cdots x_n$ 有关，则 y 的绝对误差 Δy 等于这 n 个变量的绝对误差的和与差，即

$$\Delta y = \Delta x_1 \pm \Delta x_2 \pm \Delta x_3 \pm \cdots \pm \Delta x_n \tag{6-29}$$

而函数 y 的相对误差为

$$\gamma_y = \mathrm{d}y/y$$

$$\gamma_y = \frac{\Delta y}{y} = \frac{x_1}{y}\gamma_{x_1} \pm \frac{x_2}{y}\gamma_{x_2} \pm \cdots \pm \frac{x_n}{y}\gamma_{x_n} \tag{6-30}$$

式中，$y=x_1 \pm x_2 \pm x_3 \pm \cdots \pm x_n$；$\gamma_{x_1}=\Delta x_1/x_1$ 为变量 x_1 的相对误差；$\gamma_{x_2}=\Delta x_2/x_2$ 为变量 x_2 的相对误差；$\gamma_{x_n}=\Delta x_n/x_n$ 为变量 x_n 的相对误差。

例 20　今有三个电阻器的阻值分别为 R_1、R_2 与 R_3，它们的绝对误差分别为 ΔR_1，ΔR_2，ΔR_3，求它们串联后的总的绝对误差和相对误差各为多少？

解：由于串联后的总电阻为

$$R = R_1 + R_2 + R_3$$

依据式（6-29），串联后的总电阻的绝对误差为

$$\Delta R = \Delta R_1 + \Delta R_2 + \Delta R_3$$

依据式（6-30），其相对误差为

$$\frac{\Delta R}{R} = \frac{R_1}{R}\frac{\Delta R_1}{R_1} + \frac{R_2}{R}\frac{\Delta R_2}{R_2} + \frac{R_3}{R}\frac{\Delta R_3}{R_3} = \frac{R_1}{R}\gamma_{R_1} + \frac{R_2}{R}\gamma_{R_2} + \frac{R_3}{R}\gamma_{R_3}$$

2. 积商函数的真误差

若测得的某物理量 y 与直接测量的量 x_1，x_2之间具有如下的函数关系，即

$$y = x_1 x_2$$

因为

$$dy = x_2 dx_1 + x_1 dx_2$$

则绝对误差为

$$\Delta y = x_2 \Delta x_1 + x_1 \Delta x_2 \tag{6-31}$$

而相对误差为

$$\gamma_y = \frac{\Delta y}{y} = \frac{\Delta x_1}{x_1} + \frac{\Delta x_2}{x_2} = \gamma_{x_1} + \gamma_{x_2} \tag{6-32}$$

把式（6-31）推广到具有 n 个变量 x_n的情形，可写为

$$\gamma_{y_n} = \gamma_{x_1} + \gamma_{x_2} + \gamma_{x_3} + \cdots + \gamma_{x_n} \tag{6-33}$$

式（6-32）可进一步写为

$$\gamma_{y_n} = \sum_{i=1}^{n} \gamma_{x_i} \tag{6-34}$$

若间接测得的量 y 与直接测量的量 x_1与 x_2具有如下函数关系

$$y = x_1 / x_2$$

因为

$$dy = (x_2 dx_1 - x_1 dx_2)/x_2^2$$

则绝对误差为

$$\Delta y = \frac{x_2 \Delta x_1 - x_1 \Delta x_2}{x_2^2} \tag{6-35}$$

而相对误差为

$$\gamma_y = \frac{\Delta y}{y} = \frac{\Delta x_1}{x_1} - \frac{\Delta x_2}{x_2} = \gamma_{x_1} - \gamma_{x_2} \tag{6-36}$$

例 21 电功率 $P = UI$，若已知测量电压 U 及测量电流 I 的误差分别为 ΔU 及 ΔI，计算此功率的绝对误差及相对误差各为多少？

解：根据式（6-31），该功率的绝对误差为

$$\Delta P = I\Delta U + U\Delta I$$

又根据式（6-32），则测量该功率 P 的相对误差 γ_p 为

$$\lambda_p = \frac{\Delta U}{U} + \frac{\Delta I}{I} = \gamma_U + \gamma_I$$

例 22 今测某一物体的密度 $d = \frac{W}{V}$，若已知测量重量 W 及容积 V 的误差分别为 ΔW 及 ΔV，求 d 的绝对误差及相对误差各为多少？

解：根据式（6-35），可求出测量密度时的绝对误差为

$$\Delta d = \frac{V\Delta W - W\Delta V}{V^2}$$

而根据式（6-36），可求出其相对误差为

$$\gamma_d = \frac{\Delta W}{W} - \frac{\Delta V}{V} = \gamma_W - \gamma_V$$

3. 和差积商函数的真误差

若所求量 y 与变量 x_1 与 x_2 具有如下函数关系，即

$$y = \frac{x_1 x_2}{x_1 + x_2}$$

因为

$$dy = (x_2^2 dx_1 + x_1^2 dx_2)/(x_1 + x_2)^2$$

那么函数 y 绝对真误差为

$$\Delta y = \left(\frac{x_2}{x_1 + x_2}\right)^2 \Delta x_1 + \left(\frac{x_1}{x_1 + x_2}\right)^2 \Delta x_2 \qquad (6-37)$$

而函数 y 的相对误差为

$$\gamma_y = \frac{x_2}{x_1 + x_2}\frac{\Delta x_1}{x_1} + \frac{x_1}{x_1 + x_2}\frac{\Delta x_2}{x_2} = \frac{x_2}{x_1 + x_2}\gamma_{x_1} + \frac{x_1}{x_1 + x_2}\gamma_{x_2} \qquad (6-38)$$

将两个电阻并联，其并联等效电阻的误差就具有上述关系。

4. 幂函数的误差

若所求量 y 与变量 x 有如下函数关系，即

$$y = x^n$$

因为

$$dy = nx^{n-1}dx$$

那么，函数 $y = x^n$ 的绝对误差为

$$\Delta y = nx^{n-1}\Delta x \qquad (6-39)$$

相对误差为

$$\gamma_y = n\gamma_x \qquad (6-40)$$

例 23 标准电阻消耗的功率 $P = I^2R$，若测量电流 I 和电阻 R 的误差分别为 ΔI 及 ΔR，求测量该功率 P 时误差为多少？

解：应用式（6－32）及式（6－40），可求出测量该功率 P 时相对误差为

$$\frac{\Delta P}{P} = 2 \times \frac{\Delta I}{I} + \frac{\Delta R}{R} = 2\gamma_I + \gamma_R$$

上式可简写为

$$\gamma_P = D_I + D_R$$

式中，γ_P 为测量 P 的相对误差；$D_I = f_I\gamma_I$，为测量 I 引起的局部相对误差，f_I 为误差传递系数，对本例 $f_I = 2$；$D_R = f_R\gamma_R$，为测量 R 引起的局部相对误差，f_R 为误差传递系数，对本例 $f_R = 1$。

5. 关于误差合成的概念

在检定与测试中，经常要碰到误差合成的问题。如某被检仪器由若干部分组成，由于客观条件的限制只能分别对各个部分进行测量，其整体误差就是各个部分误差的合成。那么，按什么原则进行误差合成比较合适？按什么原则合成的误差最接近被测量的实际误差？若误差合成的不合理，就会得出错误的结论，从而影响测试结果。

1）代数合成法

在实际测量中，如果各局部误差的大小、符号及函数关系式已知，则通常按式(6－41)

进行误差合成，即

$$\varepsilon_y = \sum_{i=1}^{n} D_i \tag{6-41}$$

例 24 有三个 100μF 的电容器并联，若各电容的误差分别为 $\Delta C_1' = \Delta C_2' = 3\mu F$，$\Delta C_3' = -2\mu F$，求并联等效电容的综合误差是多少？

解： 因三个电容并联，故其等效电容为

$$C = C_1 + C_2 + C_3$$

由于函数关系式及各局部误差的大小，符号均为已知，所以采用代数综合较为合适。故

$$\varepsilon_y = \Delta C = \Delta C_1 + \Delta C_2 + \Delta C_3 = 3 + 3 - 2 = 4\mu F$$

而其相对误差为

$$\gamma_C = \frac{\Delta C}{C} = \frac{4}{300} = 1.3\%$$

2）算术（绝对值）合成法

当局部误差项数较少，并且只知道误差的大小，而不知其符号时，这时局部误差可能出现最不利的情况，即误差的符号同时为正，或同时为负，这时可取各局部误差的绝对值进行误差合成。这样求出的误差是可信的，即

$$\varepsilon_y = \sum_{i=1}^{n} |D_i| \tag{6-42}$$

例 25 某实验装置由四部分组成，已知各局部误差绝对值分别为 $D_1 = 1\times10^{-4}$，$D_2 = 0.5\times10^{-4}$，$D_3 = 2\times10^{-4}$，$D_4 = 0.2\times10^{-4}$，求该装置的总误差为多少？

解： 在本例中，由于只知道各误差的绝对值而其符号不定，为留有充分余地，应按绝对值进行综合，即

$$\varepsilon_y = \sum_{i=1}^{n} |D_i| = (1 + 0.5 + 2 + 0.2)\times10^{-4} = 3.7\times10^{-4}$$

3）几何（和方根）综合法

当局部误差项数较少时，采用算术（绝对值）合成法是合理的，因为在这种情况下，很可能会遇到各种误差最不利的组合。但是，当局部误差项数较多时，仍然采用绝对值综合法，就可能不尽合理了，因为在这种情况下，各局部误差因为符号相反而互相抵消一部分的可能性极大。为了使综合后的误差更符合实际，在局部误差项数较多时，可按和方根法进行合成，即

$$\varepsilon_y = \sqrt{\sum_{i=1}^{n} D_i^2} \tag{6-43}$$

例 26 把 5 个 0.1 级 1000Ω 的标准电阻串联，求串联后总电阻的误差是多少？

解： 串联后的总电阻为

$$R = R_1 + R_2 + R_3 + R_4 + R_5 = 5000(\Omega)$$

0.1 级电阻的误差为

$$\Delta R_1 = \Delta R_2 = \Delta R_3 = \Delta R_4 = \Delta R_5 = \pm 0.1\% \times 1000 = \pm 1(\Omega)$$

若按绝对值合成，则总误差为

$$\Delta R = 5|\Delta R_1| = 5\times1 = 5(\Omega)$$

这样综合不太合理，因局部误差有 5 项，很有可能因符号相反，而互相抵消一部分，所

以这种情况应按和方根综合，即

$$\varepsilon_{R} = \Delta R = \sqrt{5 \times 1^{2}} = 2.2(\Omega)$$

上述计算结果表明，若按绝对值进行综合，则 5 个 0.1 级 1000 的电阻串联后的总误差的绝对值为 5Ω，而按和方根综合，考虑了相互抵消的可能性后，其总误差的绝对值为 2.2Ω，还不到绝对值综合的 1/2。

6.3.3 测量误差的分类及其消除方法

1. 测量误差的分类

误差公理认为，一切测量的结果必然含有误差。因此，误差必然对测量的结果产生影响。根据测量误差的性质、来源及对测量结果的影响和解决方法的不同，一般把误差分为三类：系统误差、随机误差和粗大误差。

1）系统误差（Systematic Error）

系统误差是指在偏离测量规定条件时或由于测量方法所引入的因素，按某确定规律所引起的误差。系统误差包括已定系统误差和未定系统误差。已定系统误差是指符号和绝对值已经确定的系统误差；未定系统误差是指符号或绝对值未经确定的系统误差。或者说，多次重复测量某一物理量时，其误差的大小和符号基本保持恒定，则称为已定系统误差；而误差的大小和符号随规定条件而改变时，则称为未定系统误差。

系统误差的产生一般与测量仪器或装置本身的精确程度有关，还与测量者本身的状况及测量时的外界条件有关。例如，某些压力传感器有零点初值，一般在进行测量之前需先调零。若因某种原因，测量之前未调零，那么，这个初始值必然直接参与到测量结果中来，给测量结果带来误差。此项误差就是一项常见的系统误差。

某些仪器或设备，如未按要求放置，特别是某些电磁测量和无线电测量仪器或设备，若未正确接地或屏蔽，或未用专用连接导线，也会给测量结果带来误差。因此项误差是由于仪器设备装置不当引起的一项系统误差，故称为装置误差。

测量时的客观环境，例如，温度、湿度、恒定磁场等，会给测量结果带来误差。重力加速度的值因地点不同，倘若某些与重力加速度有关的测量，未按测量地点的不同给予适当的修正，也会给测量结果带来误差。上述误差是由客观环境因素引起的一项系统误差，一般把它称为环境误差。

由于某些测量方法的不完善，特别是在检定与测试中所使用的某些仪器或设备，在设计制造时由于受某些条件的限制（如元器件、制造工艺等），不得不降低某些指标，采用一些近似公式，这也会给测量结果带来误差，此项误差也是一项系统误差。由于它的产生是因某些方法的不完善或某些理论根据的不完善引起的，故称为方法误差或理论误差。

在测量中，测量者本身生理上的某些缺陷，例如，听觉功能障碍、视力等，也会给测量结果带来误差，此项误差也是一项系统误差。因为它是由测量的人引起的，故称为人员误差。

2）随机误差（Random Error）

所谓随机误差，是指在实际测量条件下，多次测量同一量值时，误差的绝对值和符号以不可预料的方式变化着的误差。

随机误差产生的真实原因很难搞清楚，大地的微振，空间杂散电磁场，测量者心理因素的变化等，都可能是产生随机误差的原因。总起来说：随机误差是由一些互不相关，无法预料的因素对测量结果的综合影响造成的。因此，在测量过程中，尽管测量条件不变，并同样仔细地对被测量进行了多次重复测量，然而，只要仪器的灵敏度或分辨率足够的话，就会发现各次测量的结果不会完全一样，其原因就是随机误差造成的。从表面上看，一次测量的随机误差没有什么规律，不能预料，也不能估计，但是当测量次数增多时，它在总体上仍有一定规律性，这种规律性就是通常所说的状态分布问题。

关于随机误差和系统误差的划分并不是绝对的。事实上，随机误差和系统误差之间并没有严格的界限。在测试过程中具体处理有些误差时，有时可以看作是系统误差，有时可以看作是随机误差。例如，仪器或仪表刻度盘的刻度误差，对制造者来说，完全是随机的，因为刻度时究竟哪一点会有误差，是无法事前预料的，所以，刻度误差完全是一项随机误差。而对使用者来说，仪器仪表一经出厂，其刻度误差是不变的，那么，采用此仪器进行测量因刻度问题而带来的误差就是一种系统误差。

3）粗大误差（Parasitic Error）

所谓粗大误差，是指超出在规定条件下预期的误差。

含有粗大误差的测量结果应该从测量中剔除。粗大误差与在正常情况下出现的误差相比，明显地歪曲了测量结果的真实性。这种误差产生的原因，往往是由于实验者的粗心，操作有误，或测量条件突变引起的。例如，错误读取示值，使用有缺陷的测量仪器，不正确使用测量仪器等。

2. 测量结果的正确度、精密度和准确度

为了对测量结果做出评估，引入正确度、精密度和准确度概念。

1）正确度（Correctness）

正确度表示测量结果中系统误差大小的程度。正确度是指在规定的条件下，测量中所有系统误差的综合。理论上对已定系统误差可用修正值来消除，对未定系统误差可用系统不确定度来估计。正确度表明测量结果与真值的接近程度。

2）精密度（Precision）

精密度表示测量结果中随机误差大小的程度。精密度是指在一定条件下进行多次测量时，所测的结果彼此之间符合的程度。精密度通常用随机不确定度来表示。精密度可简称为精度。

3）准确度（精确度）（Accuracy）

准确度是测量结果中系统误差与随机误差的总和，表示测量结果与真值的一致程度。从误差观点来看，准确度反映了测量的各类误差的总和。若已修正所有已定系统误差，则准确度可以用不确定度来表示。可以说准确度是精密度与正确度的综合表达。

图 6－1 所示可以表示正确度、精密度和准确度三者之间的关系。

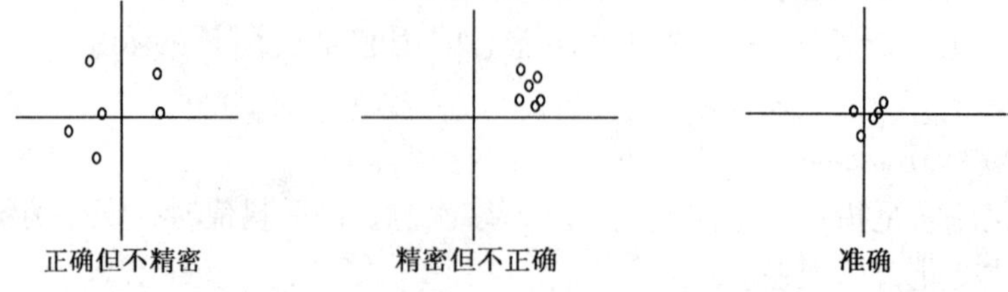

图 6－1　精密度、正确度和准确度图解

一般地说：精密度反映了随机误差的大小程度；正确度反映了系统误差大小的程度；准确度（精确度）反映了综合误差大小的程度。所以，在测量过程中，如果某项测量的结果很“准确”，那就意味着在该测量结果中，系统误差、随机误差的影响很小，甚至可以忽略不计，否则就不能轻易用“准确”这个术语。

3. 测量误差对测量结果的影响

如上所述，从误差的性质出发，讨论了误差的分类与来源。由此可知，误差的性质不同，对测量结果的影响也不同。

系统误差一般是一项固定的误差。系统误差的存在，直接影响测量结果的正确程度。

例 27 用精密电容电桥检定标准空气电容器，被测电容器接线端钮有一个小铜垫掉了，而测量时又未能及时发现，从而引入了一项系统误差，使每一标称值都比测得的值高 300pF 左右。若按此结果，该标准电容器的误差，已大大超过其允许范围。实际上，这个结果是不正确的。

例 27 说明，测量结果的正确与否，很大程度上取决于该次测量的系统误差的大小。一般地说，随机误差只有在仪器设备的灵敏度比较高，或分辨率足够，并且只有对某一被测量进行多次测量或多次比较时方能发现。随机误差的存在，只影响测量结果的精密程度，而对其他无大影响。在测试过程中，使用的仪器经过校准，且是一次读数，一般不考虑随机误差的影响。但是当进行多次测量读数，或是进行一些特殊测量时，则必须考虑随机误差的存在，并估计其大小及对测量结果的影响。

对于粗大误差，由于它明显地歪曲了测量结果，所以含有粗大误差的测量结果应从测量列中剔除。

4. 消除误差的方法

1）系统误差消除方法

由于系统误差对测量结果有着重大影响，它是一项主要的误差项，所以应采取一切可能的技术手段，减低以至消除它对测量结果的影响，提高测量的准确度。由于系统误差具有一定的规律性，因而，在某些情况下，它产生的原因能预先估计到，可以采取相应的措施消除它对测量结果的影响。应采取的措施有：

（1）预先研究误差，予以适当的修正；

（2）正确调整和使用仪器设备；

（3）采用特殊的测量方法。

2）随机误差的性质与估计

把在同一条件下进行的一列独立测量称为等精度测量。通过大量的测试过程，人们发现多次测量的随机误差服从一定的统计规律。测量次数越多，这种规律表现有越明显的四大特点：

（1）有界性：在一定的测量条件下，随机误差的绝对值不会超过某一界限。

（2）单峰性：绝对值小的误差比绝对值大的误差出现的机会多。

（3）对称性：绝对值相等，符号相反的误差出现的机会均等。

（4）抵偿性：以等精度测量某一物理量时，其随机误差的算术平均值随着测量次数的无限增多而越来越接近于零。也就是，当它越来越多以至无穷时，则

$$\frac{\delta_1 + \delta_2 + \cdots + \delta_n}{n} = \sum_{i=1}^{n} \delta_i = 0 \tag{6-44}$$

式中，$\delta_1 = x_1 - x_0$为变量 x_1的随机真误差；$\delta_2 = x_2 - x_0$为变量 x_2的随机真误差；$\delta_n = x_n - x_0$为变量 x_n的随机真误差，x_0为某物理量的真值。

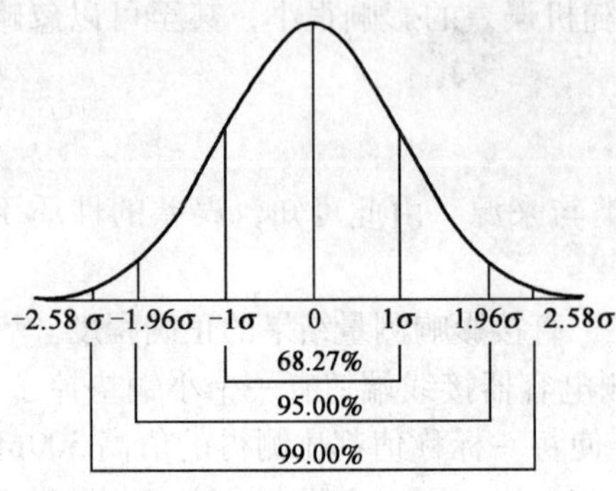

图6-2　随机误差正态分布曲线

在测量过程中，一般具有上述特征的误差都可按随机误差处理。如果以δ为横坐标，以相同数值的误差数为纵坐标，则上述随机误差的特性，可用图6-2所示的正态分布曲线来描述，它直观地反映了随机误差的四大特点。

3）算术平均值（Arithmetic Mean）

由于各种因素的限制，某些物理量的真值很难获得，甚至根本无法知道。在测量过程中，经常对某些被测量进行多次独立重复测量，从而获得一列测量数据 x_1，x_2，x_3，$\cdots x_n$。根据随机误差的正态分布理论，可以从上述测量列中，找出一个与真值最接近的值，这个最接近的值就是算术平均值。

设对某物理量 x 进行了 n 次独立测量，其测量结果为

$$x_1, x_2, x_3, \cdots x_n$$

设上述测量结果中无系统误差及粗大误差，则其随机真误差为

$$\delta_1 = x_1 - x_0$$

$$\delta_2 = x_2 - x_0$$

$$\cdots\cdots$$

$$\delta_n = x_n - x_0$$

两边分别相加得

$$\delta_1 + \delta_2 + \cdots + \delta_n = (x_1 + x_2 \cdots + x_n) - (x_0 + x_0 \cdots + x_0)$$

运用和式符号，上式可简写为

$$\sum_{i=1}^{n} \delta_i = \sum_{i=1}^{n} x_i - n x_0 \tag{6-45}$$

把式（6-45）等号两边都除以 n 得

$$\frac{\sum_{i=1}^{n} \delta_i}{n} = \frac{\sum_{i=1}^{n} x_i}{n} - x_0 \tag{6-46}$$

由随机误差的特点（4）即抵偿性可知，当测量次数无限增多时 $\sum_{i=1}^{n} \delta_i = 0$，即

$$\frac{\sum_{i=1}^{n} \delta_i}{n} = 0 \tag{6-47}$$

由式（6-46）和式（6-47）可得

$$\frac{\sum_{i=1}^{n} x_i}{n} = x_0 \tag{6-48}$$

式（6-48）说明，在消除了系统误差及粗大误差之后，各次测定值的总体平均值，与被测量的真值 x_0最接近。因此，把它称为被测量的最可信赖值，即约定真值，即

$$\bar{x} = \sum_{i=1}^{n} x_i / n \tag{6-49}$$

例 28 对某物理量独立测量 6 次，其结果分别为：998，993，995，991，997，996，则其算术平均值$\bar{x}$为

$$\bar{x} = \frac{9.98 + 9.93 + 9.95 + 9.91 + 9.97 + 9.96}{6} = 9.95$$

4）残余误差（Residual Error）

测量列的各次测定值与真值之差称为随机真误差，即

$$x_1 - x_0 = \delta_i$$

由于真误差值不易获得，因此在测量过程中，就用测定值与算术平均值之差来代替它。

通常把测量中的一个测得值和该列的算术平均值之间的差称为残余误差或剩余误差，简称为“残差”，以 $\boldsymbol{v}_i$表示，即

$$\boldsymbol{v}_i = x_i - \bar{x} \tag{6-50}$$

例 29 对某量等精度测量 6 次，其结果为

$$x_1 = 0.148 \qquad x_4 = 0.147$$
$$x_2 = 0.151 \qquad x_5 = 0.152$$
$$x_3 = 0.153 \qquad x_6 = 0.149$$

则其算术平均值为

$$\bar{x} = \frac{\sum_{i=1}^{n} x_i}{6} = 0.15$$

其残余误差 $\boldsymbol{v}_i = x_i - \bar{x}$ 为

$$\boldsymbol{v}_1 = -0.002 \qquad \boldsymbol{v}_4 = -0.003$$
$$\boldsymbol{v}_2 = 0.001 \qquad \boldsymbol{v}_5 = 0.002$$
$$\boldsymbol{v}_3 = 0.003 \qquad \boldsymbol{v}_6 = -0.001$$
$$\sum_{i=1}^{6} \boldsymbol{v}_i = 0.006 - 0.006 = 0$$

5）测量列中单次测量的标准偏差

测量列中单次测量的标准偏差（Standard Deviation of a Aingle Measurement in a Series of Measurements），是表征同一被测量多次测量所得结果的分散性的参数，也称均方根误差，用 σ 表示，即

$$\sigma = \sqrt{\frac{\sum_{i=1}^{n} d_i^2}{n-1}} \tag{6-51}$$

式中 n——测量次数（应充分多）；

d_i——测得值与被测得量的真值之差。

实际上，在有限次测量的情况下，用残余误差代替绝对误差，并按下列著名的贝塞尔公式计算标准偏差的估计值。在测量过程中，它被广泛用来评价测量列的精密程度和计算测量列的均方根差（标准差）。

$$\sigma = \sqrt{\frac{\sum_{i=1}^{n} v_i^2}{n-1}} \tag{6-52}$$

6）测量列算术平均值的标准偏差

测量列算术平均值的标准偏差（Standard Deviation of the Arithmetic Mean of a Series of Measurements），表征同一被测量值的独立测量列中算术平均值的分散性的参数。在测量过程中，若用$\sigma_{\bar{x}}$表示算术平均值的均方根差，则它和测量列的均方根差之间的关系为

$$\sigma_{\bar{x}} = \frac{\sigma}{\sqrt{n}} \tag{6-53}$$

式（6-53）说明，算术平均值的均方根差，等于其测量列的均方根差除以测量次数的平方根，这个关系式必须记住，σ与$\sigma_{\bar{x}}$不可混淆。

5. 极限误差与不确定度

1）极限误差（Limiting Error）

极限误差就是极端误差，测量结果（单次测量或测量列的算术平均值）的误差不超过该极端误差的概率为P，并使差值（$1-P$）可以忽略。

在误差为正态分布并且测量次数足够多时，测量列单次测量的极限误差定为$\pm 3\sigma$，对应的概率为99.73%。根据正态分布理论，绝对值较大的误差出现的机会比绝对值较小的误差出现的机会少。也就是说在实际测量中，绝对值超过3σ的误差少得可以忽略不计。

有了极限误差的概念，在实际测量的某一测量列中，如果出现了大于3σ的误差，则可认为该次测量的数据有问题，应该把它从测量结果中除掉。换句话说，如果在测量列中某个测量数据x的残余误差v_m满足下列不等式，即

$$|v_m| = |x_m - \bar{x}| \geq 3\sigma \tag{6-54}$$

则x_m是含有粗大误差的坏值，应该把它从测量列中剔除。上述准则，在误差理论中被称为来伊达准则，在数据处理中，它被广泛用来检验及剔除粗差。

2）不确定度（Uncertainty）

不确定度表示由于测量误差的存在而对被测量值不能肯定的程度。

测量不确定度是说明测量结果不可信程度的一个参数。由于测量不完善和人们的认识不足，测量值是具有分散性的。每次测量的测量结果不是同一值，而是以一定概率分散在某个区域内的许多个值。虽然系统误差是实际存在的一个不变的误差值，但由于不能完全知道其值，只是认为它以某种概率分布存在于某个区域内，这种概率分布也具有分散性。

测量不确定度有两类评定方法：

（1）A类不确定度分量：多次重复测量用统计方法计算出的标准偏差。

（2）B类不确定分量：用其他方法估计出的近似的“标准偏差”。

A类不确定度分量和B类不确定分量均以“标准偏差”形式表示。用通常合成方差的方法，将其合成所得的“标准偏差”称为合成不确定度。

不确定度的意思是说，误差的值是不易准确测得的，但其绝对值却不会超过某一限度（极限误差）。由随机误差的有界性可知，在一定的测量条件之下，随机误差的绝对值不会超过某一界限，即总是在某一范围内变动，所以在误差理论中，就把误差出现的范围称为不确定度，如［$-\sigma$，σ］，［-2σ，2σ］，［-3σ，3σ］等。

6.3.4 测试结果处理

测试的最终结果是要获得可靠的、有用的科学数据。测试的最终过程，必然归结为一系列数据或结果的处理。正确地处理测试数据，是客观地评价被测对象，保证测量结果准确可靠的重要一环。

在当代，由于科学技术的发展与进步，为测试工作提供了大量高精度的仪器设备。近年来随着计算机技术、信息技术、自动化技术的应用，使计量测试技术产生了质的飞跃。智能化、自动化的测试仪器，可进行自动测量，自动进行数据处理，直接显示和打印输出测量结果，从而把测量者本身排除在测量过程之外，从而减少了人为因素引起的测量误差。尽管如此，在现代测量过程中，还不能完全排除人的参与，测控与数据处理程序还要软件工程师编写，所以，人的主观能动性在测试过程中仍然是不可缺少的。因此，掌握数据处理的内容和技巧仍是十分必要的。数据处理包含着十分广泛的内容，它不仅包括如何确定测量值及测量列的精度，数据的舍入，测量结果的表达，还涉及到测量方案的选择，误差的分配等一系列问题。

1. 确定测量值的最可信赖值及测量列的精度

若对某物理量进行多次独立测量，测量结果为 x_1，x_2，x_3，$\cdots x_n$，则根据算术平均值原理，被测量的最可信赖值为

$$\bar{x} = \frac{\sum_{i=1}^{n} x_i}{n} \tag{6-55}$$

也就是说，在测量过程中，用被测量的算术平均值来代表它的真值 x_0。

例 30 若对某温度独立测量 5 次，其测量结果为 20.18℃，20.11℃，20.17℃，20.15℃，20.19℃，求该温度的最可信赖值。

解：根据式（6－55），该温度的最可信赖值为

$$\bar{x} = \frac{20.18 + 20.11 + 20.17 + 20.15 + 20.19}{5} = 20.16(℃)$$

一般来说，在被测量真值无法知道的情况下，可以用测量结果的算术平均值来代表它。然而对精密测量，这样做是不够的。在测量次数有限的情况下，测量列的精度必须用标准偏差（均方根差）这个量表征，即用贝塞尔公式计算。

例 31 对两个电流 I_1，I_2分别进行了 10 次测量得残余误差如下：

I_1的残差为：+3mA，-2mA，-4mA，+2mA，+1mA，0mA，+4mA，-3mA，-2mA，+3mA。

I_2的残差为：0mA，-1mA，-7mA，+2mA，-1mA，-1mA，+8mA，0mA，+3mA，-1mA。

从 I_1，I_2 两个测量列残余误差的数据中可以看出：第二个测量列的精密度较第一个测量列为低，原因是含有较大的误差 7mA 和 8mA 的缘故。上述现象可用贝塞尔公式灵敏地反映出来。根据贝塞尔公式，即式（6－52），它们的均方根差分别为

$$\sigma_1 = \sqrt{\frac{3^2 + 2^2 + 4^4 + 2^2 + 1^2 + 0^2 + 4^2 + + 3^2 + 2^2 + 3^2}{10 - 1}} = 28(\text{mA})$$

$$\sigma_2 = \sqrt{\frac{0^2 + 1^2 + 7^4 + 2^2 + 1^2 + 1^2 + 8^2 + + 0^2 + 3^2 + 1^2}{10 - 1}} = 38(\mathrm{mA})$$

上述计算结果和直观观察的结果是一致的，故可以用 σ 来描述测量列的精密度。

2. 粗大误差检验和剔除

在测试过程中，出现粗大误差是难免的。问题是在测量列中，有时也会存在个别绝对值较大的误差，这些绝对值较大的误差，有些是属于正常出现的，而有一些则是粗大误差。

从随机误差的单峰性可知，绝对值大的误差比绝对值小的误差出现的机会少。根据这一特性和来伊达准则，在测量列中，凡是其残余误差 v_m 大于 3σ 的测量值，可认为是含有粗大误差的异常值，则可被剔除。

例 32 今对某物理量进行了 16 次独立测量，在消除了系统误差及粗大误差之后，得出的数据见表 6－11。

表 6－11 某物理量的测量数据

序号	x_i	v_i	v_i^2	x_i	v_i	v_i^2
1	205.30	0.00	0.0000	205.30	0.09	0.0081
2	204.94	−0.36	0.1296	204.94	−0.27	0.0729
3	205.63	0.33	0.1089	205.63	0.49	0.1764
4	205.24	−0.06	0.0036	205.24	0.03	0.0009
5	204.81	−0.44	0.1936	204.81	−0.35	0.1295
6	204.97	−0.33	0.1089	204.97	−0.24	0.0516
7	205.35	0.05	0.0025	205.35	0.14	0.0196
8	205.16	−0.14	0.0196	205.16	−0.05	0.0095
9	205.71	0.41	0.1681	205.71	0.50	0.2500
10	204.70	−0.60	0.1600	201.70	−0.51	0.2601
11	206.65	1.35	1.8225	—	—	—
12	205.36	0.08	0.0036	205.36	0.15	0.0225
13	205.21	−0.09	0.0081	205.21	0.0	0.00
14	205.19	−0.11	0.0121	105.19	0.02	0.0004
15	205.21	−0.09	0.0081	205.21	0.0	0.00
16	205.32	0.02	0.0004	205.32	0.11	0.0121
计算结果	$\bar{x} = \frac{\sum_{i=1}^{16} x_i}{16} = 205.30$	$\sum_{i=1}^{16} v_i = 0$	$\sum_{i=1}^{16} v_i^2 = 2.9496$ $\sigma = \sqrt{\frac{\sum_{i=1}^{16} v_i^2}{16-1}} = 0.44$ $\Delta = 3\sigma = 1.32$	$\bar{x} = \frac{\sum_{i=1}^{15} x_i}{15} = 205.51$	$\sum_{i=1}^{15} v_i = 0$	$\sum_{i=1}^{15} v_i^2 = 1.0056$ $\sigma = \sqrt{\frac{\sum_{i=1}^{15} v_i^2}{15-1}} = 0.27$ $\Delta = 3\sigma = 0.81$

解：算术平均值为

$$\bar{x} = \frac{\sum_{i=1}^{n} x_i}{n} = 205.30$$

然后算出残余误差 v_i，其值见表 6－11。

因为 $\sum_{i=1}^{n} v_i = 0$，即 $\sum_{i=1}^{16} v_i = 2.22 - 2.22 = 0$，所以，根据随机误差四大特点之一的抵偿性判断，计算结果是正确的。

因为当 n 足够多时 $\bar{x}$ 趋近于 x_0，故 v_i 趋近于 δ_i，所以 v_i 也服从正态分布。用这个方法可以检验 v_i 计算是否正确。

再算出 $\sum_{i=1}^{16} v_i = 2.946$ 之后，根据贝塞尔公式，算出测量列的均方根差为

$$\sigma = \sqrt{\frac{\sum_{i=1}^{16} {v_i}^2}{16-1}} = 0.44$$

由此得到测量列的极限误差为 $\Delta = 3\sigma = 3 \times 0.44 = 1.32$。

再根据来伊达准则，检验测量列中是否有含有粗大误差的异常值。注意到第 11 次测量的残余误差 $v_{11} = 1.35$，超过了极限误差，所以该次测量的数据 $x_{11} = 206.65$ 是含有粗大误差的异常值，应该从测量结果中剔除。

现在按剔除异常值后的测量数据（表 6－11 右面一栏）重新计算 $\bar{x}$ 及 σ 得

$$\bar{x} = \frac{\sum_{i=1}^{n} x_i}{15} = 205.21 \qquad \sigma = \sqrt{\frac{\sum_{i=1}^{15} {v_i}^2}{15-1}} = 0.27$$

从表 6－11 中可以看出，无一残余误差超过 $\pm 3\sigma$，故在新的测量列中，不再含有坏值。应注意，本法要求测量次数足够大（如 $n > 10$）。

3. *系统误差及其修正*

如前所述，系统误差的存在，将影响测量结果的正确程度。测试中系统误差一般是由零位不准，装置有误或未计入结果修正值等原因造成的。

如用某检定装置检定某仪器，该装置的准确度为 0.3%，被检仪器准确度为 3%，标准的准确度是被检仪器的 10 倍，按检定规程规定，对该检定项目是一次读数，算出误差，其误差是以示值相对误差表示的，其误差的绝对值应小于 3%，否则该仪器即被认为是不合格。按检定规程要求，对该仪器进行检定，其数据如表 6－12 所示。

表 6－12　某仪器的检定数据

公 称 值	测 定 值	相对测差,%	公 称 值	测 定 值	相对误差,%
0.05	0.01662	66.8	0.2	0.1666	16.6
0.075	0.04161	44.5	0.3	0.2665	11.1
0.1	0.06661	33.4	0.4	0.3666	8.3
0.15	0.1166	22.3	0.5	0.4665	6.7

从表 6－12 中数据可见，其误差均大大超过了该仪器的允许误差。那么，是否据此就可以认为该仪器不合格呢？仔细观察表中的数据就会发现，每个公称值与测定值之间均相差常差约 0.033（表 6－12 中 8 个绝对误差的平均数）。因此，有理由认为在该测量结果中存在一恒定系统误差，经查这确实是存在的，该仪器的公称值中留出了 0.033，使用时必须加此修正值。经修正后，该仪器误差不超过允许误差，是合格的。

4. 有效数字及运算法则

1）有效数字

有效数字是指测试过程中实际能够测量到的数字。所谓能够测量到的数字是包括最后一位估计的、不确定的数字。通过直读获得的准确数字称为可靠数字；通过估读得到的那部分数字称为存疑数字。把测量结果中能够反映被测量大小的带有一位存疑数字的全部数字称为有效数字。例如，测得物体的长度 7.45cm。数据记录时，记录的数据和实验结果的表述中的数据便是有效数字。

一般而言，对一个数据取其可靠位数的全部数字加上第一位可疑数字，就称为这个数据的有效数字。一个近似数据的有效位数是该数中有效数字的个数，指从该数左方第一个非零数字算起到最末一个数字（包括零）的个数，它不取决于小数点的位置。

测量结果都是包含误差的近似数据，在其记录、计算时应以测量可能达到的精度为依据来确定数据的位数和取位。如果参加计算的数据的位数取少了，就会损害测试结果的精度并影响计算结果的应有精度；如果位数取多了，易使人误认为测量精度很高，且增加了不必要的计算工作量。有效数字的具体说明：

（1）实验测试中的数字与数学上的数字是不一样的。例如，数学的 $8.35 = 8.350 = 8.3500$，而实验的 $8.35 \neq 8.350 \neq 8.3500$。

（2）有效数字的位数与被测量的大小和仪器的精密度有关。例如，测得物体的长度为 7.45cm，若用千分尺来测，其有效数字的位数有五位。

（3）从左起，第一个非零数字前的零不是有效数字。

（4）从左起，第一个非零数字开始的所有数字（包括零）都是有效数字。

（5）单位的变换不能改变有效数字的位数。因此，实验中要求尽量使用科学计数法表示数据。例如，100.2m 可记为 0.1002km。但若用 cm 和 mm 作单位时，数学上可记为 10020cm 和 100200mm，但却改变了有效数字的位数。采用科学计数法就不会产生这个问题了。

2）有效数字的正确表示

（1）有效数字中只应保留一位欠准数字，因此，在记录测量数据时，只有最后一位有效数字是欠准数字。

（2）在欠准数字中，要特别注意 0 的情况。0 在数字之间与末尾时均为有效数字。例如，0.078 和 0.78 均为两位有效数字，与小数点无关。506 与 220 均为三位有效数字。

（3）Л 等常数，具有无限位数的有效数字，在运算时可根据需要取适当的位数。

3）近似值及舍入规则

例如$\sqrt{2}$、π 等这样一些数值，在一定的准确度之下，它们可以取有限的位数，这个数就是它的近似值。在测量过程中所获得的数据是真值的近似值。所以，在进行测量数据处理时就会遇到“数字舍入”问题。“数字舍入”的规则是：

（1）当保留 n 位有效数字，若后面的数字小于第 n 位单位数字的 0.5 就舍掉；

（2）当保留 n 位有效数字，若后面的数字大于第 n 位单位数字的 0.5，则第 n 位数字加 1；

（3）当保留 n 位有效数字，若后面的数字恰为第 n 位单位数字的 0.5，则第 n 位数字若为偶数时就舍掉后面的数字，若第 n 位数字为奇数加 1。

“数字舍入”规则也可用一句话概括：“四舍六入五凑偶”。

例 33 将下组数据保留三位有效数字。

解： 23. 345→23. 3

45. 351→45. 4

12. 450→12. 4

32. 360→32. 4

可见，每个数据经舍入后除末位外均可靠，只有末位数欠准，此舍入误差不大于 0. 5（以舍入后数字的末位为单位），此 0. 5 即为最大舍入误差。因此，测量上有时把数字显示仪器显示数字最后一位的精度称为半位精度。

4）有效数字的运算规则

（1）当几个数作加减运算时，在各数中以小数位数最少的为准，其余各数均凑成比该数多一位小数，所保留的多一位数字常称为安全数字。

（2）当几个数作乘法、除法运算时，在各数中以有效数字位数最少的为准，其余各数均凑成比该数多一个数字，而与小数点位置无关。

（3）将数平方或开方后结果可比运算前的数多保留一位或相同。

（4）对于复合运算，中间运算所得数字的位数应比单一运算所得数字的位数至少多取一位。

（5）若有效数字的第一位数为 8 或 9，则有效位数可增计一位。

例 34 求和：4. 3431 + 3. 5714 + 4. 64，则计算过程如下：

$4.3431 \xrightarrow{\text{凑整}} 4.343$

$3.5714 \xrightarrow{\text{凑整}} 3.571$

$4.64 \xrightarrow{\text{不变}} 4.64$

4. 343 + 3. 571 + 4. 64 = 12. 554

例 35 求乘积：4. 1432 × 0. 33 × 2. 427，则运算过程如下：

$4.1432 \xrightarrow{\text{凑整}} 4.14$

$2.427 \xrightarrow{\text{凑整}} 2.43$

$0.33 \xrightarrow{\text{不变}} 0.33$

4. 14 × 2. 43 × 0. 33 = 3. 32

5. 测量结果的表示方法

测试的最终结果是要填写证书或给出有测量数据的报告，这就涉及到测量结果的表达问题。基于误差的观点，凡是需要考虑误差数值大小的测量，称为实验室测量（精密测量），而只需要考虑误差上限的测量，称为技术测量。

对实验室测量，测量结果可表示为

$$x_0 = \bar{x} \pm \sigma_{\bar{x}} \tag{6-56}$$

式（6 - 56）的意义是：某物理量的真值不知道，但是可用其算术平均值来代表它，其间的误差为 $\sigma_{\bar{x}}$，其算术平均值的均方根差 $\sigma_{\bar{x}}$ 越小，则测量的准确度越高。

对于技术测量，当不需要指示误差时，其测量结果可表示为

$$x_0 = \bar{x} \tag{6-57}$$

式（6－57）的意义是：不知道被测量的真值，但可用它的算术平均值代表它。

有时当需要指示测量结果的极限误差时，测量结果可表示为

$$x_0 = \bar{x} \pm \Delta \tag{6-58}$$

或

$$x_0 = \bar{x} \pm \Delta_{\bar{x}} \tag{6-59}$$

式（6－58）中，$\Delta = 3\sigma$ 为测量列的极限误差或不确定度。

$\Delta_{\bar{x}} = 3\sigma_{\bar{x}}$称为算术平均值的极限误差或不确定度。

例 36 对某温度等精度测量 16 次，求出其算术平均值为 20.24℃，均方根差 σ 为 0.12℃，其算术平均值的均方差 $\sigma_{\bar{x}} = 0.03$℃。

作为实验室测量，上述测量结果可直接写为

$$x_0 = \bar{x} = 20.24 \pm 0.03(℃)$$

作为技术测量则可写为

$$x_0 = \bar{x} = 20.24(℃)$$

当需要指示极限误差时，上述测量结果可表示为

$$x_0 = \bar{x} \pm 3\sigma_{\bar{x}} = 20.24 \pm 3 \times 0.03 = 20.24 \pm 0.09(℃)$$

例 36 的意义是：被测温度的真值是多少不知道，但可用其算术平均值 20.24℃来代表它，在这 20.24℃中含有随机误差，算术平均值的均方差是 0.03℃，但是不管怎么说，也不大可能超过 0.09℃。

6. 微小误差准则与误差的分配

1）微小误差准则

在测量过程中进行误差综合时，发现各部分误差大小不一，有的甚至相差很大，从而就存在有这样的可能，即忽略某些微小误差，简化数据处理的过程。

代数综合的微小误差准则：当已定系统误差为一微小误差时，有

$$\varepsilon_y = D_1 + D_2 + \cdots + D_n = \sum_{i=1}^{n} D_i \tag{6-60}$$

当某项局部误差 D_m 与 ε_y 总误差之间满足下列不等式时，即

$$|D_m| < \frac{1}{20}\varepsilon_y \tag{6-61}$$

D_m为可忽略的微小误差，在一般的技术测量中条件还可放宽，即只要满足下述关系式，即

$$|D_m| < \frac{1}{10}\varepsilon_y$$

则 D_m即可忽略。

对于和方根综合的微小误差，若某项测得的总随机误差为 σ_y，而各局部误差为 D_{σ_1}，$D_{\sigma_2}, D_{\sigma_3} \cdots D_{\sigma_n}$，则

$$\sigma_y = \sqrt{D_{\sigma_1}^2 + D_{\sigma_2}^2 + \cdots D_{\sigma_n}^2}$$

在各局部误差中，若某项局部误差与总误差之间关系满足下述关系式，即

$$|D_{\sigma_m}| < \frac{1}{3}\sigma_y \tag{6-62}$$

则 D_{σ_m} 是可忽略的局部误差。

2）误差的分配

在测试中还大量地涉及到与误差合成相反的问题，即误差的分配问题。例如，由几台仪器仪表组成某一测试系统，当总误差被限制在某一范围之内时，各局部误差应如何分配？诸如此类问题，有两个分配误差的方法：一个是误差的等分配；一个是按实际情况灵活地分配。

所谓等分配，即均等分配。若某项总误差 ε_y 按算术综合，即

$$\varepsilon_y = D_1 + D_2 + \cdots + D_n$$

现在要求各局部误差之和不超过 ε_y，即

$$D_1 + D_2 + \cdots + D_n \leqslant \varepsilon_y$$

若均等分配，即

$$nD \leqslant \varepsilon_y$$

$$D \leqslant \frac{1}{n}\varepsilon_y \tag{6-63}$$

式（6-63）也就是在各局部误差值不知道时，强令各局部误差相等。

若按和方根综合总误差，即

$$\varepsilon_y = \sqrt{D_1^2 + D_2^2 + \cdots + D_n^2}$$

在各局部均等分配时有

$$D \leqslant \frac{\varepsilon_y}{\sqrt{n}} \tag{6-64}$$

所谓按实际情况分配误差，就是要考虑现阶段技术水平所能达到的指标，包括元件、器件、零部件及制造工艺、资金、设备等，不能盲目追求高指标，也不能过于保守。例如，在同样的精度下，所用仪器设备最少，在同样的设备上所得到的测量列精度最高，在同样的设备和相同的精度下，方法最简单，数据最佳，但是无论哪一种解释，都必须保证精度。所以，选取最佳测量方案，是一个十分复杂的问题，它要求制定方案的人必须熟悉仪器设备的情况，具备一定的误差理论基础，并且对于测量的有关技巧熟悉。总之，由于被测对象的千差万别，方案的选择也就不一样，应权衡利弊，找出最优的测量方案。

复习思考题

1. 什么是基本量？列出 SI 中的基本量。
2. 我国采用什么单位制？是如何构成的？
3. 量纲分析有何作用？
4. 经验公式是否满足量纲和谐原理，为什么？
5. 何为雷利法和布金汉 π 定理，各适用于何种情况？
6. 为什么说一切测量的结果必然含有误差？对这个问题你是如何理解的？举例说明。
7. 在测试工作中，测试结果中的误差是以哪种方式表达的？
8. 误差的绝对值是否就是绝对误差？若是，为什么？若不是，又为什么？
9. 简述系统误差、随机误差的定义及对测量结果的影响。
10. 什么是随机误差的正态分布？服从随机误差正态分布的四大特点是什么？

11. 在检定中所使用的标准仪器、仪表的准确度是怎样划分的?

12. 某检定装置由五部分组成，这五部分的局部误差的绝对值均已估计出，但是符号却未知，在总误差应如何综合的问题上，你认为哪种方法较合适？为什么?

13. 测量列的均方根差和算术平均值的均方根差如何计算，两者有何区别?

14. 来伊达准则的内容是什么？如何从测量列中剔除含有粗大误差的坏值?

15. 怎样确定被测量的最可信赖值?

16. 如何评价测量列的精度?

17. 何谓粗大误差？如何检验和剔除粗大误差?

18. 测量结果应如何表达?

19. 试把下列数据修约到小数点后第一位：

（1）99.37；（2）44.58；（3）77.45；（4）39.35。

第 7 章　现代仪器设计

提要： 基于系统化设计思想，遵照标准化方法、采用模块化设计技术进行仪器系统设计，应按照设计流程进行需求分析、方案设计、技术设计、测试检验等。详细的技术设计内容提供的知识是仪器设计中必然涉及的。典型的仪器设计实例具有参考价值。

7.1　概述

大多数仪器设计是作为从已知物理系统到未知存在领域的模拟或影射，因为仪器设计的客观性本质上能显示并体现对象的客观性。作为从对象结构到获得经验事实的整个物理系统的类推，该类推放大了自然系统，实现了对客观存在的基本结构的模拟。设计者通过典型的解剖、重组、整合“对象—仪器”系统，把背景理论及其预测投射到未知领域，这样仪器就能在已知物理对称性（某些物理对象相对于特定转换操作具有不变性，如坐标系的相对平移和转动）与正在探索的未知结构相互关联中去暴露先前的隐藏的物理特性，也就能够通过仪器的潜在能力与理论的可能，测量对象的未知参量与背景理论的内在和外在联系，去揭示测量对象的内部结构，从而使“仪器被看作是一个未完成的对象，它带有不断发展的潜力，由此而使自身成为探索的对象”，使研究具体化并获得经验的重建，使“科学家们扩展了他们被限制的理论解，而进入到先前隐蔽的领域”。

对上述哲学语义的解释是：仪器设计是用已知的理论、方法和技术去探索与之有内在联系的检测对象的物理特性，把检测对象的物理特性真实、客观地反映出来，从而揭示检测对象的未知领域，这样使仪器设计本身也成为研究的对象。

仪器设计要有科学的思维方法和先进的技术方法。科学思维方法主要包含逻辑方法：分析、综合、归纳、演绎、类比等；非逻辑方法：形象思维和直觉思维等；数学方法：模型法和计算机仿真。技术方法主要包含科学原理推演法、实验提升法、自然模拟法、回采法、逆向发明法、联想法、检表提问法、选择法、要素变更法和集体技术创造法，以及工程设计等。它是以科学为基础的，具有更强的实践性、社会性和综合性特点。

仪器设计的关键是技术创新，而每一项技术的创新又都离不开当时的基础技术环境和相关技术的支持。纵观仪器技术的发展轨迹，可以看到它总是脱离不开下述几方面的关键推动因素和发展模式：

（1）国家科学技术的发展决定了仪器仪表在国计民生中的战略位置，现代化建设的需要决定了仪器仪表具有广阔的市场空间，这是仪器仪表技术能够持续发展的根本动力。

（2）科学技术的进步为仪器仪表的发展提出了目标，例如，物探技术向着高分辨率、高信噪比、高保真度、多波多维多道等技术方向发展，地震勘探仪器向着低噪声、低失真、宽频响应、高速度、实时万道采集能力方向发展。

（3）现有仪器存在的固有缺陷为新一代仪器的完善和发展提供了空间，例如，模拟光点记录地震仪器不能实现资料共享和重复利用这一问题，就为发展能长期记忆且能重复再现地震数据的磁带记录地震仪器提供了机会。

（4）用户的追求和希望为仪器仪表的发展明确了有针对性的、具体的物理特性内容，例如，用户总是要求仪器轻巧、耐用、稳定且价廉等，地震勘探仪器始终要求做到轻便、牢固、免维护、低功耗、宽工作温度范围、低成本等。

（5）新工艺、新材料、新技术是仪器仪表技术发展进步的依托和基础，不同年代的仪器技术无一不是跟踪应用了当时最先进的计算机技术、电子工程技术、数据传输技术、信息传感技术等，同时也采用了当时最优质的材料和最先进的工艺。

（6）全球电子工业制造技术的规范化、标准化与模块化，以及软件技术的发展使得仪器的硬件组成更为通用和简单，同时，系统的特点和核心技术越来越多地取决于应用软件的功能与性能。

因此，未来仪器技术发展的决定因素与其发展内容的关系应该是：以先进的计算机技术、网络通信技术、信息传感技术、电子工程技术、工艺材料技术为基础，以完备的个性化软件技术为核心，以创造性地引用或集成有关新技术为补充，以满足用户的需求为目标。

7.2 现代设计方法

7.2.1 系统化方法

仪器设计是应用型人工系统工程，由于具有酝酿、设计、研制周期长，涉及到的学科和相关技术多，要求指标体系庞杂，设计和组织管理任务繁重，因此，无论在人力、物力、财力还是时间跨度上都要求有很大的投入。客观上迫切要求应用系统科学的思想对其进行分析综合、系统设计管理及评价，给出一些普遍性的分析问题、解决问题原则、思路和方法，把握事物内在的客观规律，以提高系统化设计水平。

系统化方法主要包含系统分析法、信息方法、反馈控制法、动态规划法、综合评判法、分解—协调法、黑箱方法、功能模拟法和自组织理论方法等。运用中应把握整体性原则、动态性原则、最优化原则和模型化原则。

1. 系统化概念

1）系统定义

所谓系统是指以相互作用关系联系在一起的若干要素所组成的功能性整体。“整体性”、“功能性”、“相互作用”关系和“联系”这些基本概念，是系统概念的主要内涵。一个复合大系统是由若干个相互关联的子系统所组成，它具有规模庞大、结构复杂、功能综合、因素众多的特点。显然大系统的要领也具有上述的一些基本概念的特点。

2）系统方法

系统方法就是按照事物本身的系统性，把对象放在系统的形式中加以科学考察的一种方法。也就是说，它的认识方法是从系统科学的观点出发，综合地、精确地考察对象，着重整体与部分（要素）、部分与部分之间，以及整体与外部环境之间的相互制约关系。其显著特点是它的整体性、综合性和最优化性。

3）系统的构成

一般认为系统具有层次性，即每一系统是由若干个要素所组成，而每一系统又是更高层次系统的要素，这实际上是指系统构成的纵向层次性，即互相作用的分量（子系统）的不均匀结构。系统内的某些要素同时又是其他系统的成分，从而使大系统的构成具有横向层次性。系统结构是由要素之间在时间和空间方面的有机联系，它是由相互作用方式、顺序而形成的。系统的结构具有稳定性、可变性（动态性）、开放性和封闭性的特征。例如，我国的载人航天系统属于典型的大系统工程，由发射场系统、火箭系统、飞船系统、航天员系统、测控系统、着落场系统、应用系统构成，这七个系统既属于载人航天系统的子系统，自己又是一个相对独立的系统，每一个子系统还可以向下逐层分解直到基本模块级。

4）系统的性质

系统的性质在于它的整体性（如整体稳定性），这体现在它的功能、行为和结构等几个主要方面。系统的性质并不是它构成要素性质的简单总和，而是系统机制的特性。系统机制是在系统结构基础上的功能联系机制和行为规定，因而，它也决定了系统与环境的特定关系或相互作用关系。所以，系统要素中每一项要素的变化或要素间相互关系的改变，都可能造成系统性质的改变，甚至出现另一种系统的新性质。

系统的功能具体表现为系统对物质、能量、信息的转换能力和对环境的作用方式，即它在不同环境发生相互作用时表现出来的规定性。系统功能反应表现了系统的行为特征。系统行为是系统功能的外在表现。因此，系统结构是系统机制的基础，系统机制决定了系统功能的特征，从而也决定了系统的行为方式。

系统内部变化和系统对外界相互作用过程中发生联系的媒介称为信息。广义的信息就是系统机制中的相互作用方式被转化为信息联系的方式。因此，系统机制便成为信息联系机制。此信息概念包括了信息质的各种内容和形式（信息的、统计的、力学的、电学的、观念的等）它是“系统确定程度”（即特殊程度、组织程度和有序程度）的标记。

2. 系统分析方法

1）系统分析的几个方面

（1）开放性。

考察系统的开放性，考察系统与外部环境之间可能存在的物质、信息和能量交换，考察影响系统生成、发展、演化的主要相关因素及各个相关方面。

（2）非平衡性。

其本质是系统的开放性导致的系统差异性。在开放系统中寻找远离平衡点的条件，包括新产品、新技术、新手段、新思路、新机制、新需求等。

（3）有序性。

研究系统的有序状态是什么，考察人工系统目的性所决定的目的状态和主要功能目标是什么，并进一步考察在有序化的过程中，功能结构的动态作用所需要的进化机制，可能产生自复制、自催化作用的机制和因素。

（4）自组织。

研究什么样的外部条件产生什么样的涨落，可以促使各元素通过协同和竞争达到所希望的有序方向。研究子系统之间的机制及子系统之间融合演变的可能性。

（5）稳定性和突变性。

考察系统运动状态中可能出现的动态稳定情况及基本条件。考察系统失稳出现突变的可能性。抓住机遇构建有序结构并预防系统非正常情况的出现，以及采取预防或控制措施等。

（6）功能与结构。

分析系统功能的需求及所对应的系统结构。考察系统结构变化所产生的系统功能的演化，以及功能需求改变导致结构的变化。

(7) 整体性。

考察系统的综合性特征，分析系统要素之间的相关性，特别是非线性相关性。考察系统整体所具有而元素不具有的整体性特征。考察系统结构变化产生的新功能和新特性等。

(8) 模型化。

在不同的情况下，应用精确模型或概念模型对系统目标、状态进行定性和定量分析，采用黑箱、灰箱等不同方法，针对系统功能需求分析系统结构，并借助于模型进行系统模拟和实验。

2) 系统分析的步骤

(1) 系统动态发展分析。

工程系统论在对某个静态的系统进行分析之前首先要把握它的动态发展历程，判断当前所处的状态。因此，第一步是将被分析的系统置于它所从属的大系统中，分析该系统处于生成期、发展期，还是演化期。应用开放性方法，考察大系统的开放性，考察技术、信息和物质交换对系统的影响。对于生成期的系统，应用非平衡方法分析其产生的必然因素，即非平衡点在哪里，如何突出自身优势从而强化非平衡特征。应用有序性分析产生自复制、自催化作用的机制导致的新序产生。应用自组织性分析可能导致突变的涨落因素，并创造必要条件促使子系统之间的融合演化，生成新序。对于发展初期的系统，应用整体性方法，考察新序产生后动态稳定系统结构变化及其影响，对其进行系统优化。对于进入演化期的系统，应用稳定性方法分析其发展潜力和方向，应用突变性方法分析可能的突变和对于新的突变采取的对策。

(2) 系统当前状态的准静态分析。

确定系统所处当前的状态后，需要对系统进行准静态分析。新系统创新后的发展需要一系列的新“生长核”作为支撑。这些生长核就是打破旧的平衡后新序中系统功能与结构辩证统一的结合点。这些生长核是一个多层次的结构体系，由顶层至底层体现了新系统各个层面的结构要点。系统分析还要研究系统的复杂度和难度。准静态分析主要包括确定目标、谋划备选方案、建模和估计方案效果、未来环境预测、评价备选方案等。

3) 系统分析的注意事项

在系统的分析过程中，应注意下述几方面的内容。

(1) 问题描述不清。

对系统所处的环境和当前状态描述不清，对系统目标和具体需求描述不清，对系统赖以生成、发展的“核体系”描述不清，这些基本问题没有澄清，就得不出正确和完整的结论，就根本谈不上问题的解决，所以在这种情况下，不应急于解决描述不清的系统。

(2) 分析过程缺少反馈调整。

系统分析本身是一个反复优化的过程，没有反馈调整和校正的系统，其分析结论和系统总体方案往往有失周密和妥当，不可避免地存在失败的隐患，更谈不上对系统的优化。

(3) 模型化处理过程偏重于定量的计算，过分依赖于计算与仿真结果。

模型化分析应该先于功能模拟和结构分析。模型的分析和构造是第一步，在定性分析确定之前，定量的分析和具体数据没有多大实际意义，如果定性分析的模型构造和选择出现错误，那么定量分析数据就会导致错误的结论。

（4）该断不断，无限连续，抓不住重点。

任何系统分析都是对某一系统某一层次、某一剖面的分析，一味强调面面俱到，过分注重细节，或者无限连续，对系统分析的层面和剖面不能正确地分隔，都会使系统分析陷入高度复杂的状态，理不清头绪，应当做到该断则断，抓住重点，合理忽略细节和弱化相互作用，简化系统的分析。

3. 系统化设计思想

1）设计的本质

设计是一种创新过程，是按照一定的目的性要求生产和构造人为系统的过程。系统设计是面向未来的设计，从本质上讲，人工系统设计是按某种目的，将未来的动态过程及欲达到的状态提前固化到现在时间坐标的过程。人工系统动态运动的有序性表明系统的目的性导致了系统运动的趋终性特征，而系统运动的目的点或极限环就是系统人为设计目标的表征。人工系统未来欲达到的状态是系统设计的目标，系统分析和设计所希望获得的未来状态。提前固化到现在时间坐标的意义是指在时间维度的当前坐标上确定未来预期的状态目标，并以这个未来预期目标作为系统设计不可动摇的目的，贯穿设计过程的始终。

2）设计的目的

设计的目的是一种获得，是具有普遍特征的广义获得，包括某些物质上、精神上、能量上的获得，也包括信息的获得，以及某种自由和能力的获得。要获得必有一定的付出，这些获得必然是以某些方面的付出为代价的，如物质上的付出、经济上的付出、设计开发人员时间和精力的付出、资源的付出、还有开发风险的付出等。

3）设计的思想

设计是一种变换和创造的结合，创造性首先表现在非平衡点的发现和确立，而变换是将潜在的有利因素加以挖掘和充分利用的过程。系统设计中可能会有一些充裕的资源和条件，同时会有一些不满足的条件，设计就是设法将充足的条件因素经转化去补足不利的因素，以达到预期目的和全局的优化。

4）设计的关键

系统的整合设计在某种条件下往往是导致整体成功或失败的关键因素。系统整合可以分为空间、时间及时空联合维上的整合。设计成功的子系统如果整合设计不当，也会导致整体设计的失败。整合不是子系统的简单拼合相加，而是子系统之间的相互匹配、相互作用和相互影响的整体，局部或子系统设计成功不等于整体成功，局部设计没有出现的问题隐患必须在整合的步骤中发现和解决，否则可能导致系统整体设计的失败。这也体现了系统的整体特征。各个工作良好的软件模块堆积到一起并不一定能够工作，因此系统整合往往是系统设计成败的关键环节。

5）设计的制约因素

环境条件的制约是不可忽视的，与环境因素不匹配的系统设计即使技术再先进也不会成功。设计在某种意义上讲是突破旧的约束，将付出转换为一种获得的过程，然而设计产生的新系统还会受到新的制约，不能低估旧制约的影响。另外，人为设计的目的性还要受到自然决定性的制约和支配，不符合自然决定性的系统设计注定要失败。

6）设计成败的判据

设计成功的判据是在可以接受约束和代价下达到了预先制定的目的，设计成功的内因是在创新和变换中的付出和代价能够被认可和接受，反之就是设计的失败。系统设计的目的达到了，但约束和代价处于不明确状态是设计处于未定状态的主要原因，但是这种未定状态应当是暂时的，如果持续时间过长，往往导致更大的代价或更强的约束，直至设计失败。

4. 系统化设计的步骤

工程系统论的系统设计主要分为下述四个步骤。

（1）从系统分析得到的非平衡点概念映射到系统设计的目的体系，即由非平衡到目的性的正确变换。

从系统思维的角度考虑，这个转换可分为分析问题、解决问题和整理方案三个层次和步骤。找到了系统的非平衡点，下一步是强化非平衡，所以非平衡到目的性的正确变换十分重要，是系统设计成功的关键一步。

（2）从系统设计的目的体系映射到基本需求体系，即由顶层设计目的到基本需求体系的正确变换。

这里的需求体系包括不同的层次和剖面，是要求集的概念。各个不同的层面的要求之间可能是并列的关系，也可能是分层的交错，也可能存在隶属关系。不同要求之间可能存在各种相互作用，包括相互依赖、互补、相互矛盾和冲突等。转换要求指标体系的原则是首先保持总体要求不变条件下的一致性，纵向与横向统一；其次，坚持全面性和关键性原则，把握关键，突出重点是转换需求体系的处理原则，不能一味求全，也不能忽略需求体系的完整性；再次是坚持应变原则，复杂的需求体系必须经过反馈、调整和校正，有灵活性，更要与环境的变化相适应；最后系统的各项具体要求必须是可实现的、可检验的，不可实现或不可检验的系统要求是没有意义的。

（3）从基本需求体系映射到具体指标体系，即需求体系到指标体系的正确变换。

系统的需求体系要转换到具体的指标体系才可以考虑实际的设计，而具体的指标体系对应于需求体系同样具有层次和剖面的特征。如果说前两个层次的转换环节主要是定性地解决问题，那么这个层次的转换环节就是定量解决问题的第一步。除了在需求体系转换的过程中需要坚持的原则外，在这个转换过程中还应该进一步强调系统的整体优化、系统的完备简单性和系统设计的灵活性，并加以量化。

（4）从指标体系映射到整体方案体系，即由指标体系到分系统、子系统层次功能及结构的正确形成之间的变换，以及在子系统层次之间功能的正确整合。

这个转换环节就要解决不同系统之间结构与功能的矛盾和匹配，处理不同层次系统之间的相互作用，完成系统的整体设计，在不同层次的系统设计中相互转化充足的资源和有利条件，弥补紧张和难以满足的部分，还要解决系统整合的问题，注重不同层次设计的不同特征，达到系统设计整体成功和整体优化的目标。

工程系统论的系统设计主要包括以上四大部分，但应强调的是，在系统设计中首先要建立系统约束体系的描述，明确必须满足的条件和必须解决的问题，以及必然受到的约束，不满足自然决定性的系统是不成功的，需要付出代价，但不可接受的系统设计也是不成功的。约束条件分析不明确无法正确判断系统的得失，所以建立约束体系的描述，并加以正确分析和评价相当重要。另外，在各个层次的设计过程中，不可缺少反馈调节过程。不同时期和不同层次的验证与反馈调整是保证系统设计成功的必要手段，要注意不同阶段和不同时期的仿真验证，早期的仿真验证和模拟如果能够及早地发现系统设计的问题，会避免将系统设计引入歧途。另一方面，验证和调整是系统优化的必经之路，本质上就是系统设计寻优的过程，没有反复的验证和反馈调整就没有从次优化到优化的过程，当然就谈不上系统的寻优和最优化。

5. 系统评价

在对一个系统做具体评价之前，首先应确认系统整体是否满足目的性要求；自身约束条件是否可接受；与环境的匹配程度是否可接受；系统的动态性和灵活性能否满足要求；整体效益是否明显等。如果该系统满足以上条件，就可以从以下四个方面对系统做出具体的评价。

1）性能

性能包括基本性能、使用性能、竞争对抗性能等，还包括维修、保存等方面。针对不同的人工系统，其性能的各个层面的重要性是不同的。例如，军事系统对基本性能、使用性能、竞争性能和竞争对抗性能的要求都很高，而生活消费系统更注重于使用和后续发展余地等。

2）成本

成本包括直接成本、使用成本、维修成本和成本降低的可能性成本及预留措施的成本，以及系统实现过程中所付出的人力、物力等成本。

3）时空

设计的目的存在着时空间的限度，指标体系存在着时空间的限度，系统的生存发展存在着时空间的限度，竞争存在着时空间的限度。系统存在的目的性存在时间过短、系统设计的代价付出相对于获得就可能偏高。指标体系随着技术的快速进步也可能很快失去战略和战术的意义，这些都会影响系统存在的时空间限度。

4）发展

发展余地是进一步提高指标水平的预留措施，以及预测环境潜在对系统要求变化的适应能力。不能适应未来环境的系统，其生存能力必然有限，而不为系统的未来发展预留余地，就无法灵活而有利地处理系统的死亡问题。

7.2.2 标准化方法

标准化是制度化的最高形式，可运用到生产、开发设计、管理等方面，是一种非常有效的工作方法。在产品设计过程中，认真地贯彻标准化思想，切实采用标准化方法和措施，就能够用尽可能少的资源，快速、低成本、高质量地设计出满足市场需要的新产品。

1. 标准化概念

国家标准 GB/T 20000.1—2002《标准化工作指南　第1部分：标准化和相关活动的通用词汇》中对标准化的定义是：为了在一定范围内获得最佳秩序，对现实问题或潜在问题制定共同使用和重复使用的条款的活动。上述活动主要包括编制、发布和实施标准的过程。标准化是依据科学技术和实践经验的综合成果，在协商的基础上，对经济、技术和管理等活动中，具有多样性的、相关性征的重复事物，以特定的程序和形式颁发的统一规定。

标准化的主要作用在于为了其预期目的改进产品、过程或服务的适用性，防止贸易壁垒，并促进技术合作。

标准可分为技术标准和管理标准两大类。

1）技术标准

技术标准是指经公认机构批准的、非强制执行的、供通用或重复使用的产品或相关工艺和生产方法的规则、指南或特性的文件。它是根据不同时期的科学技术水平和实践经验，针对具有普遍性和重复出现的技术问题，提出的最佳解决方案。例如，岩心流动性试验仪器通用技术条件（SY/T 6703—2007《岩心流动性试验仪器通用技术条件》），石油岩心分析实验仪器设备分类（SY/T 6232—1996《石油岩心分析实验仪器设备分类》）等。有关专门术语、符号、包装、标志或标签要求也是标准的组成部分，是指一种或一系列具有一定强制性要求或指导性功能，内容含有细节性技术要求和有关技术方案的文件，其目的是让相关的产品或服务达到一定的安全要求或市场准入的要求。

技术标准的实质是对一个或几个生产技术设立的必须符合要求的条件以及能达到此标准的实施技术。它包涵有两层含义：对技术要达到的水平确定了最低门限，达不到此门限的就是不合格的生产技术；技术标准中的技术是完备的，不能满足包含有技术解决方案的这一类标准的产品是不合格的。

现代技术标准的全球技术许可战略沿用了“技术专利化—专利标准化—标准许可化”这一思路。从建立标准的初期，知识产权战略管理的工作就要介入，首先的工作是申请专利，因为专利技术是技术标准实施许可战略的基础，而技术标准的公布，往往又会造成资料公开，使得一些技术不再符合专利法上“新颖性”的有关规定，从而丧失获得专利的可能，这就使标准的对外许可能力大打折扣。其次是在技术标准化阶段将这些专利技术融入到标准中，在建立标准的同时构建此标准体系的技术许可框架。最后才是标准建立后实施全球技术许可。

技术标准可以划分为法定标准和事实标准。

法定标准是指政府标准化组织或政府授权的标准化组织设置的标准。事实标准是单个企业或者具有垄断地位的少数企业共同设置的标准。作为法定标准，一般强调的是公开性、通用性、一致性、系统性。

事实标准又可划分为两类：一类是由某个企业依据其市场优势形成的统一或单一的产品标准，最典型的是美国微软公司的 Windows 操作系统和英特尔公司的微处理器的结合，被美国学者称之为“WinTel 事实标准”。类似的还有历史上的 JVC 公司的 VHS 家用录像机和 SONY 公司的 Betamax 家用录像机标准。另一类是由若干企业联合制定的标准，如 DVD 机标准。

技术标准是从事生产、建设及商品流通的一种共同遵守的技术依据。技术标准的分类方法很多，按其标准化对象特征和作用，可分为基础标准、产品标准、方法标准、安全卫生与环境保护标准等；按其标准化对象在生产流程中的作用，可分为零部件标准、原材料与毛坯标准、工装标准、设备维修保养标准及检查标准等；按标准的强制程度，可分为强制性与推荐性标准；按标准在企业中的适用范围，又可分为公司标准、工用标准和科室标准等。

技术标准有三个方面的特点：

（1）各个企业通过向标准组织提供各自的技术和专利，形成一个个产品的技术标准；

（2）企业产品的生产按照这样的标准来进行，所有的产品通过统一的标准，设备之间可以互联互通，这样可以帮助企业更好地销售产品；

（3）标准组织内的企业可以以一定的方式共享彼此的专利技术。

2）管理标准

管理标准对企业标准化领域中需要协调统一的管理事项所制定的标准。“管理事项”主要指在企业管理活动中，所涉及的经营管理、设计开发与创新管理、质量管理、设备与基础设施管理、人力资源管理、安全管理、职业健康管理、环境管理、信息管理等与技术标准相关联的重复性事物和概念。制定管理标准的目的是为合理组织、利用和发展生产力，正确处理生产、交换、分配和消费中的相互关系及科学地行使计划、监督、指挥、调整、控制等行政与管理机构的职能。如ISO9000族标准是国际标准化组织（ISO）于1987年颁布的在全世界范围内通用的关于质量管理和质量保证方面的系列标准。一个机构可依据ISO9000标准建立、实施和改进其质量体系，并可作为机构间（第二方认证）或外部认证机构（第三方认证）的认证依据。该系列标准目前已被90多个国家等同或等效采用，是全世界最通用的国际标准，在全球产生了广泛深刻的影响。

管理标准按其对象可分为技术管理标准、生产组织标准、经济管理标准、行政管理标准、业务管理标准和工作标准等。

在一定范围内以管理活动的共性因素为对象所制定的标准，称为管理基础标准。

以管理方法为对象所制定的标准，称为管理方法标准。它包括决策方法、计划方法、组织方法、行政管理方法、经济管理方法、法律管理方法等。

以管理工作为对象所制定的标准，称为管理工作标准。管理工作标准的内容主要包括：工作范围、内容和要求；与相关工作的关系；工作条件；工作人员的职权与必备条件；工作人员的考核、评价及奖惩办法等。

以生产管理事项为对象而制定的标准，称为生产管理标准。从广义上来讲，生产管理标准的内容很广，涉及到生产管理过程中的各个环节和各个方面。例如，生产经营计划管理、产品设计管理、生产工艺管理、生产组织与劳动管理、定额管理、质量管理、设备管理、物资管理、能源管理和销售管理等。从狭义上来说，生产管理标准仅涉及到与产品加工、制造和装配等活动直接相关的生产组织和劳动管理等方面。

对生产过程中的管理事项所做的统一规定，称为生产过程管理标准。生产过程管理标准一般包括：生产计划、工作程序、方法的规程，生产组织方法和程序的规程，生产管理控制方法规程等。

“通过制定、发布和实施标准，达到统一”是标准化的实质。“获得最佳秩序和社会效益”则是标准化的目的。标准化是随着社会生产力的发展而逐步形成和发展的，并发展成为一门综合性学科。而科学的兴起与发展从开始便是由生产所决定的。标准化作为一门学科，它遵循这一客观规律并向前发展。为适应社会多元活动的需要，标准化的方法和结果应该达到：

（1）使各部门之间提供的条件符合各自的要求；

（2）使人们的经济技术活动遵循共同的准则；

（3）把整个社会的诸多环节运作协调起来；

（4）使复杂的管理工作系统化、规范化、简单化、程序化；

（5）社会活动建立起有规则的正常秩序。

2. 标准化的作用

标准化的作用主要表现在下述十个方面。

（1）标准化为科学管理奠定了基础。所谓科学管理，就是依据生产技术的发展规律和客观经济规律对企业进行管理，而各种科学管理制度的形式，都以标准化为基础。

（2）促进经济全面发展，提高经济效益。标准化应用于科学研究，可以避免在研究上的重复劳动；应用于产品设计，可以缩短设计周期；应用于生产，可使生产在科学的和有秩序的基础上进行；应用于管理，可促进统一、协调、高效率等。

(3) 标准化是科研、生产、使用三者之间的桥梁。一项科研成果，一旦纳入相应标准，就能迅速得到推广和应用。因此，标准化可使新技术和新科研成果得到推广应用，从而促进技术进步。

(4) 随着科学技术的发展，生产的社会化程度越来越高，生产规模越来越大，技术要求越来越复杂，分工越来越细，生产协作越来越广泛，这就必须通过制定和使用标准，来保证各生产部门的活动，在技术上保持高度的统一和协调，以使生产正常进行。因此，可以说标准化为组织现代化生产创造了前提条件。

(5) 促进对自然资源的合理利用，保持生态平衡，维护人类社会当前和长远的利益。

(6) 合理发展产品品种，提高企业应变能力，以更好地满足社会需求。

(7) 保证产品质量，维护消费者利益。

(8) 在社会生产组成部分之间进行协调，确立共同遵循的准则，建立稳定的秩序。

(9) 在消除贸易障碍，促进国际技术交流和贸易发展，提高产品在国际市场上的竞争能力方面具有重大作用。

(10) 保障身体健康和生命安全，大量的环保标准、卫生标准和安全标准制定发布后，用法律形式强制执行，对保障人民的身体健康和生命财产安全具有重大作用。

3. 标准化方法

标准化的基本方法通常是指简化方法、统一化方法、系列化方法、通用化方法、组合化方法和模块化方法。

1) 简化方法

简化就是在一定范围内缩减对象物的类型数目。具有同类型功能的标准化对象，当其多样性的发展规模超出了必要的范围时，应消除其中多余的可替换的和低功能环节，保持其构成的精炼、合理，使总体功能最佳。简化是控制混乱、无序和防止多样性泛滥的一种手段，是控制标准化对象的种类（如产品的品种和规格尺寸等）极度混乱、盲目膨胀，造成浪费。例如，人民币币值系统设计就是简化方法的典型例子。

简化的目的是控制产品品种、规格，而不是限制其多样化。运用简化方法，制止低功能和不必要的多余品种，使产品结构的构成更加精炼合理，为多样化的合理发展创造条件。

简化的实质是对标准化对象的客观事物构成加以优选调整并使之优化，决不能盲目简化。

简化对象的范围领域十分广阔，就产品的生产过程来说，构成产品系列的品种规格、原材料品种、设计结构要素、零部件品种和尺寸，以及构成零件的结构要素等。

简化应遵循总功能最佳原则、全局利益原则和关键利益原则。

2) 统一化方法

统一化是把同类事物两种以上的表现形态合并为一种或限定在一个范围内的标准化方法。

统一化的目的是使对象的形式、功能、技术特性具有一致性。

统一化的实质是从个性中提炼出共性，并着眼于合理、精炼。

统一化方法有两种：一种是绝对统一，不允许有灵活性，如编号、代号、标志、计量单位等；另一种是相对统一，允许有一定的灵活性，允许多种规格产品在市场竞争原则下并存，以便通过竞争促进技术发展。

统一化应遵循适时原则、适度原则、等效原则和先进原则。

3）系列化方法

系列化方法是指将产品的主要参数、形式、尺寸、基本结构等做出合理规定，协调同类产品和配套产品之间的关系并对同一类产品中的一组产品同时进行标准化的方法。

产品参数系列是产品性能和技术特征的标志，是选择或确定产品功能范围规格尺寸的基本依据。

产品的系列化是以基型为基础。系列设计首先在系列内选择基型。基型应是系列内最有代表性，结构及性能都合理可靠，又有发展前途的型号产品。

系列化技术是最有效的统一化，它有效地防止同类产品形式和规格的杂乱。系列设计的产品、基础件、通用件好，能根据市场动向及用户的特殊要求，采用变型产品，机动灵活地发展新产品，及时满足用户或市场的需求。

4）通用化方法

通用化是指同一类型不同规格或不同类型的产品和装备中用途相同而结构相近似的零部件经过统一以后，可以彼此互换的标准化方法。

通用化是以互换性为前提条件，主要是最大限度地减少零部件在设计和制造过程中的重复劳动。经过统一使其与其他零部件互换，缩短设计、试制周期，扩大生产批量，提高专业化水平。

通用化的实质是要全面分析产品系列中零部件的共性与个性，从中找出具有共性的零部件，并把这些零部件作为通用件，逐步再形成标准件。

在同一类型和不同类型的产品中，总会有相当一部分零部件的用途相同、结构近似，必然会有某些零部件可以通用或经过统一化达到互换性。

5）组合化方法

组合化是按照标准化的原则，设计并制造出一系列通用性较强的模块，根据需要集成不同产品的一种标准化方法。

组合化的基础是统一化成果的多次重复利用。组合化的优越性取决于组合模块的统一化以及这些模块的多次重复利用。

组合化的实质是多次重复利用统一化模块或零部件来构成总和的标准化方式。

根据功能结构的分解而确定的模块，能以较少的种类和规格组合成多种产品，从而有效地控制零部件多样化；对产品结构和性能采用组合设计，可实现多品种小批量以及性能多变的生产方式以满足市场和用户的需求。组合设计本身就是一种技术创新方法。

6）模块化方法

模块化设计包含两方面内容：一是模块化的产品设计称为宏模型（模块化）设计；另一个是模块及产品结构设计称为微模（模块）设计。

模块化设计是现代设计方法，为多品种、小批量产品设计和制造，为企业实现管理现代化、计算机化提供了有效途径，已被越来越多的设计人员认识和采用。

模块化设计是面向产品系统，这个产品系统符合企业发展规划和营销政策，建立起宏模型设计，而微模型的设计受宏模型的指导和约束。

应从几方面开展模块的设计：建立完整而详细的模块化体系表；模块及零部件参数系列化；模块功能集成化；模块及零部件的典型化、规范化和最优化；计算机辅助设计和管理；建立分类编码系统。

7.2.3 模块化方法

1. 关于模块

1）模块的概念

模块（Modul）通常解释为：按一定标准设计制造的硬件或软件，它在系统中易于代换和使系统容易扩充。一般认为：模块是组成系统（产品）且具有独立功能、标准接口和互换性的通用单元。关于单元，狭义上是指组件或大部件，广义上也指大系统中的小系统，或软件中的程序段。模块是可以分解组合的，其大小是一个相对概念，要因具体环境、状态条件而定。

2）模块的特点

（1）独立性。

独立性除指功能独立性外，也指模块的设计、制造、调试等过程可以独立进行。一个复杂的系统可以分解为几个大模块，每个大模块又可分解为多个小模块。组成系统的各个模块的功能是明确的，具有一定的独立性。模块内部一般不与外界发生联系。模块通过接口与外界进行最低限度的联系实现功能，所以，可方便地更换模块，也可方便地增减模块组成新的系统。当把一个模块加到系统中或从系统中去掉时，只是使系统增加或减少这一模块所具有的功能，而对其他模块影响较小，或者没有影响。只要规定模块接口端功能，其设计、制造、调试过程便可独立进行。

模块之间的独立性可以用耦合与内聚这两个指标来衡量。耦合是指模块之间互相依赖的紧密程度，它是对模块独立性的直接衡量。内聚是指模块内部各成分之间联系的紧密程度，是对模块独立性的间接衡量。设计系统的目标之一就是使模块间耦合尽量减少，而模块内聚尽量增大。

（2）抽象性。

系统设计并不需要完全了解模块内部的构成与特点，模块内部构成及其相互关系都是隐藏的。在对系统进行改造或构成系统的过程中，模块是作为具有特定功能的黑匣子使用的，只要求模块在正常的物理量与信息量输入的情况下，按其功能相应地输出物理量或信息量。模块的这种抽象特点，使得即使没有某种模块设计知识的人，也能根据该种模块的功能和接口胜任系统设计。

（3）互换性。

常规系统的标准化、系列化一般都要求零件、部件能够互换，但模块的互换性除包含常规系统的互换性内容之外，还包括即使模块内部结构形式、功能以及性能参数等不同的模块也可依照同样的方式与系统内某些模块互换，从而改变系统的功能、性能或其他技术经济指标。

在同一模块化体系内，不同性能的系统要求具备某项功能，通常可采用同一种模块加入系统来实现。而系统如果需要改变功能的话，往往只需在原有系统中增加或更换某些模块即可，这种通用化特点是使模块从系统中独立的必要条件。要方便地构成系统，最低限度要求模块接口的物理量和信息量以及连接结构应符合同一模块化体系内的统一规定，采用不同性能指标的模块可演变出成系列的系统。

(4) 灵活性。

一个系统中，模块都是以层次结构组成的，并且要求自顶向下设计，形成一棵倒置的模块树。从逻辑上说，上层模块包含下层模块，最下层是工作模块，执行具体任务。模块的灵活性直观上表现为，规格不同的模块可以构成配置方式多样、功能与性能覆盖范围相当大的成系列的系统。当系统增减或更换某些模块后就可以方便地使性能与功能更新，而且同一功能的模块，可利用不同的元素和连接方式构成。产品设计时，一般是以具备基本功能的基础模块为产品的基础，并设计一系列可批量生产的扩展模块，以满足不同用户的具体需求。

3) 模块的要素及属性

先进性、适应性、商品性是模块设计应具备的三要素。先进性是模块生存发展的重要条件，广泛的适应性是模块设计的目标。商品性是模块获得推广的充分条件。先进性要求模块设计选择高技术起点，采用新技术、新器件、具备独立功能、借助优化和 CAD 技术，赋予模块较强的生命力。适应性包括性能指标和环境条件的适应性、接口界面及自身兼容性等。商品性要求模块能够批量规模生产，形成规模效益。

模块具有三种属性：功能、逻辑、状态属性。功能是描述该模块能实现什么；而逻辑则是描述模块内部如何实现要求的功能；状态是描述该模块使用环境、原件及模块间的相互关系。

4) 模块的形式与分级

在工程实践中，模块是以不同的形式存在的，有的模块包含具体内容，有的占据一定的几何空间，有的存在于信息载体之中，而有的只是一些抽象的概念。因而常见的形式有按成套系统形式构造的集装单元式模块，以成套整机式装调好的组合单元式模块；按容量分解方法表现出的容量模块，按功能分解方法表现出的功能模块；硬件模块和软件模块；单元模块和要素模块；能包含具体内容的实体模块和只有高度概括性内容的抽象模块等。

模块的分级通常按使用功能和频度可将模块分为通用模块、标准模块、专用模块和特制模块。在测试仪器与监测系统设计中，推荐按模块分解的层次结构将一个系统分解的第一层次模块定义为子系统模块，以下层次逐次定义为单元模块、组件模块、构件模块和器件模块。这种分级模式具有通用性，也便于理解。图 7-1 所示是系统模块分解的层次结构。

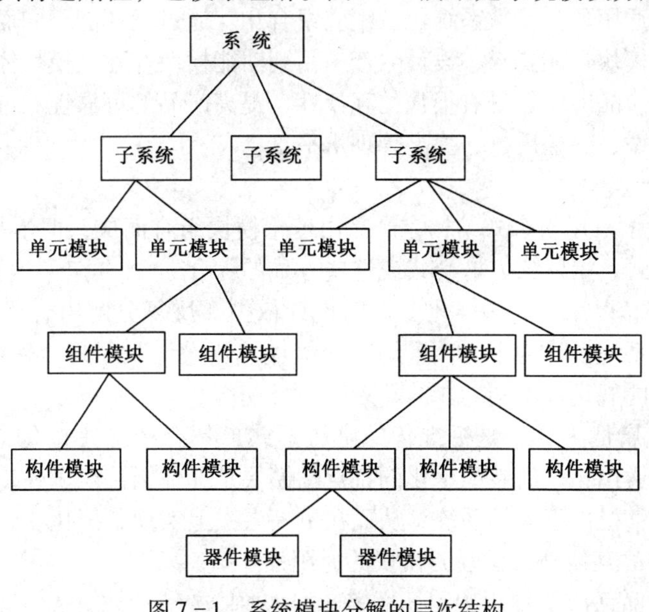

图 7-1 系统模块分解的层次结构

以油气田开发实验技术装备——油层物理实验仪器为例，可分解成硬件子系统和软件子系统，总共包含 12 个单元模块。硬件子系统包括：流体驱动单元，实验流程单元，参数控制单元，环境模拟单元，参数测量单元，数据采集单元和图像采集单元。软件子系统包括：系统初始化单元，过程监控单元，数据处理单元，图像处理单元和系统帮助单元。根据需要还可将单元模块逐级划分成构件模块、组件模块和器件模块并赋以具有实际意义的名称，用这些模块可组合成不同需求的特定的油气田开发实验技术装备。

5）模块的接口

模块的接口是指模块间的连接。将组成系统的若干模块按一定结构连接起来构成完整的具有独立功能的系统，这种连接就称为模块的接口，简称为接口或界面。模块间的联系主要有硬件联系和软件联系两种方式。硬件联系一般有机械、电子、光磁等；软件联系一般指数据。从联系紧密程度上看，机械联系方式主要用于传输动力，一般联系紧密；光、磁、电子等主要用于控制，联系程度次之；软件联系主要用于通信，联系方式较松散。

接口的概念是相对的、有条件的，条件变了，接口也就随之改变。从模块的含义出发，可以把接口看成是连接模块的模块。接口的功能有特定的内容，这就是连接模块，而并不改变模块的其他属性。

2. 模块化方法

1）模块化概念

传统的模块化着眼点是面向用户，重点是部件的标准化。一定功能的部件不再是一种单一的部件，而是一系列性能和结构各异，但功能相同的可互换的部件，用户可以根据需要自行组合成系统。

现代模块化是以分解和组合为基础，采用“分级模块化设计”原理，强调模块的互换性和通用性的一种设计方法。它打破了“模块就是部件的通用化、标准化”的观点，广泛采用 CAD 技术，力求以最少的模块组成尽可能多的产品。最大限度地满足用户需求。

模块化（Modularization）可以解释为：用标准化的模块组成一个系统。模块化是标准化的高级形式，用最小的组合来构成最多产品品种的标准化设计技术，是将特征尺寸模数化、结构典型化、部件通用化、参数系统化、组装组合化。通过把性能不同而且有一定功能或用途的同类产品，按模块化的要求，设计生产一系列功能模块并建立模块体系，通过模块的选择和组合形成不同产品，使之具有很强的互换性，提高产品的可靠性和可维护性，缩短研制周期，减少研制经费，保证质量，提高管理水平。

2）模块化的特点

（1）在结构上，采用组合式结构，产品由若干模块组合而成，但不是部件的简单组合。组合的方式有并联式，串联式、嵌套式或这些方式的综合。

（2）在设计上，以用户的多样化要求为设计依据，反复分解组合优化，进行全系列和跨系列的设计，以系统设计为中心，采用“分级模块化设计”原理，采用 CAD 技术，能迅速而灵活地构成不同规模、不同功能的新系统。

（3）从标准化属性上看，是标准化的高级形式，具有结构典型化，特征尺寸模数化，参数系列化，部件通用化、组装积木化的特点。模块是部件级甚至子系统级的通用互换，由模块可以直接构成整机以至大的系统，从而在更高层次上实现了简化。

（4）强调模块的互换性，也强调模块的通用性。

（5）模块化产品适应柔性制造和规模生产的需要。

3）模块化的作用

（1）扩大功能：模块化将使单一功能产品演变为多功能产品。

（2）选择功能：模块化使系统可根据需要方便地选择所需功能，适应多样化的需要。

（3）更新功能：不同功能的模块组合起来可产生具有崭新功能的模块，采用新技术时，开发新模块，更换原系统少数模块可达到更新功能的目的。

（4）并行独立研制、生产、整体组装，大大缩短研制与生产周期。

（5）模块化便于应用成组加工技术及 CAD 技术，增加批量，降低成本。

（6）模块化产品对市场应变力强，增强了市场竞争能力。

（7）便于使用维护，大大地减少维修备件，降低对维修人员的素质要求。

模块化是“系统时代”的标准化方法，是现代工业产品技术发展的主要方向，它成功地解决了多样化的挑战，为多样化生产条件下的标准化开辟了一条新路。这种方法特别适用于油气田开发实验科学仪器的设计。

3. 模块化设计

1）模块化设计概念

模块化产品设计是以运用模块为主，设计出具有实用价值的工业产品。它是模块化设计的最后一个层次，是模块化系统的应用阶段，或者说是模块化系统见实效阶段。设计制造模块系统的最终目的就是为了能以最快的速度和最好的效益推出多样化的产品，不进行模块化产品设计，整个模块化系统就失去了存在的意义。

模块化产品设计与一般产品设计既有相同之处，又有不同之处。模块化产品是组合式结构，不论是简单产品还是复杂产品，均必须从总体设计入手，着重进行总体功能与结构的协调，而详细设计，尤其是模块设计的工作则较一般产品要小得多。

模块化产品设计的方法、步骤与侧重点，与一般产品设计有很大差别。其主要工作内容是：从产品功能出发选用模块，然后，以选用的模块为基础，附加模块改型、专用模块、接口、装联等补充设计，使之形成为一个符合预定功能的产品。

模块化设计是一项复杂的系统工程，要有目的、有组织地进行。要对范围相当大的一类产品在今后相当长的时间内的需求和技术发展做出相当准确的预测，进行超前设计，分解出功能独立化，接口标准化，设计最优化，结构通用化的模块产品，并以此为基础，优化综合成具有新的功能的各种模块化产品，实现多样化目标。

模块化与模块化设计概念上有着本质的区别，而在内涵上又有着密切的联系。

模块化是一种先进的系统科学技术渗透到标准化领域所形成的标准化方法，即以一定范围内系统的总功能为对象，以功能分析为基础，经层层分解形成的功能体系。因此，模块化设计是使模块形成科学的系列，并使其具有技术上的先进性、使用上的通用性和接口上的兼容性，通过功能的不同组合形成不同系统的全过程的一种标准化方法。

模块化设计是将模块化引入设计，着重解决产品品种、规格与设计制造周期、成本之间制约关系的现代化设计方法，即把性能不同而且有一定功能或用途的同类产品，按模块化的要求，设计生产一系列功能模块并建立模块体系，通过模块的选择和组合形成不同产品的全过程，使之具有很强的互换性，便于组装的一种设计方法。

2）模块化设计与传统设计方法的区别

模块化设计与通常的产品设计方法有着原则上的区别。

(1) 模块化设计面向产品系统。

传统设计是针对某一专项任务，从产品的具体功能、具体结构入手进行设计，而模块化设计则是面向某一类产品系统以至有相似功能的相邻产品系统。例如，美国 Intel 公司 OEM (Original Equipment Manufacture) 系列模块，各种计算机主板、存储器、接口板等模块不仅是面向本公司的各类产品的系统，而且面向各个领域的计算机控制系统。

(2) 模块化设计是标准化设计。

传统的产品设计中虽然也需要运用有关的标准化资料，甚至采用一些通用件、借用件等，但从总体上来说，它是专用性的特定设计，而模块化设计的对象则是通用性的，它需全面的理解并运用标准化理论。模块是部件级通用件。

(3) 模块化设计程序是由上而下。

传统设计的程序，主要是根据产品功能要求设计各模块，然后由这些部件构成整机，虽然在此过程中也有一些总体的方案及协调要求，但从实质上来看，它主要着眼于功能设计、详细设计，其基本特征是由下而上，或由细而总的。而模块化设计的程序则与此相反，它首先着眼于概要设计而不是详细设计。

(4) 模块化设计是组合化设计。

传统产品的构成模式是整体式的，虽然其中也有部件的组合，但其部件及其组合方式是特定的。模块化产品的构成特点是组合式的，组合的基本单元——模块常作为独立商品而存在，设计中需充分考虑系统的协调性、互换性和组合性，设计难度大。

(5) 模块化设计需以一定的新理论为支撑。

在传统设计中，只需凭扎实的专业知识和一定的设计经验就可设计出较好的产品来，而模块化设计仅有这些还不够，必须对系统工程原理和方法、标准化理论、模块化理论及设计方法等有相当的理解。

(6) 模块化设计有两个对象。

传统设计的对象是产品，但模块化的产物既可是产品，也可是模块。实际上常形成两个专业化的设计、制造体系，一部分工厂以设计、制造模块为主，一部分工厂则是以设计制造产品（常称为整机厂）为主。

7.3 仪器的工程设计

7.3.1 设计流程

设计是为达到特定目的，构思或创建系统的结构、组成和技术细节的过程。仪器设计过程是解决问题的过程，是由初始状态通过单步或多步变换实现或接近理想状态的过程。如果实现变换的所有步骤都已知，称为常规问题，如果至少有一步未知，称为发明问题。解决常规问题与发明问题的设计分别为常规设计与创新设计，后者的核心是解决设计中的冲突。

为了实现最优化设计，仪器设计需要有系统化、标准化和模块化的思想方法，应该遵从有关的设计规范，按相应的工作流程进行设计。仪器系统设计流程如图 7－2 所示。

设计任务分析是仪器设计必须首先要做好的工作，关系到整个设计成败。首先，只有通过用户需求分析才能设计出用户满意、实用的产品；然后根据用户需求提出要解决的问题和设计任务目标；进而在权衡采用技术的先进性、研制成本的可控性和设计周期的可预见性的基础上，给出可行性分析报告，最终给定仪器的功用、性能等技术参数和指标。

总体方案设计是对有关仪器的全局性问题进行全面的设想和规划。通过总体方案设计确定实现设计任务的方法和技术路线，拟定系统构成框架或工作流程，选择主要结构参数和系统性能参数，定义模块及其属性与接口参数；确定经济技术指标并进行成本分析。在此基础上提出 2～3 个方案供专家评审，根据评审意见确定或进一步优化总体设计方案。总体设计方案确定后应作为重要的设计文档固定下来，并作为后续设计工作的指导性和约束性文件。

详细技术设计是根据总体设计提出的系统功能和技术指标以及定义的各模块属性、接口等进行数字仿真，绘制加工图，编制工艺文件。

完成了模块制造（采购）和零部件加工后，要组装出样机进行性能试验。如何进行性能测试，以及进行实验测试与数据分析的方法在需求分析和方案设计时就应充分考虑。通过实验测试达到修改设计及系统优化的目的。

全部技术资料整理归档，以备查用才是仪器系统研制开发工作的完美结束。

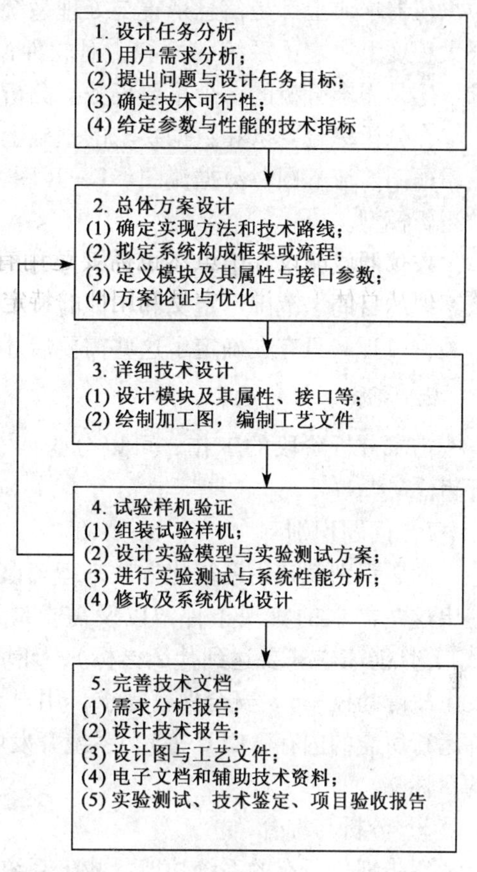

图 7-2　仪器系统设计流程

7.3.2　设计需求分析

1. 需求分析定义

需求分析是指对要解决的问题进行详细的分析，弄清楚问题的要求，包括仪器系统、子系统、模块、部件的功能和性能。需要输入什么信息，要得到什么结果，最后应输出什么，在仪器工程设计当中的“需求分析”就是确定仪器要“做什么”的问题，就是要全面地理解用户的各项要求，并准确地表达所接受的用户需求。需求分析是要确定对系统的综合要求，分析系统的数据要求，导出系统的逻辑模型，为制定系统开发方案做准备。

系统的综合要求包括：

（1）功能需求；

（2）性能需求；

（3）可靠性和可用性需求；

（4）出错处理需求；

（5）接口需求；

（6）约束；

（7）逆向需求；

（8）将来可能提出的要求。

仪器本质上都是信息采集与处理系统，系统必须采集处理的信息和系统应该产生的信息很大程度上决定了系统的面貌，对软件设计有深远的影响，因此，必须分析系统的数据要求，这是需求分析的一个重要任务。分析系统的数据要求通常采用建立数据模型的方法。

在分析综合要求和数据要求的基础上可以导出系统的详细的逻辑模型，通常用原理图、逻辑框图、流程图、数据流图、E—R 图、状态转换图、数据字典和主要的处理算法描述这个逻辑模型。

在仪器设计工程中，需求分析指的是在建立一个新的或改变一个现存的仪器系统时描写新系统的目的、范围、定义和功能时所要做的所有的工作。需求分析是仪器设计工程中的一个关键过程，只有在确定了这些需要后才能够分析和寻求新系统的解决方法。

2. 需求分析的过程

需求分析阶段的工作，可以分为四个方面：问题识别，分析与综合，制定规格说明，评审。

1）问题识别

问题识别就是用系统化方法来理解仪器设计，确定对所开发的仪器系统的综合要求，并提出这些需求的实现条件，以及需求应该达到的标准。这些需求包括：功能需求（做什么），性能需求（要达到什么指标），环境需求（如机型，操作系统等），可靠性需求（不发生故障的概率），安全保密需求，用户界面需求，资源使用需求（电能、原材料耗损，软件运行所需的内存，CPU 等），系统开发成本与开发进度需求，预先估计以后系统可能达到的目标。

2）分析与综合

逐步细化所有的系统功能，找出系统各元素间的联系，接口特性和设计上的限制，分析他们是否满足需求，剔除不合理部分，增加需要部分。最后综合成系统的解决方案，给出要开发的系统的详细逻辑模型（做什么的模型）。

3）制定规格说明书

制定规格说明书即编制文档，描述需求的文档称为需求分析报告或需求规格说明书。需求分析阶段的成果就是需求规格说明书，是为了开展好后续工作向下一阶段工作提交的正式文件。

4）评审

评审是对功能的正确性、完整性和清晰性，以及其他需求给予评价。评审通过才可进行下一阶段的工作，否则重新进行需求分析。

3. 需求分析的方法

产品必须满足用户需求。用户需求分为三种：基本需求、规范需求和兴趣需求。后一种需求是用户未曾想到的潜在需求，按这种需求对产品所做的微小改进，将引起用户满意程度的大幅度提高。发现及理解潜在的用户需求，提出产品创新的原始构思是创新设计的第一步。需求分析有市场拉动和技术驱动两种模式。

1）市场拉动模式

确定用户新的、潜在的需求是新产品开发活动的组成部分。通过市场调查与分析，确定用户需求之后启动产品设计，设计的原始构思来自于市场调研的结果。该过程是确定用户需求的市场拉动型模式。

2）技术驱动模式

技术驱动模式认为新产品开发要引导用户，而不是问用户需要什么，用户不知道什么是可能的，设计者知道，即产品设计的原始构思来自于设计者自身，该模式是技术驱动模式。采用该模式，设计者需要获取可能产生原始构思的知识，这些知识一般存在于专家头脑及各种学术文献之中。获取知识的过程：确定知识源→评价知识源中的知识→传递有用知识到设计者。对于技术含量高的新产品开发，通常采用这种方式完成需求分析。

需求分析的方法有很多，例如，原型化方法、结构化方法、动态分析法等，其中，普遍使用的是原型化方法。

原型化方法就是提出一个粗糙的系统，这个系统可以实现目标系统的某些或全部功能，但是这个系统可能在可靠性、界面的友好性或其他方面存在缺陷。提出这样一个系统的目的是为了考察某一方面的可行性，例如，算法的可行性，技术的可行性，或考察是否满足用户的需求等。有了这个原型系统，就可以在这个平台上与用户交流，听取用户的意见，改进这个原型，逐步逼近以后的目标系统。

原型主要有三种类型：探索型、实验型和进化型。探索型的目的是要弄清楚对目标系统的要求，确定所希望的特性，并探讨多种方案的可行性；实验型是在用于大规模开发和实现前，考核方案是否合适，规格说明是否可靠；进化型的目的不在于改进规格说明，而是将系统建造得易于变化，在改进原型的过程中，逐步将原型进化成最终系统。

使用原型化方法有两种不同的策略：废弃策略和追加策略。

废弃策略是先建造一个功能简单而且质量要求不高的模型系统，针对这个系统反复进行修改，形成比较好的思想，据此设计出较完整、准确、一致、可靠的最终系统。系统构造完成后，原来的模型系统就被废弃不用，探索型和实验型属于这种策略。

追加策略是先构造一个功能简单而且质量要求不高的模型系统，作为最终系统的核心，然后通过不断地扩充修改，逐步追加新要求，发展成为最终系统。进化型属于这种策略。

4. *需求表达方法*

确定的用户需求要用某种方法表达，以作为后续产品设计的输入。完整的需求分析报告是需求分析工作成果的提交形式。在需求分析报告中必须描述的基本问题是：功能、性能、强加于实现的设计限制、属性、外部接口。应当避免把设计或项目需求写入需求分析报告中。它必须说明由仪器系统获得的结果，而不是获得这些结果的手段。

编写需求分析报告的要求如下所述。

1）无歧义性

对最终产品的每一个特性用某一术语描述；若某一术语在某一特殊的行文中使用时具有多种含义，那么应对该术语的每种含义做出解释并指出其适用场合。

2）完整性

需求分析报告应该包括全部有意义的需求，无论是关系到功能的、性能的、设计约束的、还是关系到外部接口方面的需求；对所有可能出现的信息响应予以定义，要对合法和非合法的输入响应做出规定；填写全部插图、表、图示标记等；定义全部术语和度量单位。

3）可验证性

需求分析报告描述的每一个需求应是可以验证的。可以通过一个有限处理过程来检查设计是否满足需求。

4）一致性

在需求分析报告中的各个需求的描述不能互相矛盾。

5）可修改性

需求分析报告应具有一个有条不紊、易于使用的内容组织；没有冗余，即同一需求不能在需求分析报告中出现多次。

6）可追踪性

每一个需求的源流必须清晰，在进一步产生和改变文件编制时，可以方便地引证每一个需求。

7）运行和维护阶段的可使用性

需求分析报告必须满足运行和维护阶段的需要。需求分析报告要写明功能的来源和目的。

需求分析工作完成后，项目负责人应向有关部门提交需求分析报告，有关部门业内专家对需求进行评审，以决定需求是否完善和恰当。评审完成后，就可以进入设计阶段。需求分析报告需按一定的格式进行编写。

5. 新型地震仪研发的需求分析实例

某集团公司根据国家“十一五”需求，决定在三年内研究开发出满足勘探需要的新型地震数据采集记录系统（以下简称新型地震仪），由集团公司下属某公司承担研发任务，于2006年4月成立了“新型地震仪研发项目组”来完成研发任务，并要求最终实现产业化以保障国家和企业的发展需求。

1）新型地震仪前期研发目标

新型地震仪系统是三年以后的主要施工仪器，要求仪器具备较大的带道能力。主要目标是：实时二维2000道（2ms采样）、三维40000道（20线的能力），满足今后地震数据采集的道数要求，特别是三维能力达到真正面元勘探的要求。系统既可用于模拟检波器采集方式又兼容数字检波器采集方式，既支持有线的全网络数据传输方式又支持无线传输方式，同时还支持数据存储方式。支持多种激发源以及实现全部检波器在线测试功能、电源网络管理功能，并且实现远程技术支持和交互地震数据采集管理能力。最终新型仪器的作业如图7－3所示。

在前期主要以实现基本系统（有线仪器）作为研发的对象。在后期则以实现系统的可选部件/功能为目标进行研发，最终研发出具有自主知识产权和企业特色的新型地震仪。整个系统的前期设计等通过需求分析应达到的设计目标是：

（1）中央控制与记录系统；

（2）测线管理能力20线（可以扩展）；

（3）单线道能力2ms，采样2000道；

（4）总能力2ms，采样20000道（可以扩展）；

（5）兼容多种存储介质；

（6）支持多种激发方式；

（7）地震数据编排处理、分析；

（8）采集部件测试功能；

（9）远程系统升级和技术支持功能；

（10）兼容模拟检波器和数字检波器；

（11）检波器在线测试和排列动态监视。

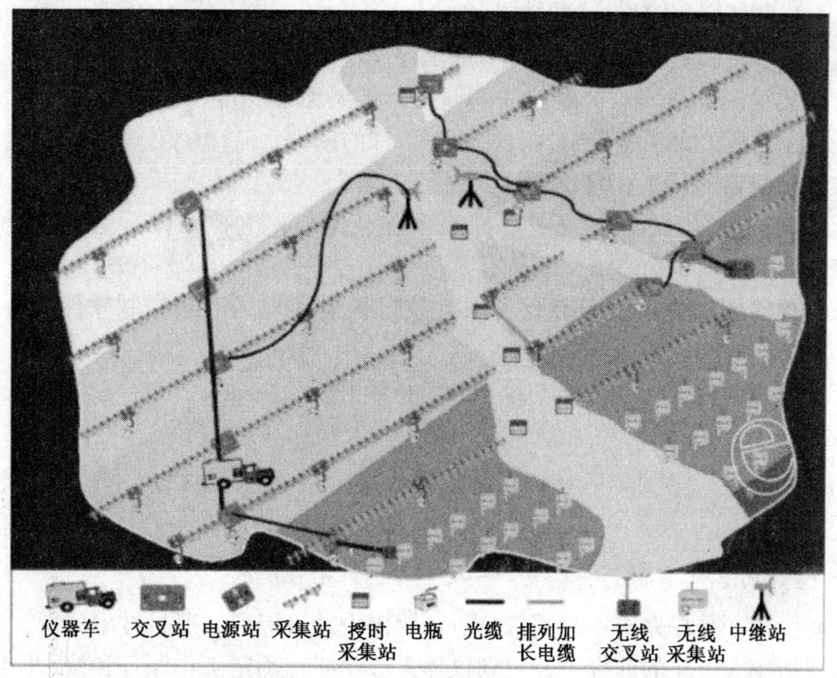

图 7－3 新型地震仪作业示意图

2）新型地震仪特点

（1）硬件特点：

①野外设备中采用可升级的软件固化程序，提高系统的集成度和可靠性；

②利用成熟的网络通信协议，并对底层协议进行修改，使之能更有效地进行地震数据的传输，排列线达到 24Mb/s 的纯数据传输率，交叉线采用千兆光缆传输；

③数据错误自动重传机制。

（2）软件特点：

①界面使用 Quick launch 功能，提供多屏管理窗口，可在多个显示器中进行快速定位、窗口拖动和快速切换等操作；

②提供向导和专家两种参数配置模式，并具备参数加锁功能；

③具有排列监视、微震监视、放炮流程监视和外设状态监视等监控功能；

④提供测网设计、特殊排列设计、放炮序列和流程设计等功能。

（3）多种激发源混合施工功能：

①快速实时相关 32s 记录长度；8000 道（2ms 采样），4～10s；4000 道（2ms 采样），2～4s；

②异常检测与恢复机制；

③实时 QC 监控。

3）远期工作

大型地震勘探仪器的研发是一个综合了多学科的复杂工程，以上所述仅仅是迈出了国产仪器从无到有的第一步，等仪器投放市场后，还有很多的后续研发工作需要持续进行，新型地震仪的长足发展还需要开展以下工作：

（1）更大道数的扩展，真正实现超大道数——20 万道以上的实时地震数据采集，需要进行多 FCU（Field Control Unit）的扩展；

（2）远程技术支持的实现，使仪器真正满足交互式地震勘探功能；

（3）有线无线混合系统等扩展功能的开发，扩展无线功能，全面实现有线、无线无缝连接和全面兼容，真正实现满足全地表、地质条件的勘探；

（4）数字检波器的研发，真正实现全数字式仪器；

（5）辅助设备系列的研发，完成源控制系统（例如，电控箱体）等配套设备的研发，真正实现特色化服务；

（6）特色地震数据采集服务软件开发、数据采集和现场质量控制软件的升级和完善，对地震数据采集进行特色化服务；

（7）系统通用硬件平台的升级与维护及可持续开发；

（8）数据压缩。

7.3.3 总体方案设计

1. 方案设计内容

所谓方案设计，是在完成用户需求分析，明确设计目标后，通过技术分析，在现有先进技术水平和创新能力可能的前提下，规划仪器系统功能，确定工作原理和技术路线，构建系统框架或流程；拟定仪器系统的总体技术与性能参数、经济指标和可靠性指标；选择参数测量和控制方法；划分系统组成的基本模块，确定模块的属性与接口参数；设计系统结构、布局、造型和人机界面；设计电力与功耗以及电磁兼容；数据采集与处理应用软件的模块结构设计；数据与网络通信设计。

2. 现代仪器系统的结构

现代仪器系统包括三种基本结构，分别建立在三种基础模型上。下面详细介绍现代仪器系统的三种模型以及系统设计方法。

1）基于 DAQ 体系的仪器系统模型

所谓 DAQ 体系仪器系统，是指以 PC 为核心的 PC 总线板卡集成的现代仪器系统。基于 DAQ 体系的现代仪器系统的硬件结构如图 7－4 所示。

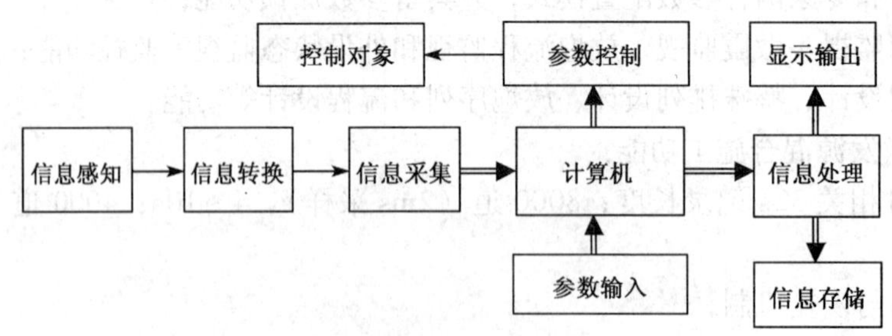

图 7－4 基于 DAQ 体系的仪器系统硬件结构

与传统仪器一样，它同样划分为数据采集、数据分析处理、显示结果三大功能模块。它是以透明方式把计算机资源和仪器硬件的测试能力结合起来，实现仪器的功能。仪器的软件也具有模块化功能，可以方便地增减软件模块，重新配置现有系统，满足现有系统的测试要求。所以，现代仪器是由用户自己来定义和自由组合（包括计算机平台、硬件、软件，以及完成系统所需的附件）的。

典型的 DAQ 仪器系统由主机（PC、工控机、嵌入式机）、输入输出测控单元和相应的软件组成。

主机对整个系统进行功能管理，包括输入通道、输出通道、信息通信的管理，存储数据、程序，并对采样数据进行运算和处理，还可以提供各种智能化、自动化操作功能等。

输入输出单元一般包括模拟量或开关量及数字量，主要由信号调理器和转换器等部分组成。调理器的作用是将传感器输出的微弱信号进行放大、滤波、调制、电平转换、隔离及屏蔽等处理，以满足转换器的转换要求；转换器包括 A/D 和 D/A 转换器。

常见的标准通信接口有 GPIB、VXI、LISB、RS－232 以及 USB 等接口。

在 DAQ 系统中，不同种类的被测信号由相应传感器感知并经信号调理后，再经模数转换环节（A/D）将模拟信号转换为适合计算机处理的数字信号，再经通信单元（PC 总线）传输给控制器（计算机）。计算机实现仪器系统的数据处理和结果的存储、显示、打印以及与其他计算机系统的联网通信。对于控制器处理的控制信息，通过总线反送到数模转换单元（D/A），转换成模拟信号并加以放大，驱动执行机构，最终控制对象的行为按照预定状态行进。

2）基于网络的仪器系统模型

随着传感器技术、电子技术、计算机技术和信息技术的发展，先进的计算机网络技术和现代通信技术为我们提供了一个广泛、快捷和可靠的信息交换通道，实验测试参数的获取和处理任务将通过仪器前端技术实现，实验测试仪器仪表可以作为接入访问平台进入网络世界，从而实现设备资源和数据资源的共享。测试工作可在异地多家联合进行，为实验工作者带来一种全新的工作方式。网络仪器在保证测试功能的前提下，更注重网上资源共享和远程操作，对于具有大型综合测试功能的实验仪器中心这一特点尤为重要。

网络仪器（Network Instrument）是指通过仪器前端技术实现实验测试参数的获取和处理，全部采用数字信号以总线方式进行信息交换，可以作为接入访问平台进入网络世界，实现设备资源和数据资源共享的这一类仪器。显然，这种仪器仪表可在网络协议控制下，既可通过接入公用网络实现相互共享资源（硬件、软件和数据），又各自具有独立的测试功能。

包括测试参数环境的构建和网络化智能传感器技术的仪器前端技术，根据与国际标准化组织 ISO 的计算机网络开放系统的 OSI 参考模型制定的信息交换技术，完成对仪器测试参数的接收处理、仪器工作指令的发送和进入网络世界，实现仪器设备资源和数据资源共享的软件工作平台及相应的硬件支撑技术是网络仪器的主要技术特征。

网络仪器从本质上讲，它是可在网络上运行和操作的仪器。仪器的测试功能它必有之，上网工作它必能之。因此，网络仪器无论是硬件还是软件都应遵从或参照开放系统互联参考模型（OSI/RM）。

根据网络仪器的概念，网络仪器应是图 7－5 所式的硬件结构。

测试参数环境的构建和网络化智能传感器构成网络仪器的前端技术。测试参数环境的构建往往是仪器仪表问题讨论中忽略了的问题。尤其是现代科学技术的发展，通用的、常规的仪器仪表已经标准化和商品化。而测试参数环境的构建经常成为制约某一类特殊功能仪器发展的主要问题，例如，极限高温高压条件、微流量循环条件的构建。网络传感器技术是现代仪器仪表技术的发展方向。

网络仪器信息交换技术（Switching）是一种提高网络仪器性能，解决网络仪器信息交换

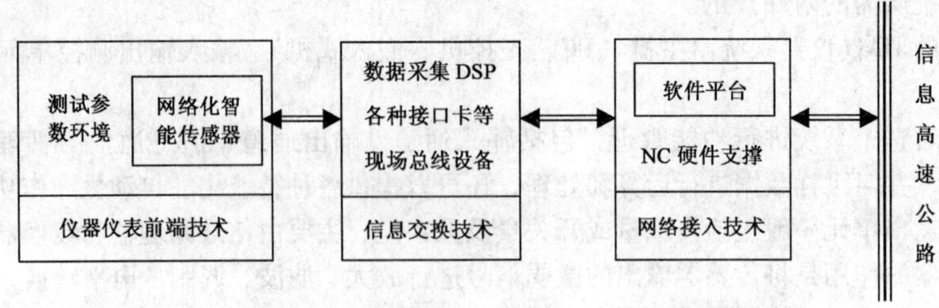

图7-5　网络仪器硬件结构

的技术方案。他能有效地完成数据和命令的传送和交换，使网络仪器具有良好的网络运行性能及更强的扩展性和适应性。信息交换可以是仪器作为一个站点利用传输媒体与其他站点通信，并且允许几个站点同时进行通信。

网络仪器的软件平台和硬件支撑，称为网络仪器的网络接入技术。接入技术的支持硬件是一台个性化的网络计算机，软件平台是一种网络仪器软件，他可在多种操作系统下运行，完成仪器的测试功能和网上传送数据和命令的功能。

随着计算机网络技术的高速发展和广泛应用，基于网络的测控技术已成为现代测控技术发展的一个重要方向。比较普遍的网络仪器系统有基于现场总线的仪器系统和基于 Internet 的仪器系统。

(1) 基于现场总线的网络仪器系统。

基于现场总线的网络仪器系统结构如图7-6所示。主体由上位机和现场仪表组成。这种网络仪器系统包括前向通道、后向通道和网络通信。

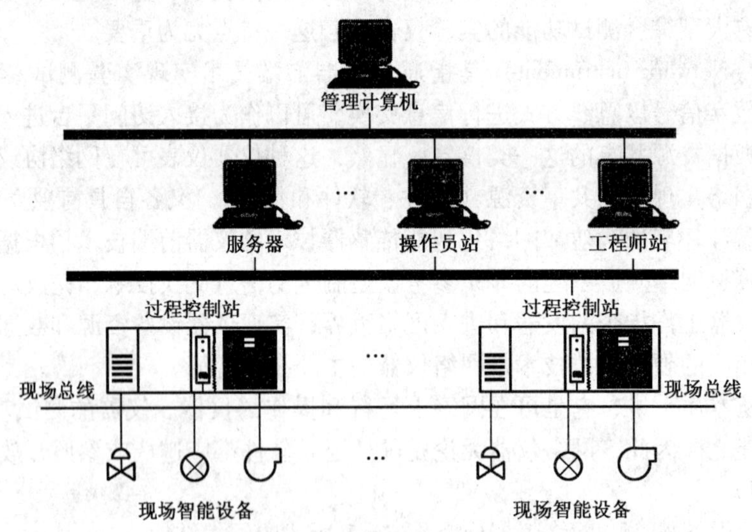

图7-6　基于现场总线的网络仪器系统结构

前向通道由传感器、信号调理、数据采集系统和微处理器组成，可完成信号检测、转换、采集及分析处理。后向通道的主要功能包括调制和解调。

在这种仪器系统中，所有的智能化现场仪表、传感器、执行器等都通过接口挂接在总线上。现场总线采用双绞线、光缆或无线方式，目前主要以双绞线为主。也就是说，上位机与所有现场仪表的连接只有两根导线，这两根线不仅可以承担现场仪表所需的供电，而且承担了上位机与所有现场仪表之间的全数字化、双向串行通信。用数字信号取代模拟信号可以提高抗干扰能力，延长信息传输距离，而且大大削减了现场与控制室之间导线的安装费用。

目前，国际上流行多种现场总线通信标准（或称通信协议模式），如 HART（可寻址远程传感器高速公路通信协议模式）、FF（基金会现场总线通信协议模式）、CAN（控制局域网通信协议模式）和 LONWORKS（局部操作网络通信协议模式）。

（2）基于 Internet 的网络仪器系统。

基于 Internet 的网络仪器系统结构如图 7－7 所示。通过嵌入式 FCP/IP（Fibre Channel Protocol/Internet Protocol）软件，现场传感器或仪器直接具有 Intranet/Internet 的上网功能。与计算机一样，基于 TCP/IP（Transmission Control Protocol/Internet Protocol）的网络化智能仪器成了网络中的独立节点，能与就近的网络通信线缆直接连接，实现“即插即用”，并且可以将现场测试数据通过网络上传；用户通过 IE、Netscape 等浏览器或符合规范的应用程序即可实时浏览到现场测试信息（包括处理后的数据、仪器仪表的面板图像等），通过 Intranet/Internet 实时发布和共享现场对象的测试数据。

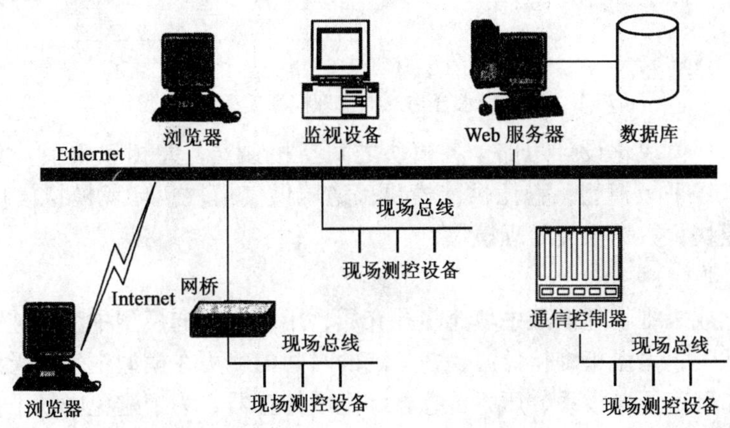

图 7－7　基于 Internet 的网络仪器系统结构

3. 二维天然气水合物合成和开采模拟实验装置总体方案设计实例

1）设计目的

利用相似理论，建立一套二维天然气水合物合成和开采模拟实验平台，主要目的是研究天然气水合物在平层内的合成、分解规律，以及在此过程中水合物饱和度、温度的分布及变化情况；同时研究不同开采方式（包括降压、注热、注化学剂等）在不同井网条件下水合物的分解过程及规律。

利用该实验平台，研究水合物合成和分解过程中温度场的空间分布、饱和度场的空间分布、水合物分解前缘的推进速度、水合物的分解机理等；通过控制改变生产井井底压力、注热温度等生产数据，优化开发参数。

重点研究天然气水合物藏的常规开采方法，如注热、降压开采的动态特征、开采机理，探索经济有效的开采方法，为今后实际水合物藏的开采提供参考和依据，因此，本研究具有重要的理论和现实意义。

2）实验流程

实际上的测控仪器系统设计方案，貌似千差万别，但本质上却有很多相似之处。图7－8

所示为天然气水合物二维物理模拟实验系统设计的实验流程实例。

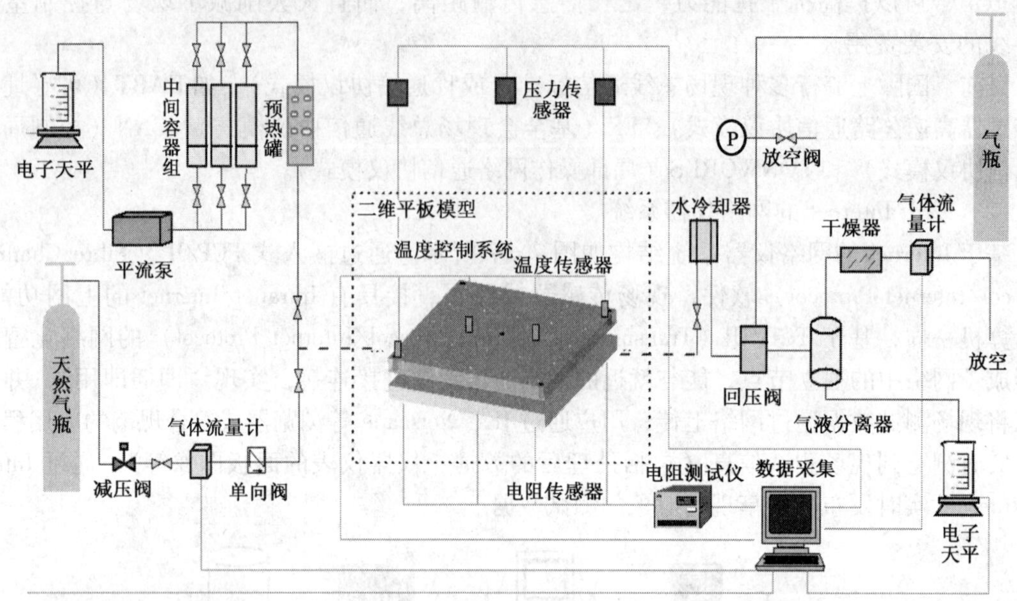

图7-8 天然气水合物二维物理模拟实验系统设计方案

实验系统采用模块化设计思路，各模块之间互相独立，并相互联系。实验系统模型包括：高压反应二维平板模型；稳压供液模块；稳压供气模块；环境模拟模块；回压控制模块；参数测量模块；数据采集处理模块。

3）工作原理

在水合物生成二维物理模型中填充多孔介质，用平流泵向模型中注入纯水，高压气瓶向模型中注入天然气，恒温箱维持低温，在一定的时间内就可在模型中生成天然气水合物。在物理模型两面布置若干电极系、压力传感器和温度传感器，为了避免电场干扰，通过电极系选通模块可适时选定某一电极系进入测量状态，数据采集模块即可实时完成相关实验数据的采集，通过计算机计算出该测点的电阻率。

4）技术与性能参数

（1）系统设计压力：25MPa，工作压力：20MPa。

（2）平流泵参数：流量0～9.99mL，精度1%，出口压力范围0～20MPa。

（3）中间容器参数：耐压40MPa，容积1L。

（4）二维模型参数：上、下两盖板间有效尺寸300mm×300mm，耐压≤10MPa，温度-20～200℃，填砂厚度（两平板间距离）20mm，模拟井（注气注水口）5个。

（5）恒温箱参数：功率3kW，电源电压：380VAC，内部空间1.2m×0.6m×1.2m，控温范围-20～70℃。

（6）压力传感器参数：量程20MPa，精度0.1%。

（7）差压变送器参数：量程1MPa（可调），精度0.1%。

（8）流量控制器参数：量程500（SCCM），耐压10MPa，精度1%。

（9）气体流量计参数：量程500（SCCM），耐压3MPa，精度1%。

（10）减压器参数：入口压力≤25MPa，输出压力≤17MPa。

（11）天平参数：称量2100（g），感量10mg。

（12）仪器总功率：5kW。

仪器系统的总体方案设计不会是这么简略，实际工作中应多参考相关的工程案例。

7.3.4 详细技术设计

1. 传感器选择与参数确定

1）传感器类型选择

由于被测量和传感器原理的多样性，使得传感器的种类繁多，规格复杂。通常把传感器按被测量，或工作原理与信号转换原理，或传感器的能量关系进行分类。同一被测量的测量方法通常有多种传感器可选用。在保证量程、精度、响应特性和使用条件的前提下，应就原始成本、电路匹配、电源要求、输出信号、电磁兼容、可维护性的问题进行权衡后取舍，选用性价比高的传感器。

2）确定传感器参数

（1）量程。

传感器量程是根据被测量参数的大小来确定的。测量时，为避免传感器超负荷而遭到破坏，传感器的上限值应高于被测量的最大值。一般在被测量较稳定的情况下，应使传感器工作在测量范围的20%～80%。对于动态测量，应在测量范围的20%～60%。对于传感器下限值的要求，主要是为了保证测量精度，其被测参数的最小值不应低于全量程的20%。

（2）精度。

要考虑现阶段技术水平所能达到的指标，包括元件、器件、模块及制造工艺、资金、设备等，不能盲目追求高指标，也不能过于保守。例如，在同样的精度下，所用仪器设备最少，在同样的设备上所得到的测量列精度最高，在同样的设备和相同的精度下，方法最简单，数据最佳。但是无论哪一种解决方案，都必须保证精度。因此，选取最佳的传感器测量方案，是一个十分复杂的问题，它要求设计工程师必须熟悉仪器设备的情况，具备一定的误差理论基础，对测量的有关技巧熟悉。总之，由于被测对象的千差万别，根据仪器系统的参数测量的精度要求，通过误差计算分配误差，然后确定传感器的精度，并留有余量。实际上，确定所选择的传感器（元器件）精度的原则是：所选择的传感器（元器件）的精度应优于测量系统分配给传感器（元器件）的精度指标一个数量级。

（3）传感器输出。

传感器输出信号有电压、电流、频率等，要求输出最好是标准信号，电压为1～5V/0～10V，电流4～20mA，工作电流不大于20mA。此外，还有输出阻抗、功率消耗等。

（4）频率响应特性。

传感器的频率响应特性应适合被测量的频率范围，保证不失真测量。传感器的固有频率高、频带宽，可测量的信号频率范围也宽。对于静态测量，传感器的频率响应特性几乎不做要求。但在动态测试中，需保证传感器对被测信号的动态响应特性满足要求。

（5）环境适应性要求。

能满足对被测介质和使用环境的特殊要求，如温度、压力、防水、防腐、抗震、防爆、抗电磁干扰、体积小、质量轻、耗电少等，尤其是温度要求。对于环境温度的适应性要求是：商用品在0～70℃，工业品在－40～85℃，军用品在－55～125℃。

（6）能满足用户的可靠性和可维护性要求。

3）系统量程选择

一个测试系统，针对测试信号幅度的变化，应使测试系统的测量范围充分覆盖测试信号幅度的变化范围，才能保证测量精度，这就是系统量程选择，选测量程的过程称为量程切换。数字测量系统的简化过程如图7－9所示，即应使

$$(V_H = E) > V_X > [V_L = E/(N_{FS}\delta)] \quad (7-1)$$

式中，E为A/D转换器的满度输入电压；V_X为A/D转换器的输入电压；N_{FS}为传感器的满量程；δ为A/D转换器的转化精度，V_H、V_L为比较器的上、下限值。

V_X大于V_H时，意味着过量程，V_X小于V_L时，意味着欠量程。

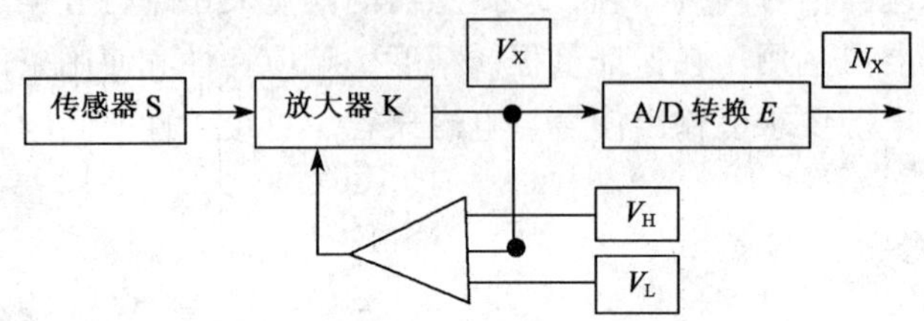

图7－9　数字测量系统的简化

4）标度变换

仪器系统中，被测量在测量通道中经历了多次量纲和幅值变换，要最终得到被测量的量纲单位数值，就必须进行必要的数量变换，这个变换过程称为标度变换。

（1）显示的标度变换。

测量通道显示的简化框图如图7－10所示。

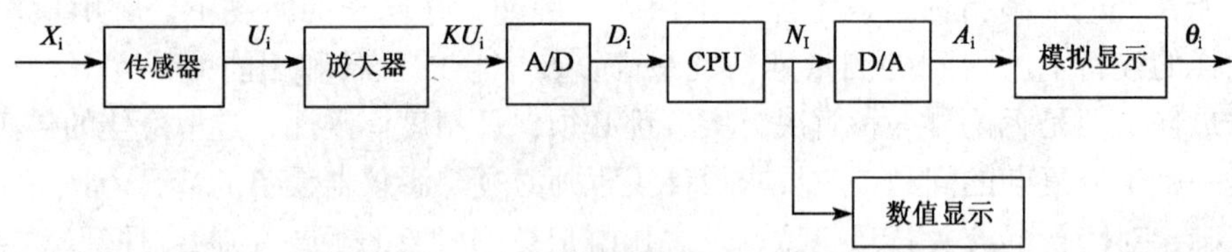

图7－10　测量通道显示的简化框图

显示的标度变换包括模拟显示标度变换和数值显示标度变换。模拟显示器常见的有模拟表头，其变换关系时表头指针的偏转角θ_i与被测量X_i对应关系，即

$$\theta_i = KX_i \quad (7-2)$$

式中　K——偏转角系数。

数值显示通常要求数值显示器能显示被测量X_i的数值N_i，即

$$N_i = kX_i + X_0 \quad (7-3)$$

式中　X_0——系统的零点输出；

k——转换系数。

（2）线性通道的标度变换。

线性系统的标度变换曲线如图7－11所示。

由图7－11可得如下线性通道的标度变换公式为

$$N_i = D_L + \frac{(D_i - D_L)(N_H - N_L)}{(D_H - D_L)} \quad (7-4)$$

式中　N_H，N_L——线性测量范围的上、下限；

D_H，D_L——N_H，N_L对应的 A/D 转换结果；

D_i——被测量 N_i对应的转换结果。

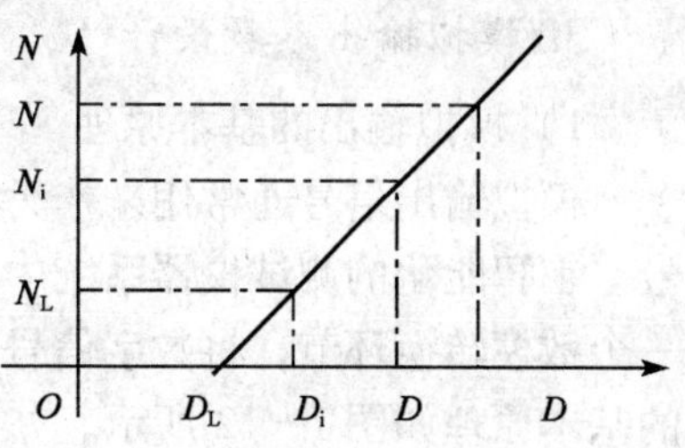

图 7 - 11 线性通道的标度变换

2. 信号转换与数据采集

1）A/D 转换的位数

A/D 转换器是数据采集的核心部件，根据系统分配给数据采集单元的允许误差，正确的选用 A/D 转换器是提高数据采集性能价格比的关键。由于 MUX、S/H、A/D 转换组成的数据采集电路的总误差是这三个组成部分的分项误差的合成，根据选择元器件精度的原则，要构成一个误差为 0.1% 的数据采集单元，MUX、S/H、A/D 转换器的线性误差都应小于 0.01%，即 A/D 转换器的量化误差也应小于 0.01%。已知 A/D 转换器的量化误差为 ±1/2LSB，即满度值的 $1/2^{m+1}$，因此，对于 A/D 转换器的位数，通常按所转换的模拟量电压的动态范围和转换精度两个方面的要求选择 A/D 转换器的位数。在系统设计时，推荐用式（7 - 5）估算 A/D 转换位数。

$$\delta \geqslant \frac{10}{2^{m+1}} \tag{7-5}$$

式中 δ——转换精度；

m——A/D 转换位数。

如转换精度不低于 0.1%，则需选用 12 位的 A/D 转换器。

2）A/D 转换的速度

A/D 转换器从启动转换到转换结束输出稳定的数值量所用的时间称为转换时间，用 T_c 表示。从转换结束到启动下一次转换的时间称为恢复时间，用 T_o表示。则 A/D 转换器的转换速率（单位时间内所能完成的转换次数）为

$$\frac{1}{T_c + T_o} \tag{7-6}$$

转换周期为

$$T_{AD} = T_c + T_o \tag{7-7}$$

若测量模拟信号的最高频率为 f_{max}，则 n 个输入通道的测试系统完成一次 A/D 转换的周期为

$$T_{AD} = \frac{1}{nf_{max}} = T_c + T_o \tag{7-8}$$

3）数据采样速率

根据抽样定理，要想抽样后能够不失真地还原出原信号，则抽样频率必须大于两倍信号谱的最高频率，即

$$f_s > 2f_{max} \tag{7-9}$$

一个采集系统的数据采样速率为

$$f_{AD} = \frac{1}{T_{AD}} \geqslant f_s > 2nf_{max} \tag{7-10}$$

实际应用时选择最高频率信号 3 倍周期就完全能保证不失真地还原出原信号。

3. 模拟输出参数设计

1）模拟输出的基本原理

模拟输出信号通常用来作为模拟显示器的输出信号、记录仪和控制器执行机构的驱动信号。在智能化的测试仪器系统中，计算机处理的数字信号，所以在计算机与信号调理之间有一个数模转换环节，将数字信号转换成模拟信号供模拟显示或控制执行机构使用。模拟输出的基本原理如图 7-12 所示。

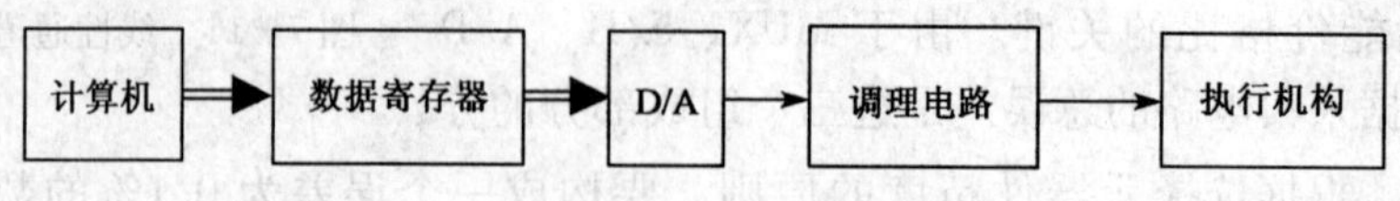

图 7-12　模拟输出的基本原理

2）D/A 位数确定

在测控系统中，若执行元件的分辨率为 V_{TH}，他所需的控制信号最大幅度为 V_{max}，则模拟信号的 DAC 的位数 n 应满足式

$$2^n > \frac{V_{max}}{V_{TH}} \tag{7-11}$$

4. 开关量的输入输出参数设计

开关量指只有开、关，通、断，或者高电平和低电平两个状态的信息量。开关量的通道结构如图 7-13 所示。

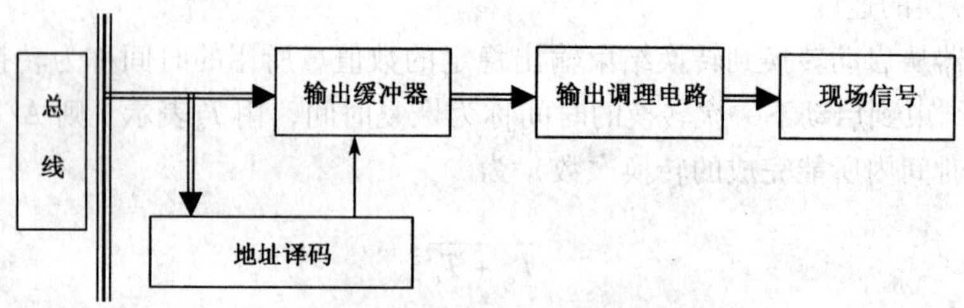

图 7-13　开关量的通道结构

开关量的应用包括直流负载驱动、交流负载驱动、继电器驱动、固态继电器驱动、步进电动机控制、直流电动机转速控制等。开关量输入输出设计时要注意电平幅度、输出功率、开关时间等。

5. 单元电路的级联

电路的级联应首先满足阻抗匹配，电路单元的阻抗匹配原理如图 7-14 所示。

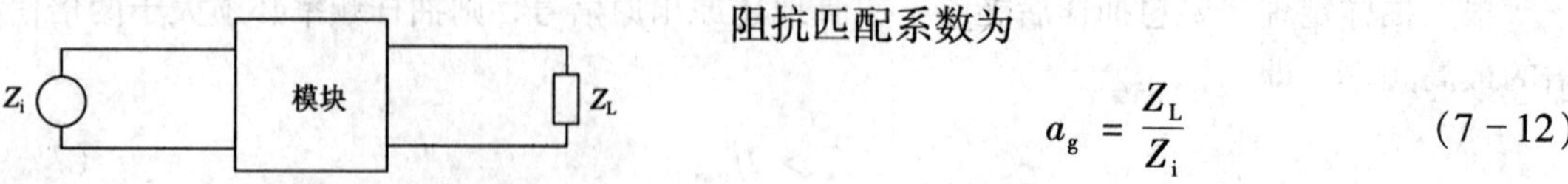

图 7-14　电路单元的阻抗匹配原理

阻抗匹配系数为

$$a_g = \frac{Z_L}{Z_i} \tag{7-12}$$

式中　Z_L——负载阻抗，Ω；

Z_i——输入阻抗，Ω。

若是电压匹配，应使 $a_g \gg 1$；若是电流匹配，应使 $a_g \ll 1$；若是功率匹配，应使 $a_g = 1$。负载能力匹配应使前级对后级要有足够的驱动能力，满足功率需求。电平匹配，如 CMOS 电路和 TTL 电路的匹配。

6. 数据通信与接口

通信是系统间经由线路互相交换数据。构成整个通信的系统称为通信网络。若交换信息的系统为计算机，则称为计算机网络通信。通信的主要目的在于将数据从某一端传送到另一端，是现代社会获取信息的主要方式。一个完整的通信系统包括数据终端设备（DTE）、数据交换设备（DSE）、数据通信设备（DCE）和数据传送信道（DTC）。数据通信设备和数据交换设备之间的数据传送信道通常是绞线、同轴电缆、光纤或无线电等，数据终端设备和数据交换设备之间的数据传送信道普遍采用串行通信方式。

随着计算机通信技术的发展，为了满足不同的数据交换需求，相继诞生了RS-232、RS-485、USB、IEEE-1394等一系列串行通信标准并在实际中应用。在检测装置与仪器仪表设计中，经常遇到各种串行通信方式之间的连接、转换与编程等问题，需要认真面对才能保证通信无阻。

1）RS-232串行通信

RS-232是20世纪80年代初期出现的第一种串行通信标准，通常与计算机连接的最简单的数据传送信道就是RS-232，一般用D型9Pin接头或25Pin接头通过电缆连接。标准严格地定义了每一引脚对应的物理意义和电气参数。目前的RS-232的数据传输率在921kbps，直接传输距离在5m内。RS-232串行通信简单易用。但随着计算机技术的发展，这种传统的接口方式弊端显露。首先是接口不灵活，不能完全做到即插即用；其次是扩展性差，一般只能一对一连接；再者，数据传输速度有限，限制了很多要求高速双向数据传输设备的连接；RS-232串行通信的抗干扰能力差也限制了它的应用范围。

2）RS-485串行通信

为了解决RS-223抗干扰能力差，传输距离短的问题，美国电气工业协会（EIA）公布了“平衡电压数字接口电路的电气特性”的RS-422A/485串行总线标准。RS-485标准是RS-422A标准的变形，其本质差别在于RS-422A标准是全双工的，而RS-485标准是半双工的。

如图7-15所示为RS-485标准串行通信原理图，在发送端实现将信号DT离散成D_+和D_-两种信号，通过一对信号线将信号差分传出，在接受端还原成原来的信号，其运算关系为

$$DT = [(D_+) + Noise] - [(D_-) + Noise] = (D_+) - (D_-) \tag{7-13}$$

显然，其噪声信号Noise通过减法运算抵消，所以RS-485网络可以有效地抑制干扰。RS-485标准的显著特点是传输距离长，最大距离可达1200m（90kB/s），最大传输速率可达10Mb/s，允许同时存在32个以上的通信节点。

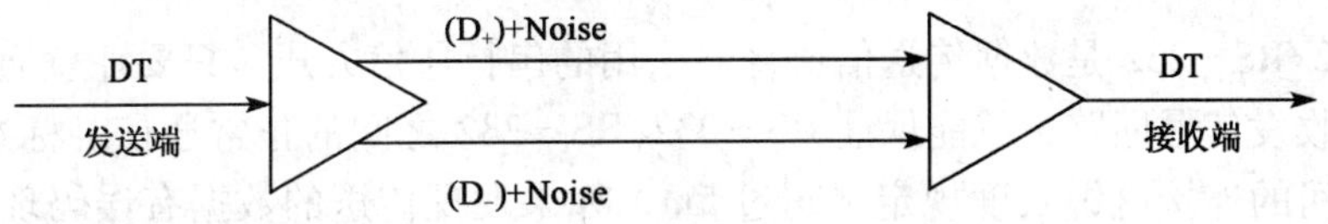

图7-15　RS-485标准串行通信原理

3）USB串行通信

随着计算机技术的不断进步，处理大容量数据的能力越来越强，要求数据传送信道（Data Transmitting Channel，DTC）的传输速率更快，通信带宽更高，同时能整合计算机通常

使用的外设连接方式。因此，包括 Intel，IBM，Microsoft，Telecom 等在内的七家世界著名的计算机和通信公司于 1994 年成立了 USB（Usual Serial Bus）论坛，1996 年正式制定了 USB1.0 规范，2000 年正式公布了 USB2.0 规范。

USB 串行通信系统包括 USB 主机、USB 设备和 USB 互联三个部分。任何 USB 系统只能有一个 USB 主机，最多可连接 127 个外部设备，USB 主机通过主控制器与 USB 设备进行交互操作，主机上 USB 的系统软件管理 USB 设备和主机上与该设备有关的软件之间的交互作用；USB 设备分集线器（HUB）和功能外设两种，USB 设备在 USB 系统中有唯一的 USB 地址，所有的 USB 设备必须在零号端口上提供一个特殊管道，用来连接 USB 设备的控制管道；USB 互联指 USB 主机与 USB 设备之间的连接与通信方式，它决定 USB 系统的体系结构，包括总线的拓扑结构，内部层次关系，数据流模式和 USB 调度。

USB 总线属于查询方式的总线结构，由 USB 主机的 USB 接口按预先制定的原则启动所有的数据传输。总线事务处理最多传送三个数据包，包括 USB 标志包、数据包和握手包。USB2.0 规范严格规定这三个数据包的格式。

USB 系统是通过四线电缆传输信号和电源，如图 7－16 所示。一对标准规格的信号双绞线，用于点对点的信号传输，对应 D_+ 和 D_- 两种传输信号。一对符合标准的电源线，对应电源的 VBUS 和 GND，VBUS 使用 +5V 电源。

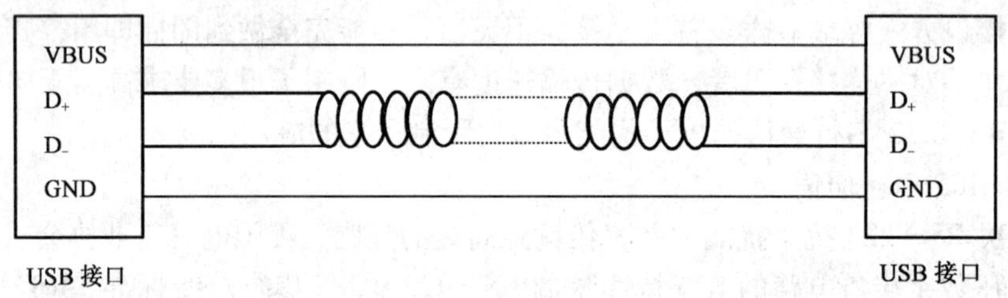

图 7－16　USB 通信原理

USB 与 RS－232 和 RS－485 比较，其优点是：传输速度快，全速模式下最大传输速率可达 480Mb/s；扩展性好，每个 USB 接口通过使用 Hub 可扩展到 127 个外设；支持热插拔和即插即用；标准信号传输缆线长度为 3～5m，采用 Hub 或中继方式可达 30m；USB 设备采用总线供电，容量为 2.5V·A；USB 有控制传输、同步传输、中断传输和批量传输四种数据传输方式以适应不同设备的要求。

目前存在的 RS－232、RS－485、USB 等一系列串行通信标准，各有长短，较长的时间内会相互共存。因此，在实际应用中还会遇到以下几种串行通信方式之间的连接与转换问题。

4）通信转换

RS－232/RS－232 是数据传送信道普遍采用的串行通信方式，只要注意通信双方要形成一个完整的收发信号回路，就能保证 RS－232/RS－232 之间的正常通信。标准的 RS－232/RS－232 之间的连接电缆长度规定不超过 5m，如果发现传送的数据有误码现象，就要考虑屏蔽接地。

RS－232/RS－485、USB/RS－232、USB/RS－485 间的通信，由于是两个截然不同的标准，连接与转换必须用专门的硬件电路才能实现。

数据通信的标准还有多种，例如，GBIP 并行接口总线，VXI 总线等，设计时应根据需求分析报告要求选定。

7. 应用软件设计

在进行仪器系统应用软件设计时，必须具备软件结构方面的基本知识，然后根据需求分析报告，认真分析应用软件应具有的结构，在对应用软件的结构有充分把握的前提下进行设计。设计时应在程序运行速度和存储容量许可的情况下，尽量用软件实现传统仪器系统的硬件功能，简化硬件配置；采用面向对象、结构化、模块化等先进的程序设计思想；利用误差分析、数字滤波、FFT 变换、数据融合等信息与数据处理技术，设计出功能完善、结构简明、逻辑清晰、界面美观、维护方便的软件。

软件设计应采用软件组态开发平台进行开发，如可视化开发工具、通用软件包（Lab VIEW、Lab Windows/CVI、Intouch、HPVEE、组态王等），有利于缩短开发周期和建立友好的系统界面；设计组态时要结合系统应用的发展，充分考虑系统的可扩展性，为系统的升级和扩展奠定基础，采用开放性技术实现可扩展性设计。

1）软件的结构化

结构化程序设计是迪克斯特拉（E. W. dijkstra）在 1965 年提出的。它的主要观点是采用“自顶向下、逐步求精”的程序设计方法，使用由顺序、选择、重复三种基本控制结构构造任何“单入口单出口”的程序。

“自顶向下、逐步求精”的程序设计方法从问题本身开始，经过逐步细化，将解决问题的步骤分解为由基本程序结构模块组成的结构化程序框图。“单入口单出口”的思想认为一个复杂的程序，如果它仅是由顺序、选择和循环三种基本程序结构通过组合、嵌套构成，那么这个新构造的程序一定是一个单入口单出口的程序。据此就很容易编写出结构良好、易于调试的程序来。

2）软件的模块化

结构化程序设计是以模块化设计为中心，将待开发的软件系统划分为若干个相互独立的模块，这样使完成每一个模块的工作变得单纯而明确，为设计一些较大的软件打下了良好的基础。

结构化程序设计按功能划分为若干个基本模块；各模块之间的关系尽可能简单，在功能上相对独立；每一模块内部均是由顺序、选择和循环三种基本结构组成；其模块化实现的具体方法是使用子程序。结构化程序设计由于采用了模块分解与功能抽象，自顶向下、分而治之的方法，从而有效地将一个较复杂的程序系统设计任务分解成许多易于控制和处理的子任务，便于开发和维护。

仪器的应用软件系统通常按功能结构划分模块，一般有自检模块、初始化模块、时钟模块、状态监控模块、数据采集模块、图像采集模块、数据处理模块、数据管理模块、控制决策模块、显示打印模块、信号输出模块、信息通信模块和其他模块。

3）面向对象

面向对象的程序设计是围绕着程序的数据（对象）和针对该对象而严格定义的接口来组织程序，它的特点是数据控制代码的访问，通过把控制权转移到数据上。面向对象程序设计中的概念主要包括：对象、类、数据封装、继承、多态性、动态绑定、消息传递。通过这些概念，面向对象的思想得到了具体的体现。

（1）对象。

对象是运行期的基本实体，它是一个封装了数据和操作这些数据的代码的逻辑实体。

（2）类。

类是具有相同类型的对象的抽象。一个对象所包含的所有数据和代码可以通过类来构造。

(3) 数据封装。

数据封装是将数据和代码捆绑到一起，避免了外界的干扰和不确定性。对象的某些数据和代码可以是私有的，不能被外界访问，以此实现对数据和代码不同级别的访问权限。

(4) 继承。

继承是让某个类型的对象获得另一个类型的对象的特征。通过继承可以实现代码的重用，从已存在的类派生出的一个新类将自动具有原来那个类的特性，同时，它还可以拥有自己的新特性。

(5) 多态性。

多态性是指不同事物具有不同表现形式的能力。多态机制使具有不同内部结构的对象可以共享相同的外部接口，通过这种方式减少代码的复杂度。

(6) 动态绑定。

绑定指的是将一个过程调用与相应代码链接起来的行为。动态绑定是指与给定的过程调用相关联的代码只有在运行期才可知的一种绑定，它是多态实现的具体形式。

(7) 消息传递。

对象之间需要相互沟通，沟通的途径就是对象之间收发信息。消息内容包括接收消息的对象的标识，需要调用的函数的标识，以及必要的信息。消息传递的概念使得对现实世界的描述更容易。

4) 软件编程步骤

软件编程时应首先编写硬件接口程序，其次编写系统框架程序，然后编写功能模块程序，最后编写系统的组装集成代码。

程序设计采用的是“自顶向下，逐步求精”的方法，而编写程序代码时应采用“自底向上，逐个定型”的方法。“自底向上，逐个定型”即从最底层模块开始编程，通过测试后再编制上一层模块的程序，直到完成整个程序代码的编写。

5) 数据处理算法

信号和数据处理主要包括量程转换、误差分析、插值、数字滤波、FFT 变换、数据融合等技术。使用好数据处理技术可以降低仪器系统的结构复杂性，提高仪器系统的测试效率，改善仪器系统的测试精度。

7.3.5 硬件结构与界面设计

1. 硬件结构设计

现代仪器大多属于机电一体化产品，仪器设计除了满足需求分析的各项功能和性能指标外，仪器系统结构形态还应与仪器功能和使用要求统一，适应仪器系统的工作环境和人的生理特征及视觉美感。仪器系统硬件结构设计主要包括以下方面：

(1) 整机组装结构设计；

(2) 结构的力学设计；

(3) 传动与执行机构设计；

(4) 抗震与抗冲击设计；

(5) 热设计；

(6) 防腐设计；

(7) 电气与连接设计；

(8) 人机工程设计；

(9) 电磁兼容设计；

(10) 可靠性设计。

仪器系统的物理结构设计主要考虑其大小、形状、距离、环境、物理量、用途等，采用系统组态技术，选用标准总线和通用模块单元，有利于降低研制成本，缩短开发周期，尽可能进行通用化、标准化、组件化设计。

仪器系统电路设计一般采用 CPLD、FPGA、DSP 等高集成度器件技术，主要以工控机为主。近年来，随着嵌入式系统的高速发展，以 ARM 技术为核心的测控仪器与系统如雨后春笋，发展迅速。此外，采用低功耗器件，进行低功耗设计，对降低功耗与抗干扰有积极意义；采用通用化、标准化硬件电路，有利于模块的商品化生产和现场安装、调试、维护，也有利于降低模块的生产成本，缩短加工周期；使用软测量技术，以软件代替硬件，可以降低成本，减小体积；最后，在设备驱动程序开发方面，可采用动态链接库等技术进行不同层次程序链接。

2. 界面设计

界面是仪器系统的“窗口”，是系统显示功能信息的主要途径。界面设计不仅要实现功能，而且要界面美观，同时还要适合人的心理和行为特性。仪器系统的人机界面可分为硬件界面和软件界面。

人机界面设计是指通过一定的手段对用户界面有目标和计划的一种创作活动，大部分为商业性质、少部分为艺术性质。人机界面通常也称为用户界面。人机界面设计主要包括三个方面：其一是设计软件构件之间的接口；其二是设计模块和其他非人的信息生产者和消费者的界面；其三是设计人（如用户）和计算机间的界面。

1) 硬件界面设计

仪器系统的硬件界面包括操控显示面板和输入输出设备。

操控显示面板是监视、调节和控制系统工作状态的相对集中部位，面板上通常布置有显示器、指示器、旋钮、开关、插孔、键盘、商标、名称等。面板布局应使工作人员观察、操作、使用方便，满足仪器内部结构布置，便于内部组件的安装和连接。面板上各器件的选用与分布既要满足功能要求，又要符合审美要求。面板显示器件应布置在最佳视区，其高度应能使面板与视线垂直。操作器件的布置应便于手（足）触及施力，与显示器件应有对应关系。面板上的文字应能在 0.5m 左右可清晰辨认。各种文字和图形标注要符合规范。

常见的输入输出设备有键盘、鼠标、触摸屏、显示器、打印机、手写设备、语音设备、摄像设备、扫描设备和操控杆等。

2) 软件界面设计

软件界面设计又称为用户界面（User Interface，UI）设计，是指对软件的人机交互、操作逻辑、界面美观的整体设计。好的 UI 设计不仅是让软件变得有个性，有品味，还要让软件的操作变得舒适、简单、自由，充分体现软件的定位和特点。使计算机在人机界面上适应人的思维特性和行动特性，这就是“以人为本”的人机界面设计思想。

界面设计不是单纯的美术绘画，他需要定位使用者、使用环境、使用方式并且为最终用户而设计，是纯粹的科学性的艺术设计。

人机界面设计的好坏与设计者的经验有直接关系，有些原则对几乎所有良好的人机界面的设计都是适用的，一般地可从可交互性、信息、显示、数据输入等方面考虑：

（1）在同一用户界面中，所有的菜单选择、命令输入、数据显示和其他功能应保持风格的一致性。风格一致的人机界面会给人一种简洁、和谐的美感。

（2）对所有可能造成损害的动作，坚持要求用户确认，例如，提问“确认吗?”等，对大多数动作应允许恢复（UNDO），对用户出错采取宽容的态度。

（3）用户界面应能对用户的决定做出及时的响应，提高对话、移动和思考的效率，最大可能的减少击键次数，缩短鼠标移动距离，避免使用户产生无所适从的感觉。

（4）人机界面应该提供上下文敏感的求助系统，让用户及时获得帮助，尽量用简短的动词和动词短语提示命令。

（5）合理划分并高效使用显示屏。仅显示与上下文有关的信息，允许用户对可视环境进行维护：如放大、缩小图像；用窗口分隔不同种类的信息，只显示有意义的出错信息，避免因数据、文字和图标过于费解而造成用户烦恼。

（6）保证信息显示方式与数据输入方式的协调一致，尽量减少用户输入的动作，隐藏当前状态下不可选用的命令，允许用户自选输入方式，能够删除无现实意义的输入，允许用户控制交互过程。

3）人机界面设计的评价

评价一个人机界面设计质量的优劣，目前还没有一个统一的标准。一般地，可从以下几个主要方面进行考虑：

（1）用户对人机界面的满意程度；

（2）人机界面的标准化程度；

（3）人机界面的适应性和协调性；

（4）人机界面的应用条件；

（5）人机界面的性能价格比。

3. 网络互联规范

现代仪器设计不可避免的要融合网络技术，因此应遵循下述网络互联规范。

1）统一的电气标准

各网络设备的输入输出信号应符合统一的电气标准，包括输入输出信号线的定义、信号的传输方式、信号的传输速度、信号的逻辑电平、信号线的输入阻抗与驱动能力等。

2）统一的机械特性

各网络设备的机械连接应符合统一的规定，包括接插件的结构形式、尺寸大小、引脚定义、数目等。

3）统一的指令系统

各网络设备应具有统一或兼容的指令系统（如台式仪器的公用程控命令）。

4）统一的编码格式和协议

各网络设备的输入输出数据应符合统一的编码格式和协议（总线协议）。

7.3.6 电磁兼容性设计

国际电工委员会标准 IEC 对电磁兼容性（Electro-Magnetic Compatibility，EMC）的定义

是：设备或系统在其电磁环境中能正常工作且不对该环境中其他事物构成不能承受的电磁干扰的能力。

电磁兼容性包括电磁干扰（Electro-Magnetic Interference，EMI）及电磁耐受性（Electro-Magnetic Survivability，EMS）两部分。EMI 为设备或系统本身在执行应有功能的过程中产生的不利于其他系统的电磁噪声；而 EMS 是指设备或系统在执行应有功能的过程中不受周围电磁环境影响的能力。

电磁干扰有传导干扰和辐射干扰两种。传导干扰主要是电子设备产生的，干扰信号通过导电介质或公共电源线互相产生干扰。在电路中，干扰信号通常以串模干扰和共模干扰形式与有用信号一同传输。辐射干扰是指电子设备产生的干扰信号通过空间耦合把干扰信号传给另一个电子网络或电子设备。

系统出现电磁兼容性问题，必须存在电磁干扰源、耦合途径和电磁敏感设备这三个因素。在遇到电磁兼容问题时，只要能消除其中某一个因素就能解决电磁兼容问题。

现代仪器系统主要应用于生产、科研和军事现场，受电源电网干扰、雷电等自然干扰和其他电器设备的放电干扰。因此，在仪器系统的硬件和软件设计中需要高度重视抗干扰设计。

1. 硬件抗干扰技术

1）电磁屏蔽

电磁屏蔽是电磁兼容技术的主要措施之一，是用金属屏蔽材料将电磁干扰源封闭起来，使其外部电磁场强度低于允许值的一种措施；或用金属屏蔽材料将电磁敏感电路封闭起来，使其内部电磁场强度低于允许值的一种措施。有两个因素影响屏蔽体屏蔽效能：一个是整个屏蔽体表面必须是导电连续的；另一个是不能有直接穿透屏蔽体的导体。屏蔽的方法一般可分为静电屏蔽、交变电场屏蔽、交变磁场屏蔽和交变电磁场屏蔽。

（1）静电屏蔽。

用完整的金属屏蔽体将带正电导体包围起来，在屏蔽体的内侧将感应出与带电导体等量的负电荷，外侧出现与带电导体等量的正电荷，如果将金属屏蔽体接地，则外侧的正电荷将流入大地，外侧将不会有电场存在，即带正电导体的电场被屏蔽在金属屏蔽体内。

（2）交变电场屏蔽。

为降低交变电场对敏感电路的耦合干扰电压，可以在干扰源和敏感电路之间设置导电性好的金属屏蔽体，并将金属屏蔽体接地。交变电场对敏感电路的耦合干扰电压大小取决于交变电场电压、耦合电容和金属屏蔽体接地电阻之积。只要设法使金属屏蔽体良好接地，就能使交变电场对敏感电路的耦合干扰电压变得很小。

（3）交变磁场屏蔽。

交变磁场屏蔽有高频和低频之分。低频磁场屏蔽是利用高磁导率的材料构成低磁阻通路，使大部分磁场被集中在屏蔽体内。屏蔽体的磁导率越高，厚度越大，磁阻越小，磁场屏蔽的效果越好。高频磁场的屏蔽是利用高电导率的材料产生的涡流的反向磁场来抵消干扰磁场而实现的。

（4）交变电磁场屏蔽。

交变电磁场屏蔽一般采用电导率高的材料作屏蔽体，并将屏蔽体接地。它是利用屏蔽体在高频磁场的作用下产生反方向的涡流磁场与原磁场抵消而削弱高频磁场的干扰，又因屏蔽体接地而实现电场屏蔽。屏蔽体的厚度不必过大，而以趋肤深度和结构强度为主要考虑因素。

屏蔽的结构形式主要有屏蔽罩、屏蔽栅网、屏蔽隔片、隔离仓和导电涂料等。

2）隔离

信号隔离是通过切断引入干扰的通道，把电路上的干扰源与易受干扰的部分隔离起来，相互之间只有信号联系而没有直接的电联系，使有用信号正常传输，干扰耦合通道被切断，达到抑制干扰的目的。隔离措施主要包括继电器隔离、光电隔离、脉冲变压器隔离、模/数变换隔离和运算放大器隔离等。

光电隔离是通过光电耦合器以光作媒介在隔离的两端间进行信号传输。由于光电耦合器在传输信息时不是将其输入和输出的电信号进行直接耦合，而是借助于光作为媒介进行耦合，因而具有较强的隔离和抗干扰的能力。

对于交流信号的传输一般使用变压器隔离干扰信号。隔离变压器是常用的隔离器件，用来阻断交流信号中的直流干扰和降低低频干扰信号的强度。隔离变压器还可把各种模拟负载和数字信号源隔离开来，使模拟地和数字地断开。传输信号通过变压器获得通路，而共模干扰由于不形成回路而被抑制。

继电器线圈和触点仅在机械上形成联系而没有直接的电的联系，因此可利用继电器线圈接收电信号，而利用其触点控制和传输电信号，从而可实现强电和弱电的隔离。

3）接地

测试系统中的地线是所有电路公共的零电平参考点。理论上，地线上所有位置的电平应该相同。然而，由于各个地点之间必须用具有一定电阻的导线连接，一旦有地电流流过时，就有可能使各个地点的电位产生差异。同时，地线是所有信号的公共点，所有信号电流都要经过地线。这就可能产生公共地电阻的耦合干扰。地线的多点相连也会产生环路电流。环路电流会与其他电路产生耦合。所以，认真设计地线和接地点对于系统的稳定是十分重要的。良好的接地能消除各电流流经一个公共地线阻抗产生的噪声，避免形成回路，它也是屏蔽的重要保证。常见的接地方法有保护接地、屏蔽接地和信号接地等。常用的接地方式有下述几种。

（1）单点接地。

各单元电路的地点接在一点上，称为单点接地，图 7－17 所示为两种形式的单点接地。其优点是不存在环形回路，因而不存在环路地电流。各单元电路地点电位只与本电路的地电流及接地电阻有关，相互干扰较小。

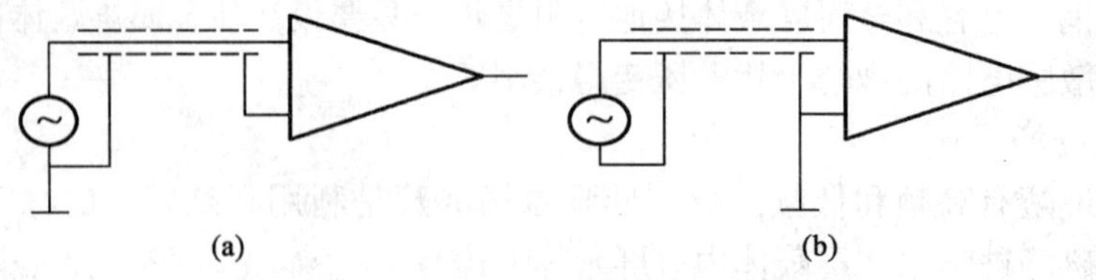

图 7－17　单点接地

（2）串联接地。

各单元电路的地点顺序连接在一条公共的地线上，如图 7－18 所示，称为串联接地。显然，电路 1 与电路 2 之间的地线流着电路 1 的地电流，电路 2 与电路 3 之间流着电路 1 和电路 2 的地电流之和，以此类推。因此，每个电路的地电位都受到其他电路的影响，干扰通过公共地线相互耦合。但因接法简便，虽然接法不合理，还是常被采用。但采用这种接地方式时应注意：信号电路应尽可能靠近电源，即靠近真正的地点；所有地线应尽可能粗些，以降低地线电阻。

(3) 多点接地。

做电路板时把尽可能多的地方做成地，或者说，把地做成一片。这样就有尽可能宽的接地母线及尽可能低的接地电阻。各单元电路就近接到接地母线，如图 7－19 所示。接地母线的一端接到供电电源的地线上，形成工作接地。

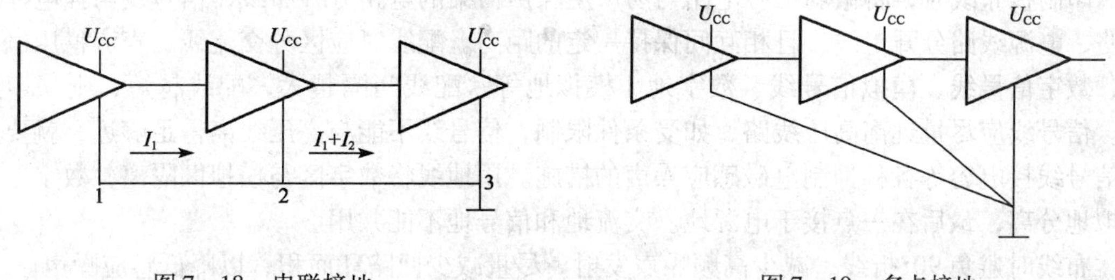

图 7－18　串联接地　　　　图 7－19　多点接地

(4) 模拟地和数字地。

现代测试系统都同时具有模拟电路和数字电路。由于数字电路在开关状态下工作，电流起伏波动大，很有可能通过地线干扰模拟电路。如有可能应采用两套整流电路分别供电给模拟电路和数字电路，它们之间采用光耦合器耦合，如图 7－20 所示。

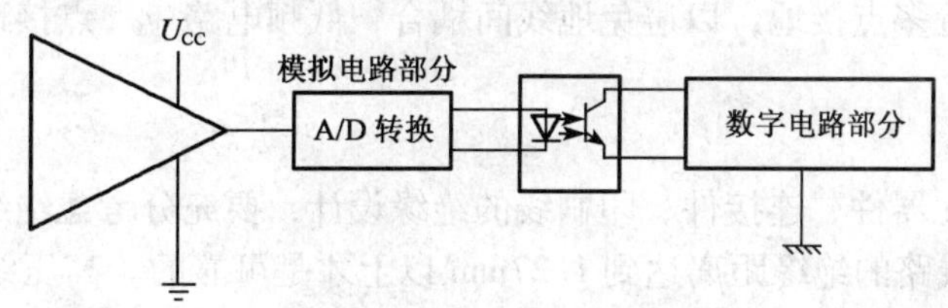

图 7－20　模拟地和数字地

仪器系统地线设计时要综合考虑各种地线的布局和接地方法。地线设计要形成信号接地、功率接地和机械接地这三个接地通道。信号接地通道是将所有小信号、逻辑电路的信号、灵敏度高的信号的接地点都接到信号地通道上。功率接地通道是将所有大电流、大功率部件、晶闸管、继电器、指示灯、强电部分的接地点都接到这一地线上。机械接地通道是将机柜、底座、面板、风扇外壳、电动机底座等接地点都接到这一地线上，此地线又称为安全地线通道。将这三个通道再接到总的公共接地点上，公共接地点与大地接触良好，一般要求地电阻小于 4 ~ 7Ω。弱电柜与强电柜之间有足够粗的保护接地电缆，如截面积为 5.5 ~ 14mm^2的接地电缆。

4) 滤波

滤波是抑制干扰传导的重要方法。由于干扰源发出的电磁干扰的频谱往往比要接收的信号的频谱宽得多，因此，当接受器接收有用信号时，也会接收到那些不希望有的干扰。这时，可以采用滤波的方法，只让所需要的频率成分通过，而将干扰频率成分加以抑制。常用滤波器根据其频率特性又可分为低通、高通、带通、带阻等滤波器。

滤波器可以抑制交流电源线上输入的干扰及信号传输线上感应的各种干扰，常用的滤波器件有电感、电容、电阻及压敏电阻等。

5）布局

仪器系统的各个部分合理布局能有效地防止电磁干扰的危害。合理布局的基本原则是使干扰源与干扰对象尽可能远离，输入和输出端口妥善分离，高电平电缆及脉冲引线与低电平电缆分别敷设等。

印制电路板设计时尽量选择多层 PCB 板，其中一层为地层，一层为电源层，这种选择能形成良好的退耦电路，并加入地线的屏蔽，可防止产生低电位差和元件之间的耦合。

印制板布线时，将微弱信号电路与易产生噪声污染的电路分开布线，信号线与强电控制线路、电源线路分开走线，且相互间保持一定的距离。配线时应区分交流线、直流稳压电源线、数字信号线、模拟信号线、数字地、模拟地等。配线间隔越大，配线越短，则噪声越小。信号线应尽量远离高压线路，如受条件限制，信号线不能与高压线离得足够远，就要采用信号线接电容等各种抑制电磁感应噪声的措施。用地线将数字区与模拟区隔离，数字地与模拟地分离，最后在一点接于电源地。交流地和信号地不能共用。

布线时避免 90°折线，减少高频噪声发射。尽量减少回路环面积，以降低感应噪声。

元件面与焊接面应采用垂直、斜交或弯曲走线，避免相互平行以减小寄生耦合，避免相邻导线平行段过长。

数字芯片和大功率器件要单独接地，大功率器件尽可能放在电路板边缘。

信号频率过高的信号线，要加终端匹配电阻。为提高干扰抑制能力，传感器连接电缆可采用金属网状屏蔽线抑制静电感应，采用双绞屏蔽线抑制电磁感应。

高频电路应就近多点接地，以避免地线间耦合，低频电路应一点接地，以减少地线造成的地环路。

6）绝缘

对高压周围的元器件、连接件、印刷线的绝缘设计，要充分考虑绝缘距离。例如，对于 1kV 高压，与低压线路的绝缘距离达到 1. 27mm 以上才是可靠的。高压线引线间距较小就会发生打火现象，同时还要优化布局设计，减小高压线的长度。对于高低压共存的插头座，高压周围最好有一些插头不用。

7）电路负载

电路负载对于电路的抗干扰性能也有一定的关系，设计时应该加以考虑。

2. 软件抗干扰技术

正确采用软件抗干扰技术，与硬件抗干扰措施构成双道抗干扰防线，将进一步提高仪器系统的可靠性。经常采用的软件抗干扰技术是数字滤波技术、开关量的软件抗干扰技术、指令冗余技术、软件陷阱技术等。

1）数字滤波技术

仪器系统的模拟输入信号中不可避免地含有随机干扰信号。对于随机干扰，可以用数字滤波方法予以削弱或滤除。所谓数字滤波，就是通过一定的计算或判断程序减少干扰在有用信号中的比重，实际上就是软件滤波。数字滤波有以下优点：

（1）数字滤波是用程序实现的，不需要增加硬件设备，所以可靠性高，稳定性好；

（2）数字滤波可以根据信号的不同，采用不同的滤波方法或滤波参数，具有灵活、方便，功能强的特点；

（3）数字滤波可以对频率很低的信号实现滤波，克服了模拟滤波器的缺陷。

常用的软件滤波方法有：

（1）程序判断滤波法。

根据经验确定出两次采样的最大偏差值 ΔY，若两次采样信号相减数值大于 ΔY，表明为干扰信号，应去除。用上次采样值与本次采样值比较，若小于或等于 ΔY，表明没有受到干扰，此时采样值有效，这种方法可滤去随机干扰和由传感器不稳定引起的误差。

（2）中值平均滤波法。

对重要信号进行 N 次采样所得到的值，去除最大和最小值，取剩余的 $N-2$ 个值的平均值。此方法可消除由于偶然出现的脉冲干扰引起的采样值偏差。

（3）滑动平均滤波法。

把连续 N 个采样值看成一个队列，队列的长度固定，每次采到的新值放入队尾，去掉原队首数据，将队列中 N 个数据进行算术平均，可获得新的滤波结果。本方法对周期性干扰有良好的抑制作用。

此外还有一阶递推数字滤波法（$Y_n = aY_{n-1} + bX_n$），加权均值滤波法等。

2）开关量的软件抗干扰技术

开关量干扰信号有呈毛刺状、作用时间短的特点，利用这一点，在采集开关量信号时，可多次重复采集，直到连续两次或两次以上结果完全一致方为有效。若多次采样后，信号总是变化不定，可停止采集，给出报警信号。

3）指令冗余技术

当 CPU 受到干扰后，往往将一些操作数当作指令码来执行，引起程序混乱。当程序弹飞到某一单字节指令上时，便自动纳入正轨。当弹飞到某一双字节指令上时，有可能落到其操作数上，从而继续出错。当程序弹飞到三字节指令上时，因它有两个操作数，继续出错的机会就更大。因此，应多采用单字节指令或将单字节指令重复书写，这便是指令冗余。指令冗余会降低系统的效率，但为了提高系统可靠性，在绝大多数情况下，这种方法还是被广泛采用。

4）软件陷阱技术

从软件的运行来看，瞬时电磁干扰可能会使 CPU 偏离预定的程序指针，进入未使用的 RAM 区和 ROM 区，引起一些莫名其妙的现象，其中死循环和程序“跑飞”是常见的，采用软件陷阱技术可有效地排除这种干扰故障。

所谓软件陷阱，就是一套引导指令，强行将捕获的程序引向一个指定的地址，在那里有一段专门对程序出错进行处理的程序。这种方法的基本指导思想是：把系统存储器（RAM 和 ROM）中没有使用的单元用某一种重新启动的代码指令填满，作为软件“陷阱”，以捕获“跑飞”的程序。一般当 CPU 执行该条指令时，程序就自动转到某一起始地址，从这一起始地址开始存放一段使程序重新恢复运行的热启动程序，该热启动程序扫描现场的各种状态，并根据这些状态判断程序应该转到系统程序的哪个入口，使系统重新进入正常运行。

5）“看门狗”技术

PC 受到干扰而失控，引起程序“跑飞”，也可能使程序陷入“死循环”。指令冗余技术、软件陷阱技术不能使失控的程序摆脱“死循环”的困境，这时系统完全瘫痪。为了使程序脱离“死循环”，通常采用“看门狗技术”。“看门狗”（WATCHDOG）技术就是不断监视程序循环运行时间，若发现时间超过已知的循环设定时间，则认为系统陷入了“死循环”，然后强迫程序返回到某一入口，在此处安排一段出错处理程序，使系统运行进入正规。

现代仪器系统的使用环境各有不同，干扰源有所区别。对于工业生产现场使用的仪器系统，除系统自身的干扰外，应着重考虑电器设备放电干扰和设备接通与断开引起电压或电流急变带来的干扰。而对于野外使用的仪器系统，抗干扰设计的重点是大气放电、大气辐射和宇宙干扰等自然干扰。抗干扰设计应根据产品的具体使用环境进行具体分析，找出主要干扰因素，选择有针对性的抗干扰措施。例如，对基于计算机视觉的仪器系统来说，抗干扰的重点在于遏制自然光源干扰，也就是在 CCD 图像采集处设置前光源和背景光源，注意光源的范围、强弱等，特别要注意被测物是否存在高光反射因素。

7.3.7 系统测试检验设计

系统测试检验设计应与仪器设计同时进行，几乎在需求分析时就要明确仪器系统的功能和性能指标的可测试性。测试检验的目的是考察验证设计是否满足最初的需求分析，找出存在的问题，进一步改进完善。测试检验的内容是：

（1）技术性能测试；

（2）重复性检验；

（3）可靠性实验；

（4）振动和冲击实验；

（5）自由跌落实验；

（6）安全防护实验；

（7）环境适应性测试；

（8）其他必要的实验测试。

测试检验应依据相关的国家标准、行业标准和企业标准。ISO9000 系列标准是实现固有测量性能和固有可靠性的有效途径。因此，在仪器研制过程中应遵循以下各项要求：

（1）原材料从产品质量合格的供货方采购；

（2）尽量选用标准件、通用件；

（3）提高元器件的复用率；

（4）各种加工过程严格执行过程控制程序；

（5）提高工艺水平，严格执行各种工艺规程；

（6）完善测试及实验手段，层层严把质量关；

（7）强化评审，加强监督。

7.4 仪器设计实例

7.4.1 井下参数测试系统

1. 概述

要实现最优化钻井，除了对其生产工艺技术进行优化设计外，还必须随时掌握生产过程中各项参数的变化情况，并及时有效地对生产工艺进行调整。实现这一目的的重要手段是借助先进的钻井设备和完整的测试系统。

井下参数测试系统能随钻实时测量，并根据随钻实时数据进行智能分析，优化钻井参数，判断井下动态。测试系统的设计难点在于井下高温、高压、强振动、多噪声和狭小空间这种恶劣的钻井工况和井下环境。以传统的单片机为核心的随钻测量系统，由于受硬件资源与速度的限制，硬件电路复杂，采样精度不高，数据处理能力较弱，实时处理能力较差。超大规模集成电路数字信号处理芯片 DSP，具有运算速度快、计算精度高、功耗低等特点，使电路的设计简单化，高度集成化，仪器调试变得容易。

2. 井下仪器总体结构

井下参数测试系统主要负责随钻测量过程中原始数据的采集、存储与传输任务。主要测量参数有井下环空压力、钻压、扭矩和侧向力。其质量的好坏会直接影响到后继系统的工作状态。

1）系统组成

井下参数测试系统由两大部分组成，系统框图如图 7－21 所示。第一部分为井下部分，由传感器及其信号调理电路、DSP、存储器和电源构成。该部分以 DSP 为核心，传感器测得的模拟信号经过信号调理、A/D 转换后送 DSP 进行计算处理，经 DSP 处理后的数据存入系统板上的存储器中，完成信号的采集、存储和初步处理。第二部分为地面部分，主要由微机系统构成，对测量的数据进行分析、处理及显示数据图表以及打印测量的数据。两者之间联系通过通信接口传输数据。

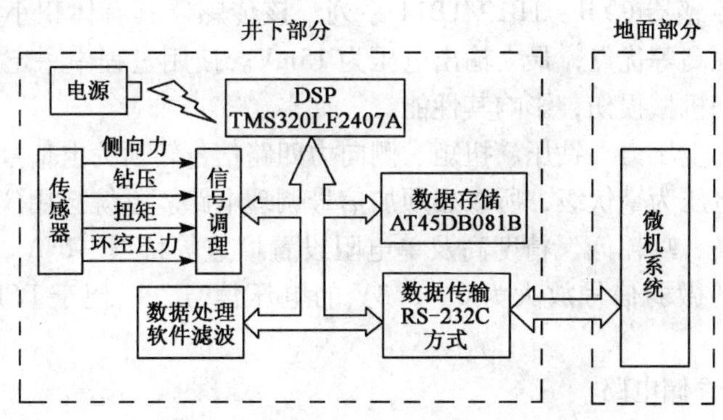

图 7－21　井下参数测试系统框图

2）工作原理

将井下参数测量系统接在靠近钻头的一个短节里，一边钻进一边测量，采集后数据按一定的格式存于井下仪器的内部存储器中；当所有测量过程完成后，将随钻部分提出地面，与地面微机系统连接，由计算机读取数据，然后将测量数据在地面进行回放，并进一步处理分析。测量系统采用电池供电，仪器在井下工作时间长，这就需要最大限度地降低功耗，选择合理的工作方式，以便能够利用有限的电池能量。虽然仪器在井下工作时间长，但并不是随时都在进行数据采集，部分时间处于等待状态。采用“休眠—唤醒”机制让系统处于间歇工作状态。即事先指定时间，时间到则唤醒开始工作，采集一段时间以后又自动停止，再次进入休眠状态。该方式由软件通过 DSP 的定时器来实现，具体的启停时间可以根据需要设定。这样就大大降低了系统功耗，节省了电池能量，延长了工作时间。

3）关键技术设计

（1）系统技术指标。

从井下部件（包括机械部件、电气器件和传感器）的设计要求及环境考虑，系统的主要技术指标有：最高耐压：60MPa；最高温度：125℃；最大允许振动：200m/s^2；钻压测量范围：0～250kN；扭矩测量范围：0～8kN·m；井下环空压力测量范围：0～60MPa；侧向力测量范围：0～50kN；工作时间：10～15h。根据这些技术指标，要求系统能在高温、高压及强烈振动等恶劣环境下工作。在设计时应考虑选用的元器件具有体积小、功耗低、温漂系数小、稳定性好的特点，同时要求所有器件工作在宽温范围内，即－40～125℃。

（2）系统抗干扰设计。

井下参数测试系统由于工作环境恶劣，而且是在地下几千米的地层工作，干扰因素很多，应充分考虑系统的抗干扰性，避免在设计完成后再去进行抗干扰的补救措施。系统采用硬件和软件两种抗干扰措施。硬件抗干扰措施主要是采用多层板、对电源和地去耦以及数模混合电路中的常规抗干扰设计。例如，模拟、数字电路严格分开；相关的器件尽量靠近，时钟电路尽量靠近 DSP；未用的模拟输入引脚要接模拟地，未用到的 IO 口也通过电阻下拉到地等。软件抗干扰措施是采用数字滤波和软件陷阱。数字滤波滤去有害干扰，软件陷阱有效防止程序“跑飞”。此外，还要注意系统的密封和防水、防潮，确保在井下可靠工作。

3. 硬件结构

1）传感器及其信号处理电路

传感器的选择需要考虑符合耐高温、体积小的条件。经过综合考虑，选用利用离子束溅射技术制造的压力传感器 CYB－1B19/1B14 系列。该传感器具有体积小、精度高、性能稳定、温漂小、可靠性高等优点，最大输出电压为 15mV。使用过程中一定要保护好传感器的敏感部位，以免受到机械损伤，影响其性能。

通过传感器将环空压力、钻压、扭矩、侧向力四路信号转换为电信号，该模块输出的信号比较微弱，输出电压为毫伏级，所以必须加信号调理电路。系统选用仪表放大器 INA118，它具有共模抑制比高、功耗低、精度高及单电阻设置增益等特点。INA118 采用差分输入方式，将传感器输出的微弱信号放大为 0～3.3V 的电压信号，以便于 DSP 对其进行采集与处理。

2）数据采集与存储电路

数据采集与存储模块的主要功能是对四路测量信号进行模数转换、数字滤波和计算，并将其保存在数据存储器中。该模块主要由 DSP 和数据存储器构成，数据存储器为非易失性闪速存储器（Flash Memory）。

DSP 主要完成数据的采集、数字滤波、存储及与主机的通信。井下参数测试系统选用高性能 16 位定点 DSP 芯片 TMS320LF2407A（简称 2407A）作为处理器，该芯片采用哈佛结构，特殊的 DSP 指令，高速运算能力，3.3V 的低功耗电压等，保证了所采集数据处理的实时性和快速性。TMS320LF2407APGES 的工作温度为－40～125℃，满足了环境要求。

3）通信模块

通信模块主要完成井下仪器（TTL 电平）和地面微机（RS－232C 电平）之间的电平转换，通过 RS232C 串行口，DSP 向 PC 机传送测量的数据。测试系统利用 DSP 的串行通信接口（SCI）与上位 PC 机完成信息的交换。系统采用了符合 RS－232 标准的接口芯片 MAX232 构成 RS－232C 串行通信接口。MAX232 芯片功耗低，集成度高，+5V 供电，具有两个接收和发送通道，其军品满足温度范围要求，只需配接四个外接电容就可简单方便地实现电平转换，构成通信接口。2407A 采用 +3.3V 供电，所以，在 MAX232 与 TMS320LF2407 之间必须加电平转换电路。

4. 仪器软件设计

1）井下仪器软件

井下仪器软件部分完成 DSP 系统初始化、数据采集、滤波和存储、与 PC 通信等任务。程序分成初始化、采样子程序、滤波子程序等几部分，程序流程图如图 7-22 所示。软件采用 C 语言和汇编语言混合编程，主程序采用 C 语言以增加可读性；子程序采用汇编语言以提高运算效率。通过 TI 公司的 C2000 平台进行混合编译，生成的代码很精简，可以直接写到 DSP 自带的 FLASH 存储器中运行。

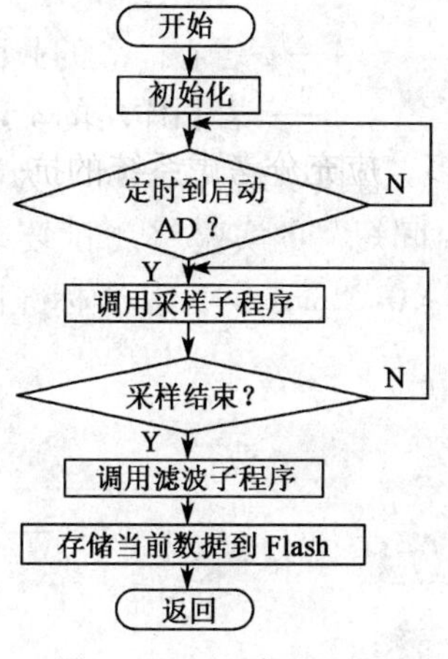

图 7-22　程序流程图

井下工况复杂，环境恶劣，夹杂一定的噪声信号。系统采用 FIR（Finite Impulse Response，FIR）数字滤波器对信号进行滤波。首先利用 Matlab 工具进行仿真，设计出逼近理想特性的 FIR 滤波器，然后将此滤波器的系数载入 DSP 中以供使用。FIR 滤波是将待滤波的数据序列与滤波系数序列相乘后再相加运算，同时要将数据在存储器中滑动以实现 FIR 中的延迟线结构。2407A 具有实现乘累加运算的 MAC 和 MACD 指令，可以大大减少算法的执行时间。

2）地面回放软件

地面回放软件具有对采集数据进行显示、分析、存储、曲线绘制、打印等功能。软件采用 VB 编制，在 WINDOWS 操作平台上开发，利用面向对象的方法和事件驱动编程机制形成简单便捷的用户界面，通过交互式图形方式进行人机交流，实现井下参数测试过程的可视化图形显示和数据存储。曲线直观地将井下各个参量以图形方式显示，可方便地看出各参数的变化情况。采用活动坐标的编程方法，使每一条曲线都有自己独立的坐标，达到图形美观的效果。数据存储采用数据库接口技术，使用 ADO（ActiveX Data Objects）技术通过 VB 可视化界面建立与数据库的联系，将采集到的参数存储到指定的数据库。在可视化人机交互中，操作人员可通过人机界面进行操作。

7.4.2　基于标准比较的智能化岩心气体渗透率测量仪

1. 问题背景

岩心的气体渗透率是油气藏物理学研究中岩心分析测试的一个重要参数。在石油地质勘探和油气田开发领域中广泛使用该参数计算储量和产能，设计油气田开发方案。对该参数的测量要求是测量范围宽（0.001 ~ $2\mu m^2$），测量精度高（10% ~ 1%），测量速度快（< 5min/岩样）。目前的岩心气体渗透率测量均以达西定律（Darcy' s Law）为理论依据，直接以此方法设计的测量系统很难满足上述要求。因此，提出一种基于标准比较原理所设计的智能化岩心气体渗透率测量系统，可以较好地满足上述要求。

2. 测试理论分析

根据达西定律可导出岩心的气测渗透率公式为

$$K_g = \frac{Q_0 p_0 \mu L}{5A(p_1^2 - p_2^2)} \tag{7-14}$$

式中　K_g——岩心样品的气测渗透率，μm^2；

p_1——岩心样品进口压力，MPa；

p_2——岩心样品出口压力，MPa；

p_0——大气压力，MPa；

μ——气体粘度，mPa·s；

Q_0——p_0压力下的气体体积流量，cm^3/s；

A——岩心样品的截面积，cm^2；

L——岩心样品的长度，cm。

直接以式（7-14）为原理设计的气体渗透率测量系统，很难满足“量程宽、精度高、时间短”的实验室测试要求，其困难在于其测量范围内的气体体积微流量的精确测量（$<0.02cm^3/s$）。基于标准比较法原理，依据图7-23做下述分析。

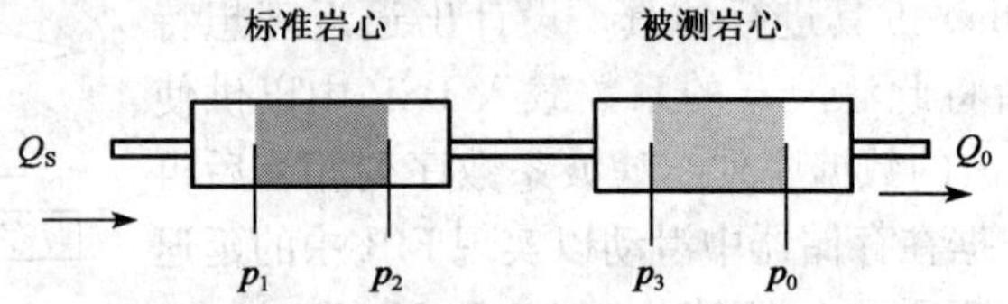

图7-23　比较法渗透率测量原理

从图7-23中可知，将标准岩心与被测岩心串联，则气体流过标准岩心的流量Q_s和测量岩心的流量Q_0相等，当连接管线直径足够大时

$$p_2 = p_3 \tag{7-15}$$

根据式（7-14），对于标准岩心的气体渗透率为

$$K_s = \frac{Q_0 p_0 \mu L_s}{5A_s(p_1^2 - p_2^2)} \tag{7-16}$$

式中　K_s——标准岩心的气测渗透率，μm^2；

A_s——标准岩心的截面积，cm^2；

L_s——标准岩心的长度，cm。

对于被测量岩心的气体渗透率为

$$K_c = \frac{Q_0 p_0 \mu L_c}{5A_c(p_3^2 - p_0^2)} \tag{7-17}$$

式中　K_c——被测岩心样品的气测渗透率，μm^2；

p_3——被测岩心样品的进口压力，MPa；

A_c——被测岩心样品的截面积，cm^2；

L_c——被测岩心样品的长度，cm。

比较式（7-16）、式（7-17），由式（7-15）整理得

$$K_c = \frac{K_s L_c {D_s}^2 (p_1^2 - p_2^2)}{L_s D_c^2 (p_2^2 - p_0^2)} \tag{7-18}$$

如果将毛细管通过合理的设计作为渗透率测量标准，由毛细管的渗透率计算公式

$$K_s = \frac{D_s^2}{32} \tag{7-19}$$

则

$$K_c = \frac{L_c D_s^4 (p_1^2 - p_2^2)}{32 L_s D_c^2 (p_2^2 - p_0^2)} \tag{7-20}$$

式中 D_c——被测岩心样品的直径，cm；

L_c——被测岩心样品的长度，cm；

D_s——毛细管的内径，cm；

L_s——毛细管的长度，cm。

显然，基于标准比较原理设计的岩心气体渗透率测量系统，只需测量毛细管和被测岩心上的气体压降，就可得出被测岩心的气体渗透率，系统的设计容易实现。同时，由于渗透率测量与使用的介质种类无关，因此减少了由这种因素引起的实验测试误差。

3. 测量方法的实现与系统设计

1）实验测试原理

如图7－24所示，气瓶气源经气压调节阀减压，流过毛细管和岩心夹持器内的被测岩心进入大气，在毛细管前后端分别接一支压力传感器，则可测出毛细管和测量岩心上的压力降，传感器测得的压力由计算机进行数据采集处理，结合岩心和毛细管的参数即可根据式(7－18）算出被测岩心的气体渗透率。

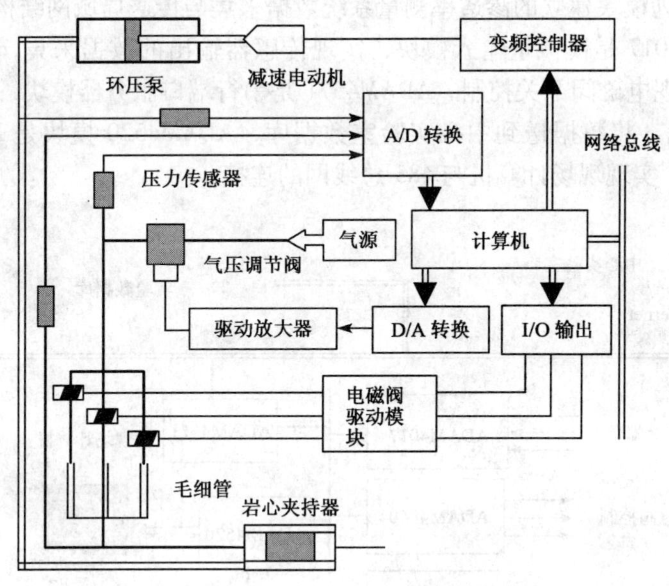

图7－24　比较法渗透率测量系统原理

2）关键技术

（1）实验气压自动调节。

系统设计中，为了保持实验介质处于平流状态，一般毛细管的出口压力不能大于0.7MPa，同时为了保证毛细管和被测量岩心上的压力降在传感器的测量范围内，如图7－24中所示，气源气压流经气压调节阀后减压，其输出压力由压力传感器测量，传感器输出经模数转换由计算机采集，与设定压力0.7MPa进行比较，完成数字PID计算，给出控制量，经数模转换后发送给驱动放大器，控制气压调节阀驱动电动机的转动，实现实验气压的自动调节。

（2）毛细管自动选择。

由于不同岩心的气体渗透率范围较宽，实验测试中，一根毛细管不能满足其测试范围。

如图 7－24 中所示，通过式（7－20）的计算，选用粗、中、细且长度一定的三根毛细管并联，每根毛细管前端接一电磁阀，由计算机控制电磁阀的通断来选通某一毛细管参加本次测量。实验中保证毛细管上的压力与测量岩心上的压差的比值在 1/4 ~ 3/4 范围内，由计算机判断、确定选通哪一根毛细管，实现毛细管的自动选择。

（3）岩心夹持器环压力自动控制。

渗透率测量时，是将岩心放在一个橡胶筒中，在橡胶筒周围加上环压力，使橡胶筒抱紧岩心，让气体完全流过岩心。实验中的环压力可在 2 ~ 70MPa 范围设定，要求岩心夹持器的环压力恒定且可调。如图 7－24 中所示，计算机对采集到的环压力进行判断，利用变频控制器的正转、反转和点动功能，通过串行口向变频控制器发出正转、点动或反转点动指令，驱动一减速电动机的正、反转，带动一旋转活塞泵活塞的进、退，完成对夹持器环压的加、减压，实现岩心夹持器环压力的自动调节控制。

3）数据采集及应用软件设计

（1）数据采集单元设计。

本数据采集单元硬件选用基于 RS－485 通信的 ADAM－4000 系列模块，其优点是模块种类齐全，RS－485 通信可有效抑制干扰，传输距离长，接线简单。根据网络仪器概念，基于 ADAM－4000 系列模块建立的渗透率测量系统数据采集与传送局域网结构，如图 7－25 所示。该系统 ADAM4017 是模拟量输入模块，实现传感器输出的数据采集，ADAM4060 是继电器输出模块，实现电磁阀开关控制，ADAM4571 是串行端口服务器模块，实现测试数据与 Ethernet 的数据通信，将数据送到中心实验室数据库，ADAM4520 模块是 RS－485 与 RS－232 通信转换模块，实现现场计算机与 485 总线网的连接。

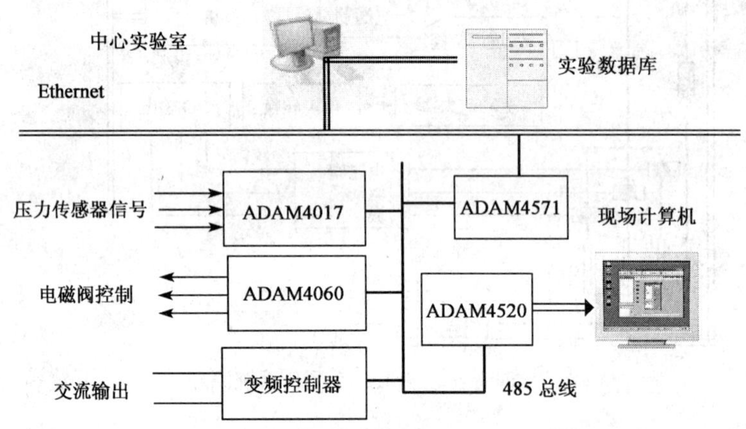

图 7－25　渗透率测量系统数据采集与传送局域网结构

ADAM4017 采集精度 12Bit，采集速率 1k/s，压力传感器测试精度 0.1%，输出 4 ~ 20mA，完全能满足岩心气体渗透率测量的精度要求。

（2）应用软件设计。

应用软件采用 VB6.0 编写，软件模块结构如图 7－26 所示。

程序设计主要解决以下问题：传感器的线性校正和零点补偿；通过调用商家提供的 C 库函数实现对传感器输出的数据采集；采集数据的数字滤波和稳定性算法；被测岩心的气体渗透率计算、控制量计算、实验数据的数据库设计；数据传送协议及数据通信和系统自检、管路泄漏诊断和传感器上限值报警。

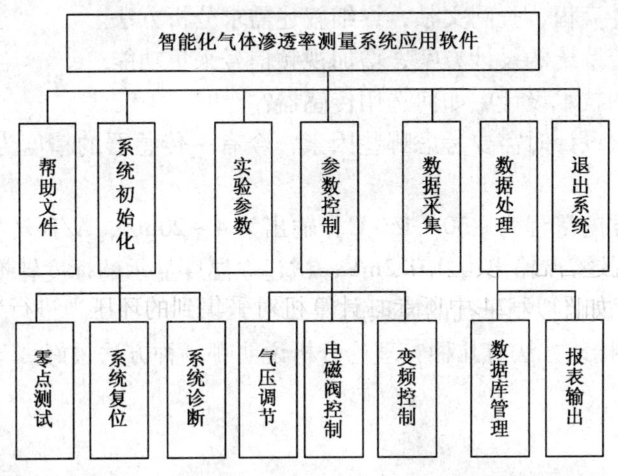

图 7－26　智能化气体渗透率测量系统应用软件模块结构

4. 测量结果分析

选取高、中、低不同渗透率值的标准岩心，用基于比较方法所设计的智能化岩心气体渗透率测量系统进行测试，所测得的气体渗透率值与标准值对比，其测试结果是可信的，测量值的误差在许可范围内。标准渗透率数据与实验测试数据见表 7－1。

表 7－1　标准岩心气体渗透率数据与实验测试数据

岩　心	覆压 MPa	岩样直径 cm	岩样长度 cm	岩心压力 MPa	毛管压力 MPa	标准渗透率 $10^{-3}\mu m^2$	测量渗透率 $10^{-3}\mu m^2$	相对误差
Y408	2.01	2.535	2.545	6.1745	1.002	0.0025	0.0027	8.0%
410a	2.02	2.511	2.508	5.6295	1.075	0.136	0.1432	5.1%
S411	2.03	2.540	2.533	2.7305	1.668	6.62	6.7299	1.6%
M409	2.04	2.531	2.533	2.7397	2.303	28.8	28.418	1.3%
S410	2.02	2.518	2.507	2.7322	2.640	169	163.11	0.6%
S409	2.02	2.490	2.484	2.7322	2.721	3047	3025.5	0.7%

基于标准比较原理设计的智能化岩心气体渗透率测量仪，由于只需测量毛细管和被测岩心上的气体压力降，就可得出被测量岩心的气体渗透率，且与使用的测量介质种类无关，减少了由此因素引起的实验测试误差。因此，系统的设计极易实现。系统的数据采集单元硬件选用基于 RS－485 通信的 ADAM－4000 系列模块构建方案，测试数据一方面可以通过串行数据网传送到中心实验室数据库，另一方面可在测试现场用现场计算机对数据进行分析处理，打印报表，实现了系统的网络化。所进行的标准岩心的气体渗透率测量实验证明了系统的可靠性，其测试结果的误差在许可范围内。

复习思考题

1. 什么是系统化方法？简述系统化设计步骤。
2. 什么是标准化化方法？标准是如何分类的？
3. 模块和模块化有什么区别？用层次分析方法对你所熟悉的检测仪器划分模块。

4. 简述仪器设计流程，查阅文献，详细叙述需求分析方法。

5. 给出一般测控系统的设计方案，增加视频信号采集功能。

6. 在仪器系统的技术设计中如何选用传感器？

7. 数据采集模块设计时需要考虑哪些因素？今有一传感器的精度为0.25%，计算 A/D 转换需要的位数。

8. 一温度传感器的量程为 -50 ~ 150℃，输出为4 ~ 20mA，A/D 转换的输入范围为0 ~ 10V，数据采集得到的零点输出为0.012mV，试建立温度显示的标度转换。

9. RS - 485 串行通信拟制干扰的原理是什么？

10. 电路设计中接地方法有几种？理论分析说明哪一种方法最好。

参考文献

[1] 赵仕俊．我国岩心分析仪器发展面临的问题．石油仪器，2002（6）．

[2] 鞠晓东．我国石油测井装备研发现状及发展的思考．石油仪器，2001，15（4）．

[3] 林君．现代科学仪器及其发展趋势．吉林大学学报：信息科学版．2002，20（1）．

[4] [美] D佳布，E C唐纳森 著．油层物理．沈平平，秦积舜 等译．北京：石油工业出版社，2007.

[5] 秦积舜，李爱芬．油层物理学．2版．山东东营：中国石油大学出版社，2006.

[6] 袁子龙，狄帮让，肖忠祥．地震勘探仪器原理．北京：石油工业出版社，2006.

[7] 孙传友，潘正良．地震勘探仪器原理．山东东营：石油大学出版社，1996.

[8] 董敏煜．地震勘探．山东东营：中国石油大学出版社，2000.

[9] 黄中玉，孙建库，朱仕军，等编著．多分量地震技术．北京：石油工业出版社，2007.

[10] 柴书常 编著．24位遥测地震仪．北京：石油工业出版社，2008.

[11] 赵仕俊，徐建辉，丁明亮．电容式油藏物理模拟饱和度测量传感器 [A]．仪表技术与传感器，2007（12）．

[12] 韩晓泉，穆群英．地震勘探仪器的现状及发展趋势．物探装备，2008，18（1）．

[13] 张向林，陶果．油气地球物理勘探技术进展．地球物理学进展，2006，21（1）．

[14] 张丙和，崔樵，裴云广．新型三分量数字检波器DSU3. 石油仪器，2005，19（4）．

[15] 庞巨丰 主编．测井原理及仪器．北京：科学出版社，2008.

[16] 冯启宁 主编．测井仪器原理．2版．山东东营：中国石油大学出版社，2003.

[17] 中国石油天然气集团公司测井重点实验室编著．测井新技术培训教材．北京：石油工业出版社，2004.

[18] 洪有密．测井原理与综合解释．山东东营：中国石油大学出版社，2002.

[19] 林振洲，潘和平．核磁共振测井进展．工程地球物理学报，2006，3（4）．

[20] 田彦民，范广军．随钻测井技术与随钻核测井仪器．舰船防化，2005（3）．

[21] 王志战，翟慎德，周立发 等．核磁共振录井技术在岩石物性分析方面的应用研究．石油实验地质，2005，27（6）．

[22] 王大勋．钻采仪表及自动化．北京：石油工业出版社，2006.

[23] 赵仕俊．数字化钻井系统现场设备信息模块的设计．石油机械，2006（1）．

[24] 赵仕俊．数字化钻井系统的构建及相关问题研究．石油矿场机械，2005（3）．

[25] 施昌彦 编著．现代计量学．北京：中国计量出版社，2003.

[26] 韩九强，张新曼，刘瑞玲 编著．现代测控技术与系统．北京：清华大学出版社，2007.

[27] 熊诗波，黄长艺．机械工程测试技术基础．3版．北京：机械工业出版社，2006.

[28] 孔德仁，朱蕴璞，狄长安 编著．工程测试技术．北京：科学出版社，2004.

[29] Ernest O. Doebelin. Measurement Systems Application and Design. China Machine Press, Copyright 2004 by the McGraw-Hill Companies, inc.

[30] 肖显静，郭贵春．仪器实在论．自然辩证法，1995，11（10）．

[31] 罗森林，高文，张鹰．工程系统论的一些探讨．系统工程与电子技术，2000，22（16）．

[32] 祁国宁，苏宝华，顾新建等．产品标准化与规范化技术的研究．中国机械工程，2000，11（5）．

[33] 宗鸣镝，蔡颖，刘旭东 等．产品模块化设计中的多角度、分级模块划分方法．北京理工大学学报，2003，23（5）．

[34] 姜慧．机械产品模块化设计整体规划方案的研究．机械设计，1999.

[35] 尚振东，张勇主编．智能仪器工程设计．西安：西安电子科技大学出版社，2008.

[36] 赵仕俊．几种串行通信转换的实现方法及软件设计．石油仪器，2004（6）．

[37] 赵仕俊．网络仪器概念及有关问题研究．仪表技术与传感器，2002（3）．

[38] 赖欣，胡泽，蒋曼芳等．基于 DSP 的井下参数测试仪的设计．仪表技术与传感器，2006（8）．

[39] 赵仕俊．基于标准比较的智能化岩心气体渗透率测量系统．自动化技术应用，2005（11）．

[40] SY/T 6703—2007　岩心流动性试验仪器通用技术条件．

[41] SY/T 6232—1996　石油岩心分析实验仪器设备分类．